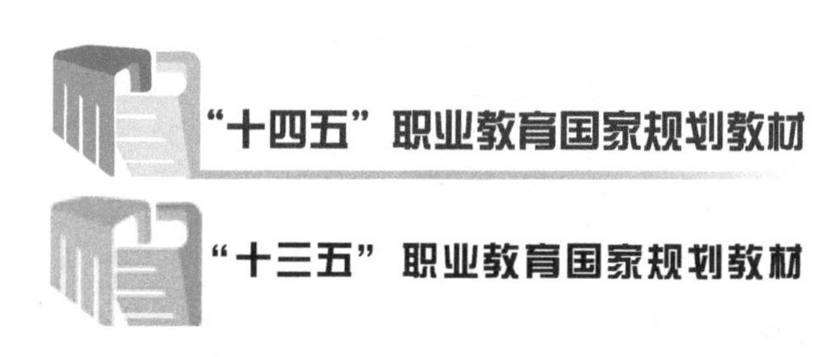

机械制图项目教程

主　编　赵云龙　金　莹　孙艳萍
参　编　淮　妮　张小粉　刘　雯
　　　　徐家忠　程联社
主　审　吴勤保

机械工业出版社

本书为“十三五”和“十四五”职业教育国家规划教材。本书是按项目教学法、任务引领思路进行编写而成的。编写时，根据以工作过程为导向的教学要求，着重培养学生的实际工作能力，使学生能绘制和阅读中等复杂程度的零件图和装配图。编写思路新颖，结构完整，设计合理。

本书由9个项目组成：交换齿轮架平面图形的绘制、简单零件图的绘制与识读、轴套类零件图的绘制与识读、轮盘类零件图的绘制与识读、箱体类零件图的绘制与识读、叉架类零件图的绘制与识读、标准件与常用件图样的绘制、千斤顶装配图的绘制、齿轮泵装配图的识读。全书内容以启发、引导为主，辅以网络视频、课程资源，实现个性化教学，使教学过程更容易掌握，提高学习效率。

本书采用双色印刷。本书可作为高等职业院校机械工程类和近机类专业的教学用书，参考学时90~120学时，也可供工程技术人员和绘图人员参考。

本书配有视频教程，读者可扫描书中二维码观看。书中涉及的课程思政案例素材可登录机械工业出版社教育服务网 www.cmpedu.com 注册后下载。咨询邮箱：cmpgaozhi@sina.com。咨询电话：010-88379375。

图书在版编目（CIP）数据

机械制图项目教程/赵云龙，金莹，孙艳萍主编. —北京：机械工业出版社，2017.12（2024.8重印）
“十三五”职业教育国家规划教材
ISBN 978-7-111-58412-4

Ⅰ.①机… Ⅱ.①赵… ②金… ③孙… Ⅲ.①机械制图-高等职业教育-教材
Ⅳ.①TH126

中国版本图书馆CIP数据核字（2017）第270070号

机械工业出版社（北京市百万庄大街22号 邮政编码100037）
策划编辑：薛 礼 责任编辑：薛 礼 责任校对：刘秀芝
封面设计：鞠 杨 责任印制：单爱军
北京虎彩文化传播有限公司印刷
2024年8月第1版第10次印刷
210mm×285mm · 16.75印张 · 497千字
标准书号：ISBN 978-7-111-58412-4
定价：55.00元

电话服务
客服电话：010-88361066
010-88379833
010-68326294

网络服务
机 工 官 网：www.cmpbook.com
机 工 官 博：weibo.com/cmp1952
金 书 网：www.golden-book.com
机工教育服务网：www.cmpedu.com

关于“十四五”职业教育
国家规划教材的出版说明

为贯彻落实《中共中央关于认真学习宣传贯彻党的二十大精神的决定》《习近平新时代中国特色社会主义思想进课程教材指南》《职业院校教材管理办法》等文件精神，机械工业出版社与教材编写团队一道，认真执行思政内容进教材、进课堂、进头脑要求，尊重教育规律，遵循学科特点，对教材内容进行了更新，着力落实以下要求：

1. 提升教材铸魂育人功能，培育、践行社会主义核心价值观，教育引导学生树立共产主义远大理想和中国特色社会主义共同理想，坚定“四个自信”，厚植爱国主义情怀，把爱国情、强国志、报国行自觉融入建设社会主义现代化强国、实现中华民族伟大复兴的奋斗之中。同时，弘扬中华优秀传统文化，深入开展宪法法治教育。

2. 注重科学思维方法训练和科学伦理教育，培养学生探索未知、追求真理、勇攀科学高峰的责任感和使命感；强化学生工程伦理教育，培养学生精益求精的大国工匠精神，激发学生科技报国的家国情怀和使命担当。加快构建中国特色哲学社会科学学科体系、学术体系、话语体系。帮助学生了解相关专业和行业领域的国家战略、法律法规和相关政策，引导学生深入社会实践、关注现实问题，培育学生经世济民、诚信服务、德法兼修的职业素养。

3. 教育引导学生深刻理解并自觉实践各行业的职业精神、职业规范，增强职业责任感，培养遵纪守法、爱岗敬业、无私奉献、诚实守信、公道办事、开拓创新的职业品格和行为习惯。

在此基础上，及时更新教材知识内容，体现产业发展的新技术、新工艺、新规范、新标准。加强教材数字化建设，丰富配套资源，形成可听、可视、可练、可互动的融媒体教材。

教材建设需要各方的共同努力，也欢迎相关教材使用院校的师生及时反馈意见和建议，我们将认真组织力量进行研究，在后续重印及再版时吸纳改进，不断推动高质量教材出版。

机械工业出版社

前言 PREFACE

为了适应高等职业教育的发展趋势，按照高等职业教育教学要求，结合高职教育人才培养模式、课程体系和教学内容等改革要求，借鉴 PDCA 循环管理、CBE 能力本位教育等高技能人才培养项目的教学模式，编写组在多年课程改革实践的基础上，以项目为导向，以任务为驱动，以学生职业技能培养为主线，依据“必须、够用”的原则编写了本书，力求通过课程能力服务专业能力，专业能力服务岗位能力，推动高职院校职业教育行业化改革。

本书采用项目式编写体例，以学习项目为目标，以典型任务为驱动，把知识点融入实施项目中组织内容，使学生在学习过程中目标更明确，通过完成任务，掌握制图的基本知识和基本技能。本书坚持贯彻二十大精神和理念，“深入实施人才强国战略。坚持尊重劳动、尊重知识、尊重人才、尊重创造，实施更加积极、更加开放、更加有效的人才政策。”的相关要求，以学生的全面发展为培养目标，融“知识学习、技能提升、素质培育”于一体，严格落实立德树人根本任务，广泛汲取兄弟院校同类教材优点，注重学科知识系统性、表达规范性和准确性。针对高职学生的思维特点和学习能力组织教材内容，将理论基础知识融入项目实践当中，增强了学生的自信力和创造力，形成了以下特色：

1）本书以典型零件为载体，从交换齿轮架平面图形的绘制到千斤顶装配图的绘制，将基本知识点与技能贯穿始终，使学生学会识图、绘图和测绘。真正以学生为主体，通过自主查找资料，将分析问题、解决问题的能力及团队协作精神融入教学全过程，以寻求“解决办法”来激发和维持学生的学习兴趣和动机，在执行工作任务的过程中，充分发挥其创造潜能，培养其实践能力、分析能力、应变能力、交流能力、协作能力和解决实际问题的能力。

2）本书按照“知识链接→任务计划与决策→任务实施→任务评价”四步法进行编写。学生应完成相关知识的学习，制订相关计划及相应的决策，在项目实施中完成工作任务，最后结合任务完成情况通过讨论、发表演讲等形式进行评价总结，达到专业能力、社会能力和方法能力的有效统一。

3）本书贯彻现行的技术制图、机械制图等国家标准。

4）教学资源丰富。为了方便教师教学和学生自主学习，本书配备了电子课件，教师可以灵活地安排学习地点、进程，实现个性化教学，使教学过程更容易控制，提高教学效率。本书还配有视频教程，读者可扫描书中二维码观看。

5）引入素质教育元素，以专业课程知识讲授为载体，运用德育的学科思维，将专业课程中蕴含的思想转化为社会主义核心价值观具体化、生动化的有效教学载体，引导学生树立崇高理想，提高学生职业素养，落实立德树人的根本任务。

本书由咸阳职业技术学院赵云龙教授、金莹副教授、孙艳萍副教授任主编；咸阳职业技术学院淮妮、张小粉、刘雯，陕西国防工业职业技术学院徐家忠副教授、杨凌职业技术学院程联社副教授参加编写；陕西工业职业技术学院吴勤保教授任主审。其中，刘雯编写项目 1 和项目 6，金莹编写项目 2 的任务 2.1~任务 2.3、项目 8，淮妮编写项目 2 的任务 2.4~任务 2.8；孙艳萍编写项目 3，徐家忠编写项目 4，程联社编写项目 5，张小粉编写项目 7，赵云龙编写项目 9 和附录。全书由金莹负责统稿。

本书在编写过程中，典型零件的遴选、部分素材及内容构建得到了陕西法士特汽车传动集团有限责任公司和宁波亚德客自动化工业有限公司的大力支持和帮助，在此表示衷心的感谢！

由于编者水平和能力有限，书中难免存在疏漏和不足，恳请同行专家和读者批评指正。

编　者

二维码索引

（续）

名称	二维码	页码	名称	二维码	页码
叠加类组合体三视图的画法			断面图		
切割类组合体三视图的绘制			识读齿轮轴零件图		
组合体三视图的尺寸标注			旋转剖		
读组合体视图的基本要领			基本视图		
读组合体三视图的方法			零件的铸造工艺结构		
架体三视图的识读			螺纹的规定画法		
轴承座正等轴测图的绘制			螺纹连接的画法		
剖视图			直齿圆柱齿轮的基本参数		
剖视图的种类			直齿圆柱齿轮及啮合的画法		
半剖视图			千斤顶装配图的绘制		

目录 CONTENTS

项目1 交换齿轮架平面图形的绘制

PROJECT 1

学习目标

1. 熟练掌握机械制图与技术制图相关国家标准中的基本规定。
2. 掌握常用的几何作图方法。
3. 掌握平面图形的画图步骤及尺寸标注方法。
4. 熟悉徒手绘图的基本方法和技巧。
5. 熟记6S管理规定，并按照6S管理规定进行操作。

素养目标

1. 引入国家标准，培养学生养成遵纪守法，文明生产的习惯。
2. 引入大国工匠案例，培养学生一丝不苟、精益求精、追求卓越的“工匠精神”。
3. 引入复兴号等工程案例，培养学生的工程伦理意识。

任务导入

图1-1所示为交换齿轮架及工程上采用的零件图。零件图上包含了哪些内容？如何绘制交换齿轮架平面图形？

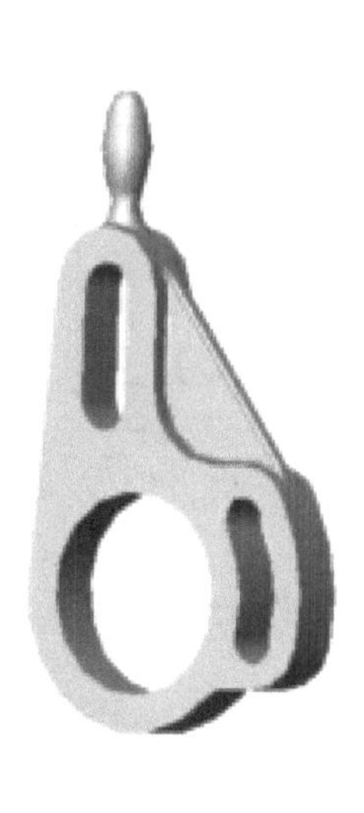

a)

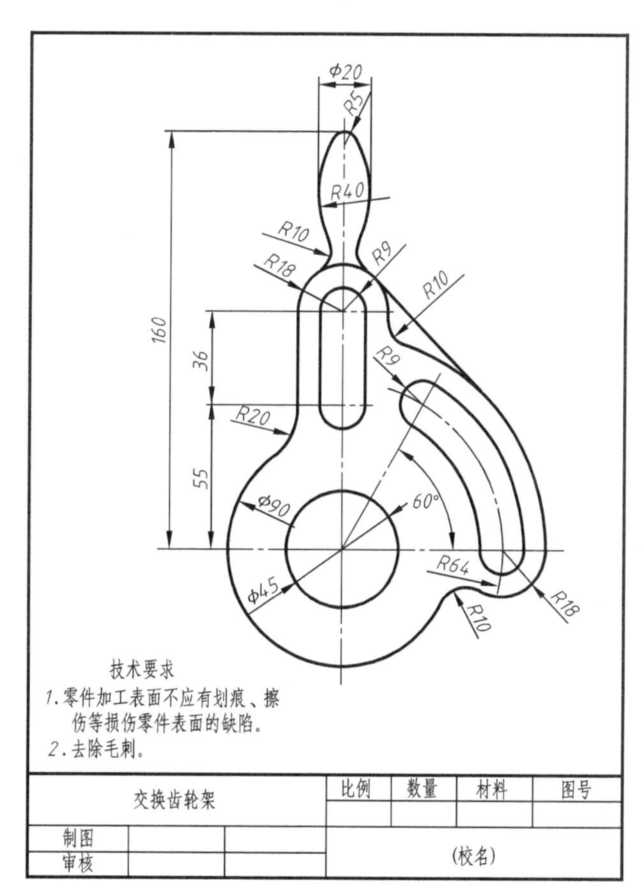

b)

图1-1 交换齿轮架

a）交换齿轮架立体图 b）交换齿轮架零件图

任务分析

从图 1-1 中可以看出，图样通常绘制在图纸上，包含图形、文字、符号等内容，为了便于绘制与阅读图样，国家标准对图纸的大小及格式、图线的格式及用途、文字的书写等内容做出了明确的规定。从交换齿轮架零件图可以看出，该零件图由若干线段（直线和圆弧）连接而成。在图纸上绘制交换齿轮架的平面图形，首先要根据交换齿轮架的图形及尺寸选好图纸幅面和绘图比例；其次要分析图形中线段的类型、尺寸及互相之间的连接关系，才能确定平面图形的画图顺序；最后要清晰地表达图样中各条线段的尺寸。

知识链接

机械制图基本知识

一、机械制图的基本知识

1. 图纸幅面与格式

（1）图纸幅面　根据 GB/T 14689—2008 规定，绘制图样时，应优先采用基本幅面，见表 1-1。

表 1-1　基本幅面　（单位：mm）

<table>
<tr><th>代号</th><th>B×L</th><th>a</th><th>c</th><th>e</th></tr>
<tr><td>A0</td><td>841×1189</td><td rowspan="5">25</td><td rowspan="3">10</td><td rowspan="2">20</td></tr>
<tr><td>A1</td><td>594×841</td></tr>
<tr><td>A2</td><td>420×594</td><td rowspan="3">10</td></tr>
<tr><td>A3</td><td>297×420</td><td rowspan="2">5</td></tr>
<tr><td>A4</td><td>210×297</td></tr>
</table>

归纳 1：

●基本幅面有______种，分别为__________________。

（2）图框格式　图样都必须用粗实线画出图框。图框格式分为不留装订边（图 1-2）和留有装订边（图 1-3）两种，图中字母所代表的图框尺寸见表 1-1。注意：同一产品的图样要采用同一种格式。

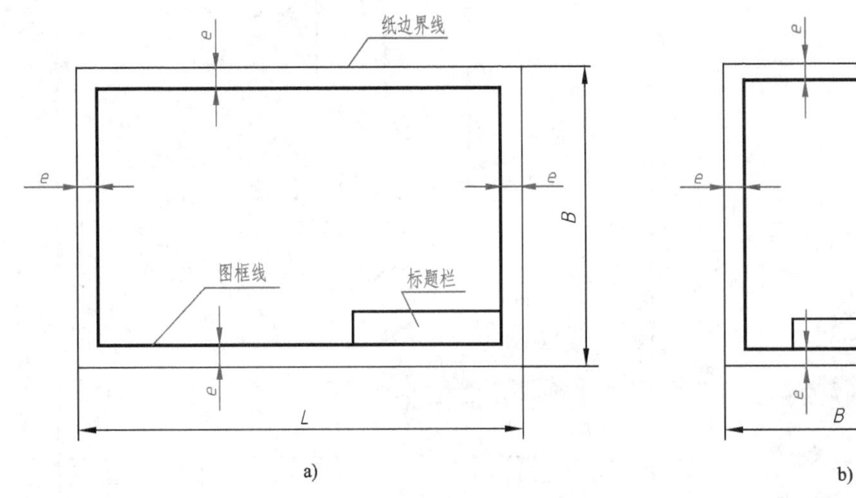

图 1-2　不留装订边的图框

2. 标题栏

为了方便管理和查阅，每张图样中都必须有标题栏，用来填写图样的综合信息。标准的标题栏格式、内容及尺寸按 GB/T 10609.1—2008 规定，如图 1-4 所示。在教学时通常将标题栏简化，如图 1-5 所示。

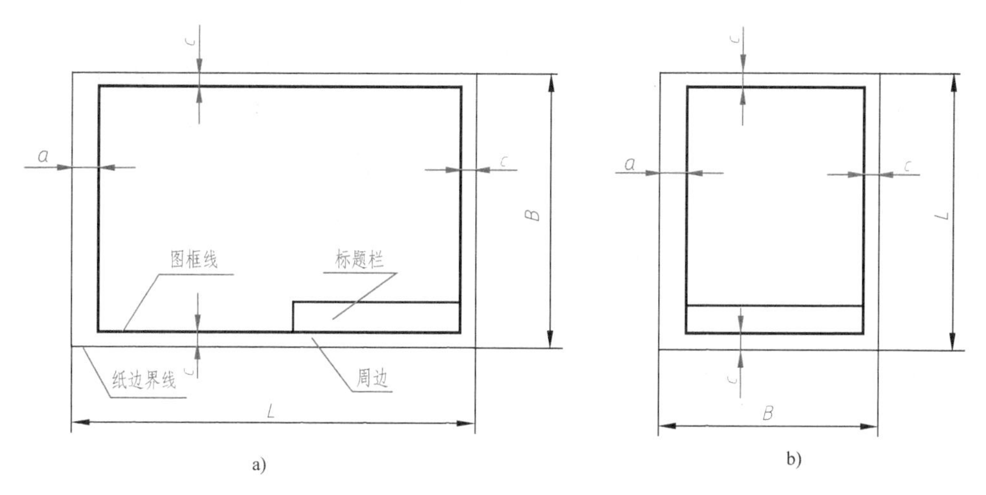

图 1-3 留有装订边的图框

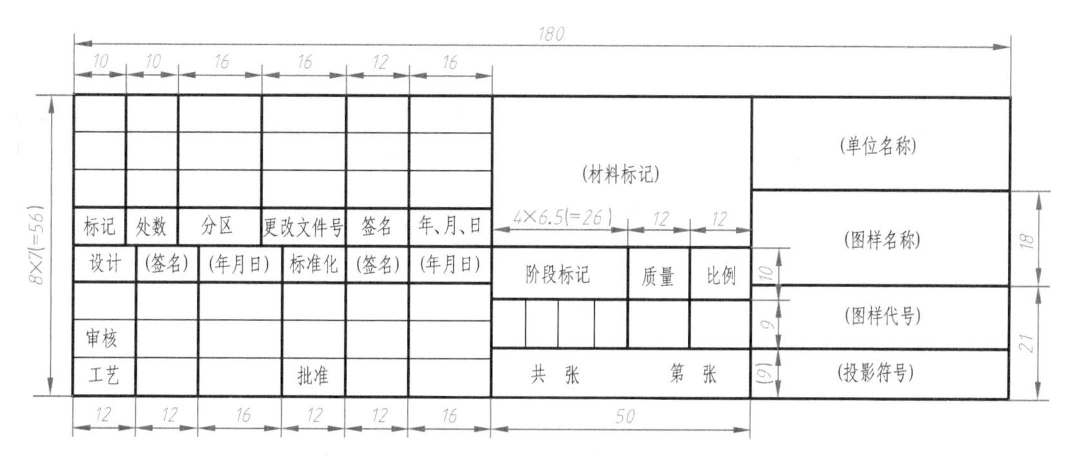

图 1-4 标题栏

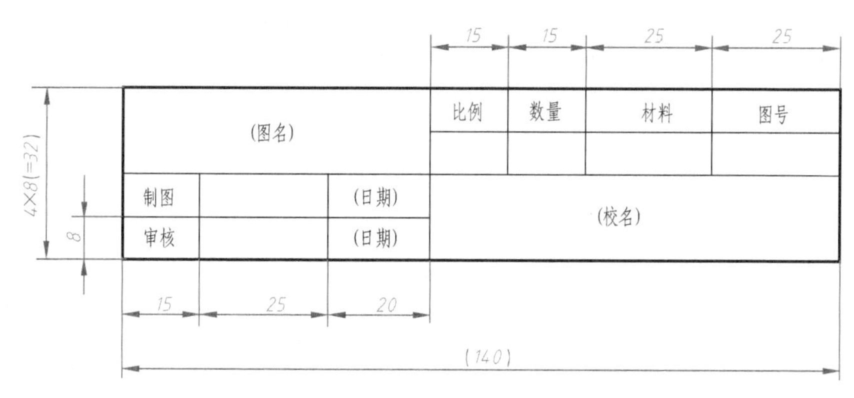

图 1-5 学校使用的简化标题栏

归纳 2：

●标题栏位置通常位于图样的______，读图的方向应与标题栏中的______方向一致。

3. 比例

比例是指图样中图形与实物相应要素的线性尺寸之比。比例分为缩小比例、原值比例、放大比例，如图 1-6 所示。

归纳 3：

●零件的真实大小应以图样所标注的__________为依据，与图样______无关。

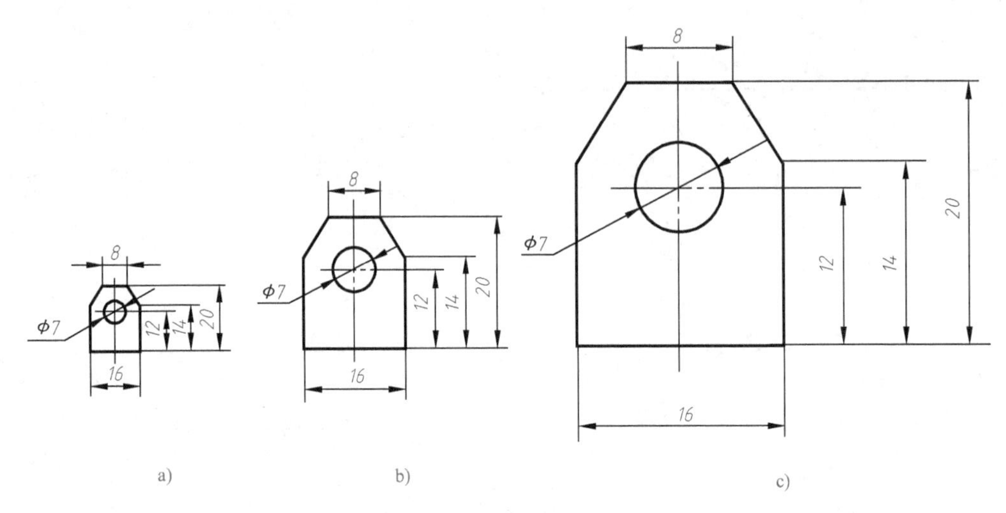

图 1-6　图形比例与尺寸数字

a）缩小比例　b）原值比例　c）放大比例

4. 字体(GB/T 14691—1993)

图样中常用汉字、字母、数字等来标注尺寸和说明技术要求。国家标准规定在图样中书写字体时必须做到：字体工整，笔画清楚，间隔均匀，排列整齐。字体高度（用 h 表示）的公称尺寸系列为 1.8mm、2.5mm、3.5mm、5mm、7mm、10mm、14mm、20mm。

（1）汉字　图样上的汉字应写成长仿宋体，并采用国家正式公布推行的简化字。汉字的高度 h 不应小于 3.5mm，其字宽一般为 $h/\sqrt{2}$。

（2）字母和数字　字母和数字按笔画宽度分 A 型和 B 型两种字体。A 型字体的笔画宽度（d）为字高（h）的 1/14，B 型字体的笔画宽度（d）为字高（h）的 1/10。但在同一图样上，只允许选用一种形式的字体。

字母和数字可写成斜体或直体。斜体字字头向右倾斜，与水平基准线成 75°。字体示例见表 1-2。

表 1-2　字体示例

字体		示例
长仿宋体汉字	10 号字	字体工整　笔画清楚　间隔均匀　排列整齐
	7 号字	横平竖直注意起落结构均匀填满方格
	5 号字	技术制图机械电子汽车航空船舶土木建筑矿山井坑港口纺织服装
	3.5 号字	螺纹齿轮端子接线飞行指导驾驶舱位挖填施工引水通风闸阀坝棉麻化纤
拉丁字母	大写斜体	ABCDEFGHIJKLMNOPQRSTUVWXYZ
	小写斜体	abcdefghijklmnopqrstuvwxyz
阿拉伯数字	斜体	0123456789
	直体	0123456789

（续）

字体		示例
罗马数字	斜体	*I II III IV V VI VII VIII IX X*
	直体	I II III IV V VI VII VIII IX X
字体的应用		$\phi20^{+0.010}_{-0.023}$ $7^{\circ}{}^{+1^{\circ}}_{-2^{\circ}}$ $\frac{3}{5}$ 10JS5(±0.003) M24 $\phi25\frac{H6}{m5}$ $\frac{II}{2:1}$ $\frac{A}{5:1}$ Ra 6.3 R8 5% 3.50

5. 图线（GB/T 4457.4—2002）

图线的画法及应用

（1）线型及图线尺寸　国家标准规定的基本线型共有 9 种，其名称、线型、图线宽度和一般应用见表 1-3。

表 1-3　机械制图的线型及应用（摘自 GB/T 4457.4—2002）

图线名称	线型	图线宽度	一般应用
粗实线	————	d	1）可见轮廓线 2）相贯线
细实线	————	$d/2$	1）尺寸线及尺寸界线 2）剖面线 3）过渡线
细虚线	— — — —	$d/2$	1）不可见轮廓线 2）不可见棱边线
细点画线	——·——·——	$d/2$	1）轴线 2）对称中心线 3）剖切线
波浪线	～～～	$d/2$	1）断裂处的边界线 2）视图与剖视图的分界线
双折线	—\/—\/—	$d/2$	1）断裂处的边界线 2）视图与剖视图的分界线
细双点画线	——··——··——	$d/2$	1）相邻辅助零件的轮廓线 2）可动零件的极限位置的轮廓线 3）成形前的轮廓线 4）轨迹线
粗点画线	——·——·——	d	限定范围表示线
粗虚线	— — — —	d	允许表面处理的表示线

粗线与细线的图线宽度比例为 2∶1（粗线为 d，细线为 $d/2$）。图线宽度应根据图纸幅面的大小和所表达对象的复杂程度，在 0.25mm、0.35mm、0.5mm、0.7mm、1mm、1.4mm、2mm 中选取（常用的为 0.5mm、0.7mm）。在同一图样中，同类图线的图线宽度应一致。

（2）图线的画法　图线的画法见表 1-4。

6. 尺寸标注

尺寸标注

GB/T 4458.4—2003、GB/T 19096—2003 规定了尺寸标注的规则和方法，这是在绘图、读图时必须遵守的规则和方法。

表 1-4 图线的画法

要求	图例	
	正确	错误
为保证图样的清晰度，两条平行线之间的最小间隙不得小于 0.7mm	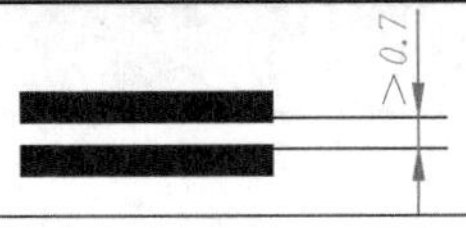 ≥0.7	
点画线、双点画线的首末两端应是画，而不应是点	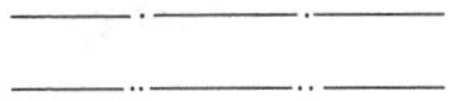	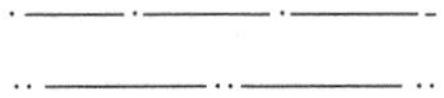
各种线型相交时，都应以画相交，而不应该是点或间隔	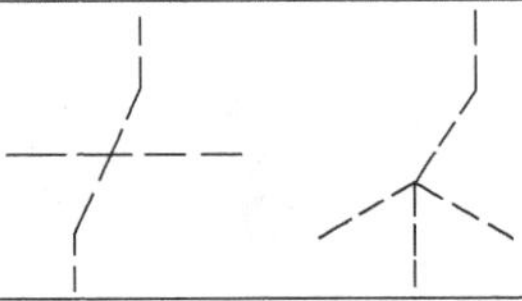	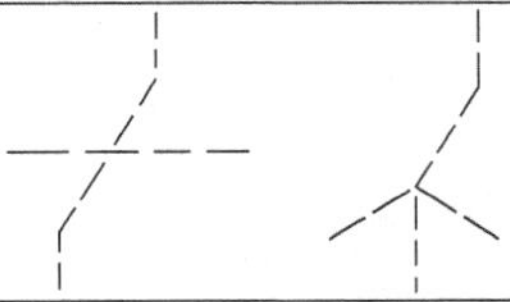
各种线型应恰当地相交于画线处 1）图线起始于相交处 2）画线形成完全相交 3）画线形成部分相交	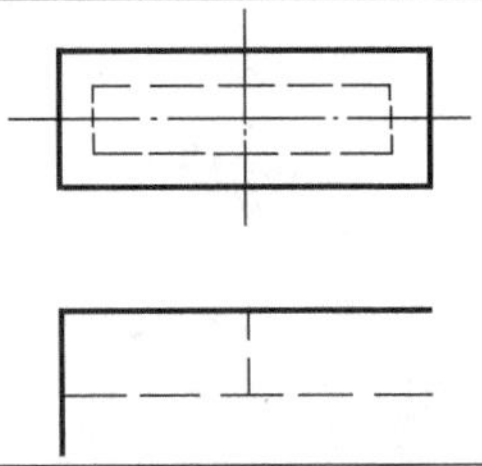	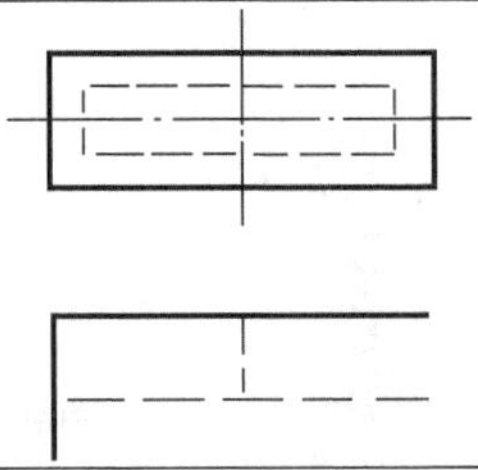
1）虚线直线在粗实线的延长线上相接时，虚线应留出间隔 2）虚线圆弧与粗实线相切时，虚线圆弧应留出间隔	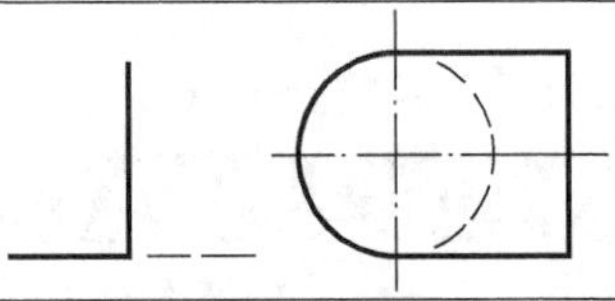	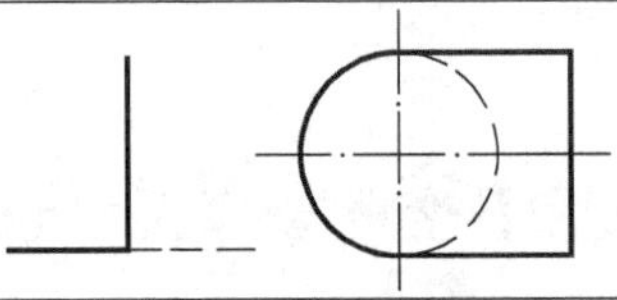
画圆的中心线时，圆心应是线段的交点。点画线的两端应超出轮廓线 2～5mm。当圆的直径较小时，允许用细实线代替点画线	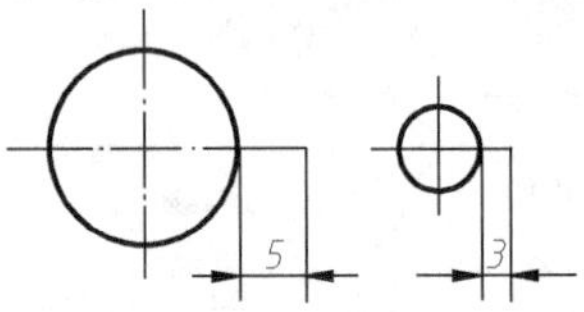 5　3	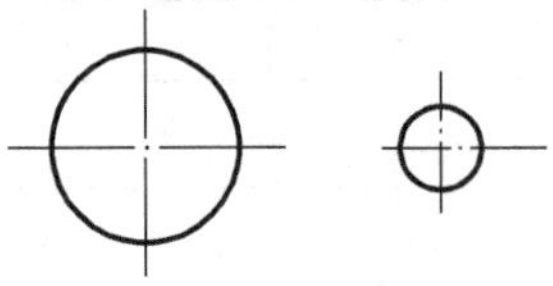

（1） 标注尺寸的基本规则

1） 机件的真实大小应以图样上所注的尺寸数值为依据，与图样的大小及绘图的准确度无关。

2） 图样中的尺寸以 mm 为单位时，无需标注单位的符号。若采用其他单位，则必须注明相应的单位符号。

3） 图样中所标注的尺寸，为该图样所示零件的最后完工尺寸，否则应另附说明。

4） 零件的每一尺寸在图样上只能标注一次，并应标注在反映该结构最清晰的图形上。

（2） 尺寸的基本要素　一组完整的尺寸由尺寸界线、尺寸线和尺寸数字三要素组成，如图 1-7 所示。

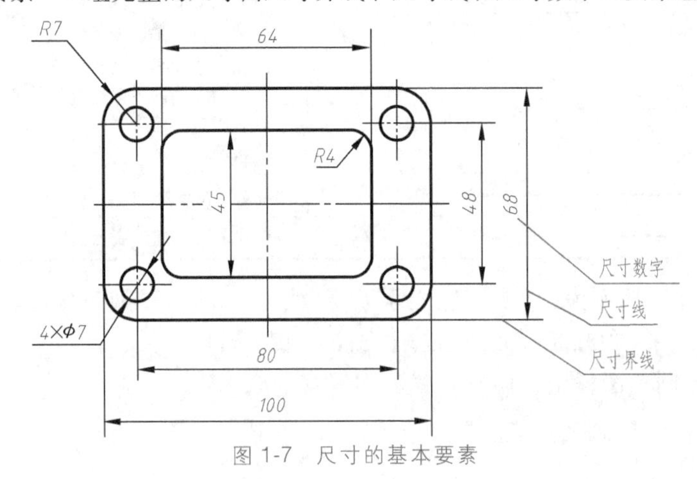

图 1-7 尺寸的基本要素

归纳 4：

●尺寸界线用____线绘制，可由图形的轮廓线、轴线或对称中心线处引出，也可直接利用其作为尺寸界线。尺寸界线一般应与尺寸线垂直，并超出箭头____mm。

●尺寸线用__线绘制，轮廓线、中心线或它们的延长线均不可作尺寸线使用。尺寸线与轮廓线间距________mm。尺寸线的终端有两种形式，即____或______。

●尺寸数字用于表示零件实际尺寸的数值，一般写在尺寸线___________。角度的尺寸数字应________书写。常见尺寸的标注方法见表 1-5。

表 1-5 常见尺寸的标注方法

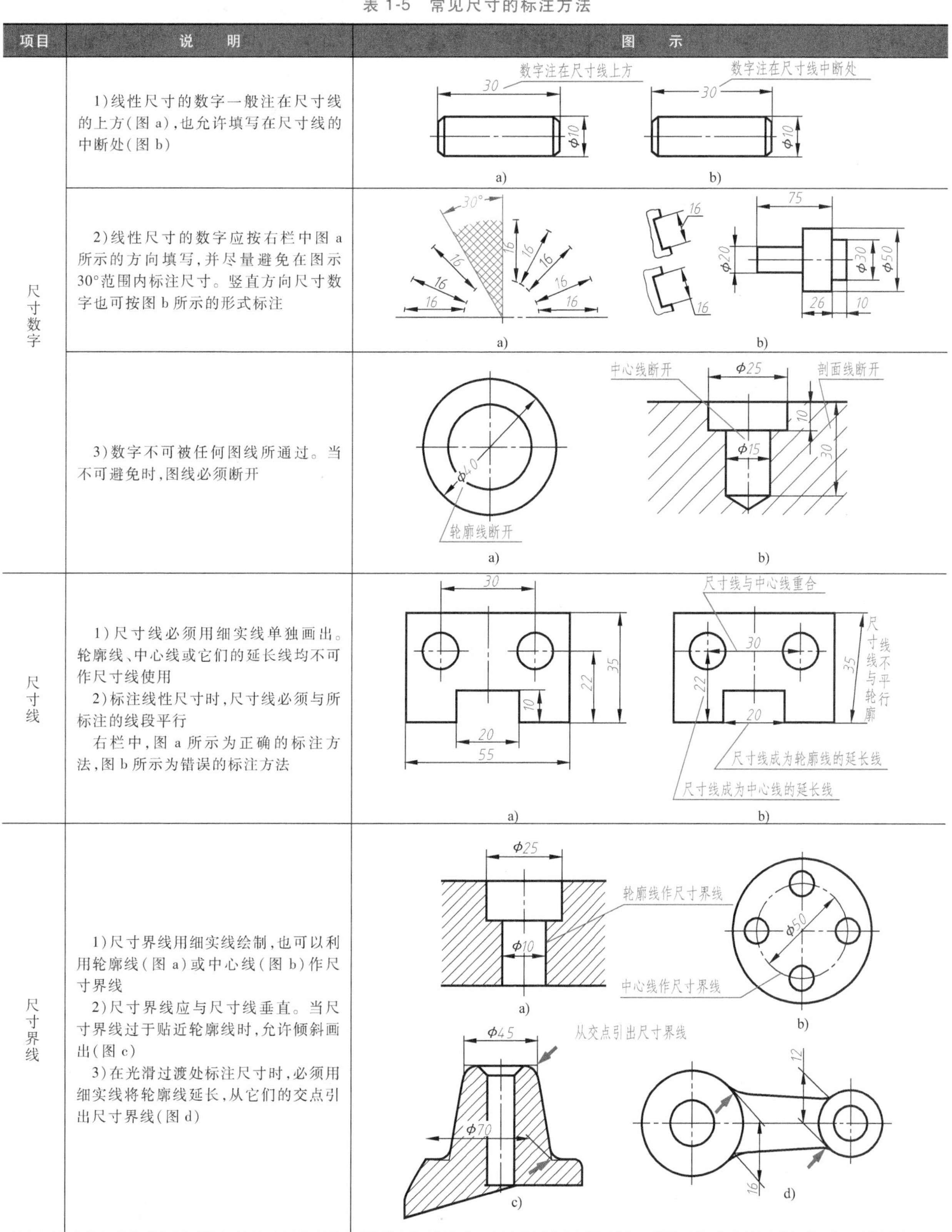

项目	说　明	图　示
尺寸数字	1)线性尺寸的数字一般注在尺寸线的上方(图 a),也允许填写在尺寸线的中断处(图 b)	a) b)
	2)线性尺寸的数字应按右栏中图 a 所示的方向填写,并尽量避免在图示 30°范围内标注尺寸。竖直方向尺寸数字也可按图 b 所示的形式标注	a) b)
	3)数字不可被任何图线所通过。当不可避免时,图线必须断开	a) b)
尺寸线	1)尺寸线必须用细实线单独画出。轮廓线、中心线或它们的延长线均不可作尺寸线使用 2)标注线性尺寸时,尺寸线必须与所标注的线段平行 右栏中,图 a 所示为正确的标注方法,图 b 所示为错误的标注方法	a) b)
尺寸界线	1)尺寸界线用细实线绘制,也可以利用轮廓线(图 a)或中心线(图 b)作尺寸界线 2)尺寸界线应与尺寸线垂直。当尺寸界线过于贴近轮廓线时,允许倾斜画出(图 c) 3)在光滑过渡处标注尺寸时,必须用细实线将轮廓线延长,从它们的交点引出尺寸界线(图 d)	a) b) c) d)

（续）

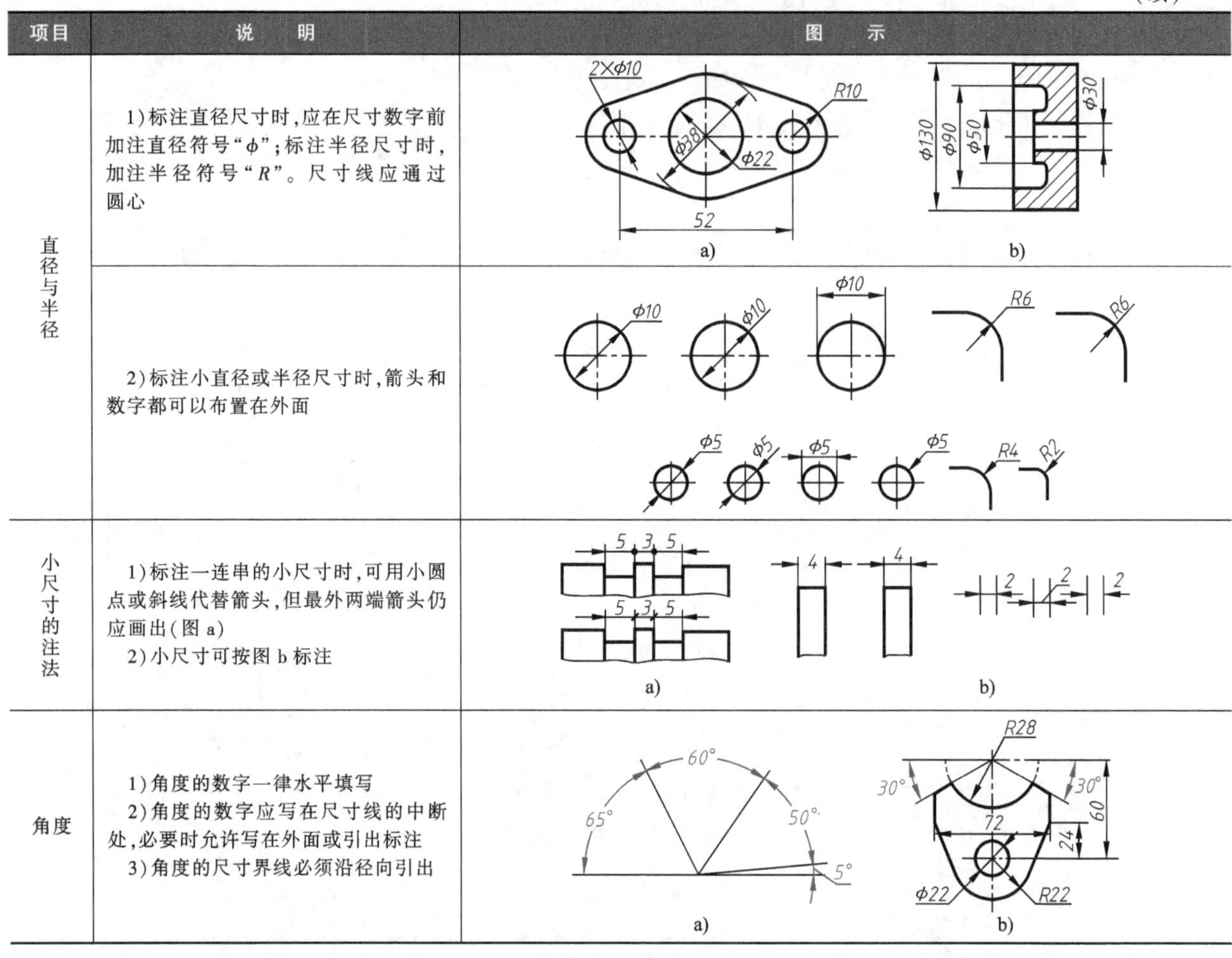

项目	说　明	图　示
直径与半径	1）标注直径尺寸时，应在尺寸数字前加注直径符号“ϕ”；标注半径尺寸时，加注半径符号“R”。尺寸线应通过圆心	2×Φ10　R10　Φ38　Φ22　52　a)　Φ130　Φ90　Φ50　Φ30　b)
	2）标注小直径或半径尺寸时，箭头和数字都可以布置在外面	Φ10　Φ10　Φ10　R6　R6　Φ5　Φ5　Φ5　Φ5　R4　R2
小尺寸的注法	1）标注一连串的小尺寸时，可用小圆点或斜线代替箭头，但最外两端箭头仍应画出（图 a） 2）小尺寸可按图 b 标注	5　3　5　5　3　5　a)　4　4　2　2　2　b)
角度	1）角度的数字一律水平填写 2）角度的数字应写在尺寸线的中断处，必要时允许写在外面或引出标注 3）角度的尺寸界线必须沿径向引出	60°　65°　50°　5°　a)　R28　30°　30°　72　60　24　Φ22　R22　b)

参照图 1-8 所示的图形，用 1∶2 比例在指定位置画出图形，并标注其尺寸。

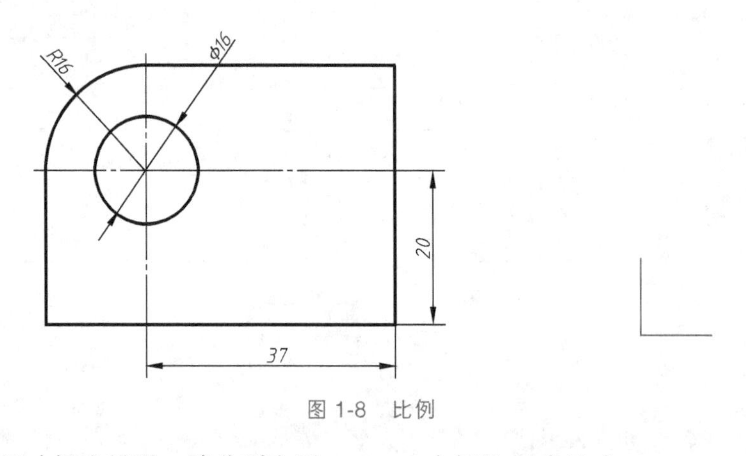

图 1-8　比例

圆弧连接

图 1-9a、c 中有尺寸标注错误，请分别在图 1-9b、d 中标注正确尺寸。

二、圆弧连接

用一圆弧光滑地连接相邻两线段的作图方法，称为圆弧连接。圆弧连接在零件轮廓图中经常可见，如图 1-10 所示的圆弧连接示例。

1. 作图原理

圆弧连接的作图，可归结为求连接圆弧的圆心和切点。圆弧连接的作图原理见表 1-6。

2. 作图步骤

1）确定连接圆弧的圆心。

2）确定切点。

3）通过两切点连接已知圆弧。

归纳 5：

●参照图 1-11 给出的图形和尺寸，在指定位置作圆弧连线，并标出圆心及切点，保留作图线。

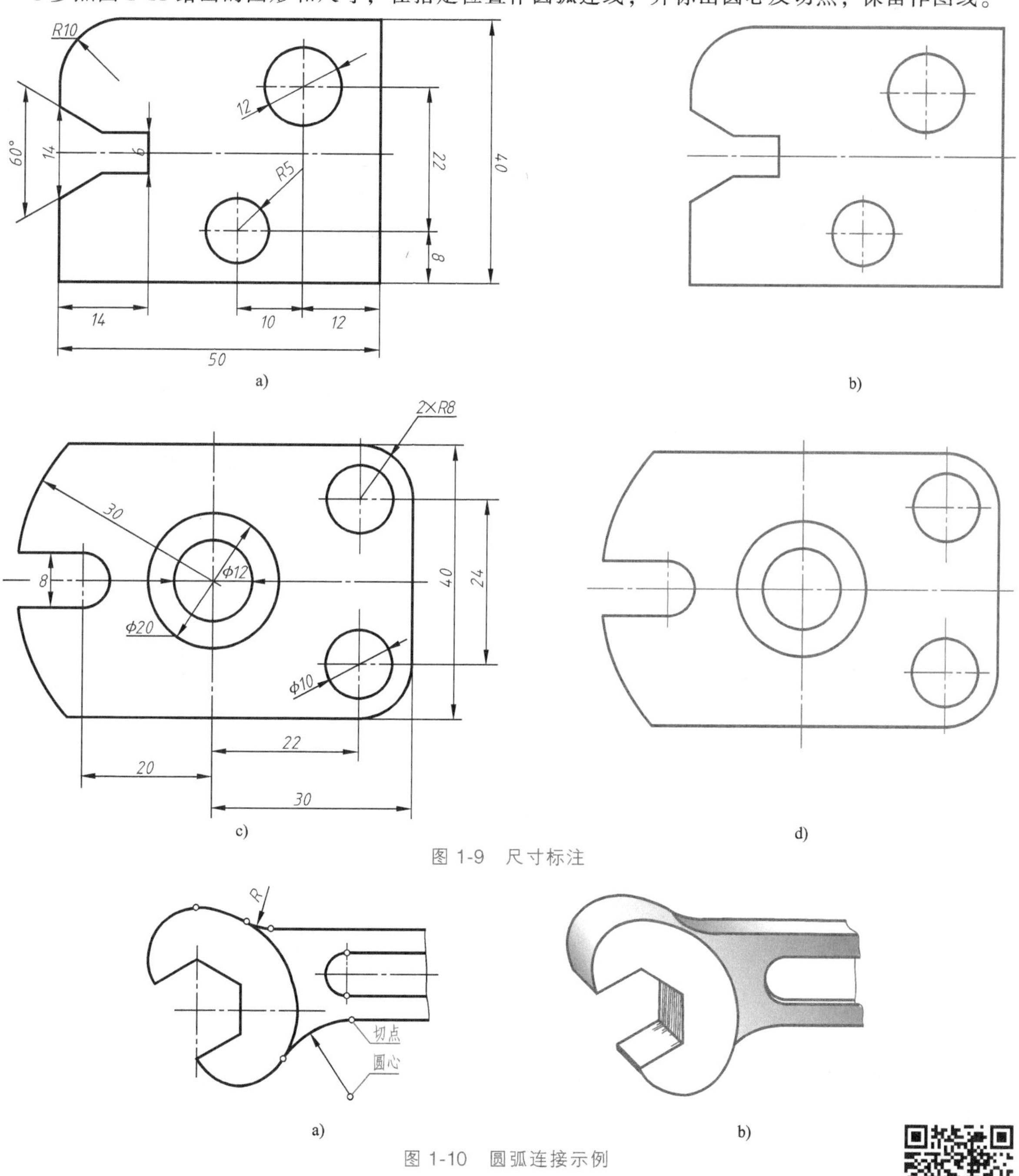

图 1-9 尺寸标注

图 1-10 圆弧连接示例

a）扳手轮廓图 b）扳手

平面图形的分析与绘图步骤

三、平面图形的分析及绘制步骤

1. 平面图形的尺寸分析

（1）尺寸基准 标注尺寸的起点，称为尺寸基准。分析尺寸时，首先要查找尺寸基准。通常以图形的对称中心线、较大圆的中心线、图形轮廓线作为尺寸基准。

表 1-6　圆弧连接的作图原理

圆弧与直线连接(相切)	圆弧与圆弧连接(外切)	圆弧与圆弧连接(内切)
R　R	R　R_1　R_1+R	R_1　R_1-R　R
1)连接弧圆心的轨迹为一平行于已知直线的直线。两直线间的垂直距离为连接弧的半径 R 2)由圆心向已知直线作垂线,其垂足即为切点	1)连接弧圆心的轨迹为一与已知圆弧同心的圆,该圆的半径为两圆弧半径之和(R_1+R) 2)两圆心的连线与已知圆弧的交点即为切点	1)连接弧圆心的轨迹为一与已知圆弧同心的圆,该圆的半径为两圆弧半径之差(R_1-R) 2)两圆心连线的延长线与已知圆弧的交点即为切点

R18

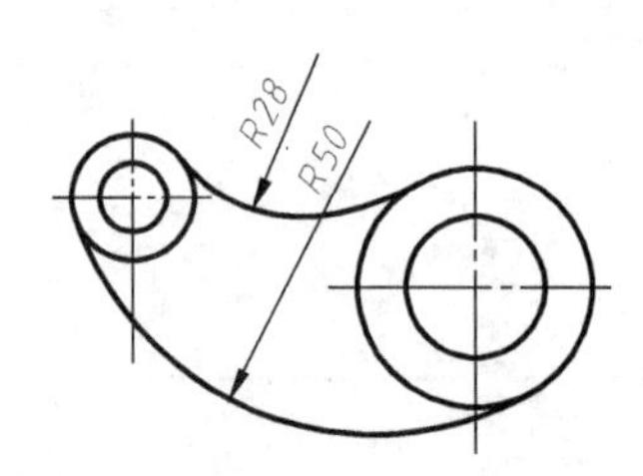

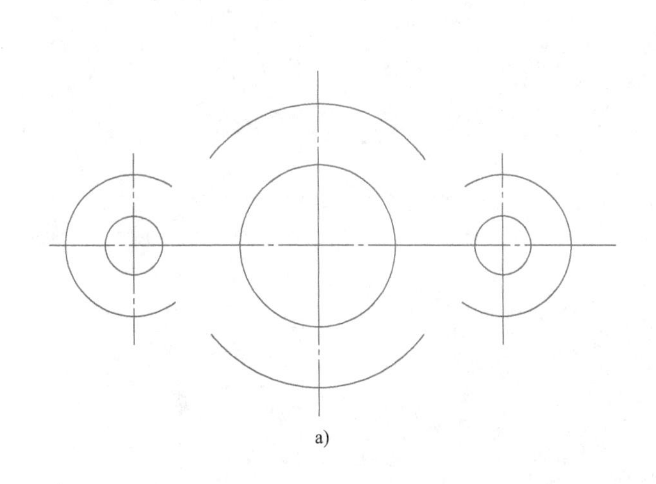

a)

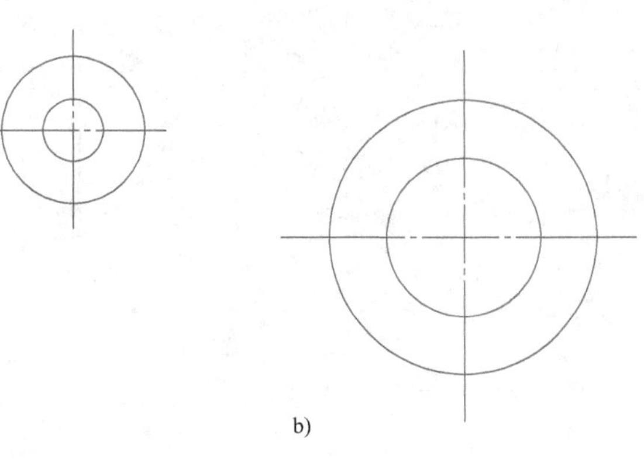

b)

图 1-11　圆弧连接

一个平面图形具有两个坐标方向的尺寸，每个方向至少要有一个尺寸基准，如图 1-12 中的 A 和 B。尺寸基准常常也是画图的基准，画图时，要从尺寸基准开始画。

(2) 尺寸分类　平面图形中的尺寸按其作用可分为以下两类：

1) 定形尺寸：指确定平面图形上各几何图形形状大小的尺寸，如圆的直径、圆弧半径、线段的长度及角度的大小等。

2) 定位尺寸：指确定平面图形上各几何图形间相对位置的尺寸。

归纳 6：

●从图 1-12 可知：定形尺寸有＿＿＿＿＿＿＿＿＿＿，定位尺寸有＿＿＿＿＿＿＿＿＿＿。

2. 平面图形的线段分析

平面图形中的线段（直线或圆弧），根据所给出的尺寸是否完整，一般可将线段分为以下三类：

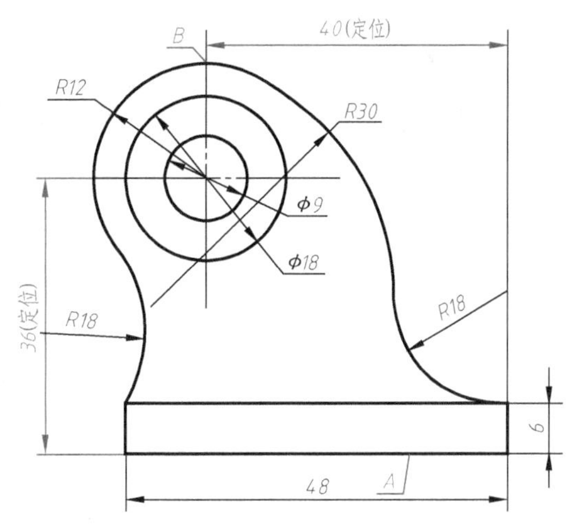

图 1-12　平面图形的尺寸分析

1）已知线段　定形、定位尺寸齐全，可以直接画出的线段称为已知线段。

2）中间线段　将有定形尺寸而定位尺寸不全，须借助相邻线段的连接关系才能画出的线段称为中间线段；

3）连接线段　将只有定形尺寸而无定位尺寸的圆弧或未注出任何尺寸的连接两段圆弧的线段称为连接线段。在画图时，连接线段两端都需借助相邻线段的连接关系，用前面介绍过的圆弧连接的作图方法才能画出。

归纳 7：

●从图 1-12 可知：已知线段有____________________，中间线段有__________，连接线段有__________。

●画图时，应先画____线段，再画____线段，最后画____线段。

3. 绘图的方法和步骤

1）分析图形。分析图形中的尺寸作用及线段性质，从而决定作图步骤。

2）画底稿。具体步骤如下：

① 画图框及标题栏。

② 画出图形的基准线、对称线及圆的中心线等。

③ 按已知线段、中间线段、连接线段的顺序画出图形。

④ 画出尺寸界线、尺寸线。

3）检查底稿。

4）用铅笔描深图形。

5）画尺寸箭头，标注尺寸，填写标题栏。

6）校核图样。

注意事项：

1）在布置图形时，应考虑标注尺寸的位置。

2）画底稿时，作图线应轻而准确，并应找出连接弧的圆心及切点。

3）描深图形时必须细心，采用“先粗后细，先曲后直，先水平后垂直、倾斜”的顺序，应做到同类图线宽度一致，线段连接光滑。

4）尺寸箭头应符合规定，大小一致。

5）不要漏注尺寸或漏画尺寸箭头。

任务计划与决策

填写工作任务计划与决策单（表 1-7）。

表 1-7　工作任务计划与决策单

<table>
<tr><td>专业</td><td colspan="2"></td><td>班级</td><td colspan="3"></td></tr>
<tr><td>组别</td><td colspan="2"></td><td>任务名称</td><td>交换齿轮架平面图形的绘制</td><td>参考学时</td><td>6 学时</td></tr>
<tr><td>任务计划</td><td colspan="6">各组根据任务内容制订交换齿轮架平面图形的绘制任务计划</td></tr>
<tr><td rowspan="7">任务决策</td><td>项目</td><td colspan="2">可选方案</td><td colspan="2">方案分析</td><td>结论</td></tr>
<tr><td rowspan="2">布图方案</td><td>方案 1</td><td></td><td colspan="2"></td><td></td></tr>
<tr><td>方案 2</td><td></td><td colspan="2"></td><td></td></tr>
<tr><td rowspan="2">绘图方案</td><td>方案 1</td><td></td><td colspan="2"></td><td></td></tr>
<tr><td>方案 2</td><td></td><td colspan="2"></td><td></td></tr>
<tr><td rowspan="2">尺寸标注方案</td><td>方案 1</td><td></td><td colspan="2"></td><td></td></tr>
<tr><td>方案 2</td><td></td><td colspan="2"></td><td></td></tr>
</table>

任务实施

交换齿轮架平面图的绘制

填写工作任务实施单（表 1-8）。

表 1-8　工作任务实施单

<table>
<tr><td>专业</td><td></td><td>班级</td><td></td><td>姓名</td><td></td><td>学号</td><td></td></tr>
<tr><td>组别</td><td></td><td>任务名称</td><td colspan="2">交换齿轮架平面图形的绘制</td><td>参考学时</td><td colspan="2">6 学时</td></tr>
<tr><td>任务图</td><td colspan="7">任务图如图 1-1 所示</td></tr>
<tr><td>绘制交换齿轮架平面图</td><td colspan="7">（采用 A4 图纸按 1∶1 比例绘制）</td></tr>
</table>

任务评价

填写工作任务评价单（表1-9）。

表1-9 工作任务评价单

班级		姓名		学号		成绩	
组别		任务名称	交换齿轮架平面图形的绘制		参考学时	6学时	
序号	评价内容	分数	自评分	互评分	组长或教师评分		
1	课前准备(课前预习情况)	5					
2	知识链接(完成情况)	10					
3	任务计划与决策	25					
4	任务实施(图线、表达方案、图形布局等)	25					
5	绘图质量	30					
6	遵守课堂纪律	5					
总分		100					
综合评价(自评分×20%+互评分×40%+组长或教师评分×40%)							
组长签字：					教师签字：		
学习体会	签名：　　日期：						

技能强化

实践名称1：图线（图1-13）

实践目的：

1）熟悉有关图幅、图线、字体的制图标准。

2）初步掌握绘图仪器及工具的正确使用。

3）增加对实践课的感性认识。

实践要求：

1）用A4幅面的图纸、竖放、绘图比例1∶1，抄注尺寸。

2）遵守国家标准中图幅、比例、图线、字体、尺寸标注的有关规定，不得任意变动。

3）同类图线全图粗细一致、字体工整（工程字）。

4）树立严肃认真、一丝不苟的工作作风和良好的绘图习惯。

实践提示：

1）鉴别图纸正反面后贴图。

2）画底图时，用细实线画出图框线及标题栏。

3）图面布置要均匀，作图要准确。

4）按图1-13所给尺寸画底图，然后按图线标准描深、抄注尺寸，最后描深图框线和填写标题栏。

5）标题栏中，图名、校名用10号字书写，其余用5号字书写。日期用阿拉伯数字书写。

实践名称2：吊钩（图1-14）

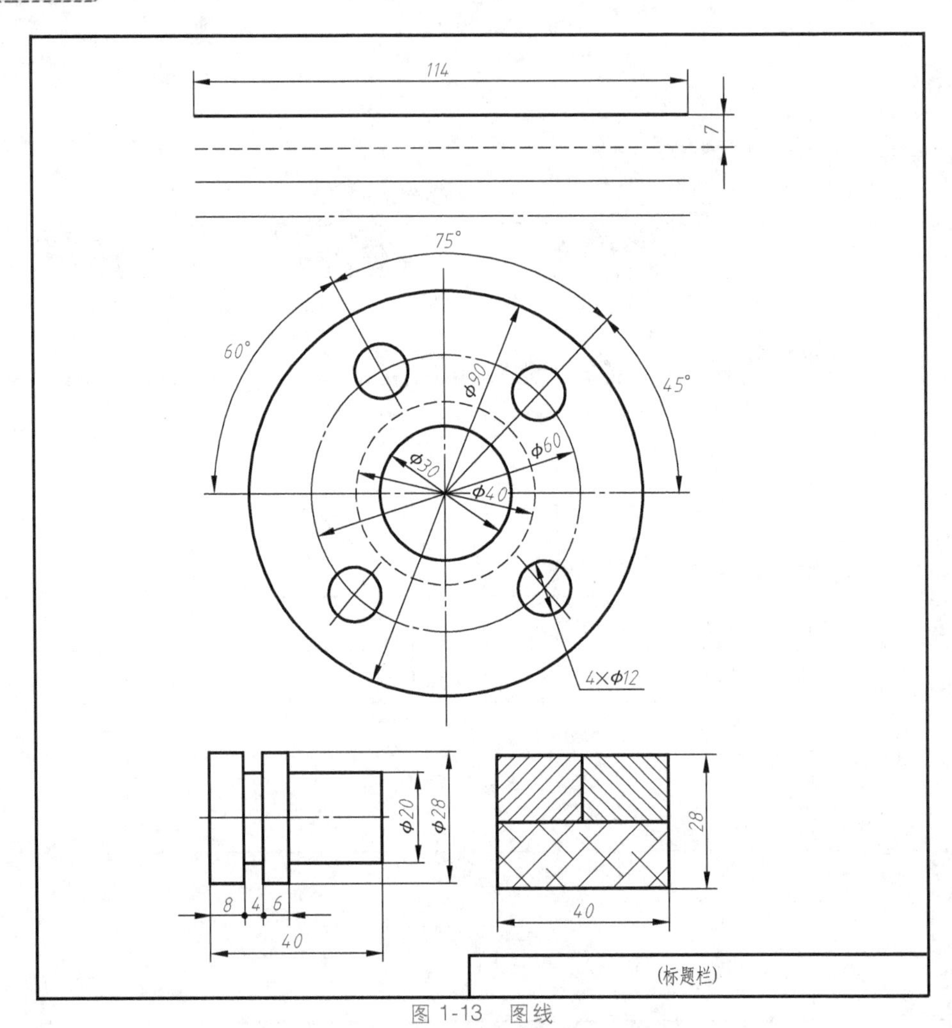

图 1-13 图线

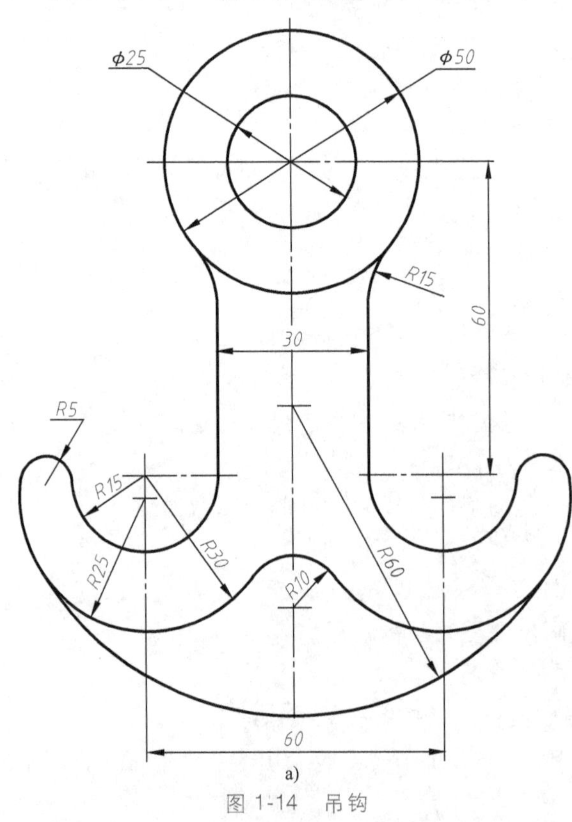

a)

图 1-14 吊钩

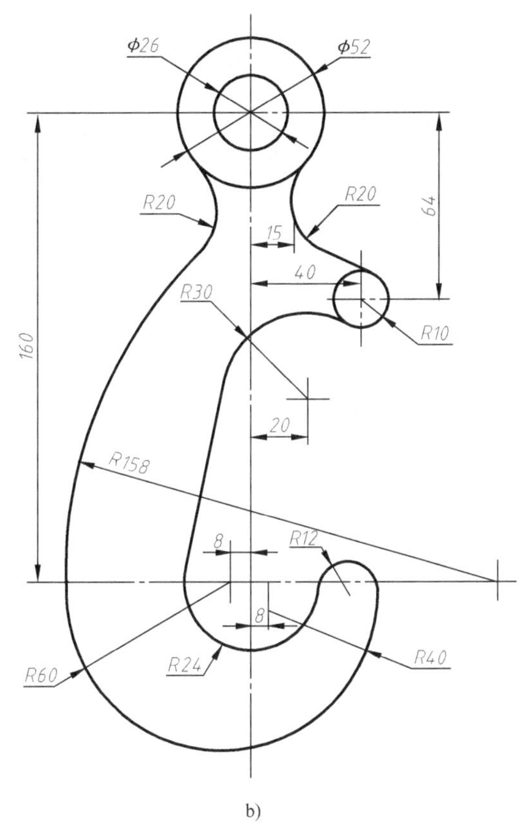

b)

图 1-14 吊钩（续）

实践目的：

1）学习平面图形的尺寸和线段分析。

2）掌握圆弧连接的作图方法。

3）贯彻国家标准规定的尺寸注法。

实践要求：

1）用 A4 幅面的图纸、竖放、绘图比例 1∶1，抄注尺寸。

2）分析尺寸和线段的性质，拟订出正确的绘图步骤。

3）遵守国家标准中的有关规定，全图中尺寸箭头大小一致（用模板画尺寸箭头）。同类图线粗细应一致。

实践提示：

1）按拟订的绘图步骤，先画已知线段，再画中间线段，最后画连接线段。

2）作圆弧连接时，应准确求出连接弧的圆心和切点的位置，以便描深时用。

3）底稿完成后应认真检查，然后按图线标准描深。

4）抄注全部尺寸。

5）按要求填写标题栏。

知识拓展

一、斜度

斜度是指一直线（或平面）对另一直线（或平面）的倾斜程度，其大小用两直线（或两平面）间夹角的正切值来表示，在图样中常以 1∶n（斜度 = $\tan\alpha = H/L$）的形式加以标注。斜度的符号、画法及标注如图 1-15 所示。

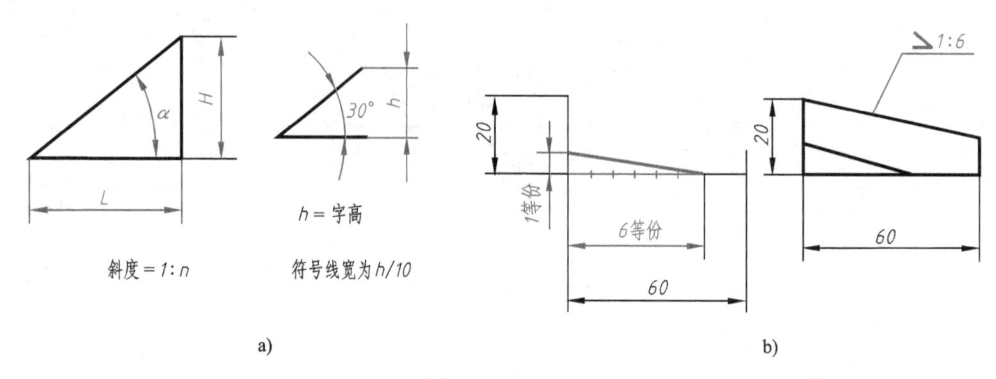

图 1-15 斜度的符号、画法及标注
a）斜度的概念及符号的画法 b）斜度作图方法和标注

二、 锥度

锥度是指正圆锥或圆台垂直轴线的两个截面圆的直径之差与截面间的轴向距离之比，图样中也常写成 1∶n（锥度=$2\tan\alpha=D/L=(D-d)/l$）的形式。锥度的符号、画法及标注如图 1-16 所示。

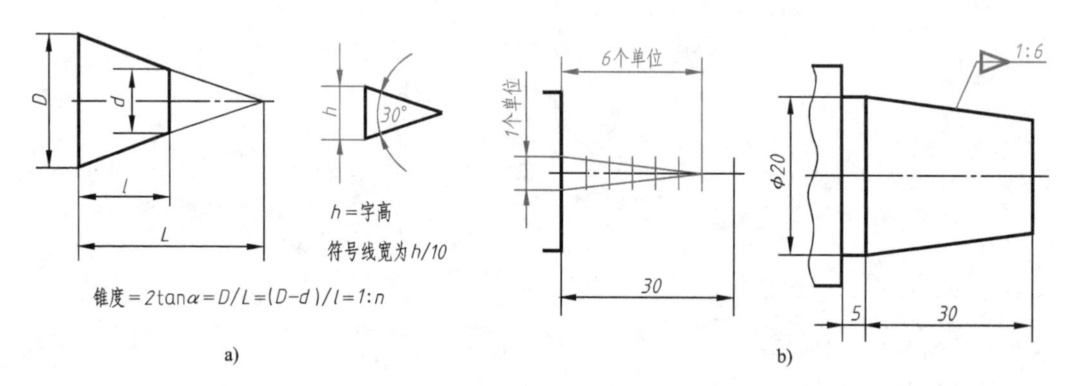

图 1-16 锥度的符号、画法及标注
a）锥度的概念及符号的画法 b）锥度作图方法和标注

三、6S 管理

6S 是日文整理、整顿、清扫、清洁、素养和安全六个单词的简称。

整理：区分必需品和非必需品，并清除后者，将混乱状态改变为整齐状态。

目的：改善各实习实训场地的形象与品质。

整顿：对各类工具、实训器材、设施设备、教学（实习）用品等每天进行整顿。确保能在很短时间（30s 内）找到需要的物品，以及各类工具的日常使用。

目的：提高工作效能，节省各种成本。

清扫：保持教学环境和设施设备的无垃圾、无灰尘、干净整洁状态。

目的：保持教学环境和设施设备处于良好的状态。

清洁：将整理、整顿、清扫进行彻底、持之以恒，并且制度化、公开化、透明化。

目的：将整理、整顿、清扫内化为每个人的自觉行为，从而全面提升每个人的职业素质。

素养：全体成员认真执行学校规章制度，严守纪律和标准，促进团队精神的形成。

目的：养成遵章守纪的好习惯，打造优秀的师生团队。

安全：注意、预防、杜绝、消除一切不安全因素和现象，时刻注意安全。

目的：人人都能预防危险，确保实习实训（一体化）教学安全。

技能拓展

1. 在指定位置按 1∶1 比例抄画图 1-17 所示的图形，练习斜度的画法。

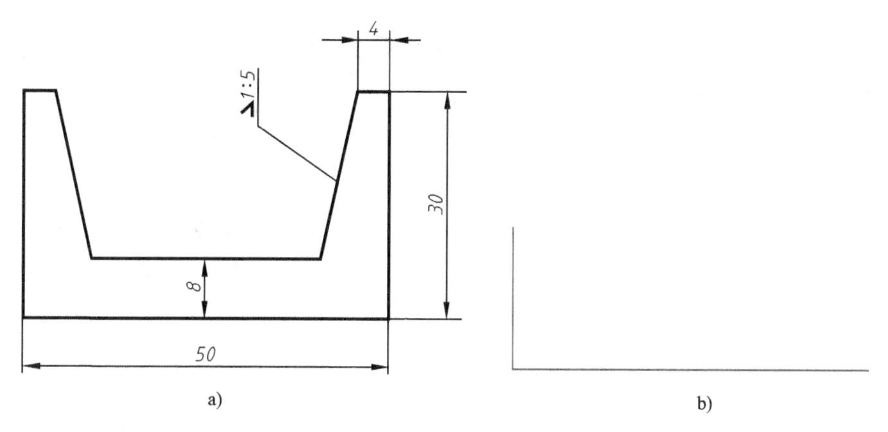

图 1-17　题 1 图

2. 在指定位置按 1∶1 比例抄画图 1-18 所示的图形，练习锥度的画法。

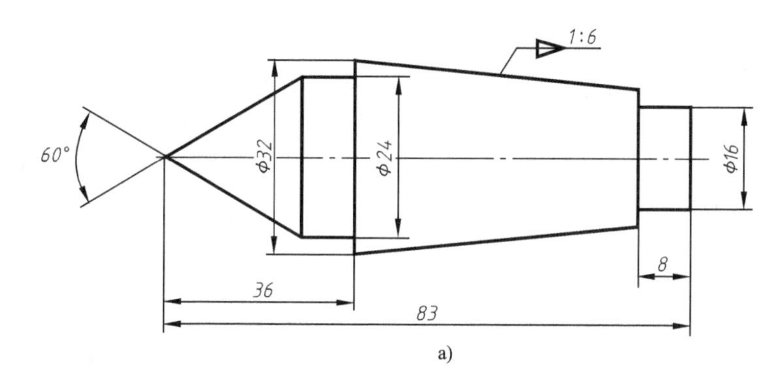

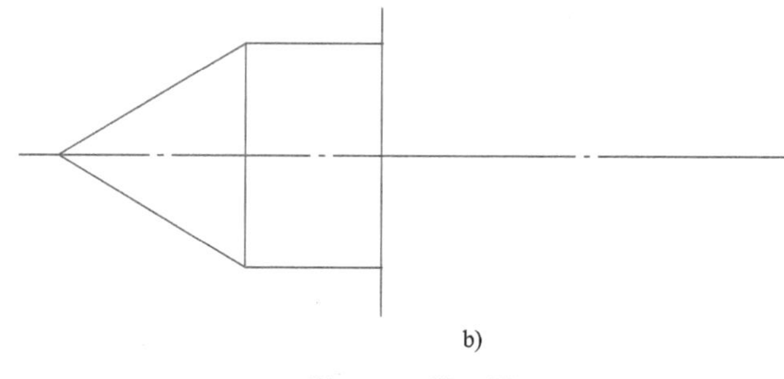

b)

图 1-18　题 2 图

项目2 PROJECT 2 简单零件图的绘制与识读

学习目标

1. 了解投影法的基本概念。
2. 掌握三视图的基本知识。
3. 掌握工程上常见基本体的投影及其尺寸注法。
4. 掌握截交体、相贯体和组合体零件视图的绘制及尺寸注法。
5. 熟悉简单零件轴测图的绘制。
6. 能熟记6S管理规定，并按照6S管理规定进行操作。

素养目标

1. 通过多角度识图分析，培养学生透过现象看本质的哲学思维，帮助学生树立大局观念、全局意识。
2. 通过观察实际模具进行制图训练，帮助学生树立唯物辩证法的思想，促进身心和人格健康发展。
3. 引入工程设计案例分享，培养学生的爱国情怀、社会责任感。

任务2.1 V形铁三视图的绘制

任务导入

图2-1所示为V形铁的立体图。如何正确运用平面图形表达V形铁的三视图？

任务分析

V形铁是简单的平面体零件，该零件的具体形状取决于其中的特征面形状。若想用三视图表达V形铁的结构、形状及大小，则必须掌握物体的投影原理、特点及规律等相关知识。

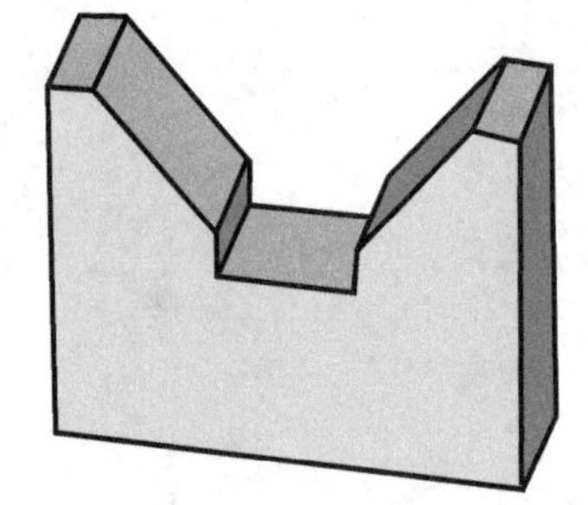

图2-1 V形铁

知识链接

一、投影法

投影是物体在光线照射下，产生影子的自然现象，如图2-2所示。

投影法是一组射线通过物体射向预定平面而得到图形的方法。

归纳1：

●要获得投影，必须具备__________、__________和__________三个基本条件，如图2-3所示。

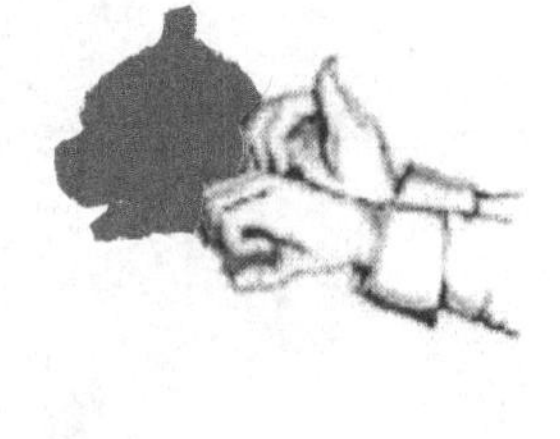

a) b)

图2-2 投影

二、正投影法

如图2-4所示，正投影法的投射线和投影面之间__________。

正投影的特性如下：

1）当直线或平面与投影面平行时，直线的投影反映__________，平面的投影反映__________

____，如图 2-5 所示。

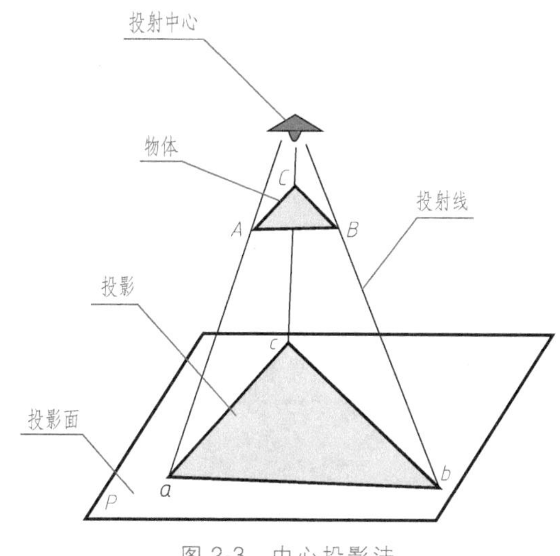

图 2-3　中心投影法

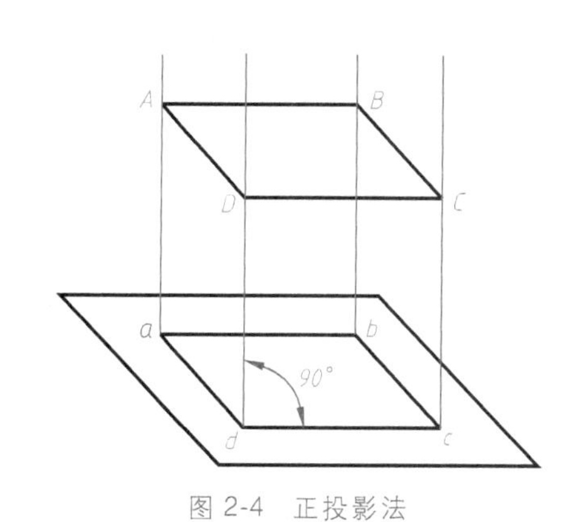

图 2-4　正投影法

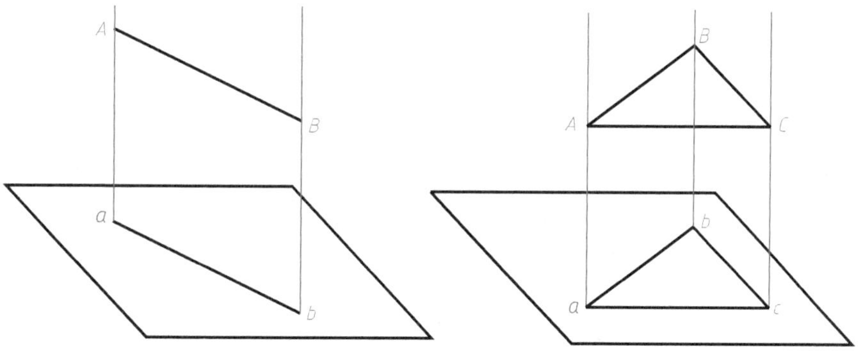

a)　　b)

图 2-5　直线与平面的投影（一）

2）当直线或平面与投影面垂直时，直线的投影积聚______________、平面的投影积聚______________，如图 2-6 所示。

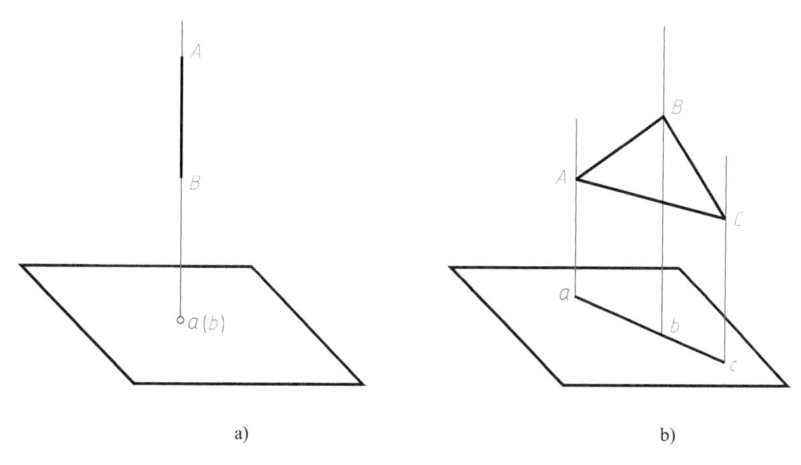

a)　　b)

图 2-6　直线与平面的投影（二）

3）当直线或平面与投影面倾斜时，直线的投影长度________、平面的投影面积________，如图 2-7 所示。

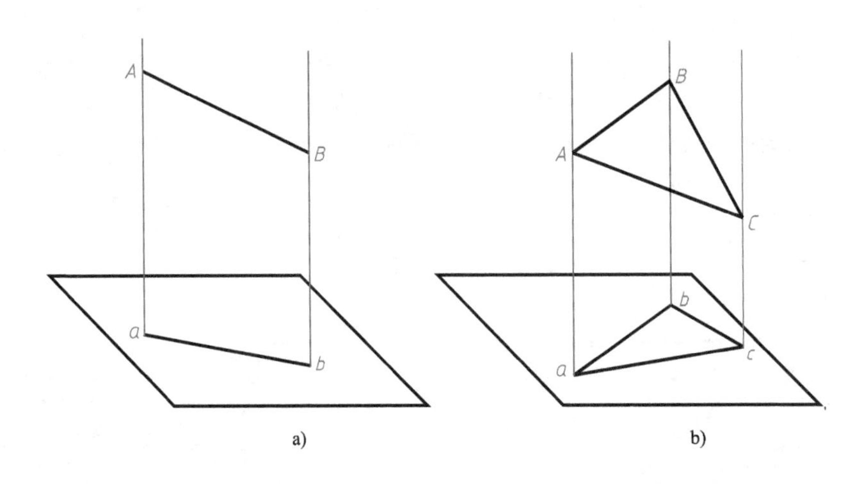

图 2-7　直线与平面的投影（三）

归纳 2：

●正投影法有________、________和________三大特性。

三、三视图的形成与投影规律

三视图的形成与投影规律

1. 三视图的形成

三投影面体系（图 2-8）由三个互相垂直的投影面组成。它们分别为正立投影面（简称正面或 *V* 面）、水平投影面（简称水平面或 *H* 面）、侧立投影面（简称侧面或 *W* 面）。

三个投影面之间的交线，称为投影轴。*V* 面与 *H* 面的交线称为 *OX* 轴（简称 *X* 轴），它代表物体的长度方向；*H* 面与 *W* 面的交线称为 *OY* 轴（简称 *Y* 轴），它代表物体的宽度方向；*V* 面与 *W* 面的交线称为 *OZ* 轴（简称 *Z* 轴），它代表物体的高度方向。

三根投影轴两两互相垂直，其交点 *O* 称为原点。

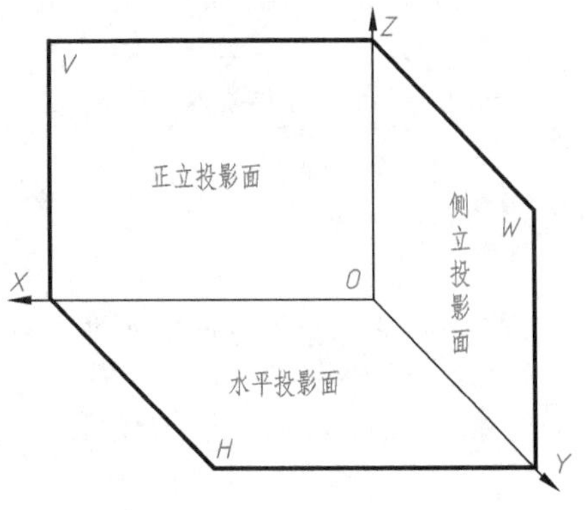

图 2-8　三投影面体系

归纳 3：

●三视图的形成。将物体放置在三投影面体系中，按正投影法向各投影面投射，如图 2-9a 所示。

●从物体的前面向后面投影，在 *V* 面上得到的视图称为__________。

●从物体的上面向下面投影，在 *H* 面上得到的视图称为__________。

●从物体的左面向右面投影，在 *W* 面上得到的视图称为________。

2. 三投影面的展开

为了画图方便，需将互相垂直的三个投影面展开在同一个平面上。具体方法是：*V* 面保持不动，*H* 面绕 *OX* 轴向下旋转 90°，*W* 面绕 *OZ* 轴向右旋转 90°，如图 2-9a 所示，使 *H* 面、*V* 面与 *W* 面在同一个平面上（这个平面就是图纸），得到了如图 2-9b 所示的展开后的三视图。一般物体的三视图采用无轴投影，如图 2-9c 所示。

3. 三视图的投影规律

（1）三视图间的位置关系　以主视图为准，俯视图在它的正下方，左视图在它的正右方。

（2）三视图间的投影关系　从三视图的三等对应关系（图 2-10）中可以看出，物体有长、宽、高三个尺寸，但每个视图只能反映其中的两个尺寸。

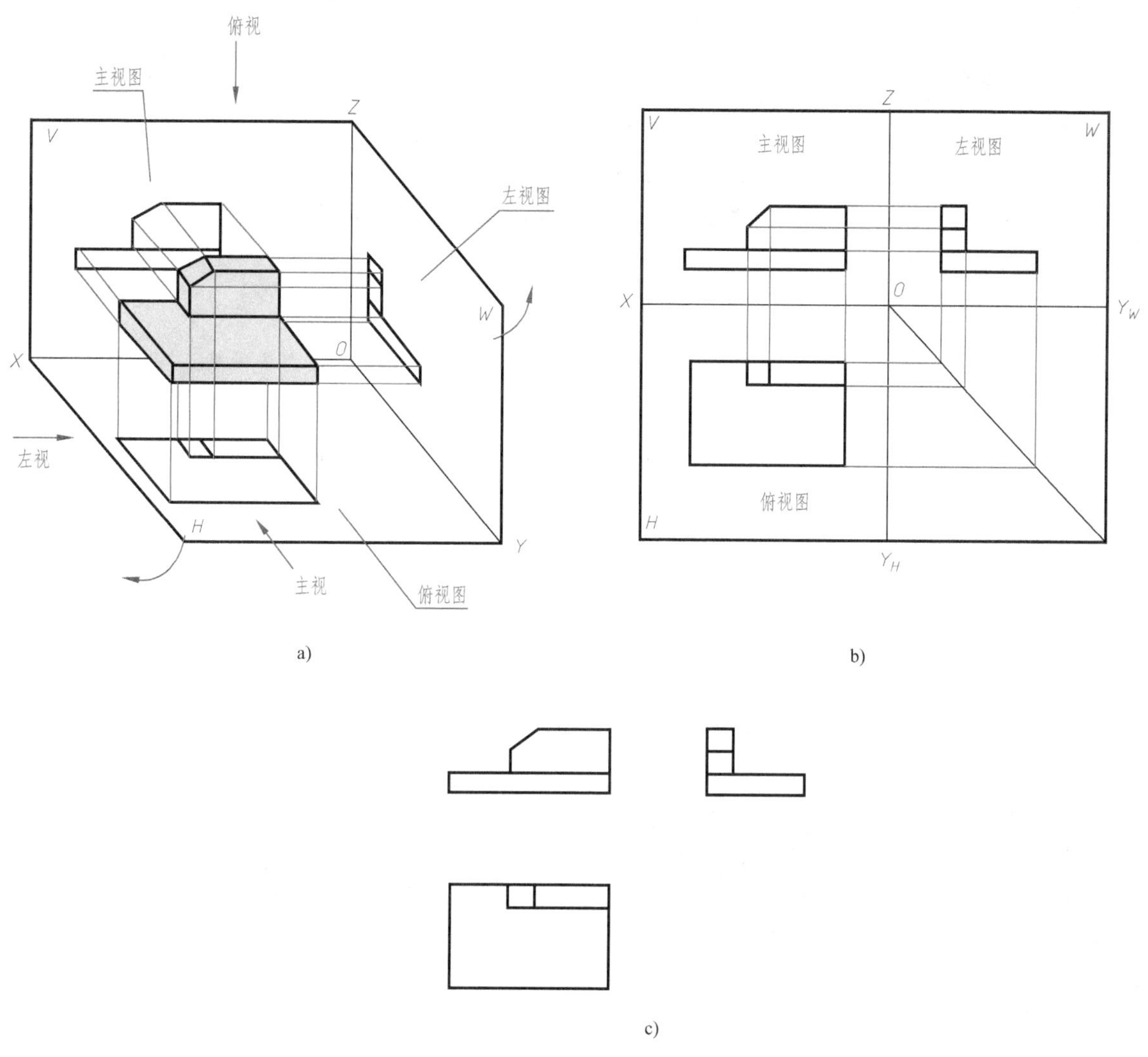

图 2-9 三视图的形成

归纳 4: 三视图的度量关系

● 主视图反映物体的________________。

● 俯视图反映物体的________________。

● 左视图反映物体的________________。

归纳 5: 三视图的“三等”规律

● 主、俯视图________________。

● 主、左视图________________。

● 俯、左视图________________。

4. 三视图与物体的方位关系

三视图与物体的方位关系，指的是以绘图（或读图）者面对正面（即主视图的投射方向）来观察物体为准，读物体的上、下、左、右、前、后六个方位在三视图中的对应关系，如图 2-11 所示。

归纳 6: 三视图的方位关系

● 主视图反映物体的________________。

● 俯视图反映物体的________________。

● 左视图反映物体的________________。

● 俯、左视图靠近主视图的一边（里边），均表示物体的____；远离主视图的一边（外边），均表示物体的________。

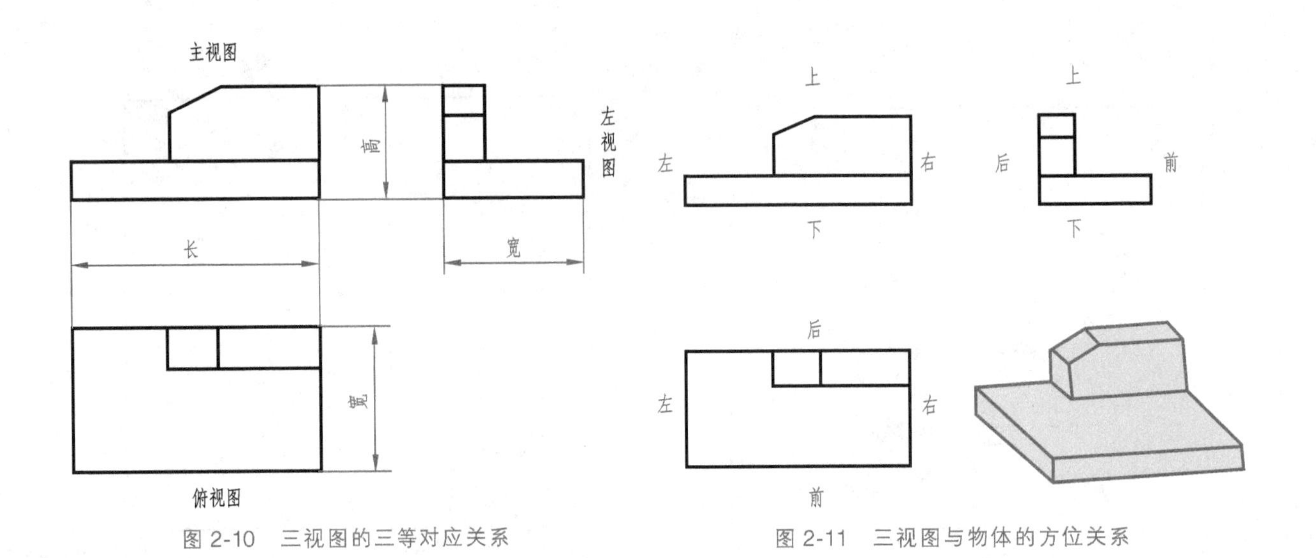

图 2-10　三视图的三等对应关系　　　图 2-11　三视图与物体的方位关系

任务计划与决策

填写工作任务计划与决策单（表 2-1）。

表 2-1　工作任务计划与决策单

<table>
<tr><td>专业</td><td></td><td>班级</td><td colspan="4"></td></tr>
<tr><td>组别</td><td></td><td>任务名称</td><td>V 形铁三视图的绘制</td><td>参考学时</td><td colspan="2">4 学时</td></tr>
<tr><td>任务计划</td><td colspan="6">各组根据任务内容制订绘制 V 形铁三视图的任务计划</td></tr>
<tr><td rowspan="5">任务决策</td><td>项目</td><td colspan="2">可选方案</td><td colspan="2">方案分析</td><td>结论</td></tr>
<tr><td rowspan="2">主视图方向</td><td colspan="2">方案 1</td><td colspan="2"></td><td></td></tr>
<tr><td colspan="2">方案 2</td><td colspan="2"></td><td></td></tr>
<tr><td rowspan="2">绘图方案</td><td colspan="2">方案 1</td><td colspan="2"></td><td></td></tr>
<tr><td colspan="2">方案 2</td><td colspan="2"></td><td></td></tr>
</table>

任务实施

填写工作任务实施单（表 2-2）。

V 型铁三视图的画法

表 2-2 工作任务实施单

专业		班级		姓名		学号	
组别		任务名称	V 形铁三视图的绘制	参考学时	4 学时		
任务图	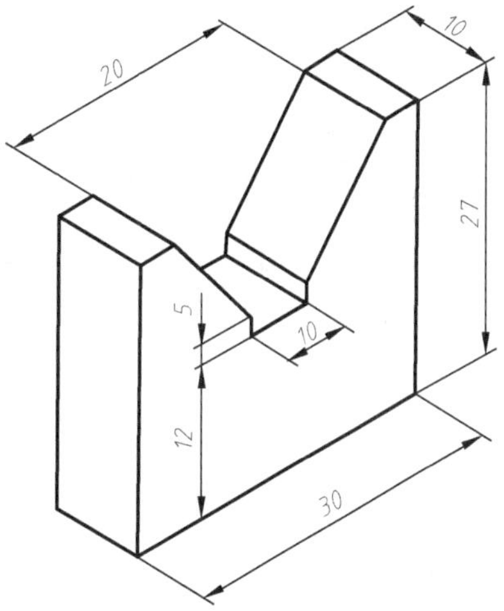 20 10 27 5 10 12 30						
绘制 V 形铁的三视图							

任务评价

填写工作任务评价单（表 2-3）。

表 2-3　工作任务评价单

<table>
<tr><td>班级</td><td></td><td>姓名</td><td></td><td>学号</td><td></td><td>成绩</td><td></td></tr>
<tr><td>组别</td><td></td><td>任务名称</td><td colspan="2">V 形铁三视图的绘制</td><td colspan="2">参考学时</td><td>4 学时</td></tr>
<tr><td>序号</td><td colspan="2">评价内容</td><td>分数</td><td>自评分</td><td>互评分</td><td colspan="2">组长或教师评分</td></tr>
<tr><td>1</td><td colspan="2">课前准备（课前预习情况）</td><td>5</td><td></td><td></td><td colspan="2"></td></tr>
<tr><td>2</td><td colspan="2">知识链接（完成情况）</td><td>25</td><td></td><td></td><td colspan="2"></td></tr>
<tr><td>3</td><td colspan="2">任务计划与决策</td><td>10</td><td></td><td></td><td colspan="2"></td></tr>
<tr><td>4</td><td colspan="2">任务实施（图线、表达方案、图形布局等）</td><td>25</td><td></td><td></td><td colspan="2"></td></tr>
<tr><td>5</td><td colspan="2">绘图质量</td><td>30</td><td></td><td></td><td colspan="2"></td></tr>
<tr><td>6</td><td colspan="2">遵守课堂纪律</td><td>5</td><td></td><td></td><td colspan="2"></td></tr>
<tr><td colspan="3">总分</td><td>100</td><td></td><td></td><td colspan="2"></td></tr>
<tr><td colspan="6">综合评价（自评分×20%+互评分×40%+组长或教师评分×40%）</td><td colspan="2"></td></tr>
</table>

组长签字：　　　　　　　　　　　　　　　　　　　　教师签字：

<table>
<tr><td>学习体会</td><td>签名：　　　　　　日期：</td></tr>
</table>

技能强化

1. 根据图 2-12 中的简单平面体对应的三视图，将对应的立体图字母填写在三视图的括号内。

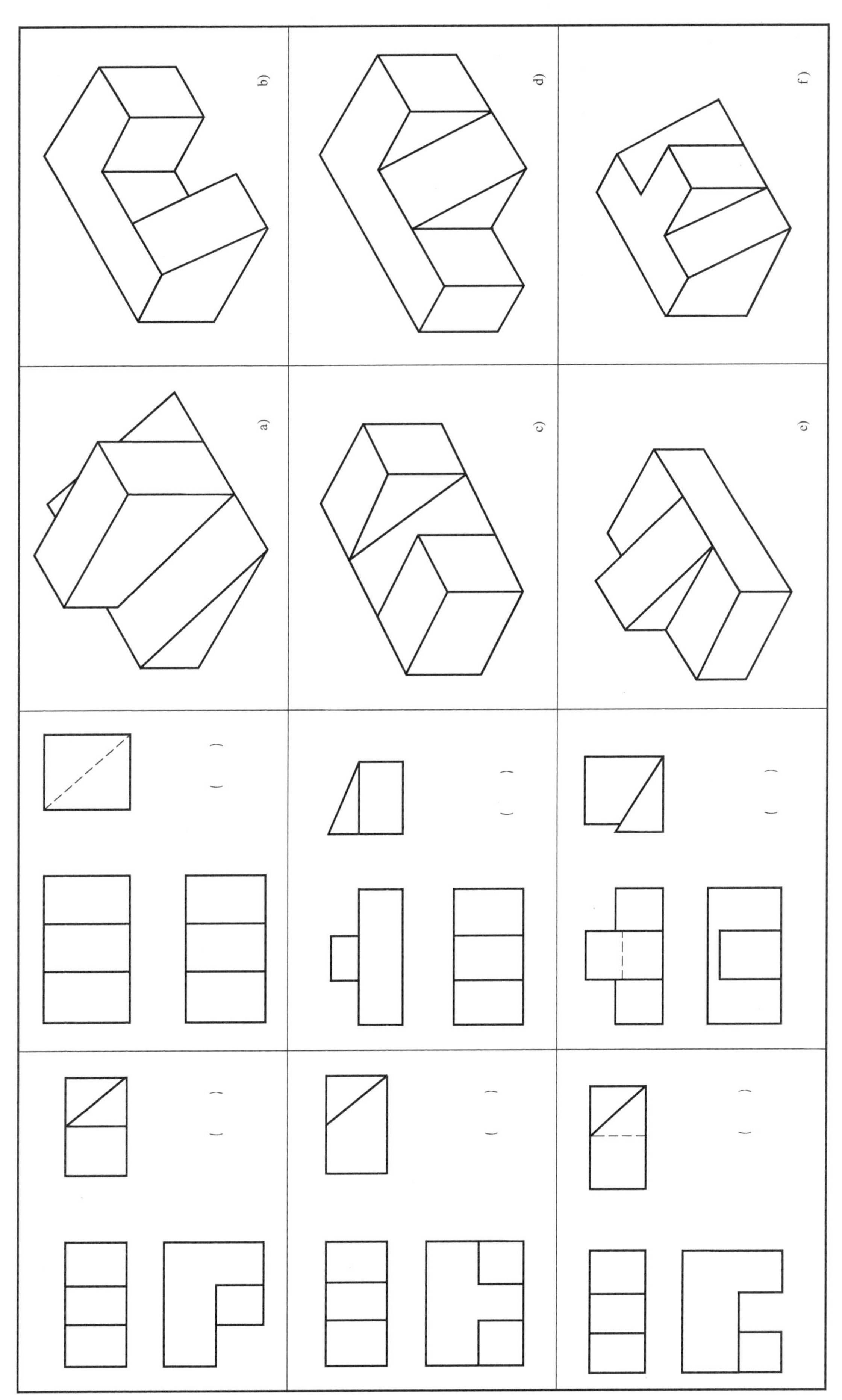

图 2-12 题 1 图

2. 根据图 2-13 中立体图补画物体的左视图。

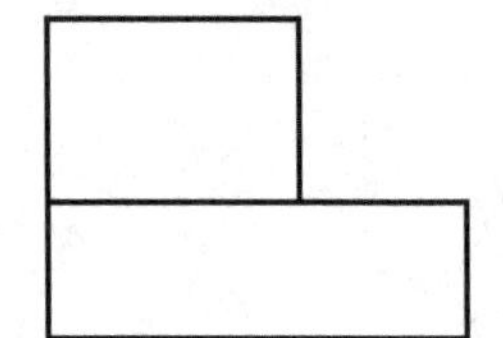

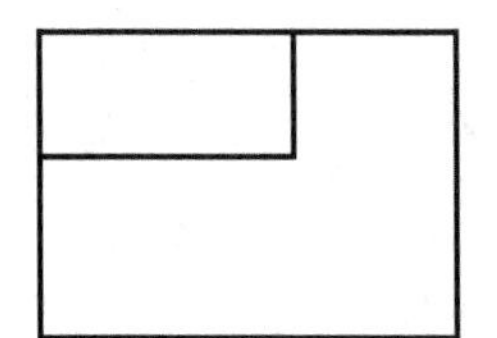

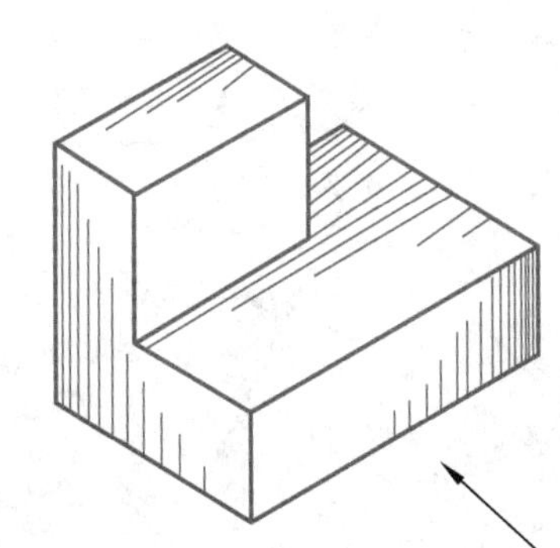

a)

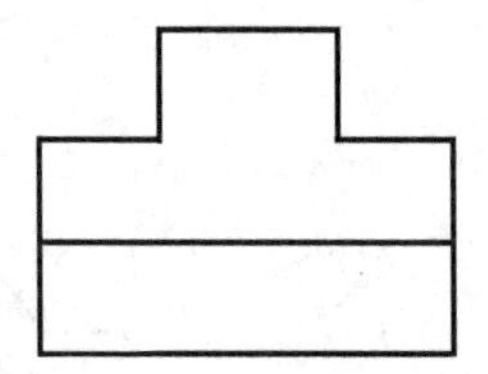

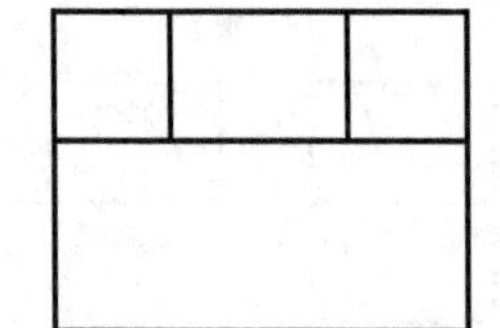

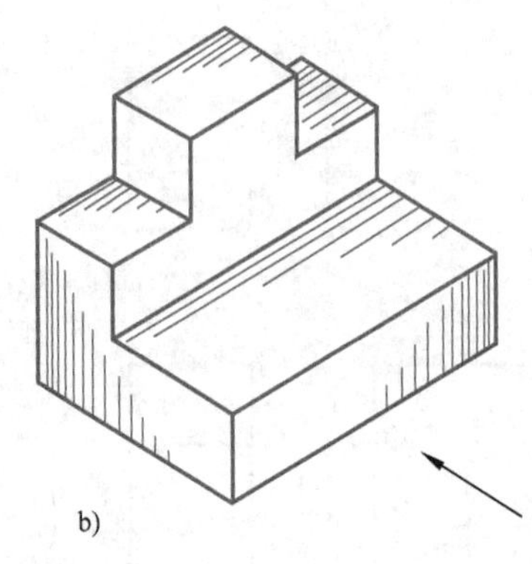

b)

图 2-13 题 2 图

3. 绘制图 2-14 中平面体的三视图（尺寸直接由立体图量取）。

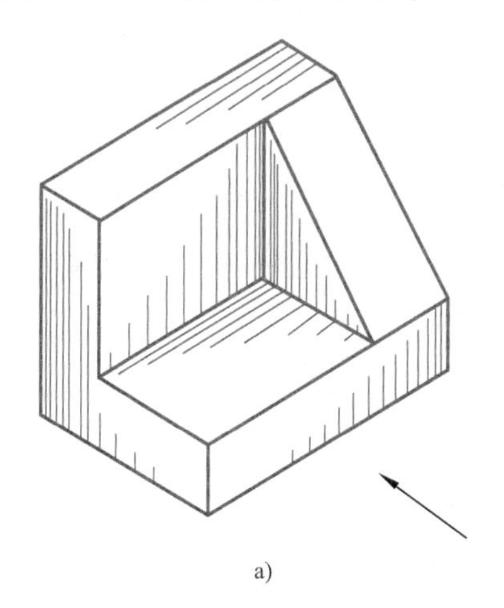
a)

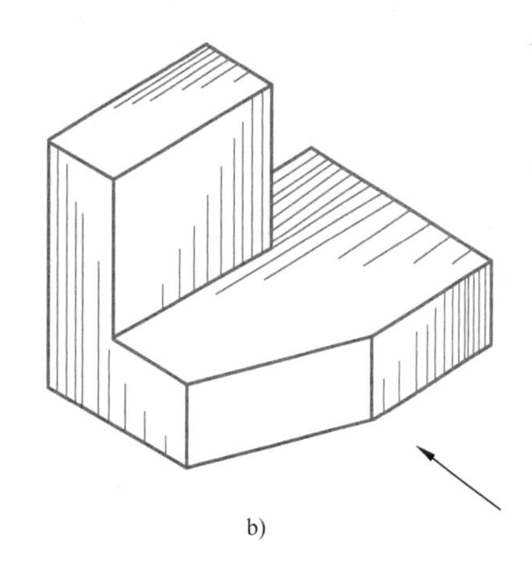
b)

图 2-14　题 3 图

任务 2.2 平面体表面上点、线、面的识读

任务导入

通过图 2-15 所示平面体表面上的点、线、面，学习点的投影规律，解释线、面的投影特性，运用此规律在平面体三视图中标出各点、线、面的投影。

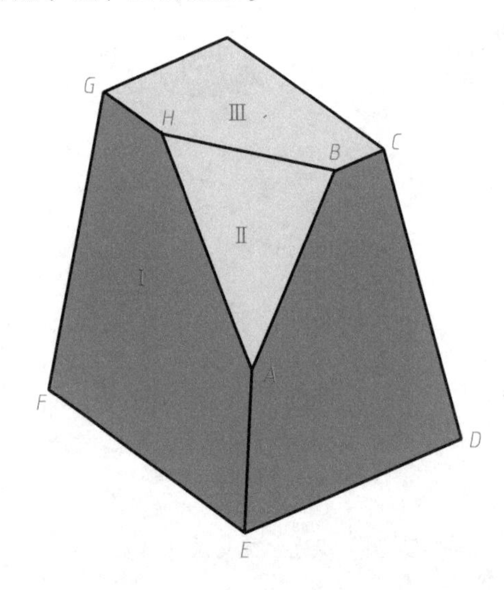

图 2-15 平面体

任务分析

从图 2-15 可知，该零件属于简单的平面体零件，在三视图上标注立体表面上的点、线、面，需要掌握点的投影规律及线面投影特性的相关知识。

知识链接

点的投影

一、点的投影分析

1. 点的投影

如图 2-16a 所示，假设空间有一点 A，过点 A 分别向 H 面、V 面和 W 面作垂线，得到三个垂足 a、a'、a''，便是点 A 在三个投影面上的投影。

如图 2-16b 所示，空间点（如 A、B、C）投影的标记规定为：H 面投影用相应的小写字母表示，如 a、b、c；V 面投影用相应的小写字母加撇表示，如 a'、b'、c'；W 面投影用相应的小写字母加两撇表示，如 a''、b''、c''。

2. 点的三面投影与直角坐标的关系

点的空间位置可用直角坐标来表示，如图 2-17a 所示。即把投影面当作坐标面，投影轴当作坐标轴，点 O 即为坐标原点。一个投影点反映了两个坐标值（图 2-17b），如投影 a 的坐标为（x_A，y_A）。

归纳 1：

●点的 X 坐标反映点到____面距离。

●点的 Y 坐标反映点到____面距离。

●点的 Z 坐标反映点到____面距离。

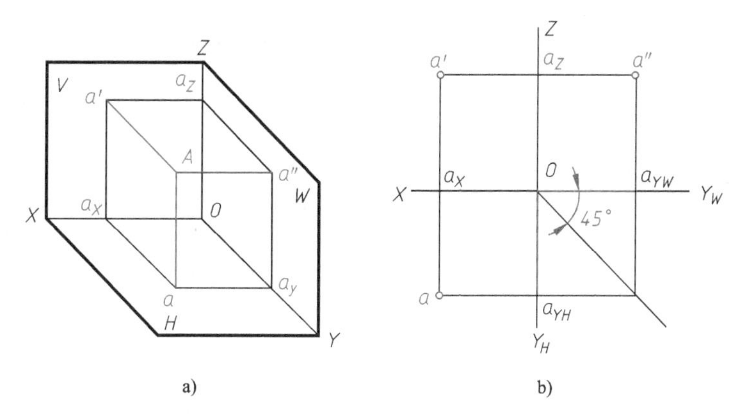

a) b)

图 2-16 点的三面投影

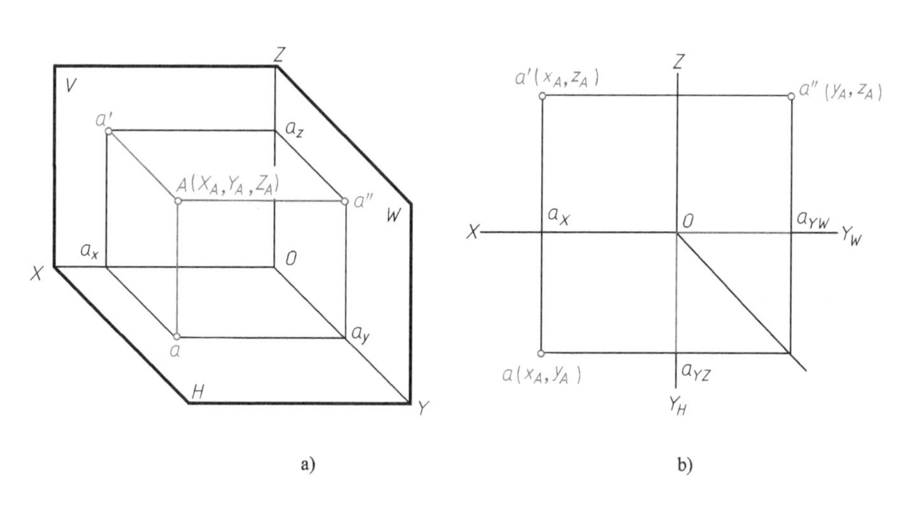

a) b)

图 2-17 点的投影与直角坐标

归纳 2：点的投影规律

●点的任意两投影面的投影的连线与所夹投影轴______。

●点的 H 面投影至 OX 轴的距离____W 面投影到 OZ 轴的距离。

3. 两点的相对位置

两点的相对位置是指两点间前后、左右、上下的位置关系。两点在空间的相对位置由两点的坐标差来确定。

归纳 3：两点相对位置的判断方法

●两点间的左、右位置关系由________来确定，坐标值大者在____边。

●两点间的前、后位置关系由________来确定，坐标值大者在____边。

●两点间的上、下位置关系由________来确定，坐标值大者在____边，如图 2-18 所示。

归纳 4： 重影点及可见性判断

●若空间两点在某一投影面上的投影重合，则空间两点的某两坐标____，并在同一投射线上。

●可见性的判别：对 H 面的重影点，从上向下观察，____坐标值大者可见；对 W 面的重影点，从左向右观察，____坐标值大者可见；对 V 面的重影点，从前向后观察，____坐标值大者可见。

二、直线的投影分析

线的投影

1. 直线投影的形成

直线由两点确定，故直线的投影可由直线上两点的同面投影确定。如图 2-19 所示，分别将 A、B 两点的同面投影连接，即可得到直线 AB 的投影。

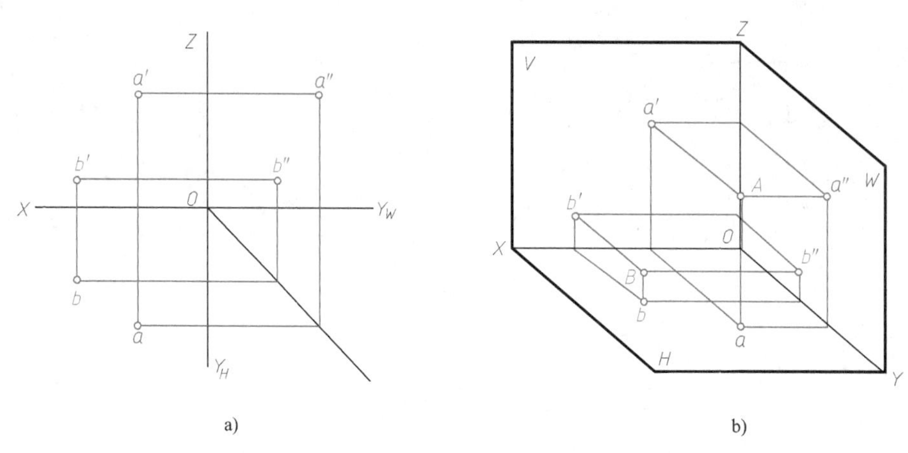

图 2-18　两点的相对位置

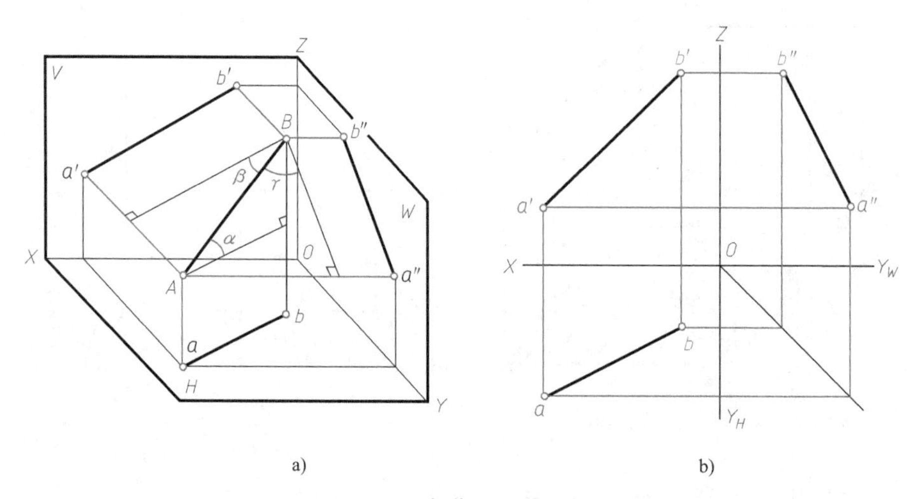

图 2-19　一般位置直线的投影

2. 直线在三投影面体系中的投影特性

根据直线在三投影面体系中对投影面所处的位置不同，可将直线分为一般位置直线、投影面平行线和投影面垂直线三类。

（1）一般位置直线　与三个投影面都倾斜的直线称为一般位置直线，如图 2-19 所示。

归纳 5：一般位置直线的投影特性

●一般位置直线的三个投影均与投影轴倾斜且不反映实长。

（2）投影面平行线　平行于一个投影面且倾斜于另外两个投影面的直线称为投影面平行线，可分为正平线、水平线和侧平线三种，其分别平行于 *V* 面、*H* 面和 *W* 面。投影面平行线的投影特性见表 2-4。

表 2-4　投影面平行线的投影特性

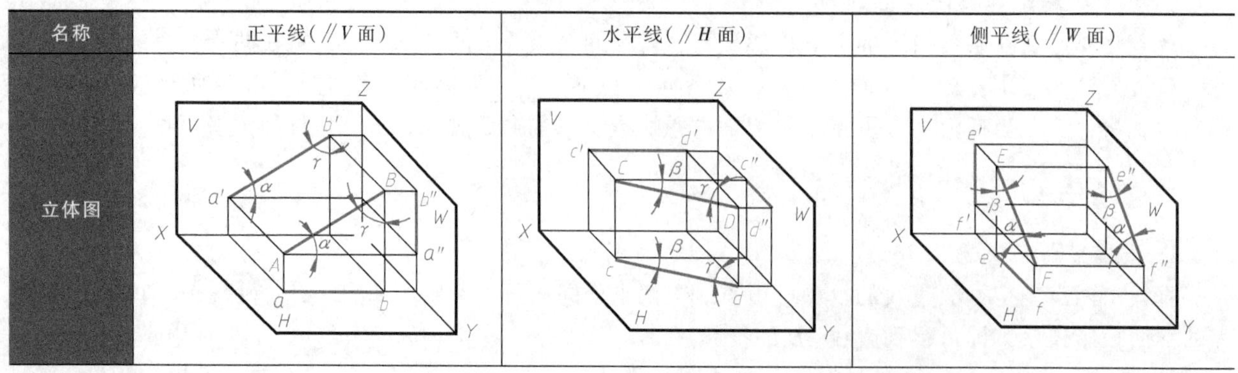

名称	正平线（∥*V* 面）	水平线（∥*H* 面）	侧平线（∥*W* 面）
立体图			

（续）

名称	正平线（$/\!/ V$ 面）	水平线（$/\!/ H$ 面）	侧平线（$/\!/ W$ 面）
投影图	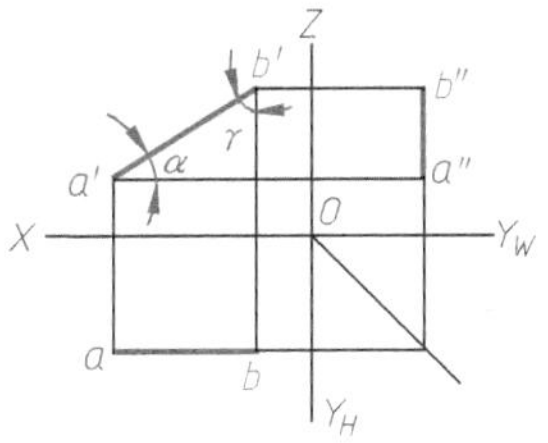	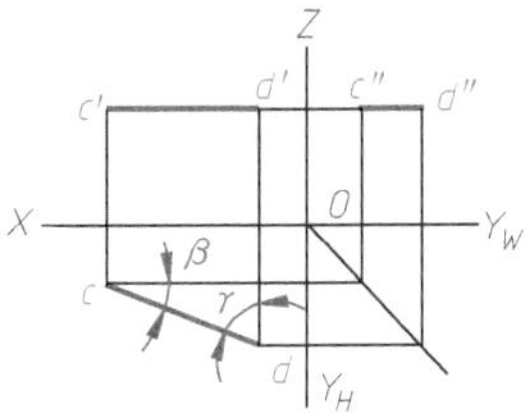	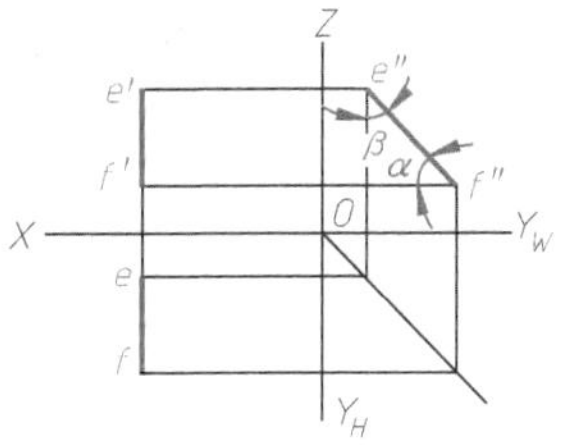
投影特性	1）$ab /\!/ OX$，$a''b'' /\!/ OZ$ 2）$a'b' = AB$ 3）反映 α、γ 大小	1）$c'd' /\!/ OX$，$c''d'' /\!/ OY_W$ 2）$cd = CD$ 3）反映 β、γ 大小	1）$e'f' /\!/ OZ$，$ef /\!/ OY_H$ 2）$e''f'' = EF$ 3）反映 α、β 大小

归纳 6：投影面平行线的投影特性

●直线在与其平行的投影面上的投影，反映该线段的实长且倾斜于投影轴。

●直线在其他两个投影面上的投影分别平行于相应的投影轴且不反映实长。

（3）投影面垂直线　垂直于一个投影面且同时平行于另外两个投影面的直线称为投影面垂直线，可分为正垂线、铅垂线和侧垂线三种，其分别垂直于 V 面、H 面和 W 面。投影面垂直线的投影特性见表 2-5。

表 2-5　投影面垂直线的投影特性

名称	正垂线（$\perp V$ 面）	铅垂线（$\perp H$ 面）	侧垂线（$\perp W$ 面）
立体图	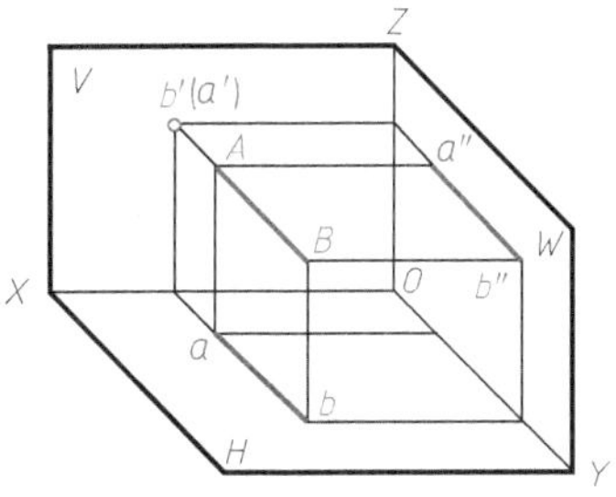	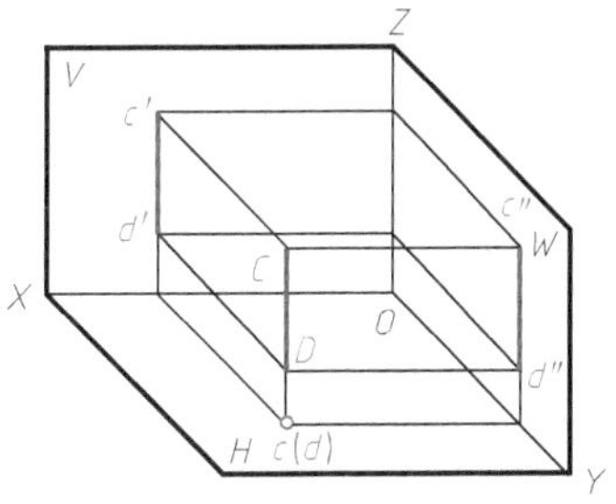	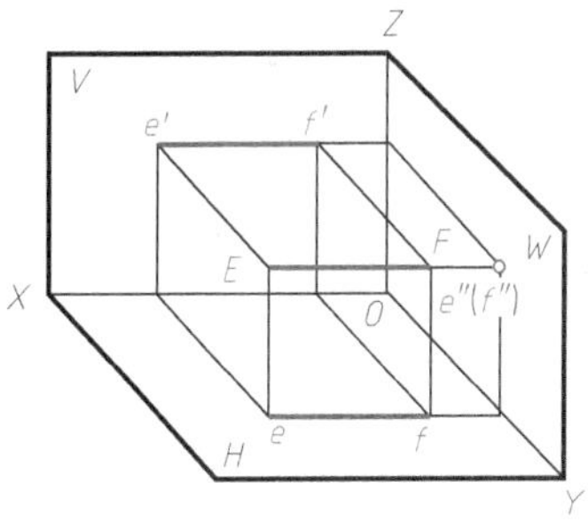
投影图	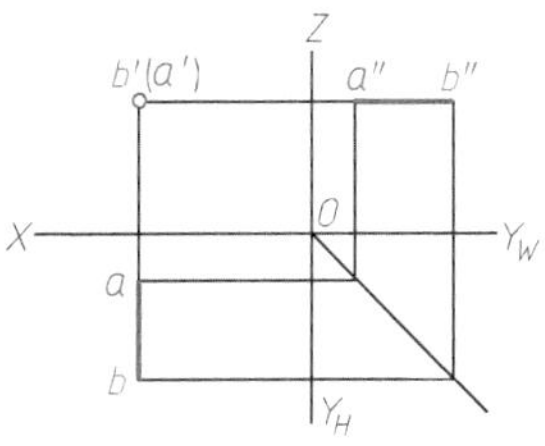	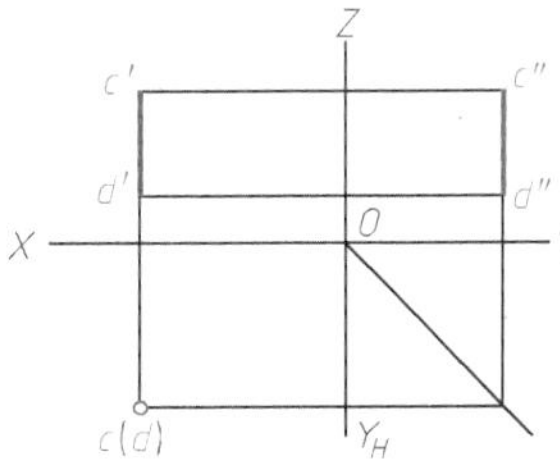	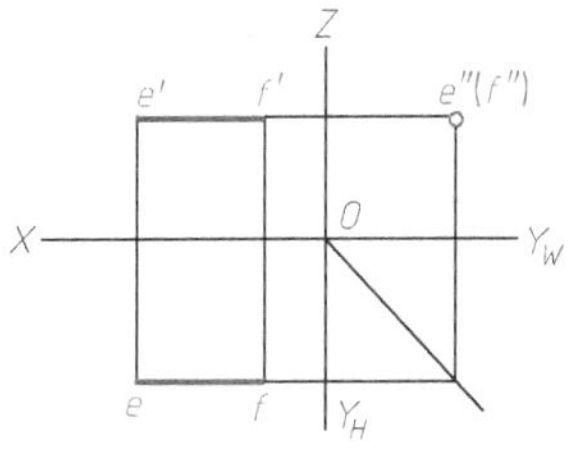
投影特性	1）V 面投影为一个点，有积聚性 2）$ab \perp OX$，$a''b'' \perp OZ$ 3）$ab = a''b'' = AB$	1）H 面投影为一个点，有积聚性 2）$c'd' \perp OX$，$c''d'' \perp OY_W$ 3）$c'd' = c''d'' = CD$	1）W 面投影为一个点，有积聚性 2）$e'f' \perp OZ$，$ef \perp OY_H$ 3）$e'f' = ef = EF$

归纳 7：投影面垂直线的投影特性

●直线在与其所垂直的投影面上的投影积聚成一点。

●直线在其他两个投影面上的投影分别垂直于相应的投影轴，且反映该线段的实长。

平面的投影

三、平面的投影分析

根据平面在三投影面体系中对投影面所处的位置不同，可将平面分为一般位置平面、投影面平行面和投影面垂直面三类。

1. 一般位置平面

与三个投影面都倾斜的平面称为一般位置平面，如图 2-20 所示。

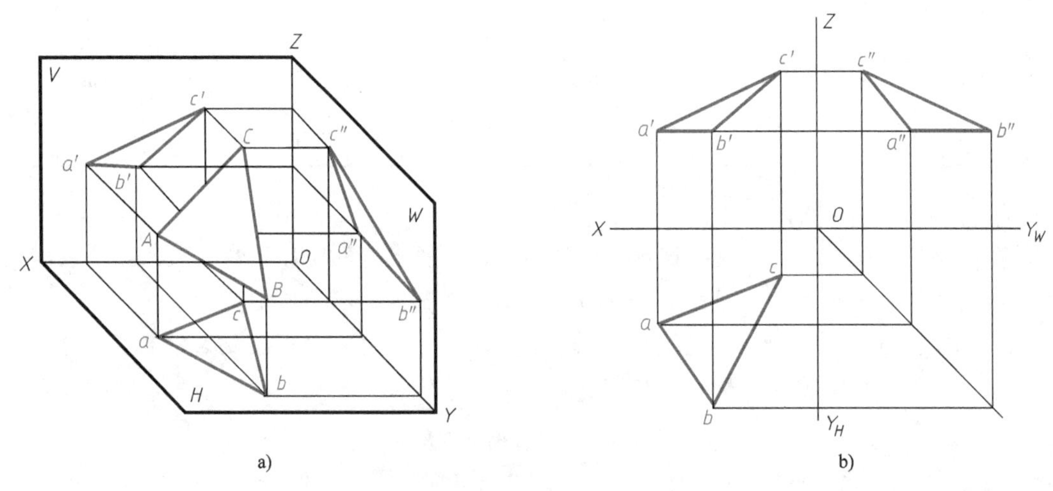

图 2-20　一般位置平面

归纳 8：一般位置平面的投影特征

●一般位置平面的三个投影是缩小了的平面图形。

2. 投影面平行面

平行于一个投影面（必同时垂直于另外两个投影面）的平面称为投影面平行面。投影面平行面的投影特性见表 2-6。

表 2-6　投影面平行面的投影特性

名称	水平面（∥H 面）	正平面（∥V 面）	侧平面（∥W 面）
立体图			
投影图			

（续）

名称	水平面（//H面）	正平面（//V面）	侧平面（//W面）
投影特性	1）水平投影反映实形 2）正面投影和侧面投影积聚为一条线段，且分别平行于 OX 和 OY_W	1）正面投影反映实形 2）水平投影和侧面投影积聚为一条线段，且分别平行于 OX 和 OZ	1）侧面投影反映实形 2）正面投影和水平投影积聚为一条线段，且分别平行于 OZ 和 OY_H

归纳 9：投影面平行面的投影特性

●在所平行的投影面上的投影反映实形，其他投影为有积聚性的直线段，且平行于相应的投影轴。

3. 投影面垂直面

垂直于一个投影面且倾斜于另外两个投影面的平面称为投影面垂直面。投影面垂直面的投影特性见表 2-7。

表 2-7 投影面垂直面的投影特性

名称	铅垂面（⊥H面）	正垂面（⊥V面）	侧垂面（⊥W面）
立体图	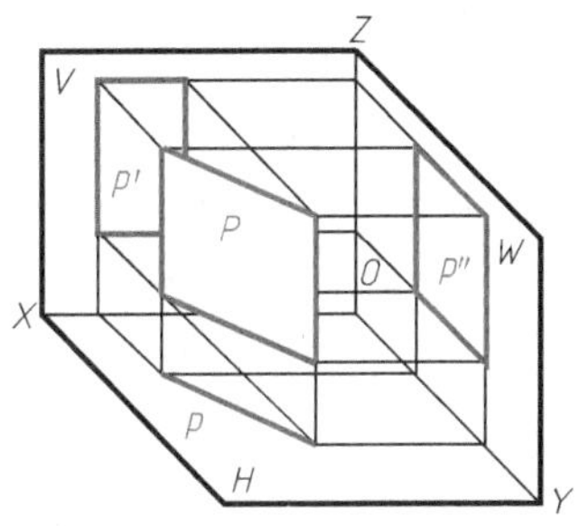 Z V X W Y H O p′ P p″ p	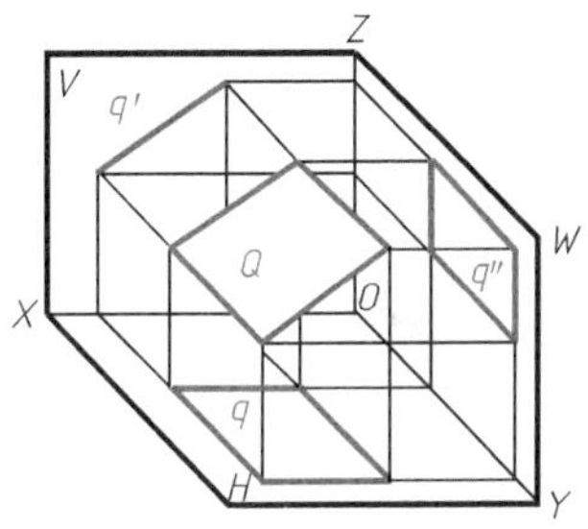 Z V X W Y H O q′ Q q″ q	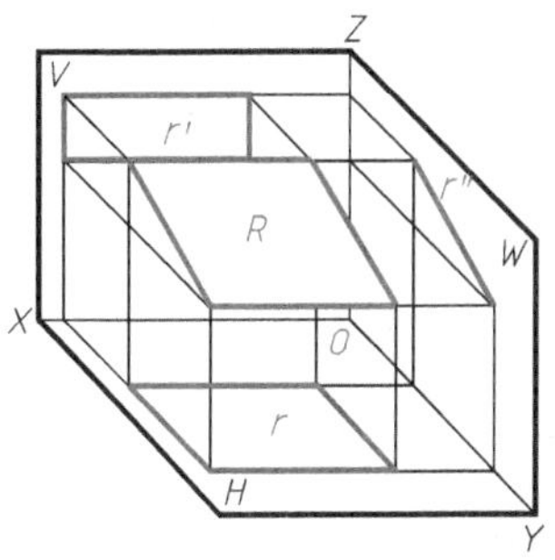 Z V X W Y H O r′ R r″ r
投影图	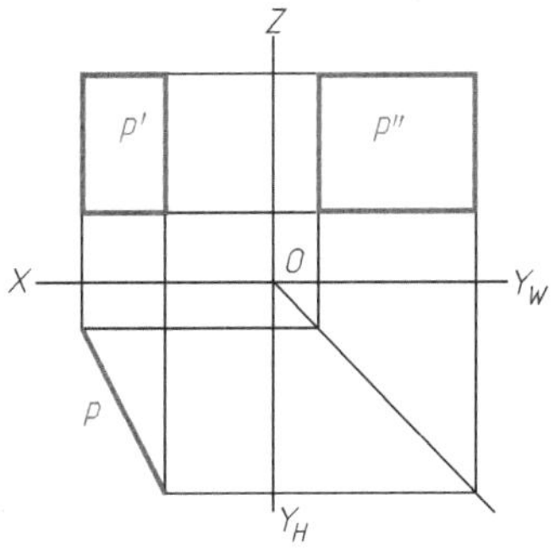 Z X O Y_W Y_H p′ p″ p	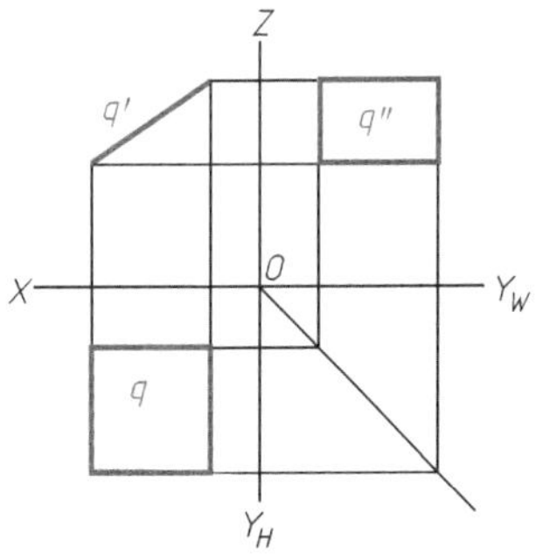 Z X O Y_W Y_H q′ q″ q	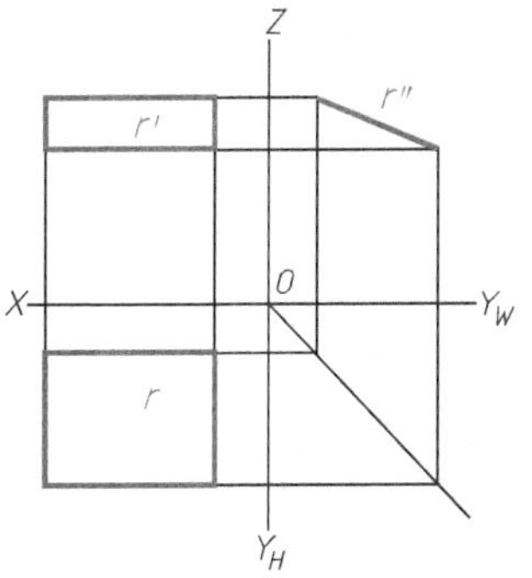 Z X O Y_W Y_H r′ r″ r
投影特性	水平投影积聚为一条线段	正面投影积聚为一条线段	侧面投影积聚为一条线段

归纳 10：投影面垂直面的投影特性

●在所垂直的投影面上的投影为有积聚性的直线段，且倾斜于投影轴，其他的投影为原形的类似形。

任务计划与决策

填写工作任务计划与决策单（表 2-8）。

表 2-8　工作任务计划与决策单

专业		班级			
组别		任务名称	平面体表面上点、线、面的识读	参考学时	4 学时
任务计划	各组根据任务内容制订平面体表面上点、线、面的识读的任务计划				
任务决策	项目	判断要点	结论		
	点的投影	点的投影规律			
	直线的投影	各种位置直线的投影特征			
	平面的投影	各种位置平面的投影特征			

任务实施

求点的第三投影

填写工作任务实施单（表 2-9）。

表 2-9　工作任务实施单

专业		班级		姓名		学号	
组别		任务名称	平面体表面上点、线、面的识读		参考学时	4 学时	
任务图	a)　b)						
平面体表面上点、线、面的识读	1)根据立体图，在三视图中标出各点的投影 2)平面体上______和______、______和______、______和______是重影点 3)点 C 在点 D 之______(上、下)，点 D 在点 B 之______(左、右)，点 A 在点 C 之______(前、后) 4)点 A 在点 E 之______、______、______(前、后，左、右，上、下) 5)CD 线是______线，在______面上反映线段实长，其他投影均______于相应的投影轴 6)BH 线是______线，在______面上反映线段实长，其他投影均______于相应的投影轴 7)AB 线是______线，其三面投影均__________，且均与投影轴______ 8)根据三视图标出平面Ⅰ、Ⅱ、Ⅲ的投影，并描深平面轮廓线 ①Ⅰ面是______面，与 V 面______。在______面上的投影积聚为______，其他投影为__________ ②Ⅱ面是______面，与 H 面、V 面、W 面都______。三面投影均为______ ③Ⅲ面是______面，与 H 面______。在______面上的投影反映______，其他投影为__________							

任务评价

填写工作任务评价单（表 2-10）。

表 2-10 工作任务评价单

班级		姓名		学号		成绩	
组别		任务名称	平面体表面上点、线、面的识读	参考学时	4 学时		

序号	评价内容	分数	自评分	互评分	组长或教师评分
1	课前准备(课前预习情况)	5			
2	知识链接(完成情况)	25			
3	任务计划与决策	10			
4	任务实施	25			
5	点、线、面的投影标注	30			
6	遵守课堂纪律	5			
总分		100			
综合评价(自评分×20%+互评分×40%+组长或教师评分×40%)					
组长签字:				教师签字:	
学习体会	签名: 日期:				

技能强化

识读图 2-21 所示的三视图，在投影图上标出指定平面的其余投影，在立体图上用相应大写字母标出各平面的位置，并回答问题。

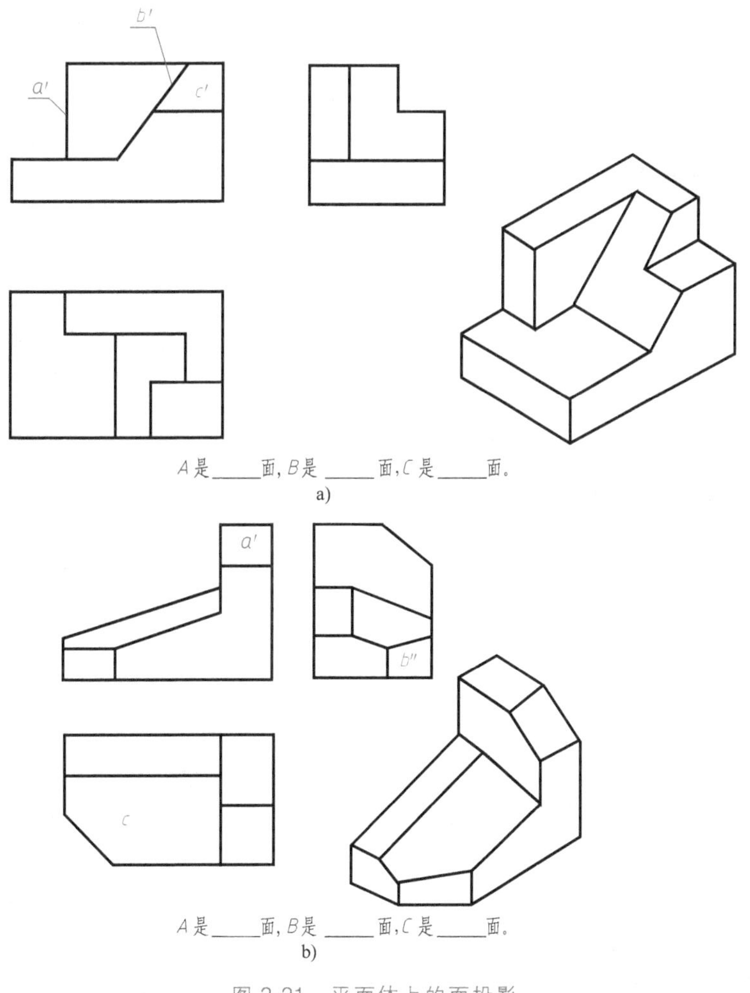

A是______面，B是______面，C是______面。

a)

A是______面，B是______面，C是______面。

b)

图 2-21 平面体上的面投影

知识拓展

一、直线上点的投影

直线上点的投影具有从属性和定比性。

（1）从属性　直线上点的各投影必属于该直线的各同面投影；反之，若点的各投影均属于直线的各同面投影，则点必属于该直线。

（2）定比性　直线上的点分线段长度之比投射后保持不变。

如图 2-22 所示，点 C 在直线 AB 上，则 c 在 ab 上，c'在 $a'b'$上，c''在 $a''b''$上，且 $AC:CB=ac:cb=a'c':c'b'=a''c'':c''b''$。

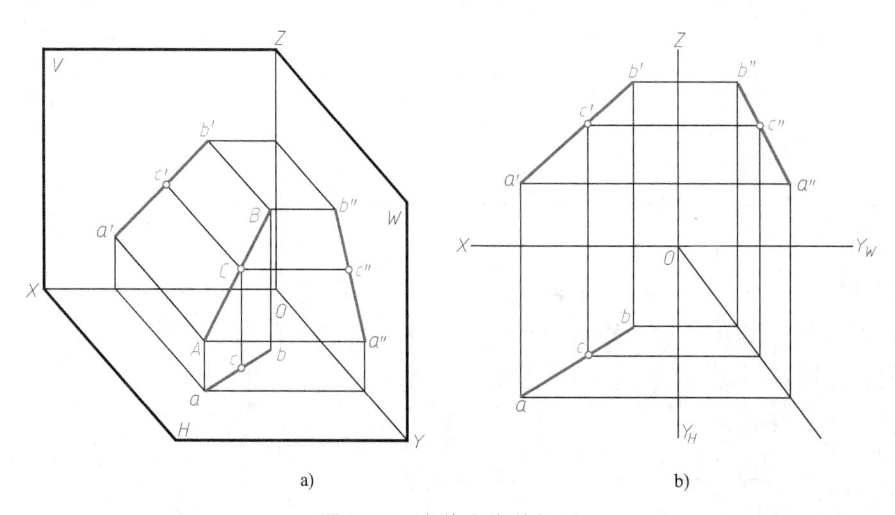

图 2-22　直线上点的投影

二、平面上点和直线的投影

（1）平面上的点　点在平面上的几何条件是：点在平面内的一条直线上，则该点必在平面上。因此在平面上取点，必须先在平面上取一直线，然后再在该直线上取点。如图 2-23a 所示，相交两直线 AB、AC 确定一个平面 P，点 K 取自直线 AB，所以点 K 必在平面 P 上。作图方法如图 2-23b 所示。

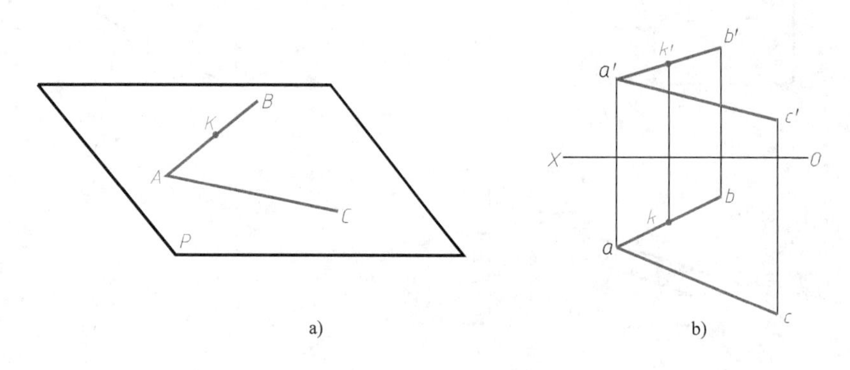

图 2-23　平面上的点

（2）平面上的直线　如果直线在平面内，它必须通过平面内的两点；或通过平面内的一个点，且平行于平面内的一条直线。

1）如图 2-24a 所示，相交两直线 AB、AC 确定一个平面 P，分别在直线 AB、AC 上取点 E、F，连接 EF，则直线 EF 为平面 P 上的直线。作图方法如图 2-24b 所示。

2）如图 2-25a 所示，相交两直线 AB、AC 确定一个平面 P，在直线 AC 上取点 E，过点 E 作直线

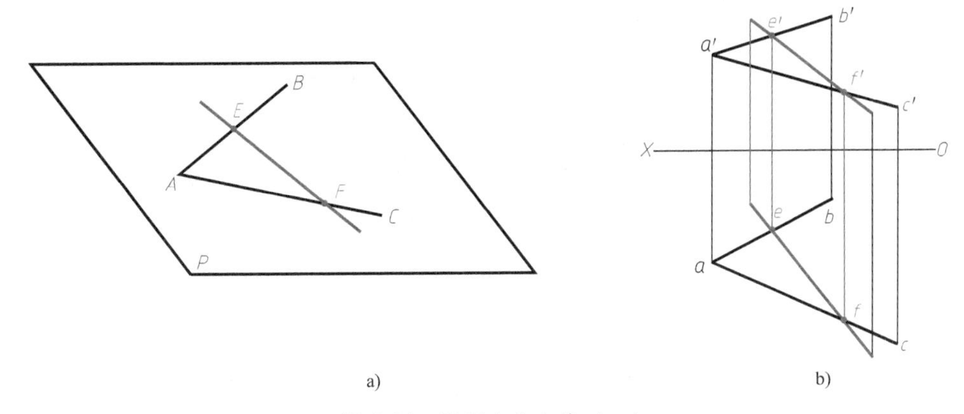

a)　　b)

图 2-24　平面上的直线（一）

$MN /\!/ AB$，则直线 MN 为平面 P 上的直线。作图方法如图 2-25b 所示。

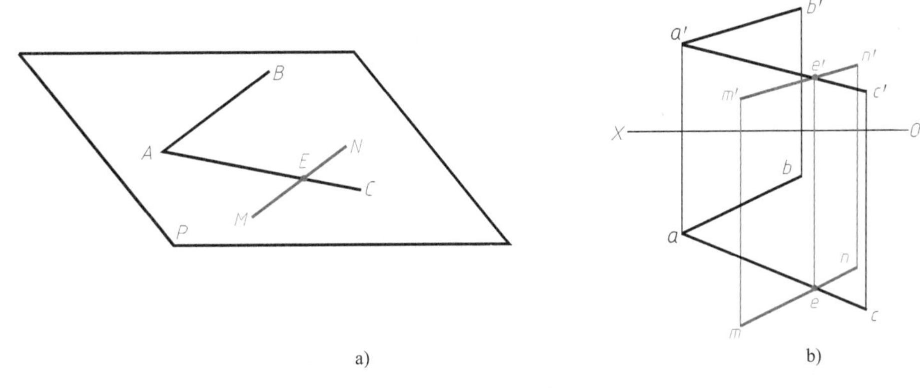

a)　　b)

图 2-25　平面上的直线（二）

技能拓展

1. 根据图 2-26 判断点和直线是否在直线或平面上。

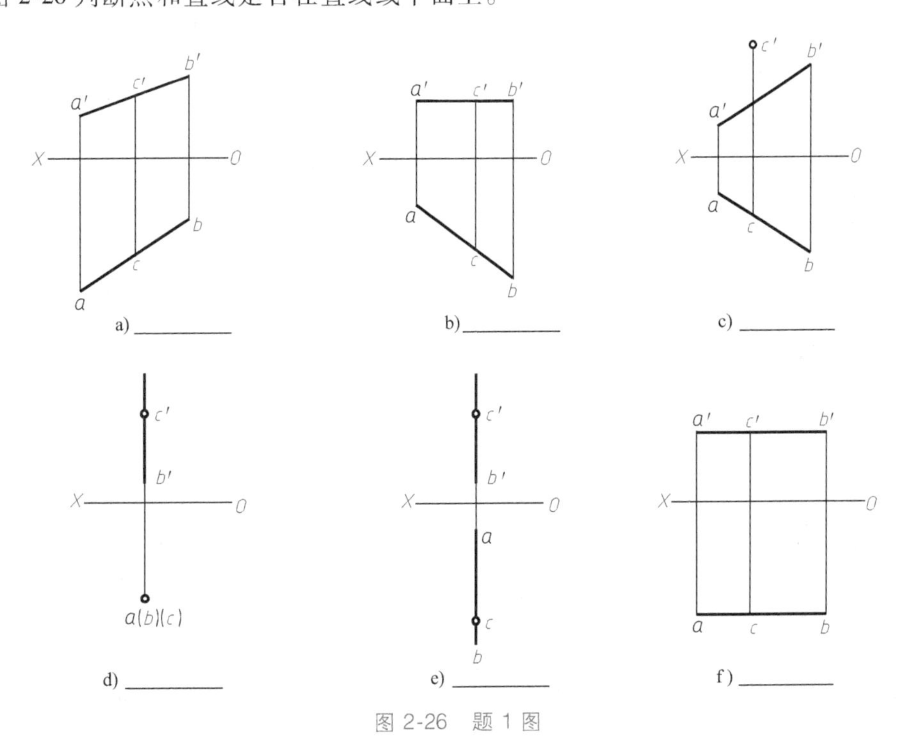

a) ________　b) ________　c) ________

d) ________　e) ________　f) ________

图 2-26　题 1 图

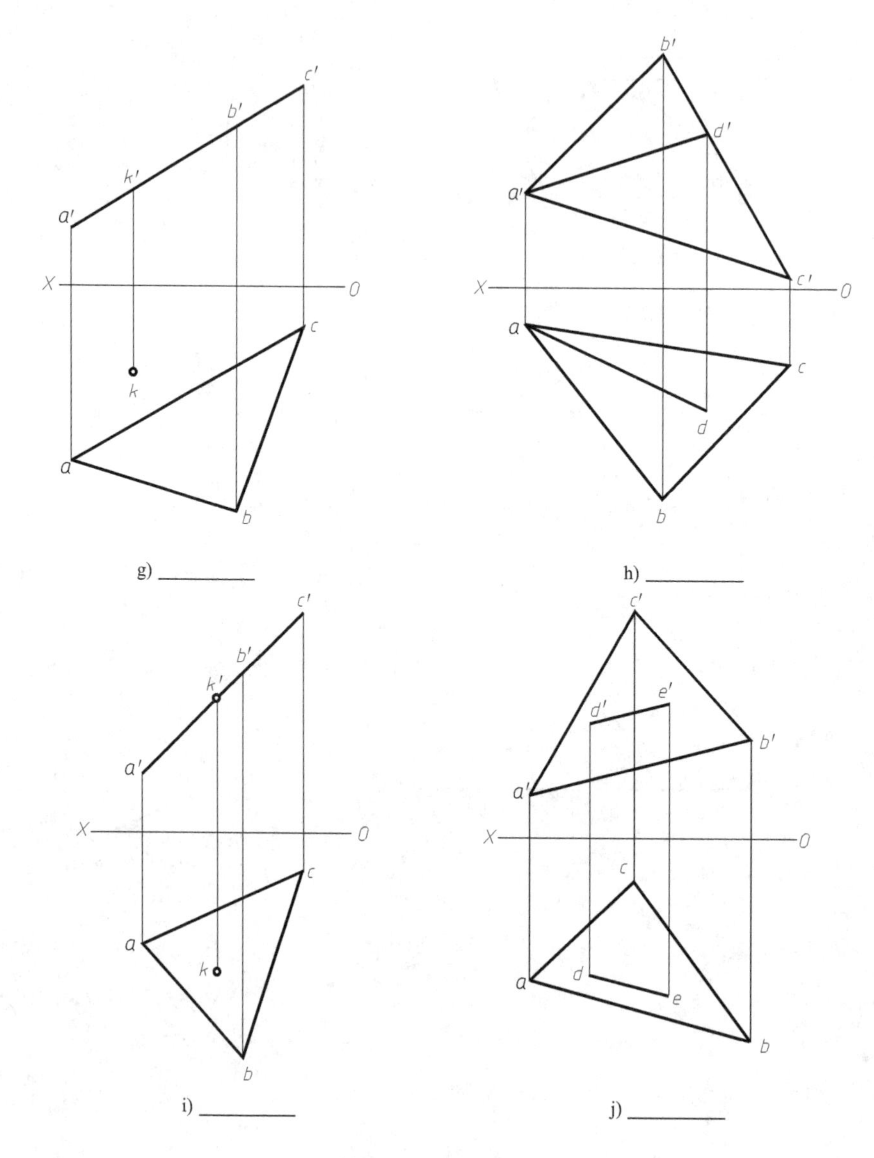

图 2-26　题 1 图（续）

2. 已知△EFG 在平面 $ABCD$ 内，根据图 2-27 求其水平投影。

3. 按图 2-28 所示的条件补全五边形的水平投影。

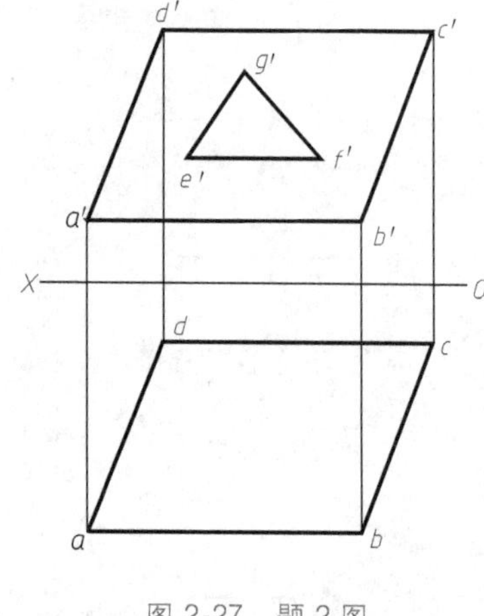

图 2-27　题 2 图

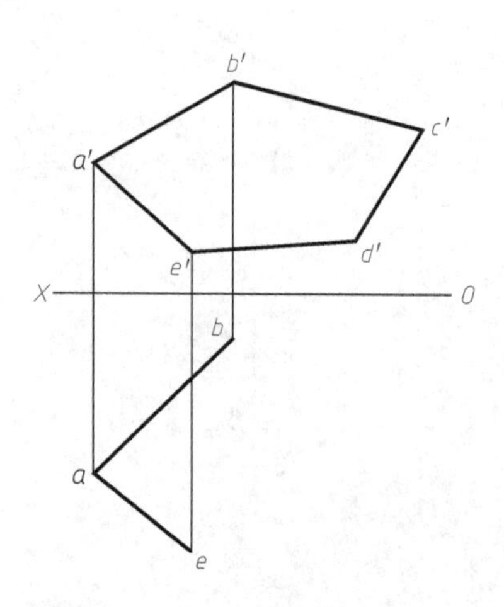

图 2-28　题 3 图

任务 2.3　螺栓坯三视图的绘制

任务导入

螺栓坯是用于制作螺栓的毛坯件，如图 2-29 所示。分析螺栓坯的结构形状，绘制螺栓坯的三视图，并标注尺寸。

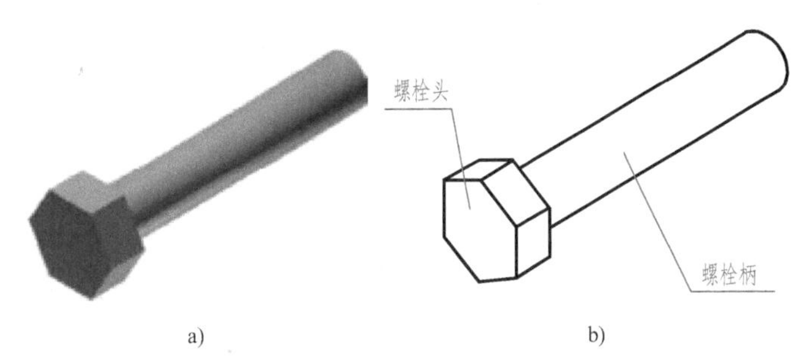

图 2-29　螺栓坯立体图及组成

a）立体图　b）组成

任务分析

由图 2-29 可知，螺栓坯由螺栓头和螺栓柄组成，其中螺栓头是六棱柱，螺栓柄是圆柱。因此，要绘制该零件的三视图并标注尺寸，就必须掌握基本体的投影特性和尺寸标注方法。

知识链接

一、基本体及其投影的概念

单一的几何体称为基本体。图 2-30 所示的棱柱、棱锥、圆柱、圆锥、球、圆环等是构成形体的基本体（在几何造型中又称为基本体素）。

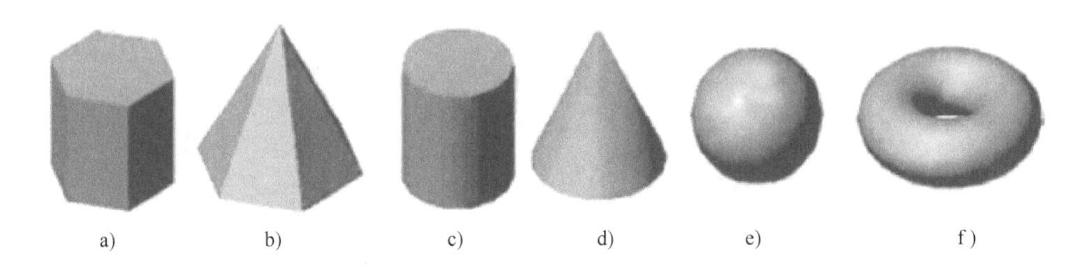

图 2-30　基本体

a）棱柱　b）棱锥　c）圆柱　d）圆锥　e）球　f）圆环

表面仅由平面围成的基本体称为平面立体，如棱柱、棱锥；表面包含曲面的基本体称为曲面立体，如圆柱、圆锥、球、圆环。

二、棱柱的投影

棱柱的组成包括顶面、底面、侧面和侧棱，如图 2-31 所示。下面以六棱柱为例，进行分析总结。

棱柱的投影分析如下：

1）顶面、底面：顶面、底面为水平面，H 面投影反映六边形实形，V 面投影、W 面投影积聚为一条直线。

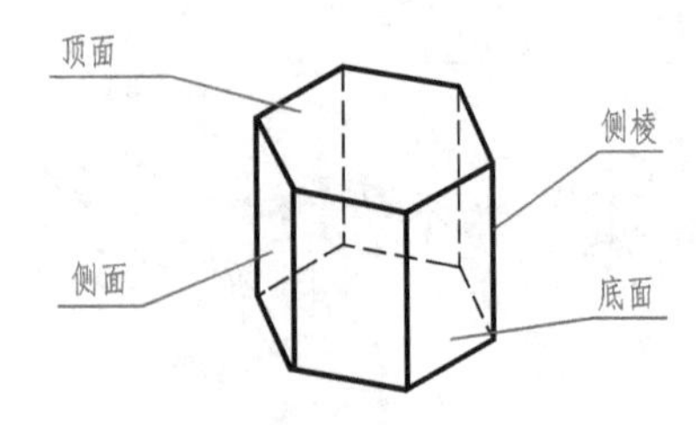

图 2-31　六棱柱的组成

2）侧面：左右四个侧面为铅垂面，H 面投影积聚在六边形上，V 面投影、W 面投影为棱柱侧面的类似形；前后两个侧面为正平面，V 面投影反映实形，H 面投影、W 面投影积聚为一条直线。

3）六条侧棱线：六条侧棱为铅垂线，V 面、W 面投影反映实长，H 面投影积聚为六个点。

归纳 1：绘制六棱柱的三视图（尺寸自定）

三、圆柱的投影

曲面立体的形成

圆柱的组成包括顶面、底面和圆柱面，如图 2-32a 所示。

圆柱面是由一条母线绕着与它平行的轴线旋转形成的，如图 2-32b 所示。

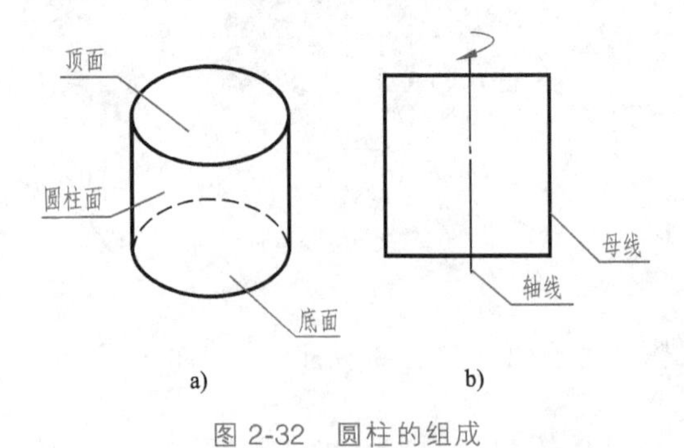

图 2-32　圆柱的组成

圆柱的投影分析如下：

1）顶面、底面：顶面、底面均为水平面，H 面投影反映实形，V 面投影及 W 面投影积聚为长度等于直径的直线。

2）圆柱面：圆柱面垂直于 H 面。

① 其 H 面投影积聚成圆（积聚性）。

② 其 V 面投影为主视转向轮廓线（即最左、最右素线）的 V 面投影。

③ 其 W 面投影为左视转向轮廓线（即最前、最后素线）的 W 面投影。

归纳 2：绘制圆柱的三视图（尺寸自定）

四、常见平面立体和曲面立体的尺寸标注

1. 平面立体的尺寸标注

平面立体一般标注长、宽、高三个方向的尺寸，如图 2-33a、b、d 所示。其中正方形的尺寸可采用图 2-33e 所示的形式注出，即在边长尺寸数字前加注“□”符号。图 2-33c、f 中加“（）”的尺寸称为参考尺寸。

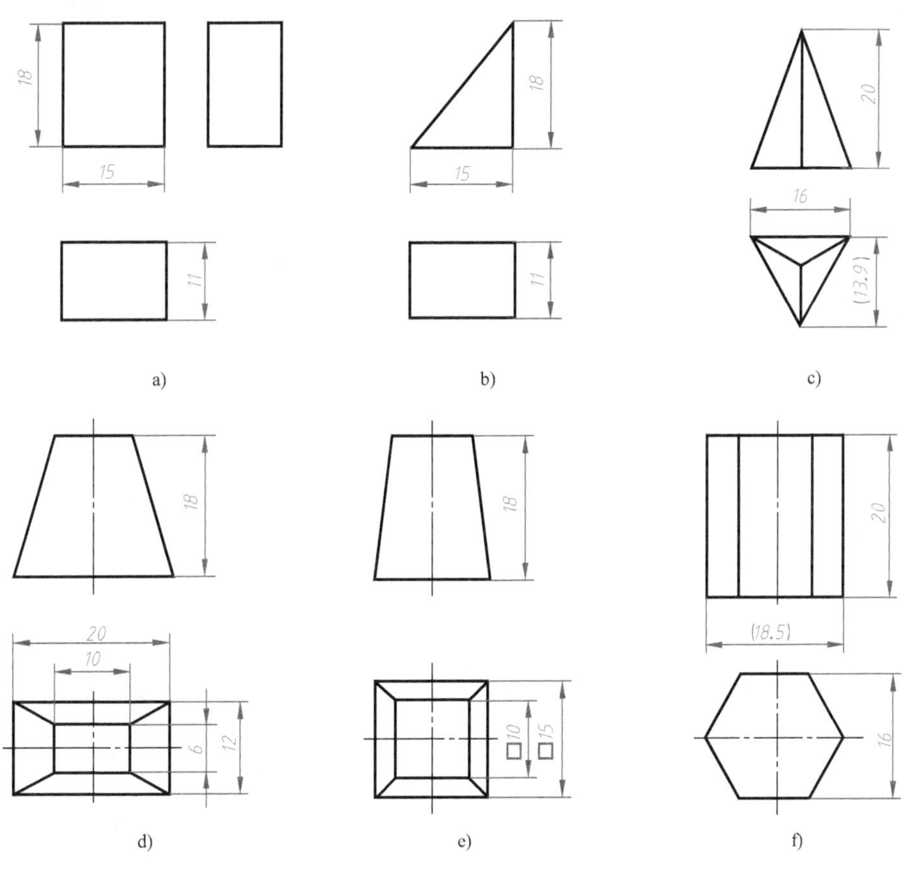

图 2-33　平面立体的尺寸标注

2. 曲面立体的尺寸标注

圆柱和圆锥是回转体，只需标注底圆直径和高度尺寸。直径尺寸一般应标注在非圆视图上，并在尺寸数字前加注符号“ϕ”，如图 2-34a、b、c 所示。当把尺寸集中标注在一个非圆视图上时，一个视图即可表达清楚它们的形状和大小。标注球的尺寸时，需在表示直径的尺寸数字前加注符号“$S\phi$”，在表示半径的尺寸数字前加注符号“SR”，如图 2-34d 所示。

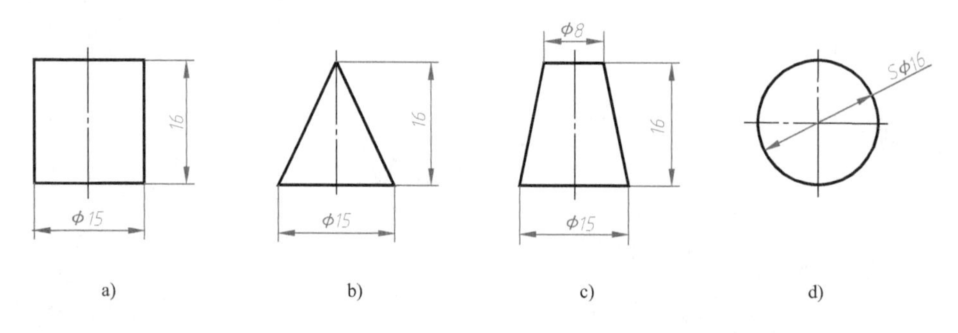

图 2-34 曲面立体的尺寸标注

任务计划与决策

填写工作任务计划与决策单（表 2-11）。

表 2-11 工作任务计划与决策单

专业		班级			
组别		任务名称	螺栓坯三视图的绘制	参考学时	4 学时
任务计划	各组根据任务内容制订绘制螺栓坯三视图的任务计划				

任务决策	项目	可选方案		方案分析	结论
	主视图方向	方案 1			
		方案 2			
	绘图方案	方案 1			
		方案 2			

任务实施

填写工作任务实施单（表 2-12）。

表 2-12 工作任务实施单

专业		班级		姓名		学号	
组别		任务名称	螺栓坯三视图的绘制		参考学时	4 学时	
任务图	82 φ16 26 15						
绘制螺栓坯的三视图							

任务评价

填写工作任务评价单（表2-13）。

表2-13　工作任务评价单

<table>
<tr><td>班级</td><td></td><td>姓名</td><td></td><td>学号</td><td></td><td>成绩</td><td></td></tr>
<tr><td>组别</td><td></td><td>任务名称</td><td colspan="2">螺栓坯三视图的绘制</td><td>参考学时</td><td colspan="2">4学时</td></tr>
<tr><td>序号</td><td colspan="2">评价内容</td><td>分数</td><td>自评分</td><td>互评分</td><td colspan="2">组长或教师评分</td></tr>
<tr><td>1</td><td colspan="2">课前准备(课前预习情况)</td><td>5</td><td></td><td></td><td colspan="2"></td></tr>
<tr><td>2</td><td colspan="2">知识链接(完成情况)</td><td>25</td><td></td><td></td><td colspan="2"></td></tr>
<tr><td>3</td><td colspan="2">任务计划与决策</td><td>10</td><td></td><td></td><td colspan="2"></td></tr>
<tr><td>4</td><td colspan="2">任务实施(图线、表达方案、图形布局等)</td><td>25</td><td></td><td></td><td colspan="2"></td></tr>
<tr><td>5</td><td colspan="2">绘图质量</td><td>30</td><td></td><td></td><td colspan="2"></td></tr>
<tr><td>6</td><td colspan="2">遵守课堂纪律</td><td>5</td><td></td><td></td><td colspan="2"></td></tr>
<tr><td colspan="3">总分</td><td>100</td><td></td><td></td><td colspan="2"></td></tr>
<tr><td colspan="5">综合评价(自评分×20%+互评分×40%+组长或教师评分×40%)</td><td colspan="3"></td></tr>
<tr><td colspan="5">组长签字：</td><td colspan="3">教师签字：</td></tr>
<tr><td>学习体会</td><td colspan="7">签名：　　　　日期：</td></tr>
</table>

技能强化

1. 根据图2-35所示的基本体的两面投影，完成其第三面投影。

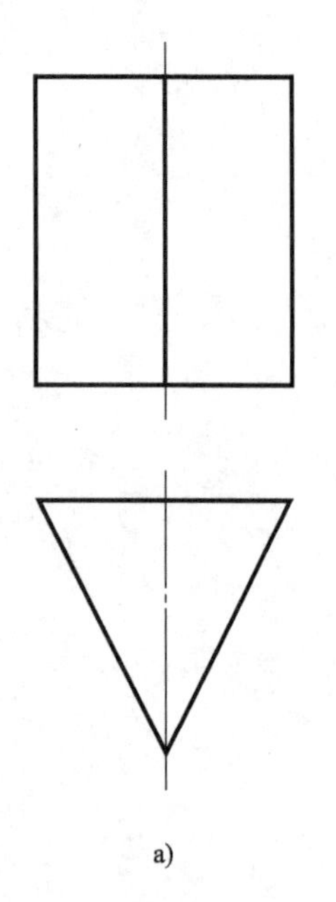

a)

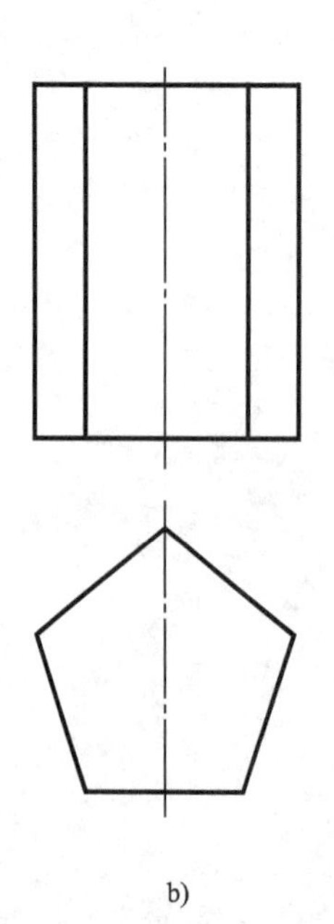

b)

图2-35　题1图

2. 标注图 2-36 所示盘类零件的尺寸，尺寸数值从视图中按 1：1 比例量取（取整数）。

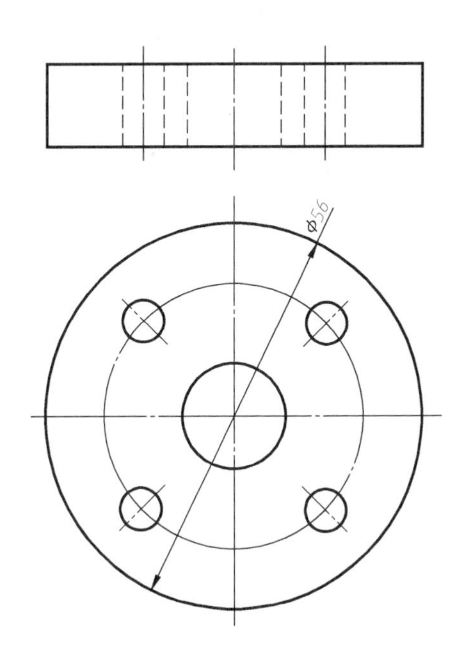

图 2-36 题 2 图

知识拓展

一、棱锥的投影

棱锥的组成包括：锥顶、侧棱面、底面、棱线和底边，如图 2-37 所示。底面为正多边形、侧棱面为全等的等腰三角形的棱锥称为正棱锥。

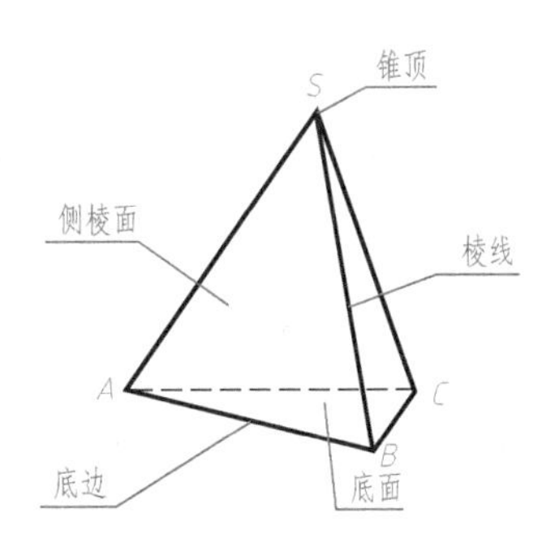

图 2-37 棱锥的组成

正棱锥（以正三棱锥为例）的投影分析如下：

1）正三棱锥的底面为水平面，其 *H* 面投影反映实形，*V* 面投影和 *W* 面投影均积聚为平行于相应投影轴的直线。

2）正三棱锥的两个三角形侧棱面是一般位置平面，其投影都不反映真实形状和大小，且都小于对应棱面的三角形线框；另一个为侧垂面，其投影积聚为直线。

3）三个侧棱面的交线即正三棱锥的棱线，有两条是一般位置直线，其投影都是小于实长的倾斜直线，还有条是侧平线。

归纳 3：绘制正三棱锥的三视图（尺寸自定）

二、圆锥的投影

圆锥的组成包括圆锥面、底面，如图 2-38a 所示。

圆锥面是一条与轴线相交的母线绕轴线回转一周所形成的表面，如图 2-38b 所示。

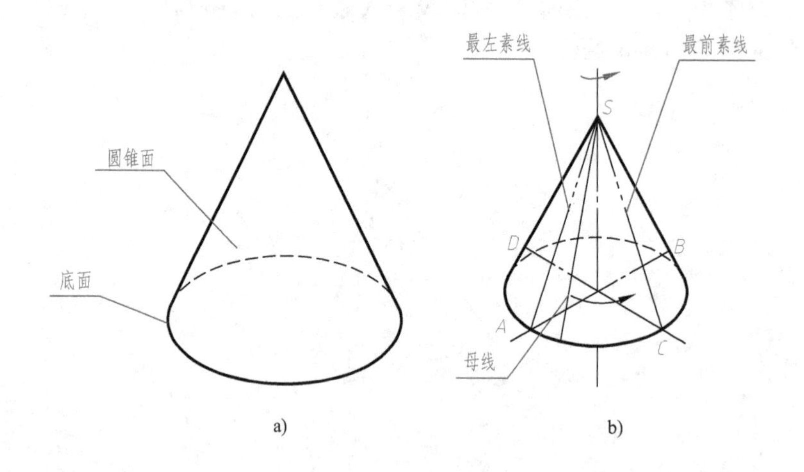

图 2-38　圆锥的组成

圆锥的投影分析如下：

1）底面：圆锥的底面为水平圆面，H 面投影反映实形，V 面投影及 W 面投影积聚为长度等于直径的直线。

2）圆锥面：圆锥面的主、左视图为等腰三角形线框，其底边都是圆锥底面的积聚投影。

① H 面投影：投影为圆。

② V 面投影：主视转向轮廓线（即最左、最右素线）的 V 面投影。

③ W 面投影：左视转向轮廓线（即最前、最后素线）的 W 面投影。

归纳 4：绘制圆锥的三视图（尺寸自定）

三、球的投影

球由一个圆（母线）绕其直径回转而成，如图 2-39a 所示。

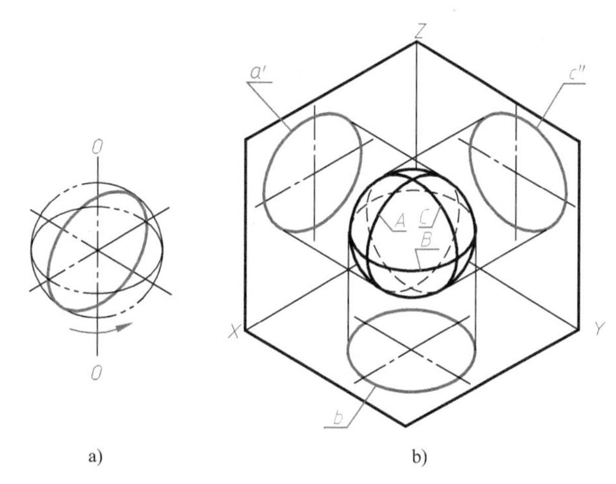

图 2-39 球的形成及其视图

球的投影分析。球在三个投影面上的投影都是直径相等的圆，但这三个圆分别表示三个不同方向的球面轮廓素线的投影，如图 2-39b 所示。正面投影的圆是平行于 V 面的圆素线 A（它是前面可见半球与后面不可见半球的分界线）的投影。与此类似，侧面投影的圆是平行于 W 面的圆素线 C 的投影；水平投影的圆是平行于 H 面的圆素线 B 的投影。这三条圆素线的其他两面投影都与相应圆的中心线重合，不应画出。

归纳 5：绘制球的三视图（尺寸自定）

技能拓展

1. 根据图 2-40 所示的基本体的两面投影，完成其第三面投影。

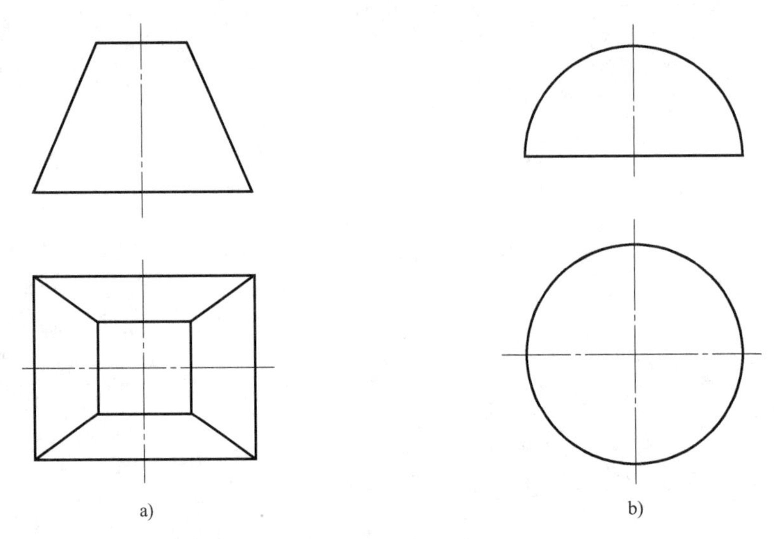

图 2-40　题 1 图

2. 玻璃打孔钻是玻璃生产加工中钻孔或取芯用的工具。根据图 2-41 绘制玻璃打孔钻三视图，并标注尺寸（图中 d 为玻璃上孔的直径）。

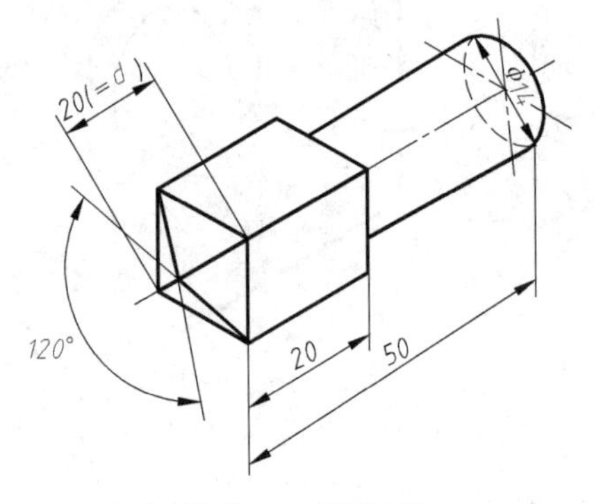

图 2-41　题 2 图

任务2.4 顶尖三视图的绘制

任务导入

如图2-42所示，顶尖一般用于在车床上顶住回转体零件的端部。分析其结构形状，绘制顶尖的三视图，并标注尺寸。

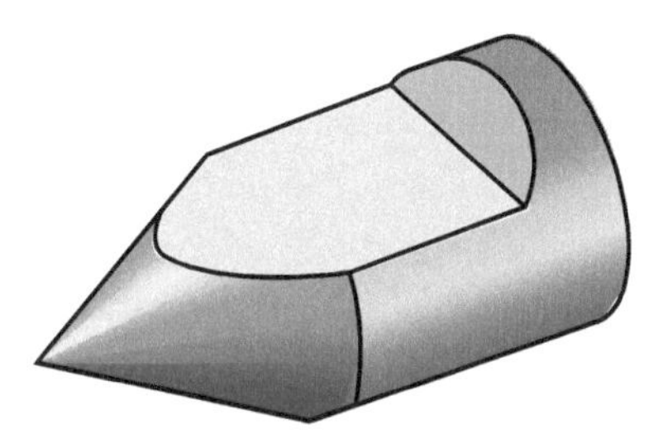

图2-42 顶尖立体图

任务分析

由图2-42可知，顶尖是由圆锥和圆柱叠加后再进行平面切割形成的，要绘制该零件的三视图，就必须掌握平面截切圆柱或圆锥等基本体后的投影特性。

知识链接

平面与平面立体相交

一、截交线的概念

平面与立体相交，称为立体被平面截切，该平面称为截平面，截平面与立体表面的交线称为截交线，截交线围成的平面图形称为截断面，截切以后的立体称为截切立体，如图2-43所示。

图2-43 截交线的概念

归纳1：

●截交线是截平面与立体表面的共有交线，因此截交线具有______和______性质。

平面与正五棱柱截交

二、平面与平面立体相交

平面与平面立体相交，可以看作是立体被平面截切。如图2-44所示，平面截切三棱锥，截切后截断面为三角形。如图2-45所示，平面截切六棱柱，截切后截断面为六边形。因此，平面截切平面立体的截断面为一多边形，多边形的各边是立体表面与截平面的交线（截交线），而多边形的各顶点是立体各棱线与截平面的交点。

绘制图 2-44 和图 2-45 所示的截切三棱锥和六棱柱后（尺寸自定）的三视图投影。

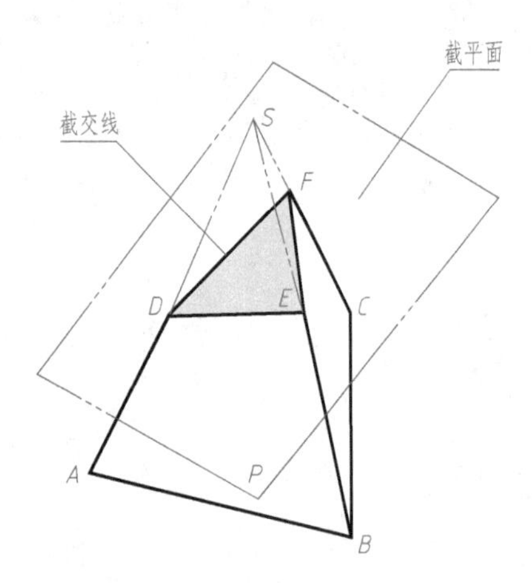

图 2-44　三棱锥的截交线

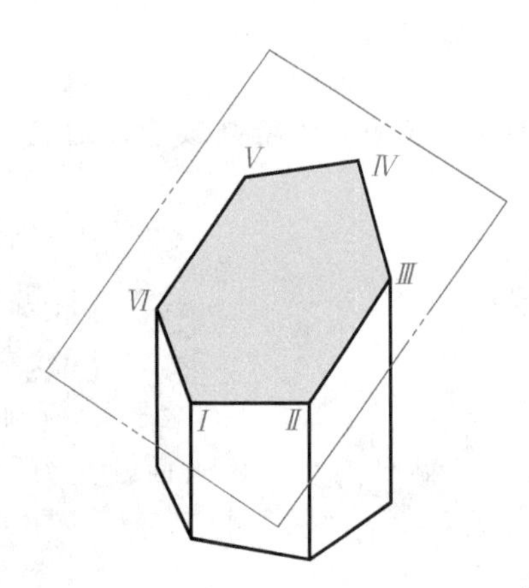

图 2-45　六棱柱的截交线

归纳 2：

●求平面与平面立体截交线的投影，实际上是求截平面与平面立体各棱的__________。

平面与回转体（圆柱）相交

三、平面与曲面立体相交

平面与曲面立体相交，其截交线一般是封闭的平面曲线或平面曲线和直线围成的平面图形。

平面与圆柱相交的各种情况见表 2-14。

表 2-14　平面与圆柱相交的各种情况

截平面位置	垂直于轴线	平行于轴线	倾斜于轴线
截交线形状	圆	矩形	椭圆
立体图			

（续）

截平面位置	垂直于轴线	平行于轴线	倾斜于轴线
截交线形状	圆	矩形	椭圆
投影图	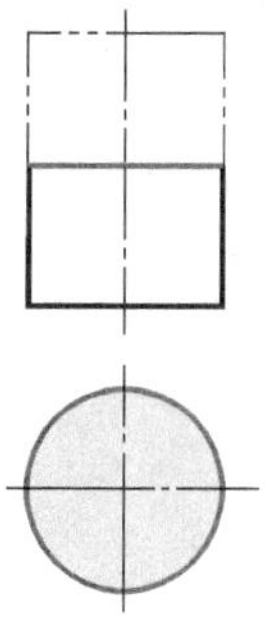	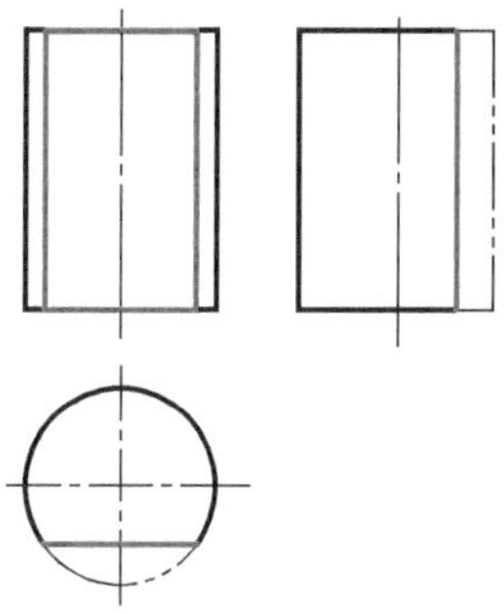	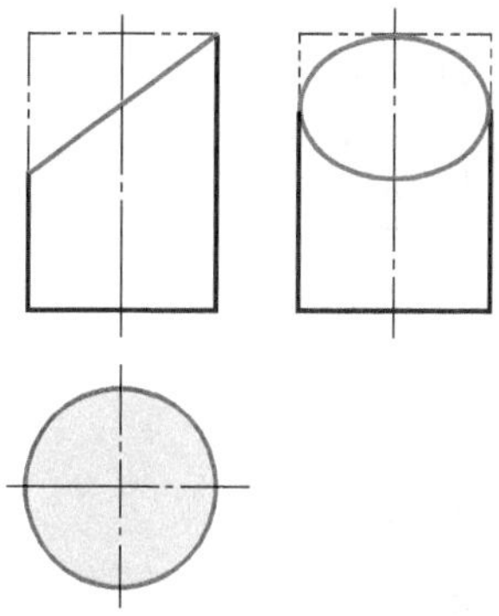

平面与圆锥相交的各种情况见表 2-15。

平面与圆锥相交

表 2-15　平面与圆锥相交的各种情况

截交线位置	垂直于轴线	倾斜于轴线			
		过锥顶	$\theta>\alpha$	$\theta=\alpha$	$0°\leqslant\theta<\alpha$
截交线形状	圆	三角形	椭圆	抛物线	双曲线
立体图	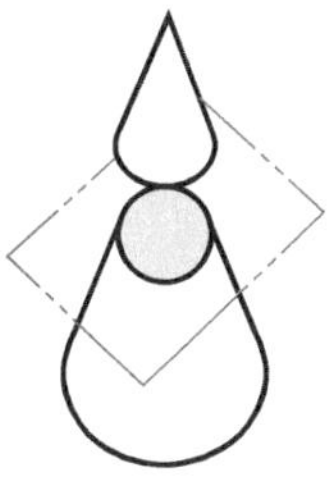	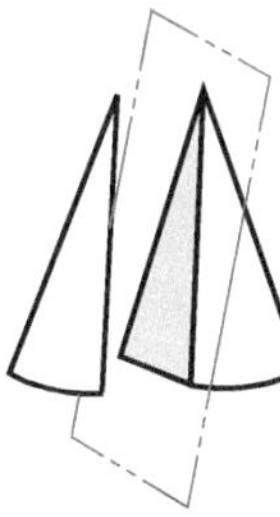	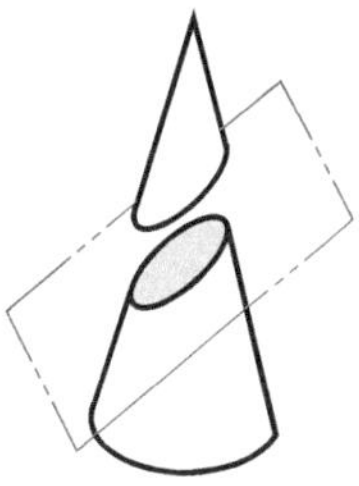	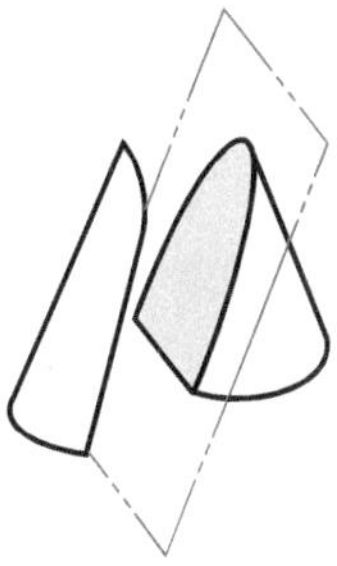	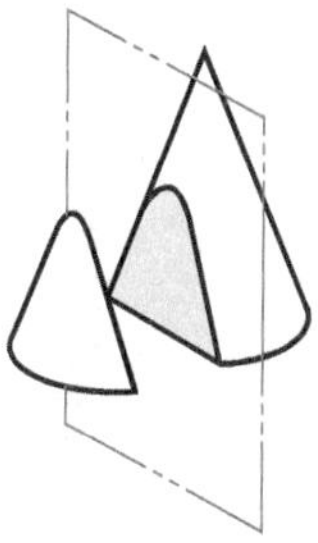
投影图	α θ P_V	P_V	α θ P_V	α θ P_V	

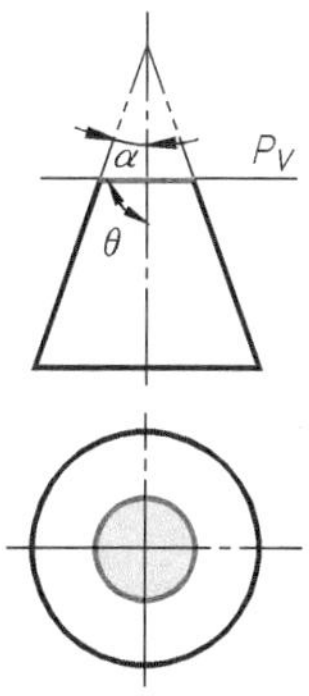

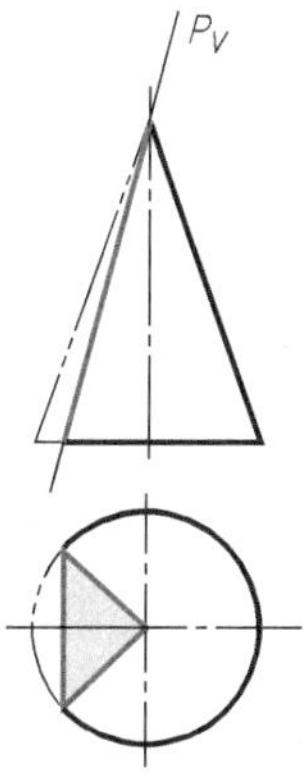

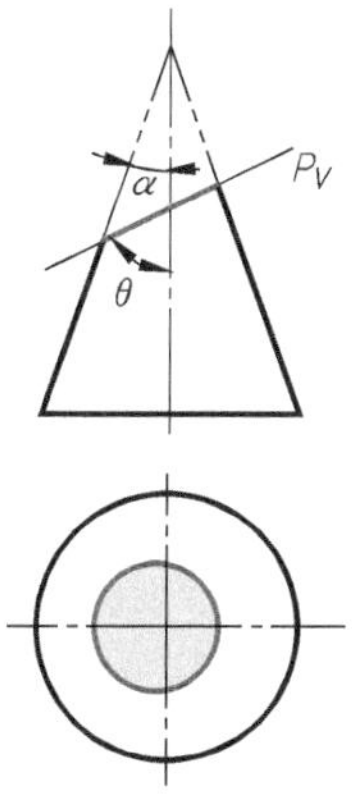

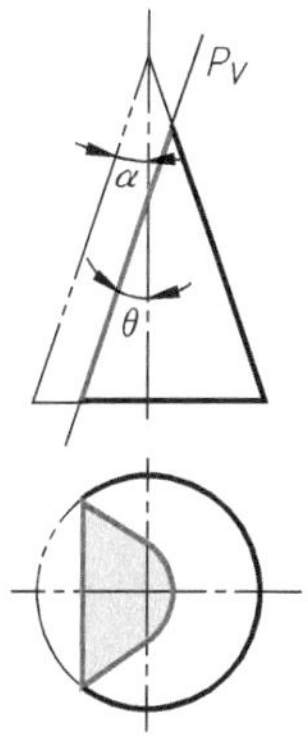

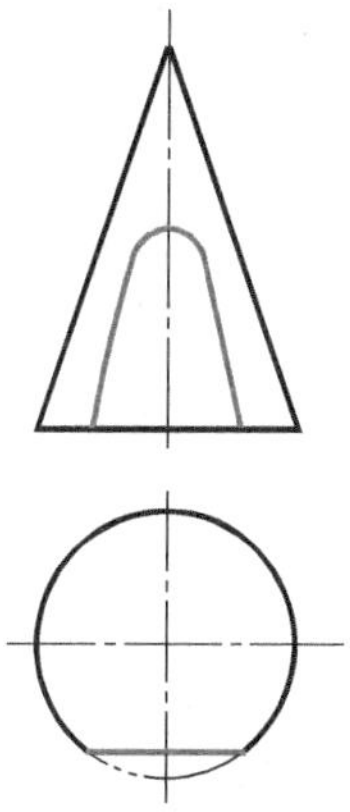

归纳 3：

●求平面与曲面立体截交线的投影，实际是____________________。

任务计划与决策

填写工作任务计划与决策单（表 2-16）。

表 2-16　工作任务计划与决策单

<table>
<tr><td>专业</td><td></td><td>班级</td><td colspan="4"></td></tr>
<tr><td>组别</td><td></td><td>任务名称</td><td colspan="2">顶尖三视图的绘制</td><td>参考学时</td><td>6 学时</td></tr>
<tr><td>任务计划</td><td colspan="6"></td></tr>
<tr><td rowspan="5">任务决策</td><td>项目</td><td colspan="2">可选方案</td><td>方案分析</td><td colspan="2">结论</td></tr>
<tr><td rowspan="2">主视图方向</td><td>方案 1</td><td></td><td></td><td colspan="2"></td></tr>
<tr><td>方案 2</td><td></td><td></td><td colspan="2"></td></tr>
<tr><td rowspan="2">绘图方案</td><td>方案 1</td><td></td><td></td><td colspan="2"></td></tr>
<tr><td>方案 2</td><td></td><td></td><td colspan="2"></td></tr>
</table>

任务实施

填写工作任务实施单（表 2-17）。

表 2-17 工作任务实施单

专业		班级		姓名		学号	
组别		任务名称	顶尖三视图的绘制		参考学时	6 学时	
任务图	$\phi30$ 120° 15 22 40 60						
绘制顶尖三视图							

任务评价

填写工作任务评价单（表 2-18）。

表 2-18　工作任务评价单

班级		姓名		学号		成绩	
组别		任务名称	顶尖三视图的绘制		参考学时	6 学时	
序号	评价内容	分数	自评分		互评分	组长或教师评分	
1	课前准备(课前预习情况)	5					
2	知识链接(完成情况)	25					
3	任务计划与决策	10					
4	任务实施(图线、表达方案、图形布局等)	25					
5	绘图质量	30					
6	遵守课堂纪律	5					
总分		100					
综合评价(自评分×20%+互评分×40%+组长或教师评分×40%)							
组长签字：					教师签字：		
学习体会	签名：　　　日期：						

技能强化

1. 画出图 2-46 所示的平面与平面立体相交的截交线。

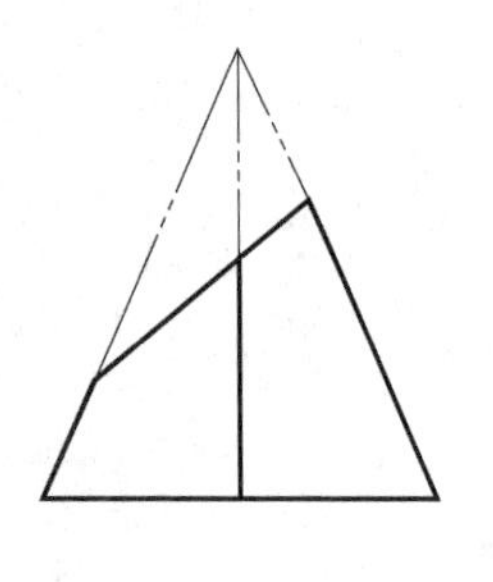
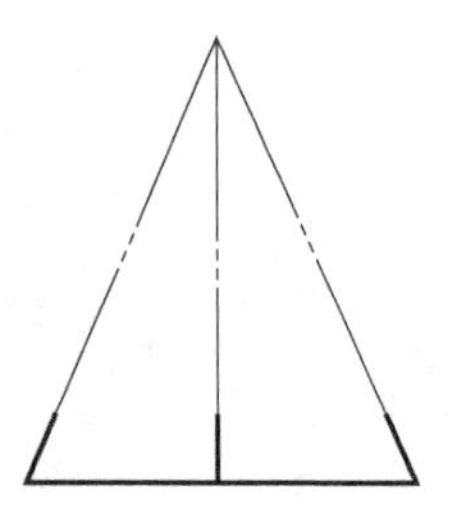
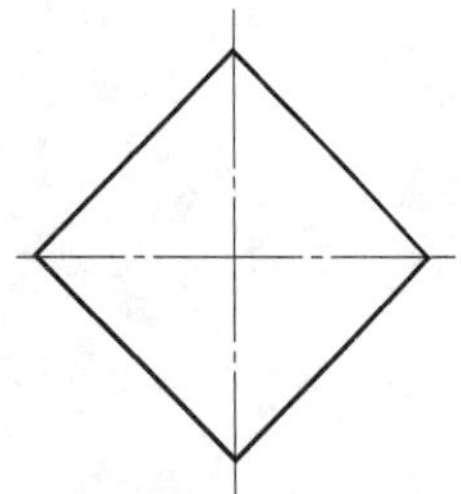

a)

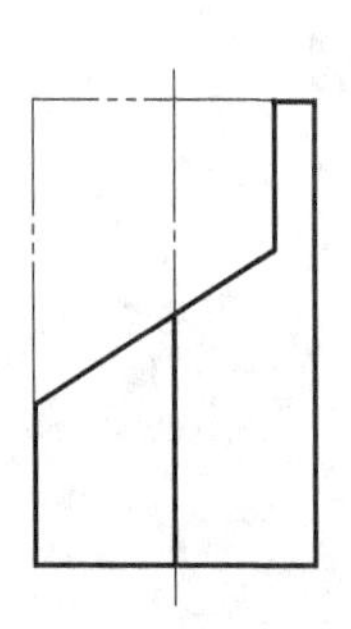
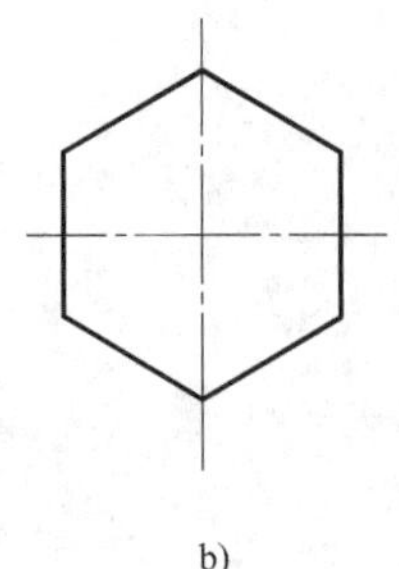

b)

图 2-46　题 1 图

2. 画出图 2-47 所示的平面与曲面立体相交的截交线。

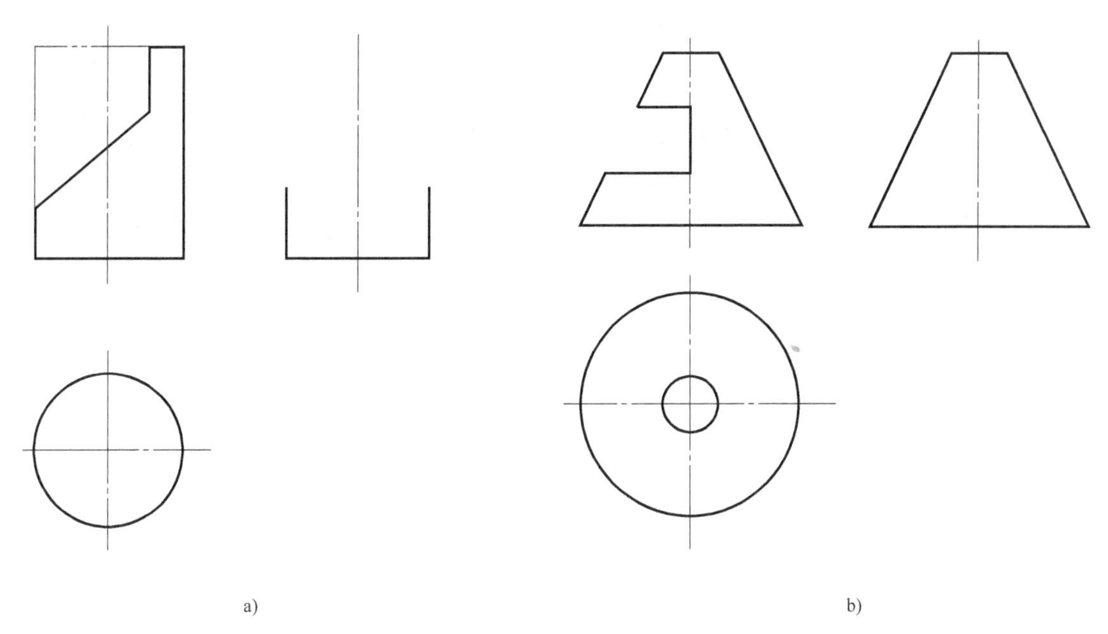

图 2-47　题 2 图

知识拓展

平面切割球时，无论截平面与球处于哪个位置，其截交线均为圆，圆的大小取决于截平面与球心的距离。截平面离球心越远，圆的直径越小；当截平面通过球心时，圆的直径最大，即球的直径。

1）平面与球相交的各种情况见表 2-19。

表 2-19　平面与球相交的各种情况

截平面位置	截平面为投影面的平行面(如水平面)	截平面为投影面的垂直面(如正垂面)
截交线形状	水平投影为截交线圆的实形	截交线圆的水平投影为椭圆
立体图		
投影图		

2）画出图 2-48 所示的平面与曲面立体相交的截交线。

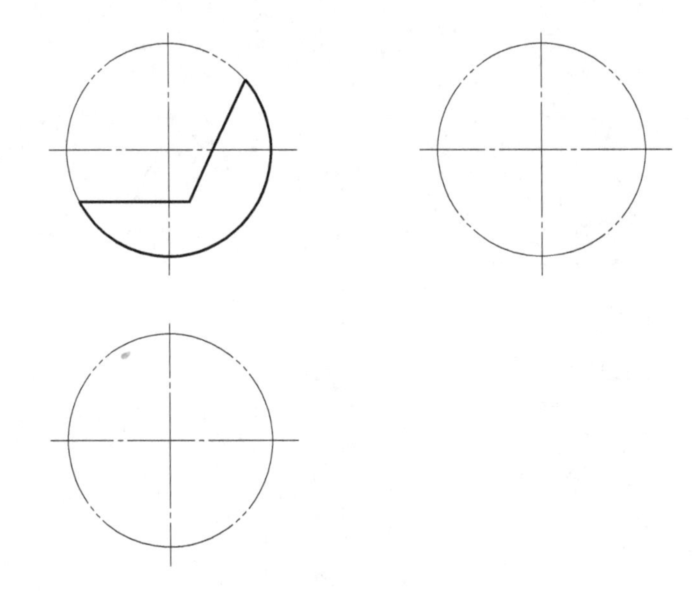

图 2-48　平面与曲面立体相交的截交线

任务 2.5　三通三视图的绘制

任务导入

图 2-49 所示为三通的立体图，如何正确表达三通的三视图？

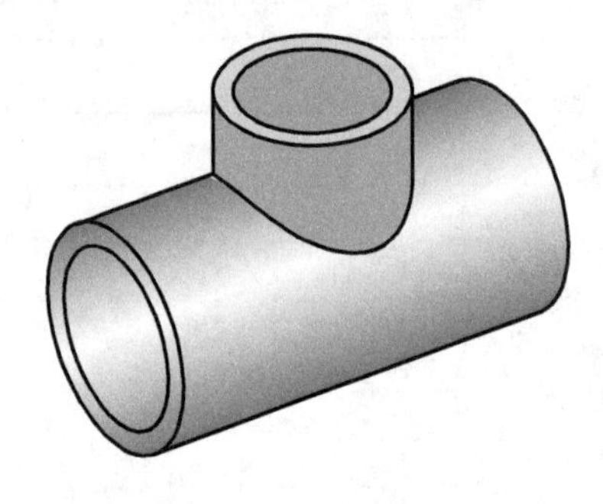

图 2-49　三通立体图

任务分析

由图 2-49 可知，三通是由圆柱和圆柱相交形成的，因此要绘制该零件的三视图，就必须掌握立体与立体相交的投影特性。

知识链接

一、相贯线的概念

立体相交称为相贯，相交立体表面的交线称为相贯线，相交的立体称为相贯体，如图 2-50 所示。

根据相贯线表面几何形状的不同，立体相贯可分为两平面立体相交、平面立体与回转立体相交及两回转立体相交三种情况，如图 2-51 所示。

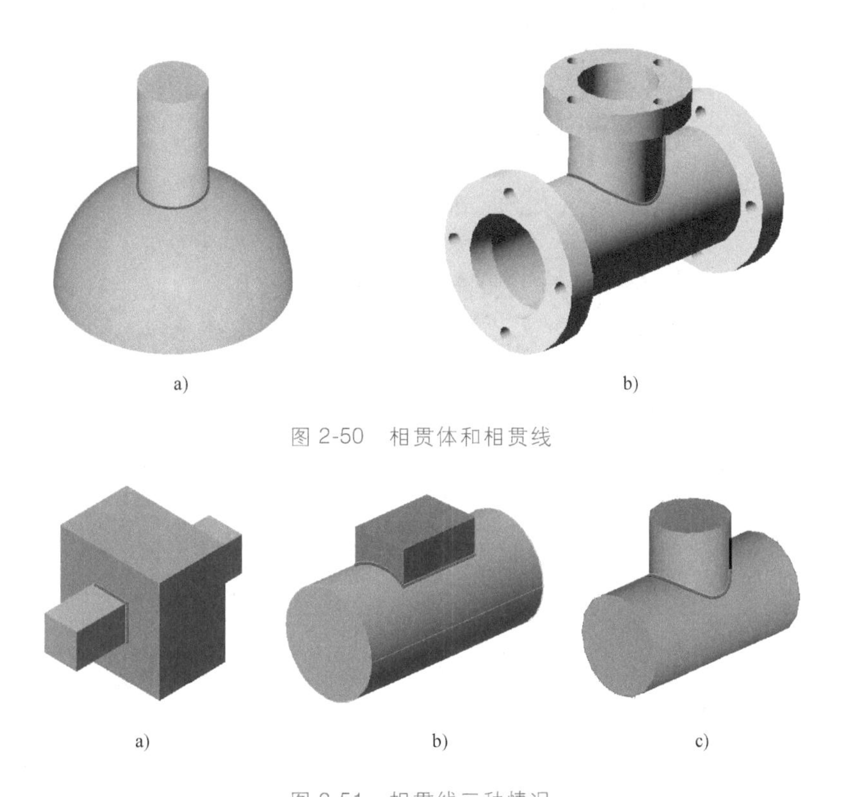

图 2-50 相贯体和相贯线

图 2-51 相贯线三种情况

a）两平面立体相交 b）平面立体与回转立体相交 c）两回转立体相交

归纳 1:

●相贯线的形状取决于相交回转体的几何形状和相对位置，一般情况下是封闭的空间曲线，特殊情况下是平面曲线或直线。尽管相贯线的形状各异，但它们都具有______和______性质。

二、圆柱与圆柱相贯

1. 相贯线的画法

分析：两圆柱轴线垂直相交为正交。如图 2-52a 所示，这是一个铅垂圆柱与水平圆柱正交。其中相贯线的水平投影积聚在铅垂圆柱的水平投影圆上，侧面投影积聚在水平圆柱的侧面投影圆上，根据相贯线的两面投影，即可求出其正面投影。

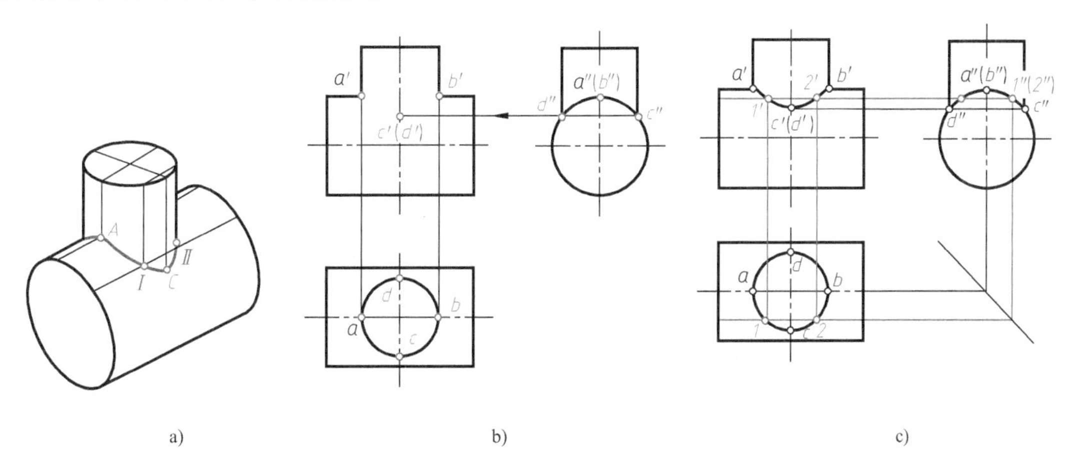

图 2-52 圆柱与圆柱相贯

a）立体图 b）求特殊点 c）求一般点

作图步骤如下：

1）在水平投影上注出相贯线的最左、最右、最前、最后点（即 a、b、c、d），在 W 面投影作出 a''、b''、c''、d''，由这四点的两面投影求出 V 面投影 a'、b'、c'、d'（也是相贯线上的最高点、最低点），如图 2-53b 所示。

2）在水平投影上定出左右对称两点 1、2，求出它们的 W 面投影 $1''$、$2''$，由这两点的两面投影求出 V 面投影 $1'$、$2'$。

3）判断可见性及光滑连接。由于该相贯线前后两部分对称且形状相同，所以在 V 面投影中可见与不可见部分重合。顺次光滑连接各点，整理、完成全图，如图 2-53c 所示。

归纳 2：

●两圆柱相交时形成的相贯线，实际上是圆柱表面上一系列________连线。先找出两圆柱表面上若干________的已知投影，然后用________方法作出相贯线的其他投影，即可求出相贯线。

2. 两圆柱正交时相贯线的变化趋势

两圆柱正交时，若相对位置不变，改变两圆柱直径的大小，则相贯线的形状会随之改变。两正交圆柱相贯线的变化趋势如图 2-53 所示。

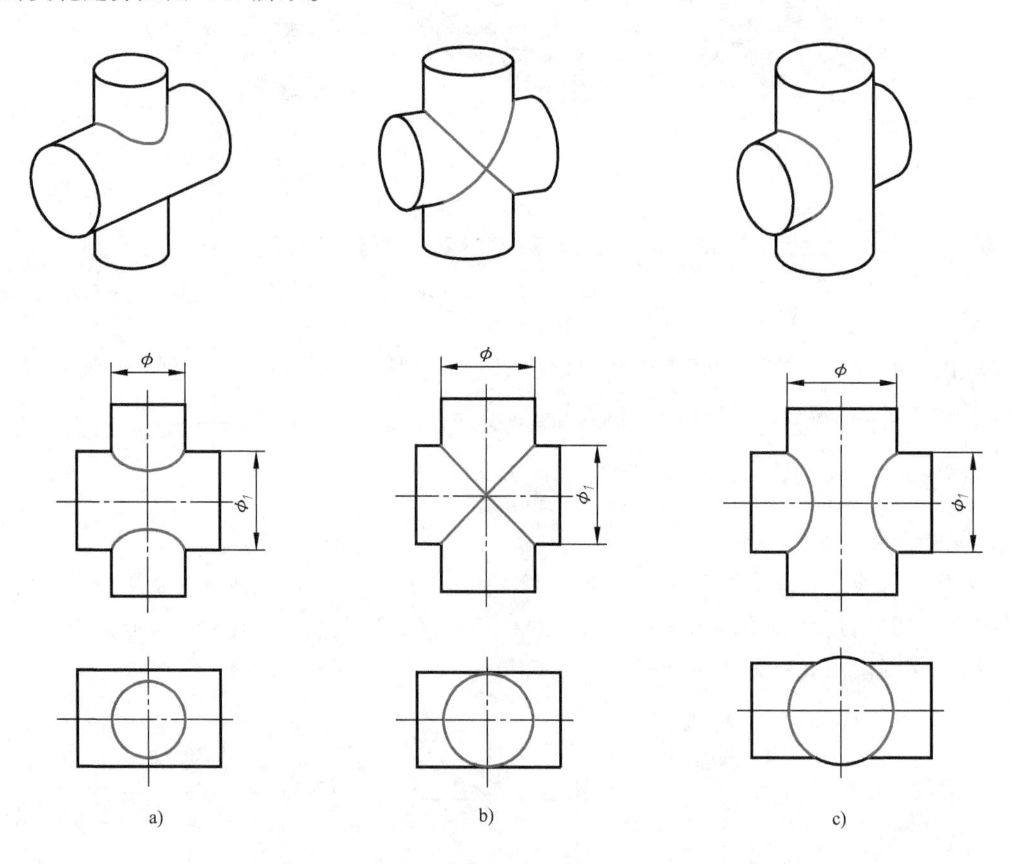

图 2-53 两正交圆柱相贯线的变化趋势

归纳 3：

●当 $\phi_1>\phi$ 时，相贯线的正面投影为________________（图 2-53a）。

●当 $\phi_1=\phi$ 时，相贯线为两个相交的椭圆，其正面投影为____________（图 2-53b）。

●当 $\phi_1<\phi$ 时，相贯线的正面投影为________________（图 2-53c）。

3. 两圆柱内外表面相贯

两轴线垂直相交的圆柱，除了有外表面与外表面相贯之外，还有外表面与内表面相贯和两内表面相贯，两圆柱相贯的三种形式见表 2-20。这三种情况的相贯线形状和作图方法相同。

表 2-20 两圆柱相贯的三种形式

相交形式	两外表面相贯	外表面与内表面相贯	两内表面相贯
立体图			
投影图			

任务计划与决策

填写工作任务计划与决策单（表 2-21）。

表 2-21 工作任务计划与决策单

专业		班级			
组别		任务名称	三通三视图的绘制	参考学时	4 学时
任务计划	各组根据任务内容制订三通三视图的任务计划				

<table>
<tr><td rowspan="5">任务决策</td><td>项目</td><td colspan="2">可选方案</td><td>方案分析</td><td>结论</td></tr>
<tr><td rowspan="2">主视图方向</td><td>方案 1</td><td></td><td></td><td></td></tr>
<tr><td>方案 2</td><td></td><td></td><td></td></tr>
<tr><td rowspan="2">绘图方案</td><td>方案 1</td><td></td><td></td><td></td></tr>
<tr><td>方案 2</td><td></td><td></td><td></td></tr>
</table>

任务实施

填写工作任务实施单（表2-22）。

表2-22　工作任务实施单

专业		班级		姓名		学号	
组别		任务名称	三通三视图的绘制		参考学时	4学时	
任务图	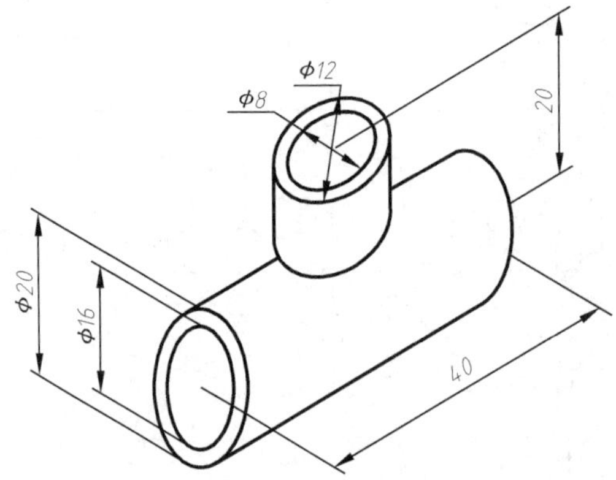						
三通 三视图							

任务评价

填写工作任务评价单（表 2-23）。

表 2-23　工作任务评价单

<table>
<tr><td>班级</td><td></td><td>姓名</td><td></td><td>学号</td><td></td><td>成绩</td><td></td></tr>
<tr><td>组别</td><td></td><td>任务名称</td><td colspan="2">三通三视图的绘制</td><td>参考学时</td><td colspan="2">4 学时</td></tr>
<tr><td>序号</td><td colspan="2">评价内容</td><td>分数</td><td>自评分</td><td>互评分</td><td colspan="2">组长或教师评分</td></tr>
<tr><td>1</td><td colspan="2">课前准备(课前预习情况)</td><td>5</td><td></td><td></td><td colspan="2"></td></tr>
<tr><td>2</td><td colspan="2">知识链接(完成情况)</td><td>25</td><td></td><td></td><td colspan="2"></td></tr>
<tr><td>3</td><td colspan="2">任务计划与决策</td><td>10</td><td></td><td></td><td colspan="2"></td></tr>
<tr><td>4</td><td colspan="2">任务实施(图线、表达方案、图形布局等)</td><td>25</td><td></td><td></td><td colspan="2"></td></tr>
<tr><td>5</td><td colspan="2">绘图质量</td><td>30</td><td></td><td></td><td colspan="2"></td></tr>
<tr><td>6</td><td colspan="2">遵守课堂纪律</td><td>5</td><td></td><td></td><td colspan="2"></td></tr>
<tr><td colspan="3">总分</td><td>100</td><td></td><td></td><td colspan="2"></td></tr>
<tr><td colspan="5">综合评价(自评分×20%+互评分×40%+组长或教师评分×40%)</td><td colspan="3"></td></tr>
<tr><td colspan="5">组长签字：</td><td colspan="3">教师签字：</td></tr>
<tr><td>学习体会</td><td colspan="7">签名：　　　　日期：</td></tr>
</table>

技能强化

完成图 2-54 所示的相贯线的绘制。

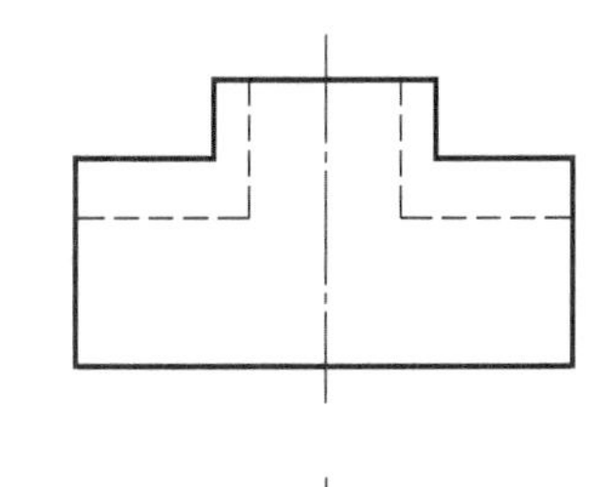

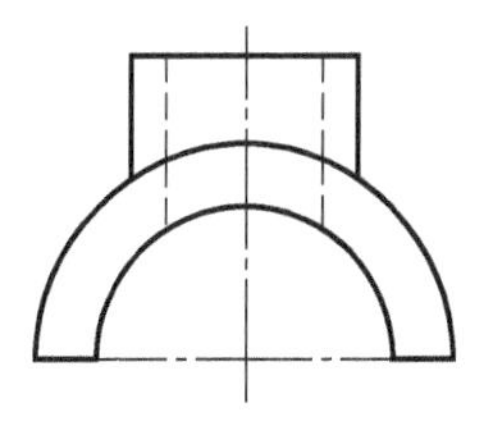

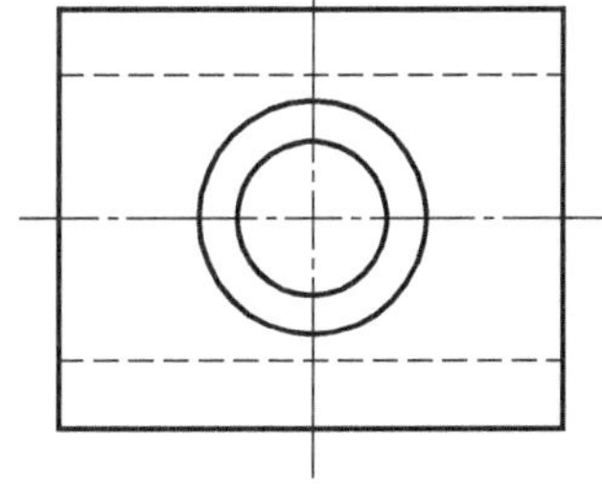

a)

图 2-54　题图

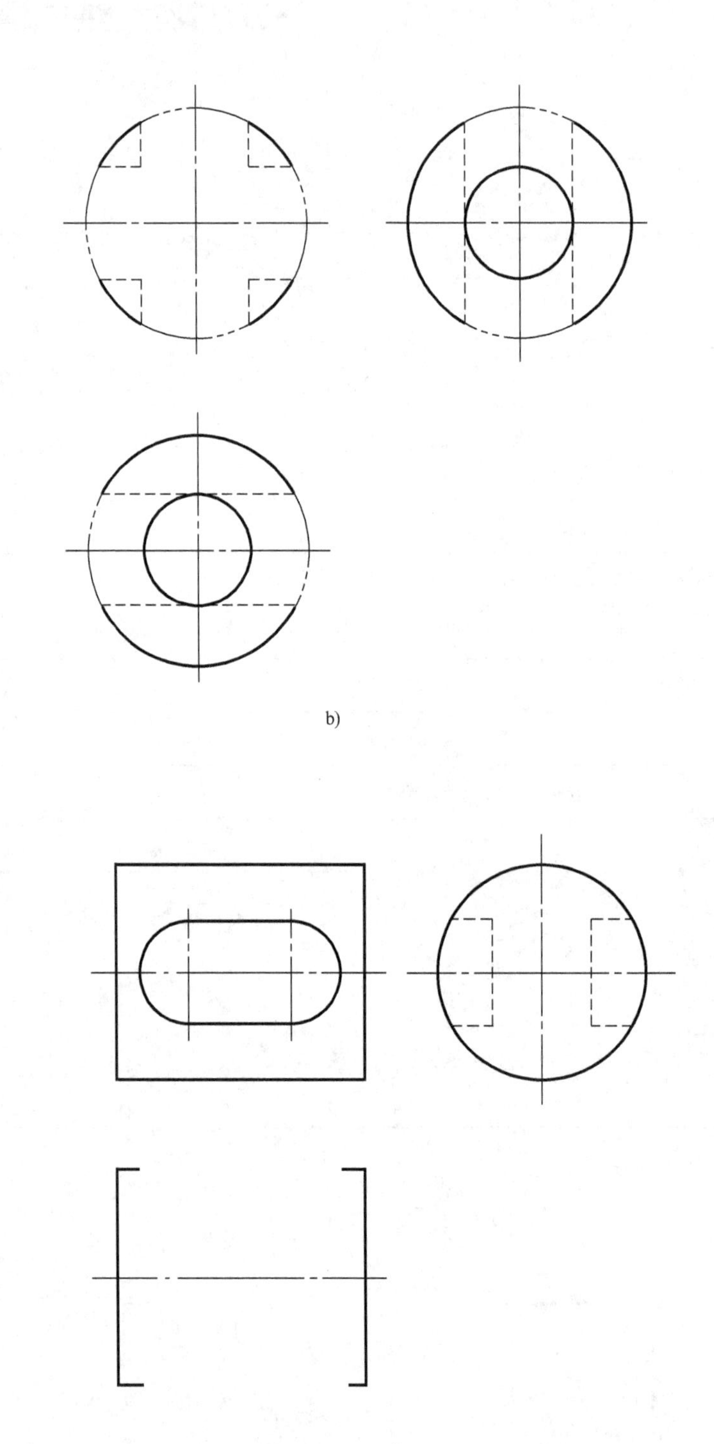

图 2-54　题图（续）

知识拓展

一、圆柱与圆锥正交

1. 用辅助平面法作相贯线

如图 2-55 所示，用辅助平面截切两个相贯的回转立体，分别作出辅助平面与两个回转立体的截交线，找出两条截交线的交点，即相贯线上的点。

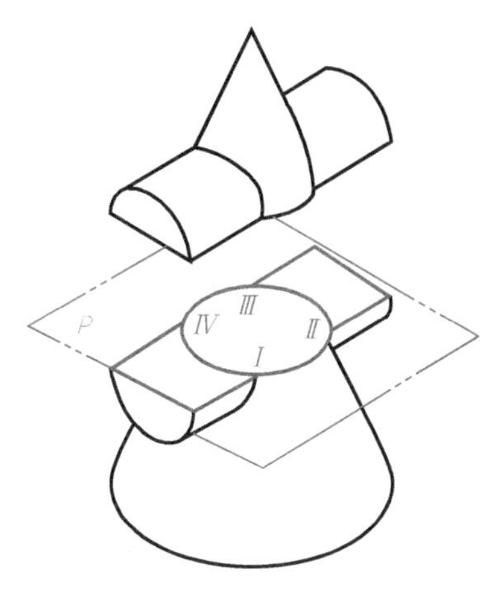

图 2-55 用辅助平面法作相贯线

归纳 4：

● 辅助平面应在两回转立体的____________。

● 通常选用与投影面____________的平面作辅助截平面。

2. 轴线正交的圆柱与圆锥相贯线的变化趋势

两轴线正交的圆柱与圆锥，随着直径的大小和相对位置不同，相贯线在两条轴线共同平行的投影面上，其投影的形状或弯曲趋向也会有所不同。正交圆柱与圆锥的直径变化对相贯线的影响见表 2-24。

表 2-24 正交圆柱与圆锥的直径变化对相贯线的影响

直径关系	圆柱贯穿圆锥	公切于球	圆锥贯穿圆柱
相贯线	上、下两条空间曲线	形状相同且彼此相交的两个椭圆	左右对称的两条空间曲线
立体图			
投影图			

二、相贯线的近似画法

用一段圆弧代替相贯线，该圆弧的圆心在小圆柱的轴线上，半径为大圆的半径，如图 2-56 所示。

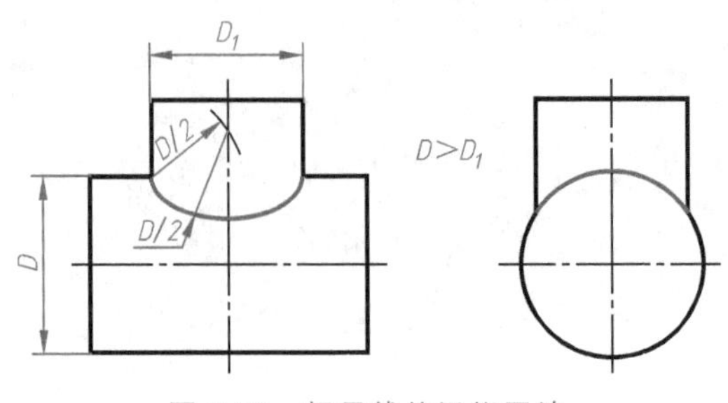

图 2-56　相贯线的近似画法

三、相贯线的特殊情况

1）当具有公共回转轴线的两个回转体相贯时，相贯线为垂直于公共回转轴线的圆，如图 2-57 所示。

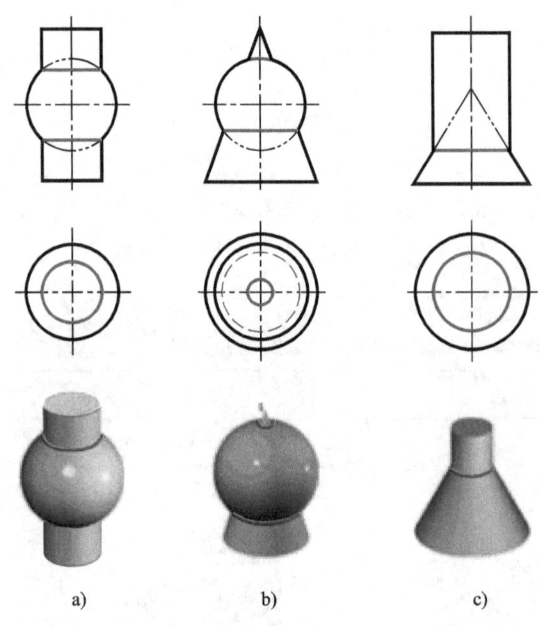

图 2-57　具有公共回转轴线的两个回转体相贯

a）圆柱-球相贯　b）圆锥-球相贯　c）圆柱-圆锥相贯

2）当两个圆柱轴线平行或两个圆锥共顶相贯时，相贯线为直线，如图 2-58 所示。

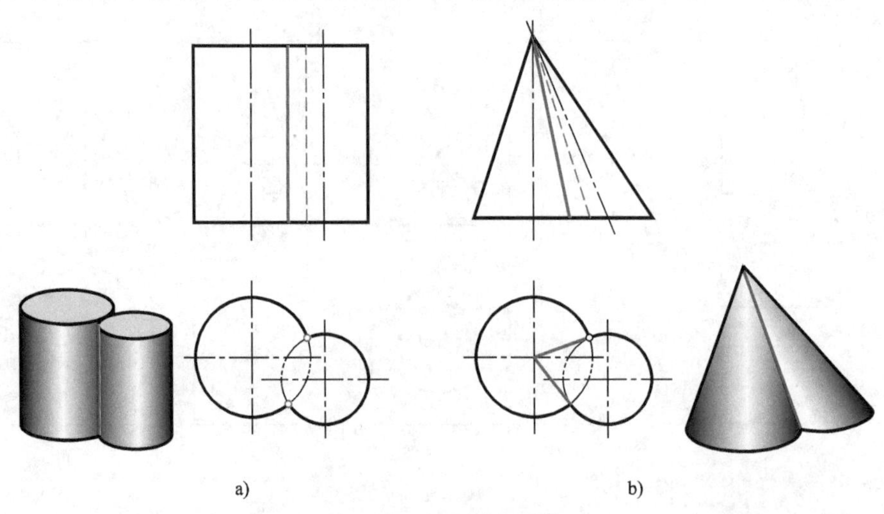

图 2-58　相贯线为直线

a）圆柱-圆柱轴线平行相贯　b）圆锥-圆锥共顶相贯

3）当两个回转体公切于一个球时，它们的相贯线为两条平面曲线（即椭圆）。在与轴线平行的投影面上的投影积聚为相交的两条直线，如图 2-59 所示。

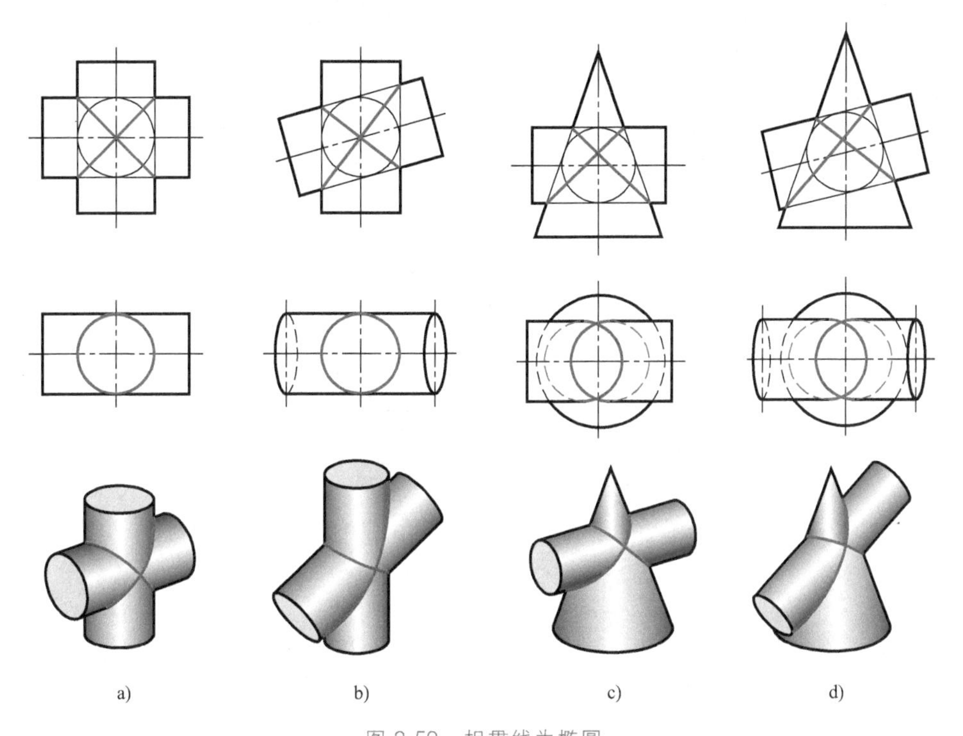

a)　b)　c)　d)

图 2-59　相贯线为椭圆

a）圆柱-圆柱正交　b）圆柱-圆柱斜交　c）圆柱-圆锥正交　d）圆柱-圆锥斜交

归纳 5：

● 画出图 2-60 所示的具有公共内切球的两个回转体的相贯线。

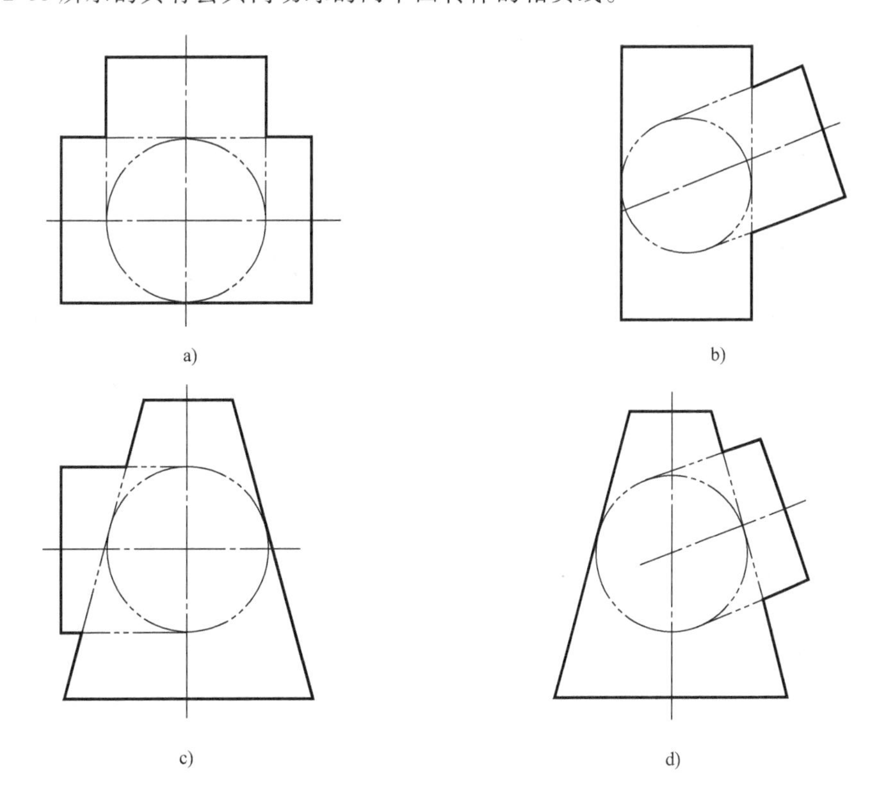

a)　b)　c)　d)

图 2-60　相贯线的特殊画法

任务 2.6　支座三视图的绘制

任务导入

图 2-61 所示为支座立体图，如何表达该零件的形状、结构和大小？

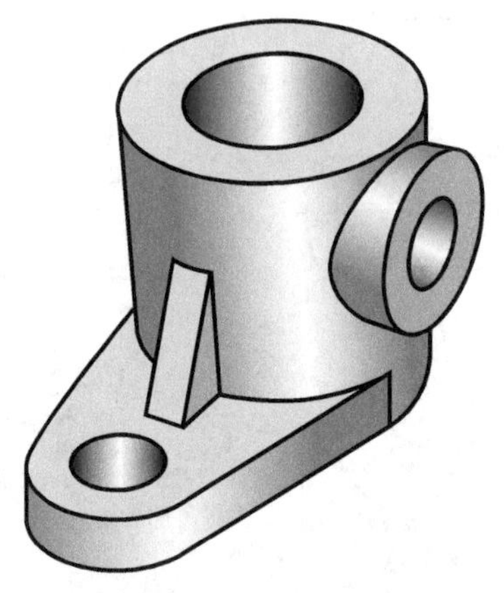

图 2-61　支座立体图

任务分析

由图 2-61 可知，支座是由圆柱、棱柱等基本体叠加组合而成的组合体，为了表达清楚组合体的结构、形状和大小，必须学会对组合体进行形体分析，掌握绘图的基本方法及尺寸标注等相关知识，这也是学习机械制图的基本能力目标。

知识链接

组合体的形体分析

一、组合体的形体分析

1. 组合体的组合形式

归纳 1:

●组合体一般是由两个或两个以上的基本体组合而成的，如图 2-62 所示的组合体，其组合形式有

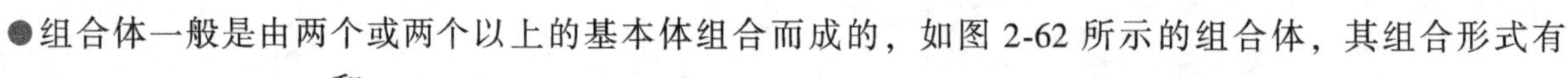

__________、__________和__________。

a)

b)

c)

图 2-62　组合体的组合形式

2. 组合体表面间的连接关系

(1) 表面平齐　当两个基本体相邻表面相平齐（即共面）连成一个平面时，结合处没有界线，相

应视图中间应无分界线，如图 2-63 所示。

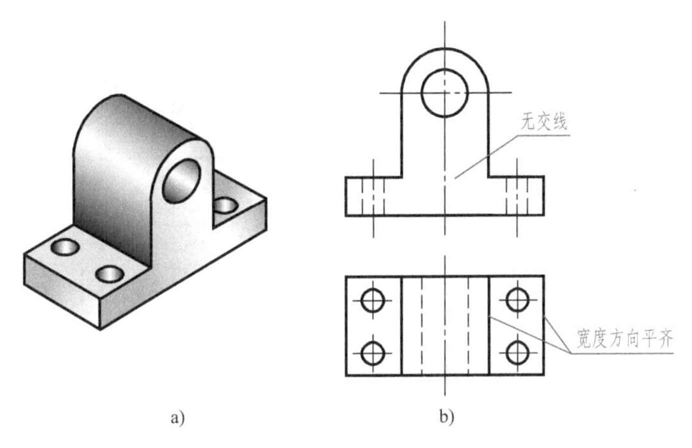

图 2-63　表面平齐

（2）表面不平齐　当两个基本体相邻表面不平齐（即不共面），而相互错开时，结合处应有分界线，相应视图中间应有线隔开，如图 2-64 所示。

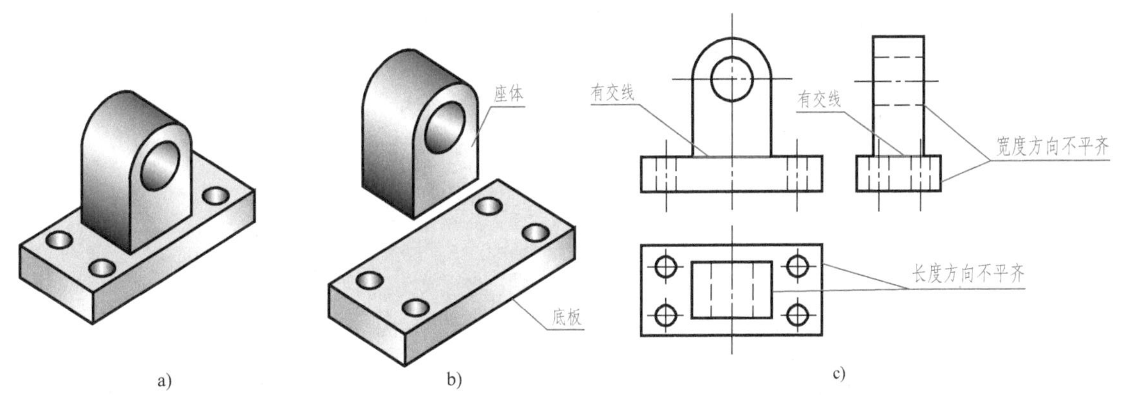

图 2-64　表面不平齐

（3）表面相交　当相邻两个基本体的表面相贯时，在相贯处会产生各种形状的交线，应在视图相应位置处画出交线的投影。

1）表面截交。截交处应画截交线，如图 2-65 所示。

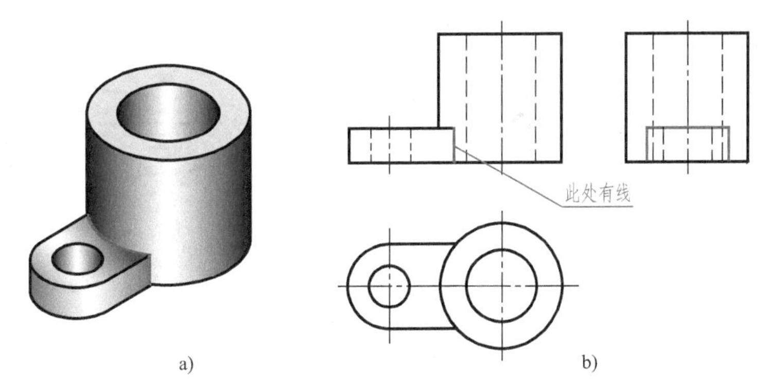

图 2-65　表面截交

2）表面相贯。相贯处应画相贯线，如图 2-66 所示。

（4）表面相切　当相邻两个基本体的表面相切时，由于在相切处两表面是光滑过渡的，不存在明显的分界线，故在相切处规定不画分界线的投影，如图 2-67 所示。但应注意：底板顶面的正面投影和侧面投影积聚成一直线段，应按投影关系画到切点处。

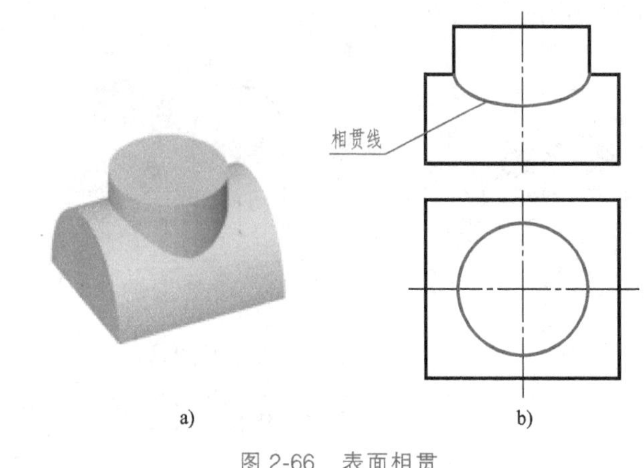

图 2-66　表面相贯

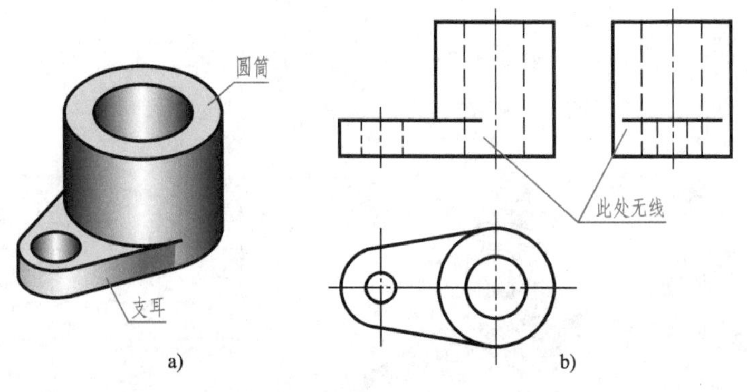

图 2-67　表面相切

归纳 2：

●为了便于研究组合体的画图、读图和尺寸标注，可假想将复杂的组合体分解成若干简单的基本体，分清它们的______、______和______，分析它们的表面连接关系及投影特性，从而读懂或画出组合体的视图，这种分析组合体的思维方法称为形体分析法，如图 2-68 所示。

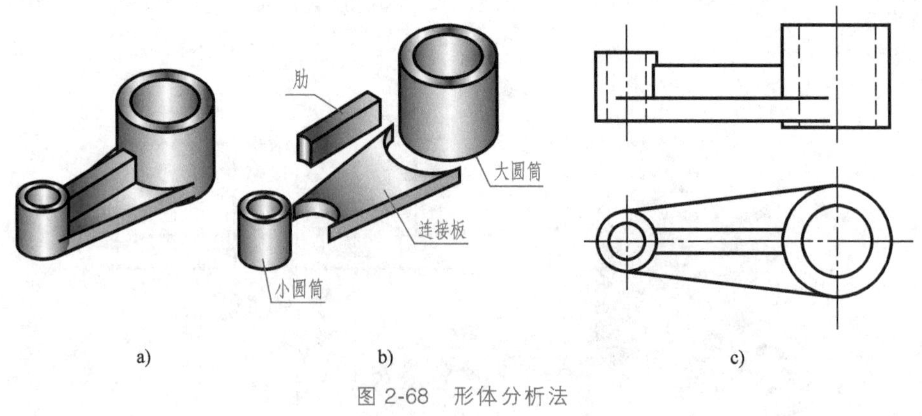

图 2-68　形体分析法

a）组合体　b）分解　c）视图

叠加类组合体三视图的画法

二、组合体三视图的画法

1. 叠加类组合体三视图的画法

图 2-69a 所示为轴承座，按形体分析法可假想地分解为图 2-69b 所示的五个基本体。轴承座左右对称；支承板的左右两侧面与圆筒的外表面相切，其后表面与底板后面、圆筒后面平齐；肋的左右表面及前表面与圆筒相交，上部的圆凸台与圆筒相贯。圆筒、肋等前表面反映的轴承座各部分轮廓特征比较明

显，可以以 A 向作为主视图的投射方向。轴承座的画图步骤如图 2-70 所示。

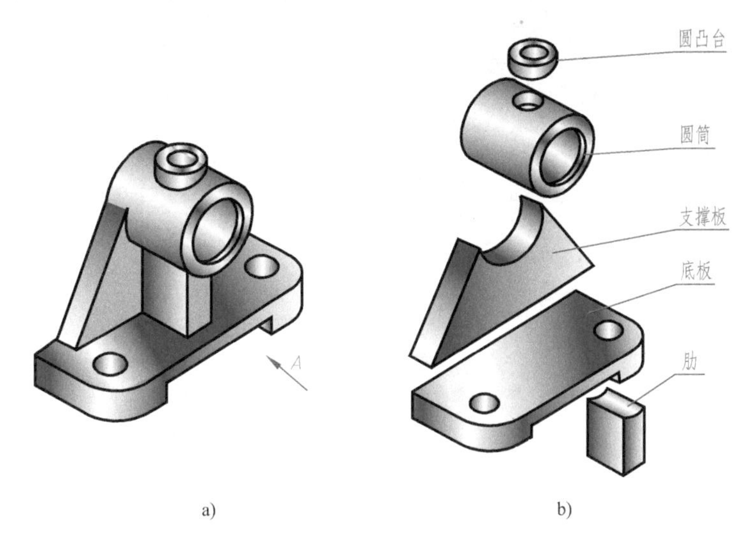

图 2-69　轴承座的形体分析

a）立体图　b）分解图

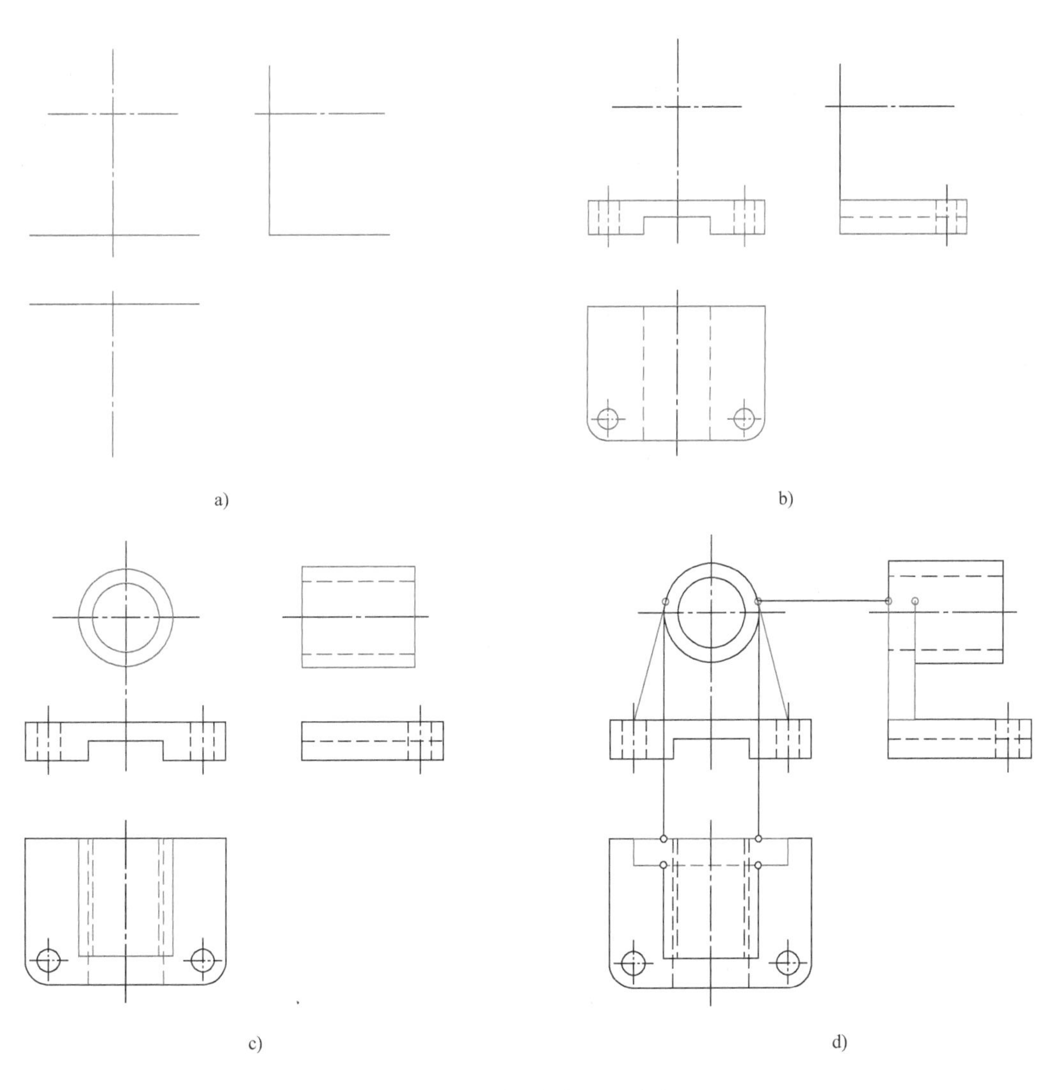

图 2-70　轴承座的画图步骤

a）画出作图基准线　b）画底板　c）画圆筒　d）画支承板

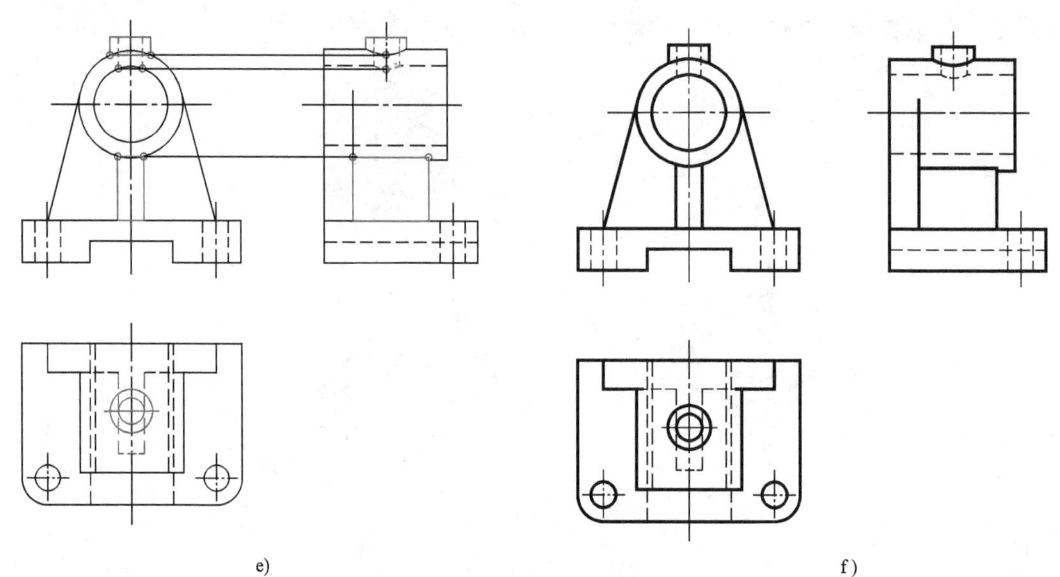

图 2-70 轴承座的画图步骤（续）
e）画肋和圆凸台 f）检查、描深

切割类组合体三视图的绘制

2. 切割类组合体三视图的画法

如图 2-71 所示，切割类组合体可以看成是长方体被切割去 1、2、3 三部分而形成的。作每个切口的投影时，应先从反应形体特征明显，且具有积聚性投影的视图开始，再按投影关系画出其他视图。切割类组合体的画图步骤如图 2-72 所示。

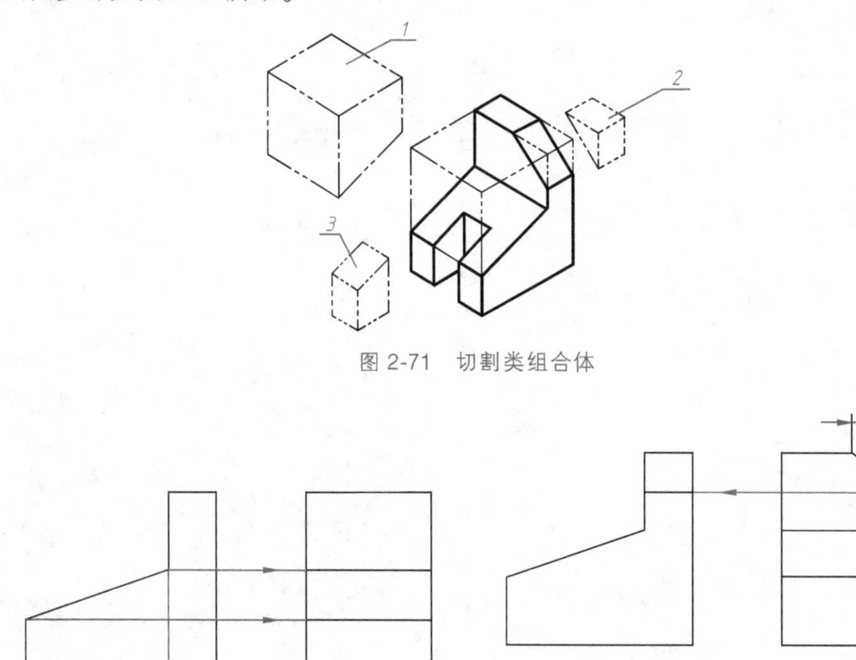

图 2-71 切割类组合体

图 2-72 切割类组合体的画图步骤

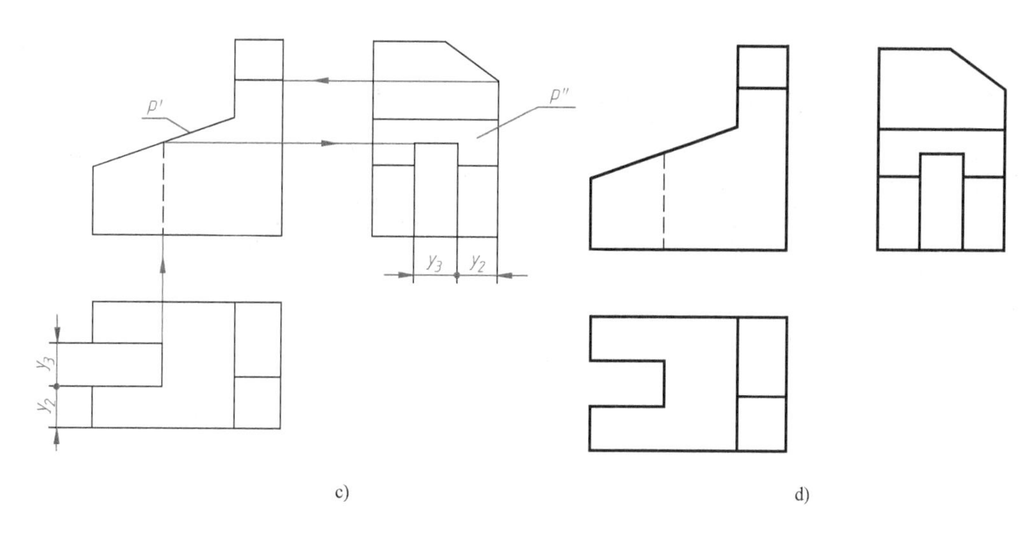

图 2-72 切割类组合体的画图步骤（续）

归纳 3：组合体三视图的画法

画组合体三视图时，对于以叠加为主的形体，一般采用____________方法；对于以切割为主的形体，则采用____________方法。对于既有叠加又有切割的综合形体，画视图时先分析叠加，再考虑切割，即先____________，再____________。

三、组合体零件三视图的尺寸标注

组合体三视图的尺寸标注

1. 切割体和相贯体的尺寸标注

归纳 4：

●截交线和相贯线上不应直接标注尺寸。在标注切割体的尺寸时，只需标注基本体的______尺寸和截平面的______尺寸；标注相贯体的尺寸时，只需标注参与相贯的各立体的______尺寸及其相互间的______尺寸，如图 2-73 所示。图中打“×”的为多余尺寸，应去掉。

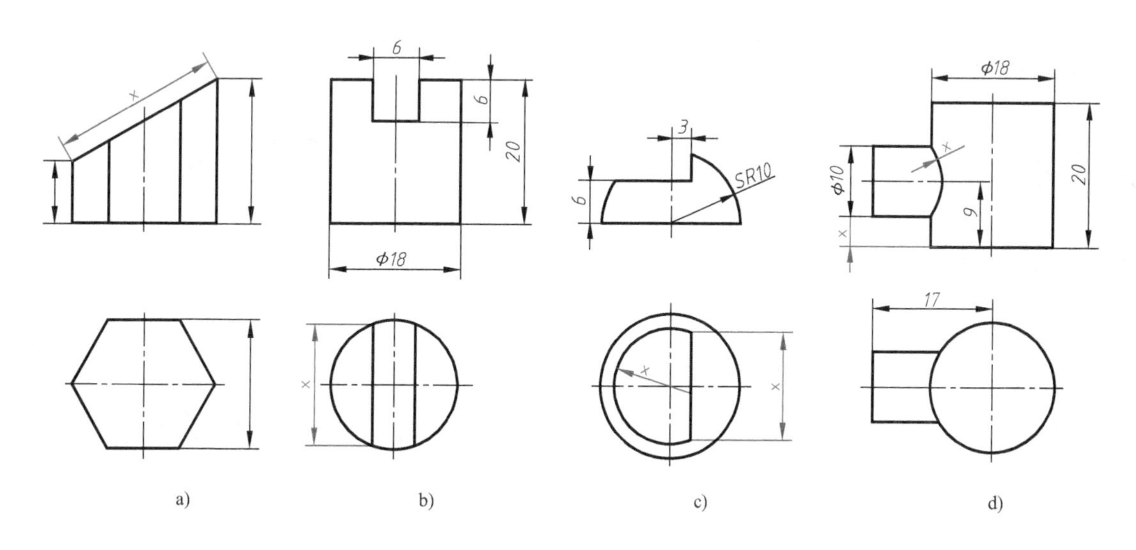

图 2-73 切割体和相贯体的尺寸标注

2. 组合体零件的尺寸标注

轴承座的尺寸标注如图 2-74 所示。

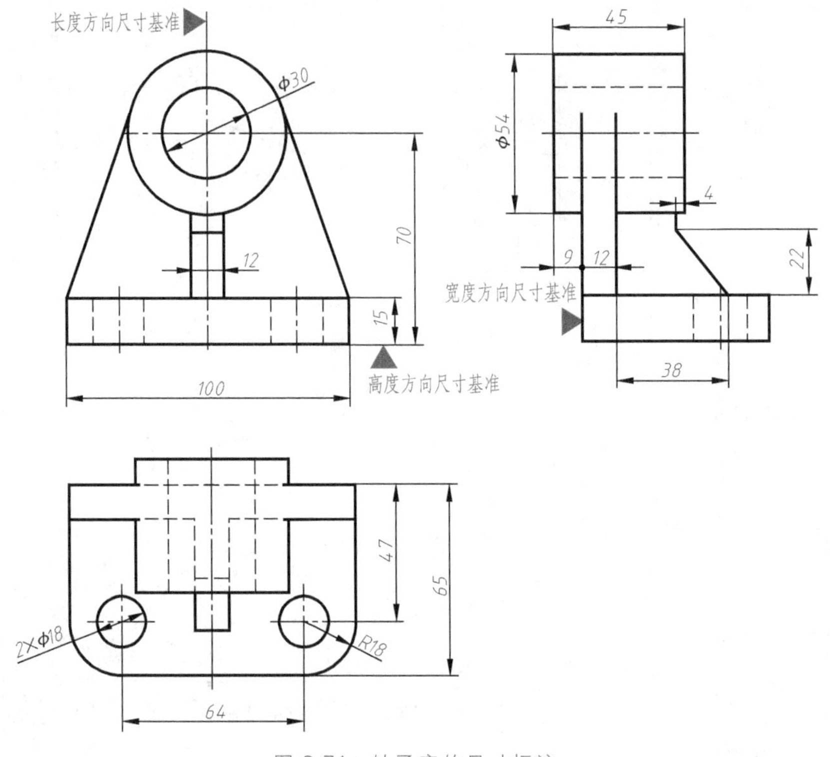

图 2-74 轴承座的尺寸标注

归纳 5:

●组合体零件的尺寸标注包括______尺寸、______ 尺寸和______尺寸。

●同轴回转体的各径向尺寸一般注在投影为______的视图上。圆弧半径应注在投影为______的视图上。

任务计划与决策

填写工作任务计划与决策单（表 2-25）。

表 2-25 工作任务计划与决策单

<table>
<tr><td>专业</td><td></td><td>班级</td><td colspan="5"></td></tr>
<tr><td>组别</td><td></td><td>任务名称</td><td colspan="2">支座三视图的绘制</td><td>参考学时</td><td colspan="2">8 学时</td></tr>
<tr><td>任务计划</td><td colspan="7">各组根据任务内容制订绘制支座三视图的任务计划</td></tr>
<tr><td rowspan="5">任务决策</td><td>项目</td><td colspan="2">可选方案</td><td colspan="2">方案分析</td><td colspan="2">结论</td></tr>
<tr><td rowspan="2"></td><td></td><td></td><td colspan="2"></td><td colspan="2"></td></tr>
<tr><td></td><td></td><td colspan="2"></td><td colspan="2"></td></tr>
<tr><td rowspan="2"></td><td></td><td></td><td colspan="2"></td><td colspan="2"></td></tr>
<tr><td></td><td></td><td colspan="2"></td><td colspan="2"></td></tr>
</table>

任务实施

填写工作任务实施单（表 2-26）。

表 2-26 工作任务实施单

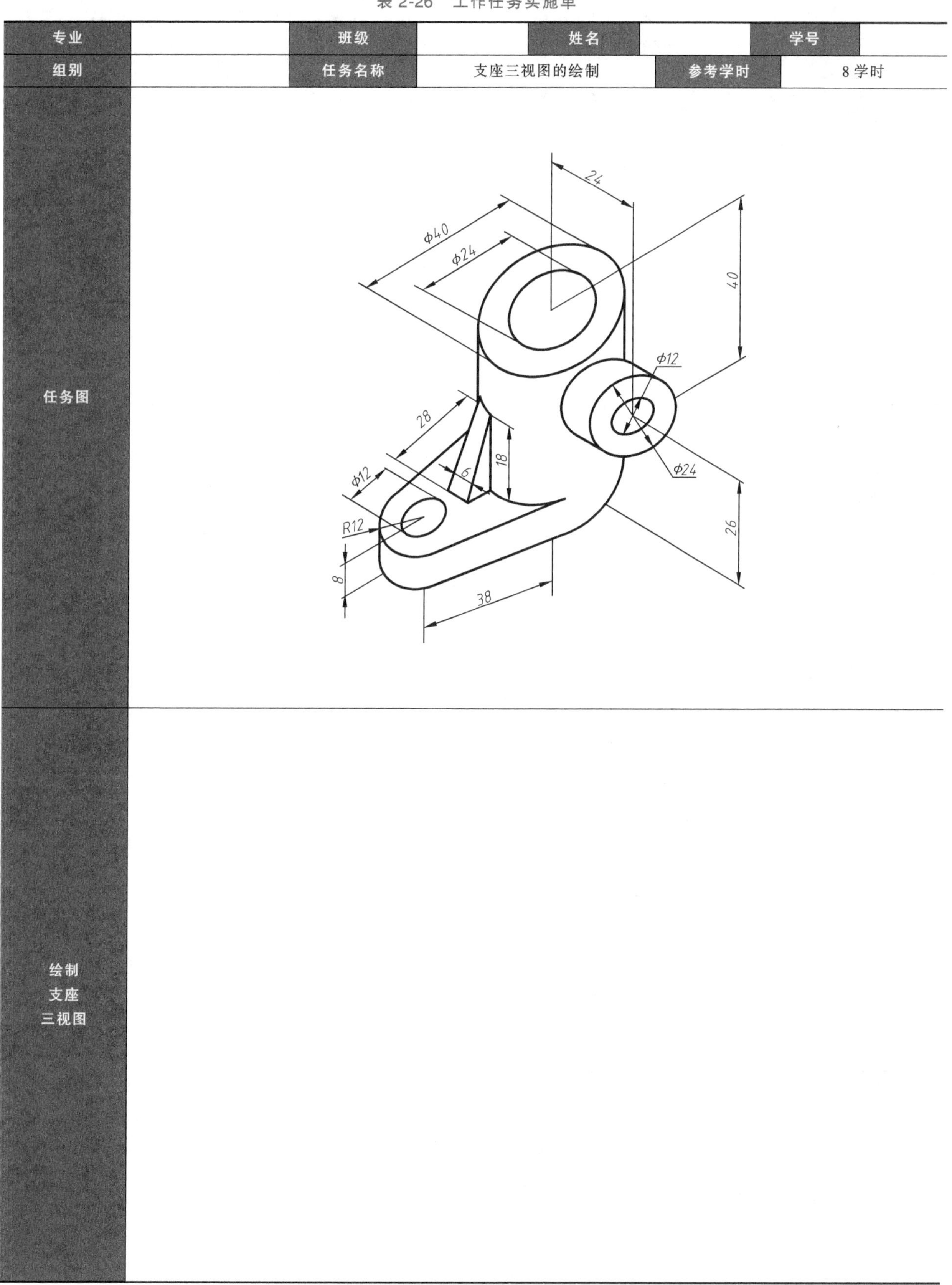

专业		班级		姓名		学号	
组别		任务名称	支座三视图的绘制		参考学时	8 学时	
任务图							
绘制 支座 三视图							

任务评价

填写工作任务评价单（表 2-27）。

表 2-27 工作任务评价单

班级		姓名		学号		成绩	
组别		任务名称	支座三视图的绘制		参考学时	8 学时	
序号	评价内容	分数	自评分	互评分	组长或教师评分		
1	课前准备(课前预习情况)	5					
2	知识链接(完成情况)	25					
3	任务计划与决策	10					
4	任务实施(图线、表达方案、图形布局等)	25					
5	绘图质量	30					
6	遵守课堂纪律	5					
总分		100					
综合评价(自评分×20%+互评分×40%+组长或教师评分×40%)							
组长签字：				教师签字：			
学习体会	签名：　　日期：						

技能强化

1. 分析图 2-75 所示组合体的形体及表面连接关系，并补画表面交线。

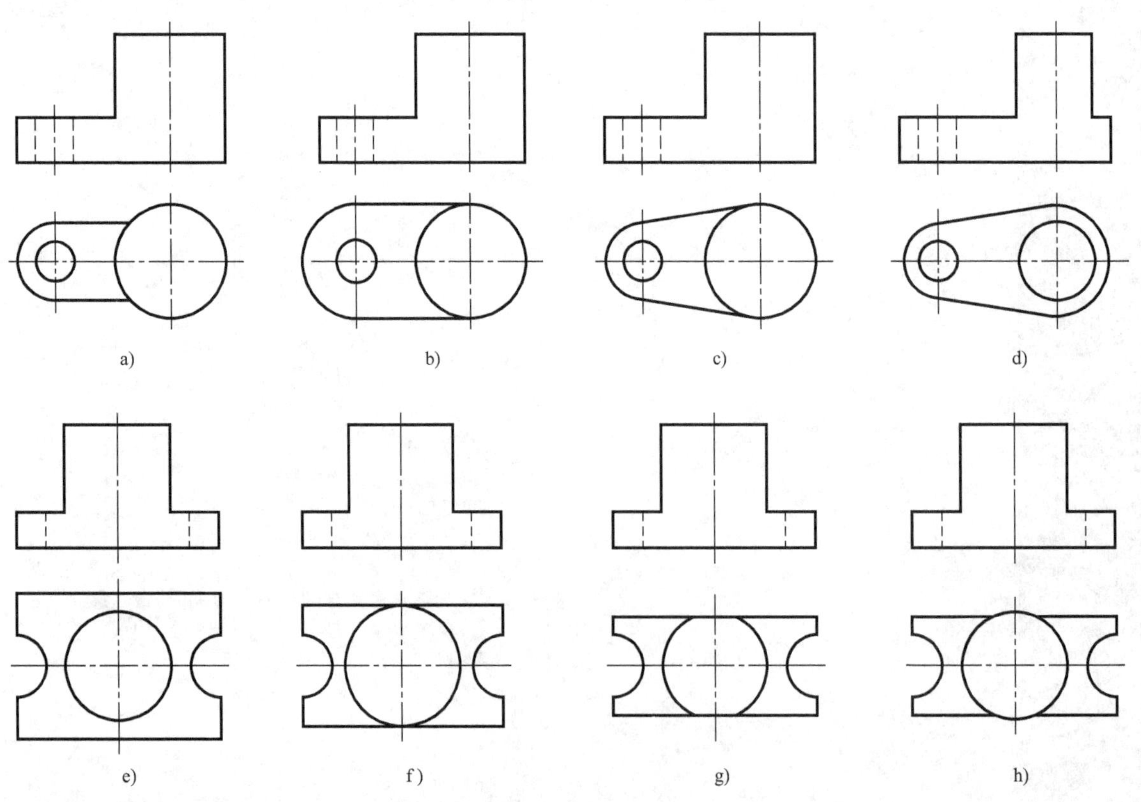

图 2-75 题 1 图

2. 根据轴测图补画第三视图，如图 2-76 所示。

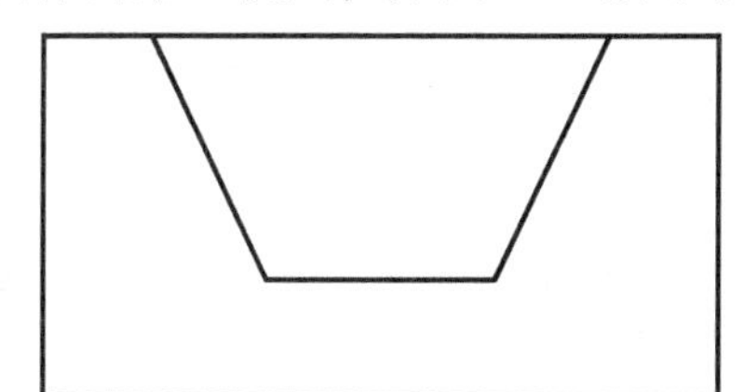
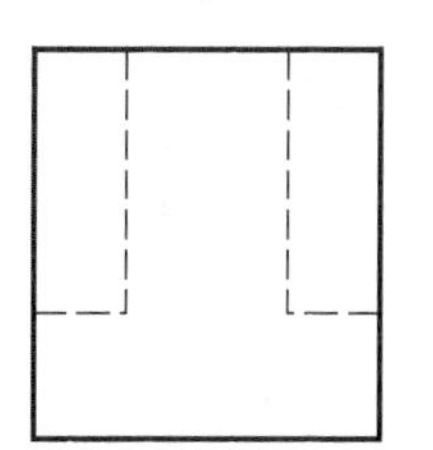
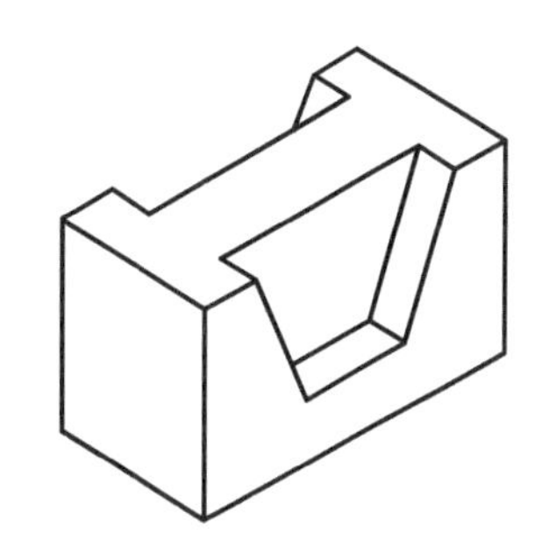

a)

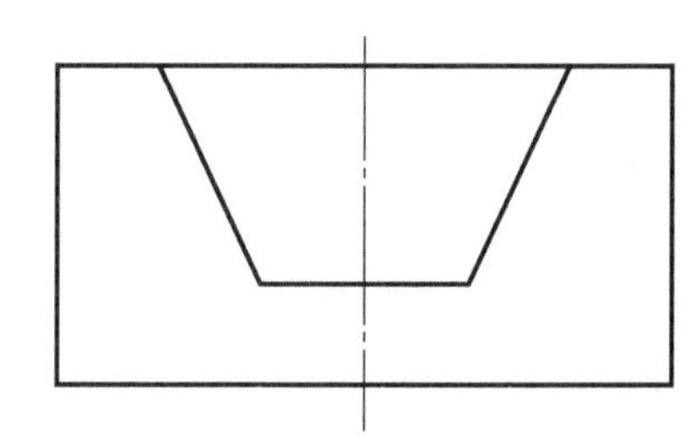
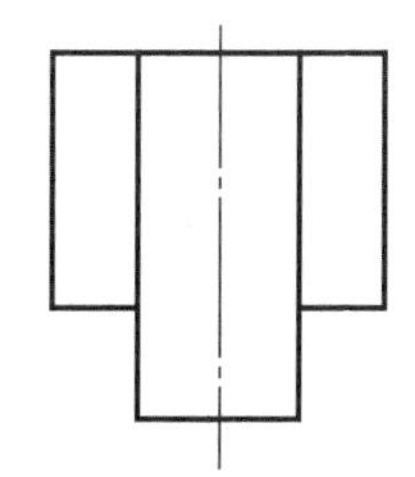
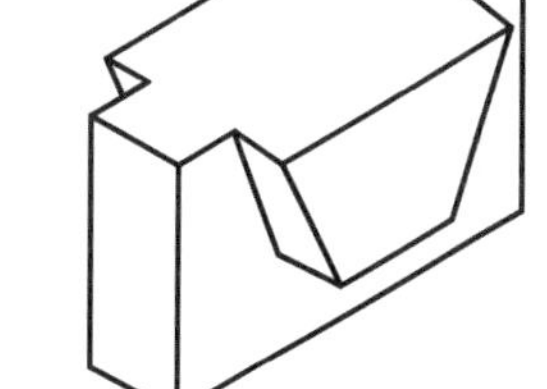

b)

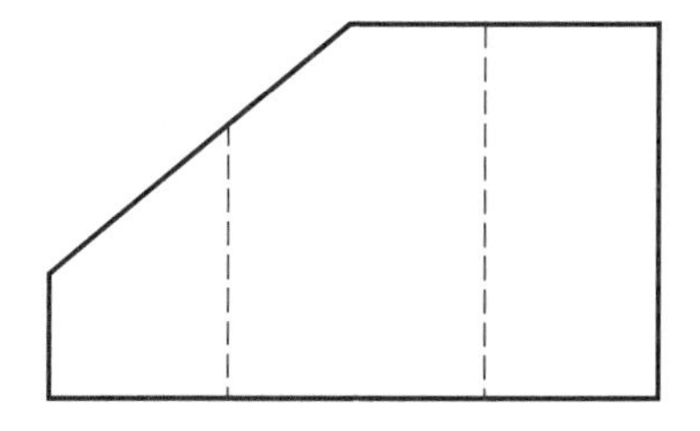
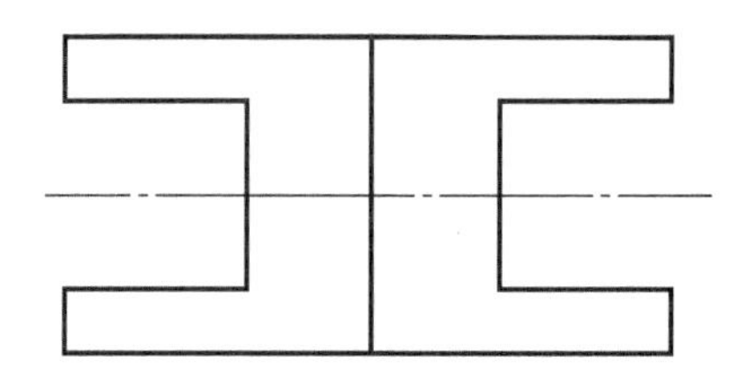
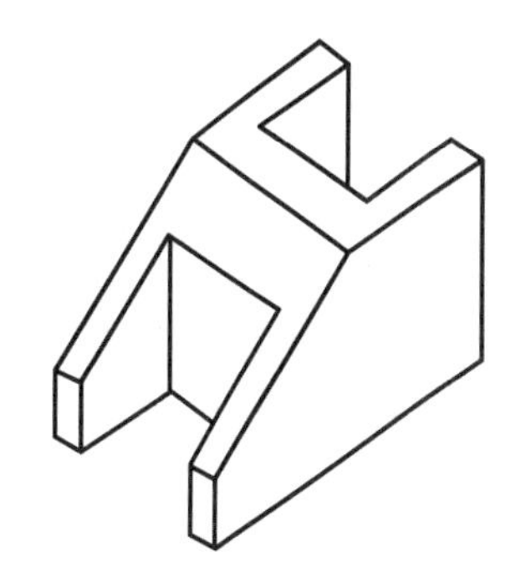

c)

图 2-76 题 2 图

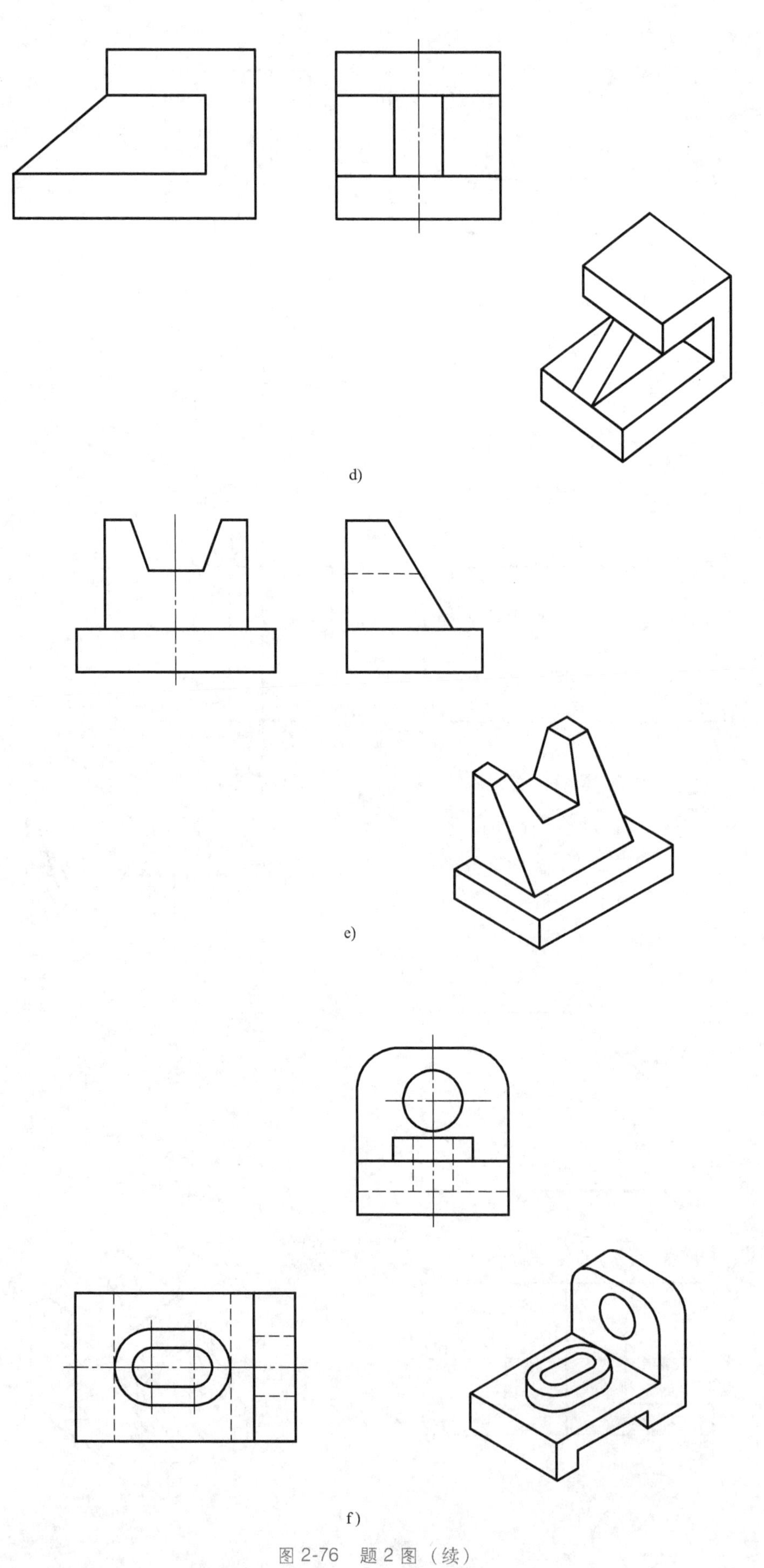

图 2-76　题 2 图（续）

3. 标注图 2-77 所示组合体的尺寸，尺寸数值从视图中按 1∶1 比例量取（取整数）。

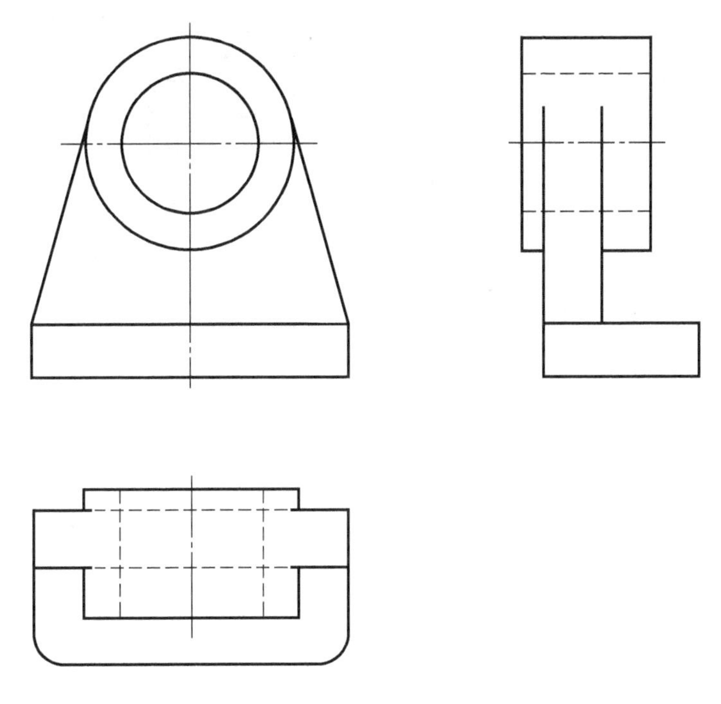

图 2-77 题 3 图

4. 根据前面所学的知识，由图 2-78 所示轴测图画三视图。

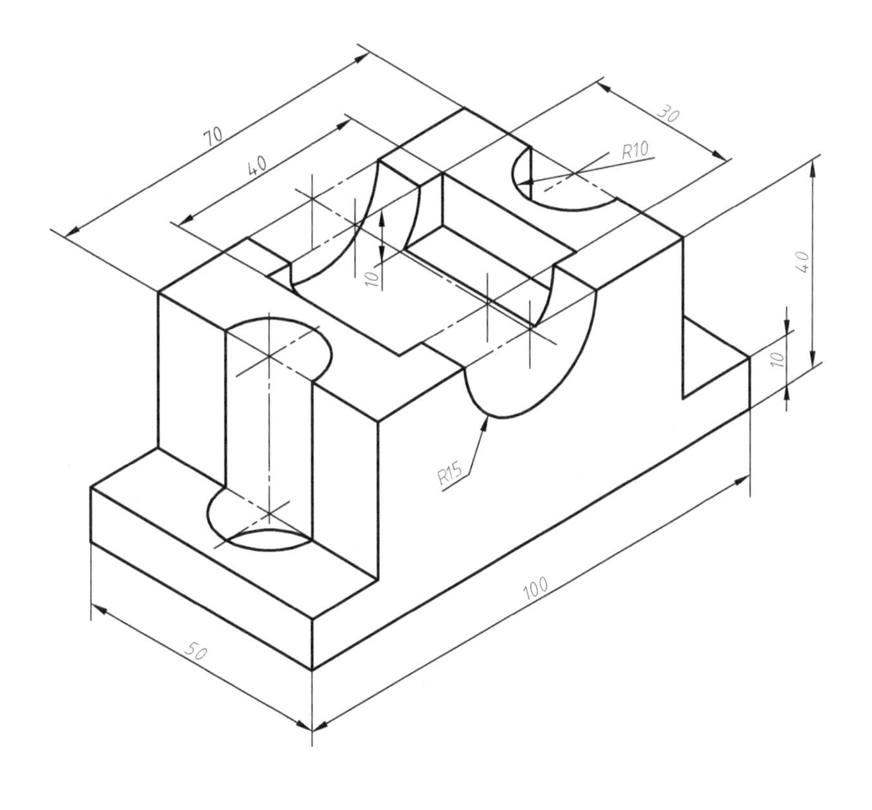

a)

图 2-78 题 4 图

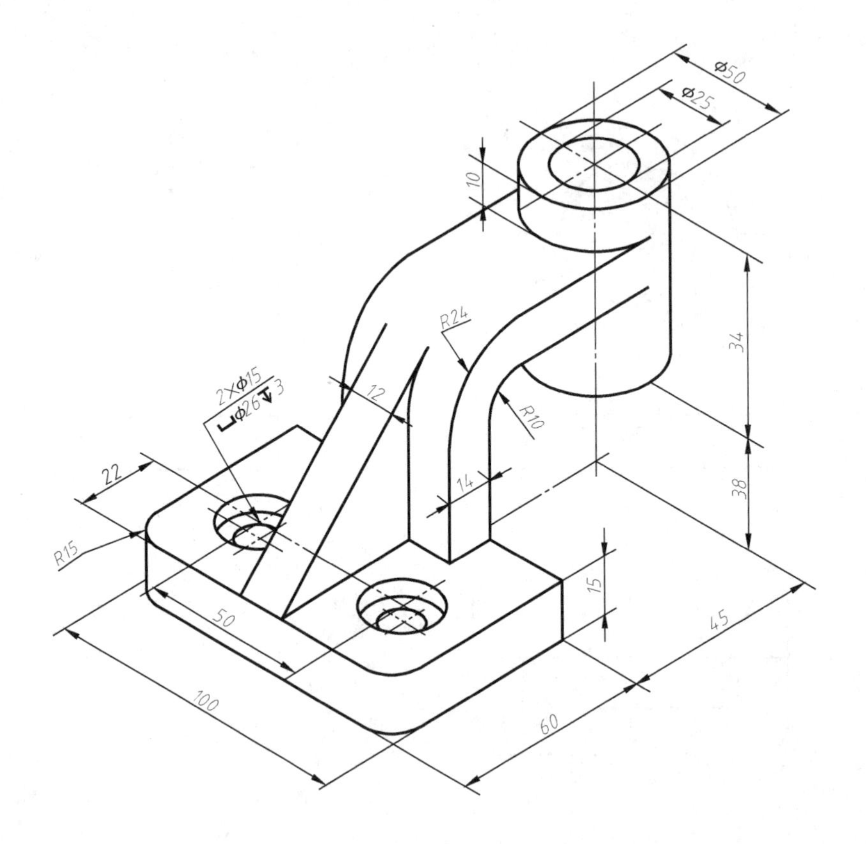
φ50
φ25
10
34
38
R24
R10
12
2×φ15
φ26 3
22
R15
14
15
50
100
60
45

b)

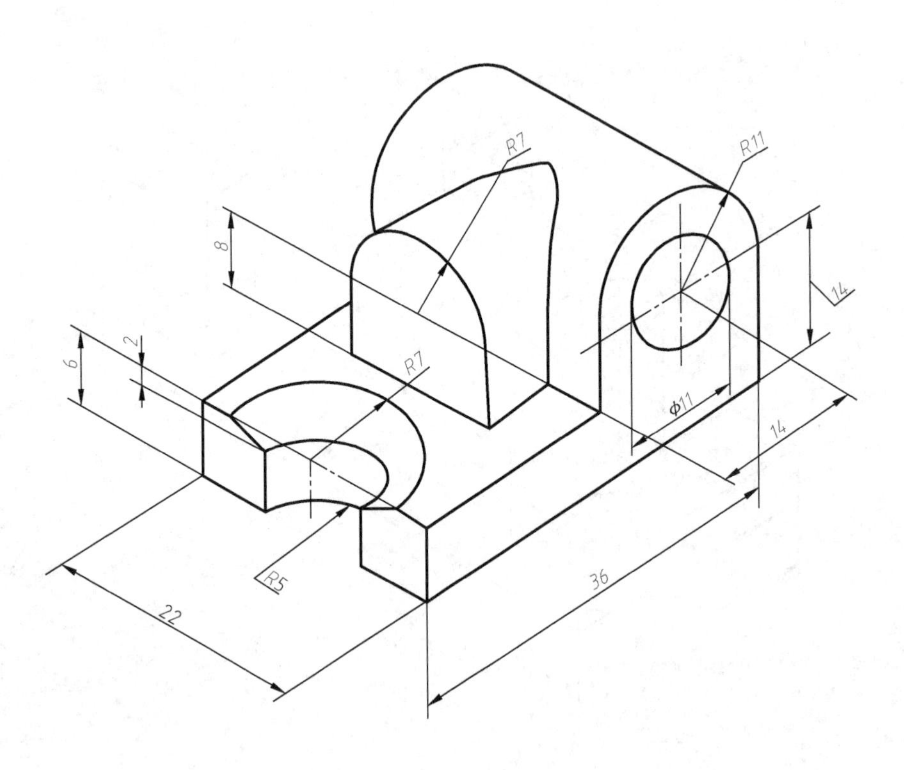
R7
R11
8
14
6
2
R7
φ11
14
R5
36
22

c)

图 2-78　题 4 图（续）

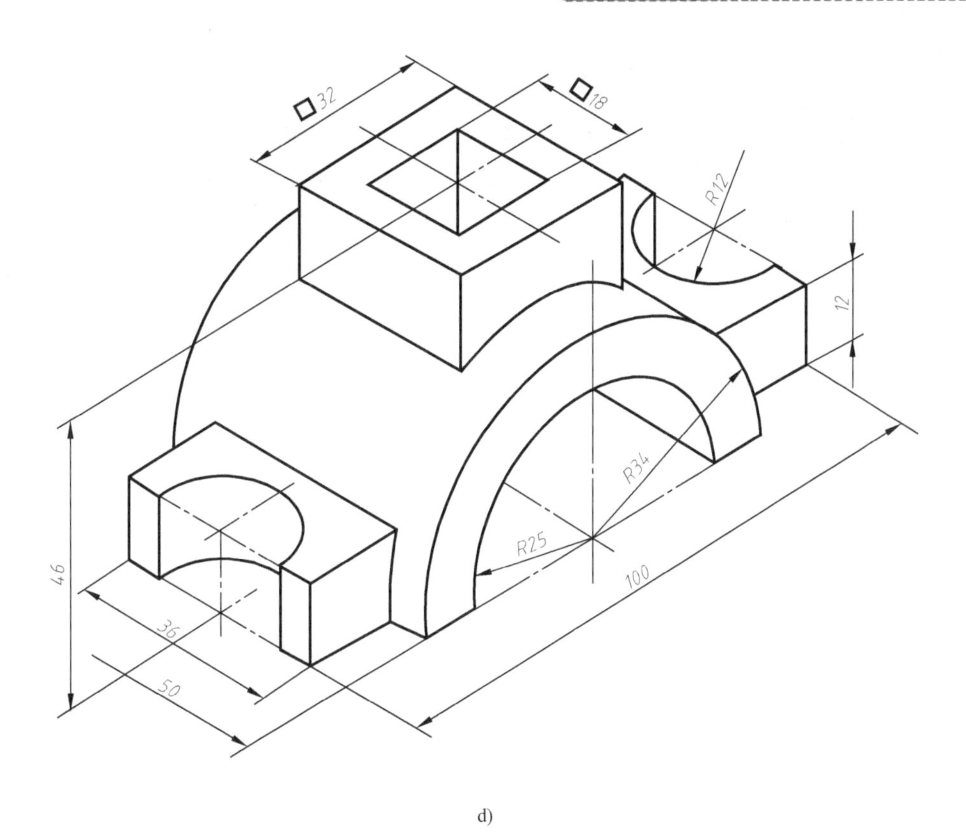

d)

图 2-78 题 4 图（续）

任务 2.7 架体三视图的识读

任务导入

图 2-79 所示为架体视图。如何根据架体视图读出架体的立体形状和结构？

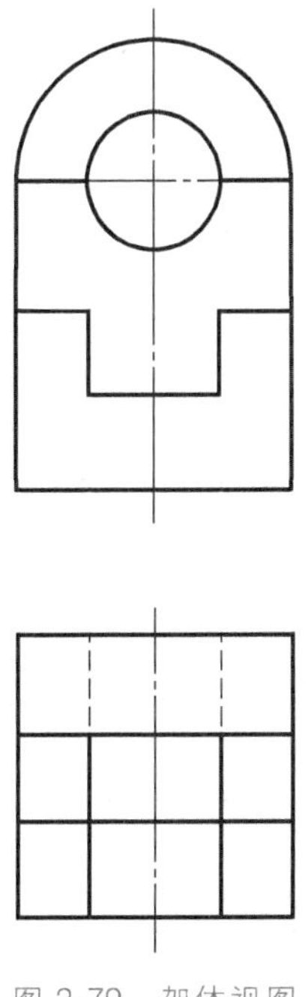

图 2-79 架体视图

任务分析

架体是由简单基本体组合、切割成的组合体零件，要根据主俯两个视图读出该零件的立体形状和结构，就必须逐个分析投影的特点，确定基本体之间的组合关系、切割形式等。因此，必须掌握读图的基本要领和方法，培养空间想象能力。

知识链接

读组合体视图的基本要领

一、识读组合体视图的基本要领

1）读图时应将几个视图联系起来想象物体的形状，如图 2-80 所示。

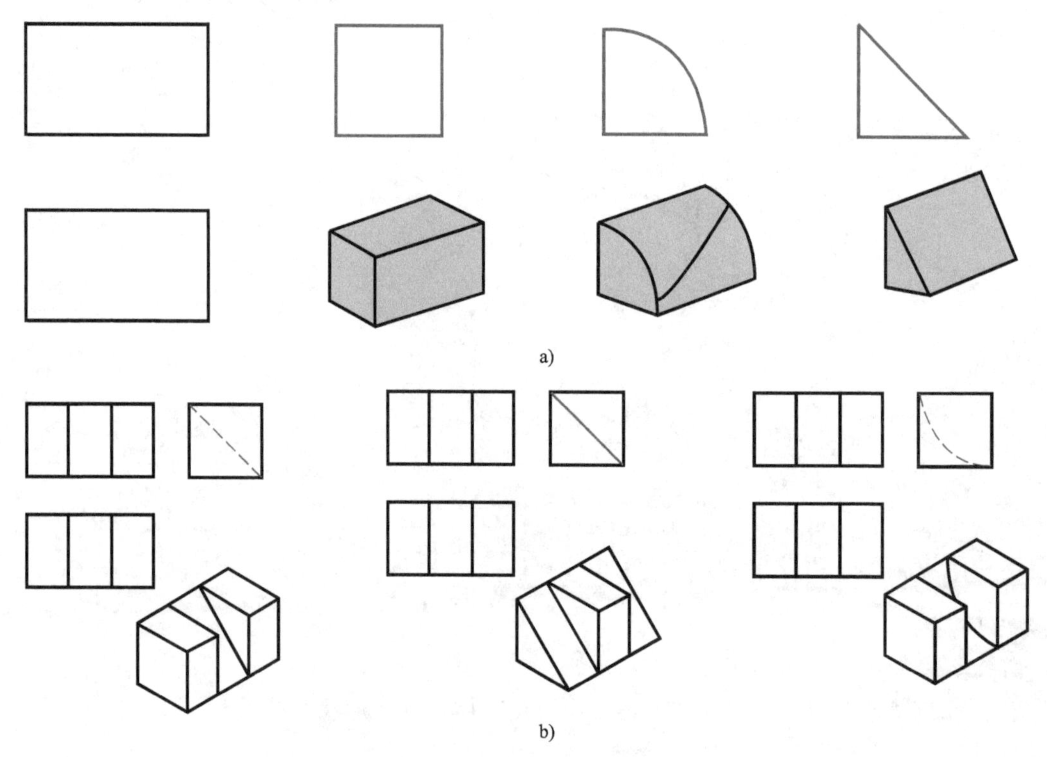

图 2-80　几个视图联系起来想象物体的形状

2）读图时应抓住特征视图。特征视图分为______特征视图和______特征视图，如图 2-81 所示。

a)

图 2-81　特征视图

a）形状特征视图

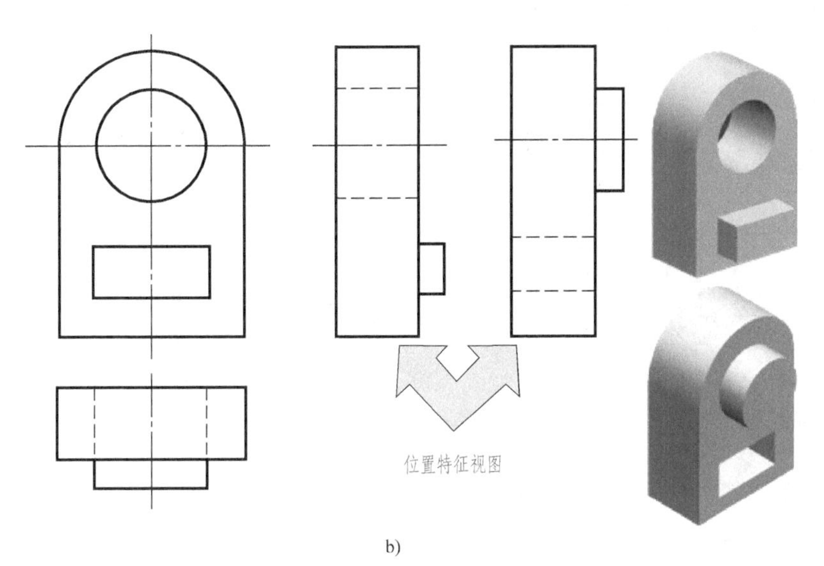

b)

图 2-81 特征视图（续）

b）位置特征视图

3）读图时应明确视图中的线框和图线的含义。视图上的线框，一般可能是________的投影、________的投影、________或________表面的投影，如图 2-82 所示。

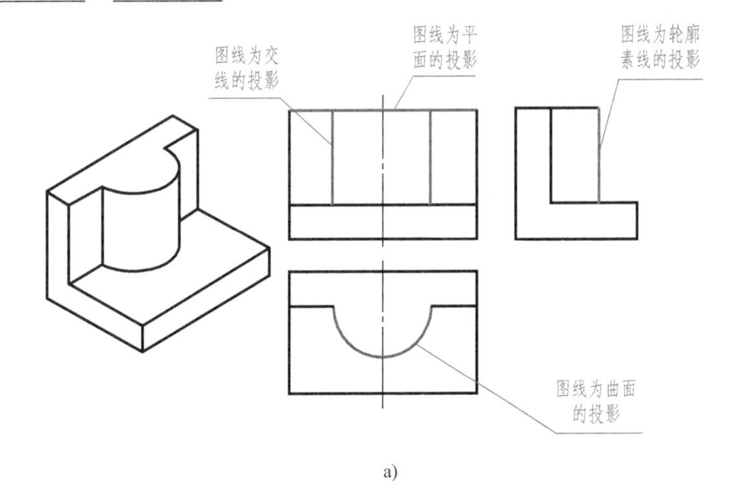

a)

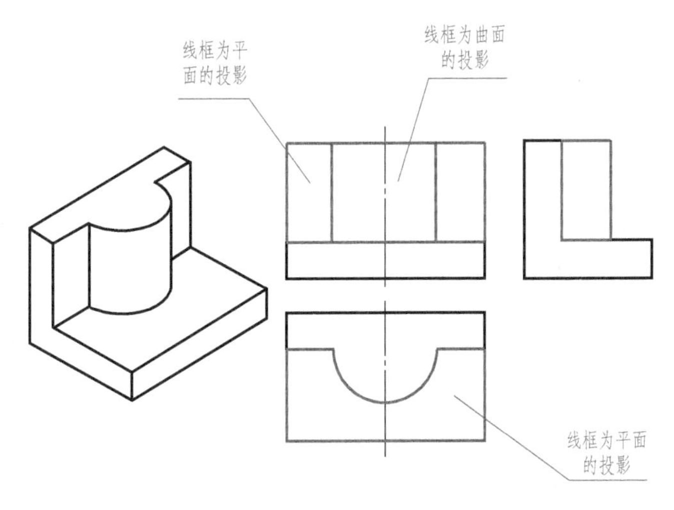

b)

图 2-82 视图中线框和图线的含义

a）图线表示交线、面、轮廓素线的投影 b）线框表示一个面（平面、曲面）的投影

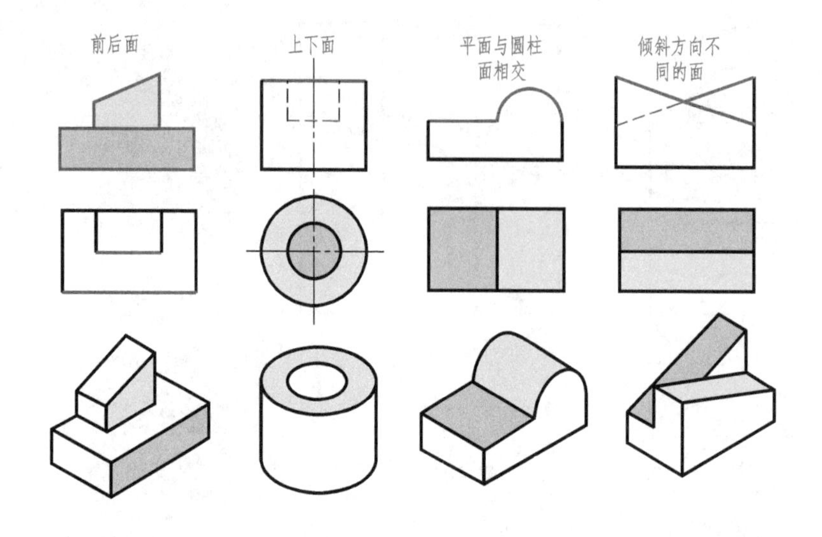

c)

主视图不反映前后 → 看俯左视图
俯视图不反映上下 → 看主左视图
左视图不反映左右 → 看主俯视图

d)

图 2-82 视图中线框和图线的含义（续）

c）相邻线框表示不同位置的面（相交或不相交） d）大线框内的小线框表示凸出或凹下的小平（曲）面

二、识读组合体视图的基本方法

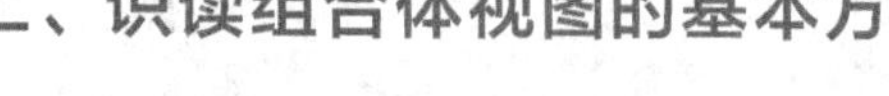

读组合体三视图的方法

1. 形体分析法

1）抓住特征分线框，对照投影关系。

2）旋转归位想形状。分清组合体的组成部分后，从每个组成部分形状特征明显的视图出发。根据“三等”规律，旋转归位，想出每部分形状。

3）综合起来想整体。根据基本体之间的相对位置和组合形式，综合想象出组合体的整体形状。

形体分析法读图过程如图 2-83 所示。

2. 线面分析法

1）划分线框，识别面形。

2）根据交线，确定位置。

3）综合起来想象整体。

线面分析法读图过程如图 2-84 所示。

归纳：

识读组合体视图的基本方法有____________和____________。

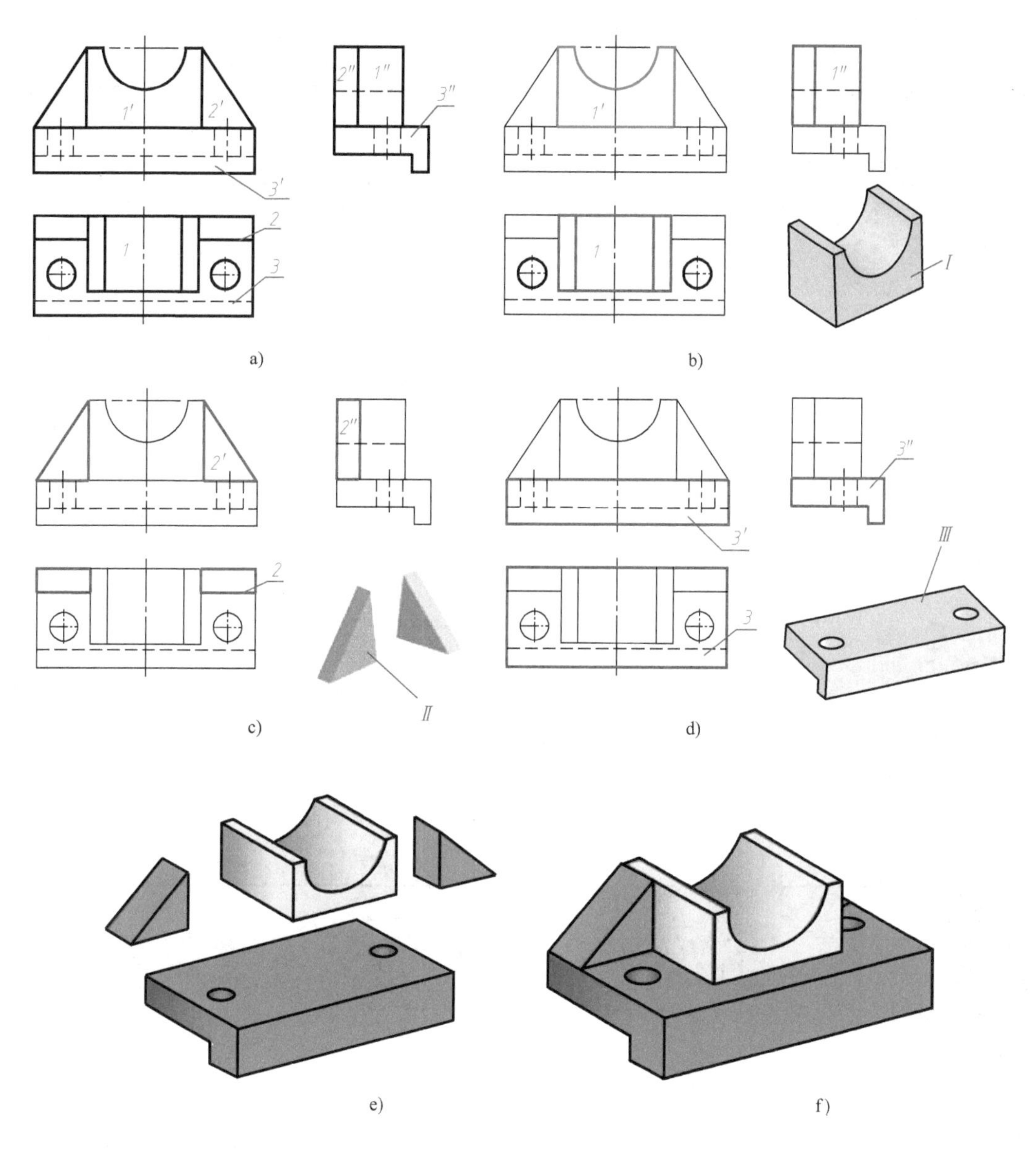

图 2-83　形体分析法读图过程

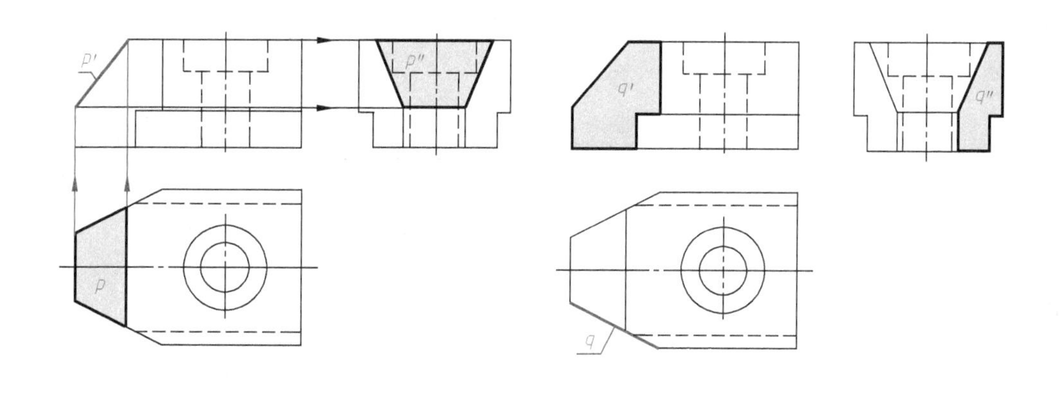

图 2-84　线面分析法读图过程

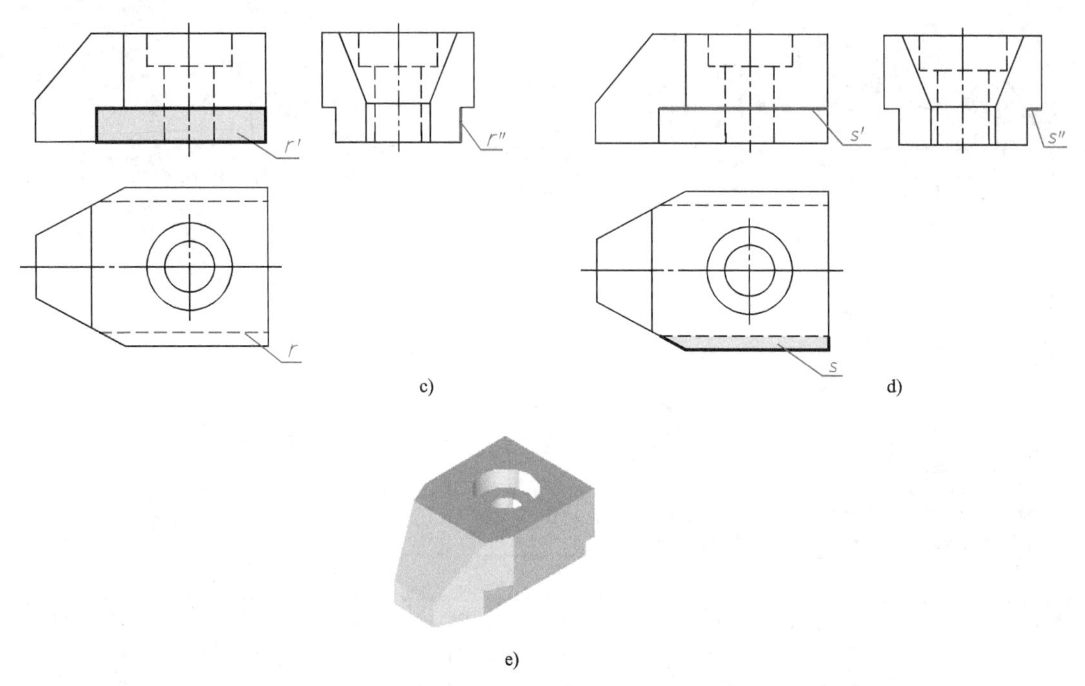

图 2-84　线面分析法读图过程（续）

任务计划与决策

填写工作任务计划与决策单（表 2-28）。

表 2-28　工作任务计划与决策单

<table>
<tr><td>专业</td><td colspan="2"></td><td>班级</td><td colspan="3"></td></tr>
<tr><td>组别</td><td colspan="2"></td><td>任务名称</td><td>架体三视图的识读</td><td>参考学时</td><td>4 学时</td></tr>
<tr><td>任务计划</td><td colspan="6">各组根据任务内容制订识读架体三视图并补其余视图的任务计划</td></tr>
<tr><td rowspan="5">任务决策</td><td>项目</td><td colspan="2">可选方案</td><td colspan="2">方案分析</td><td>结论</td></tr>
<tr><td rowspan="2">识读方案</td><td>方案 1</td><td></td><td colspan="2"></td><td></td></tr>
<tr><td>方案 2</td><td></td><td colspan="2"></td><td></td></tr>
<tr><td rowspan="2">绘图方案</td><td>方案 1</td><td></td><td colspan="2"></td><td></td></tr>
<tr><td>方案 2</td><td></td><td colspan="2"></td><td></td></tr>
</table>

任务实施

填写工作任务实施单（表 2-29）。

架体三视图的识读

表 2-29 工作任务实施单

专业		班级		姓名		学号	
组别		任务名称	架体三视图的识读		参考学时	4 学时	
任务图	任务图如图 2-79 所示						
识读架体三视图并补充其余视图							

任务评价

填写工作任务评价单（表 2-30）。

表 2-30 工作任务评价单

班级		姓名		学号		成绩	
组别		任务名称	架体三视图的识读		参考学时	4 学时	
序号	评价内容	分数	自评分	互评分	组长或教师评分		
1	课前准备（课前预习情况）	5					
2	知识链接（完成情况）	25					
3	任务计划与决策	10					
4	任务实施（图线、表达方案、图形布局等）	25					
5	绘图质量	30					
6	遵守课堂纪律	5					
总分		100					
综合评价（自评分×20%+互评分×40%+组长或教师评分×40%）							
组长签字：				教师签字：			
学习体会	签名： 日期：						

技能强化

1. 根据图 2-85 给出的主、俯视图，想象出物体的形状，并选择正确的左视图。
2. 分析视图，想象其形状，补画视图中的漏线，如图 2-86 所示。

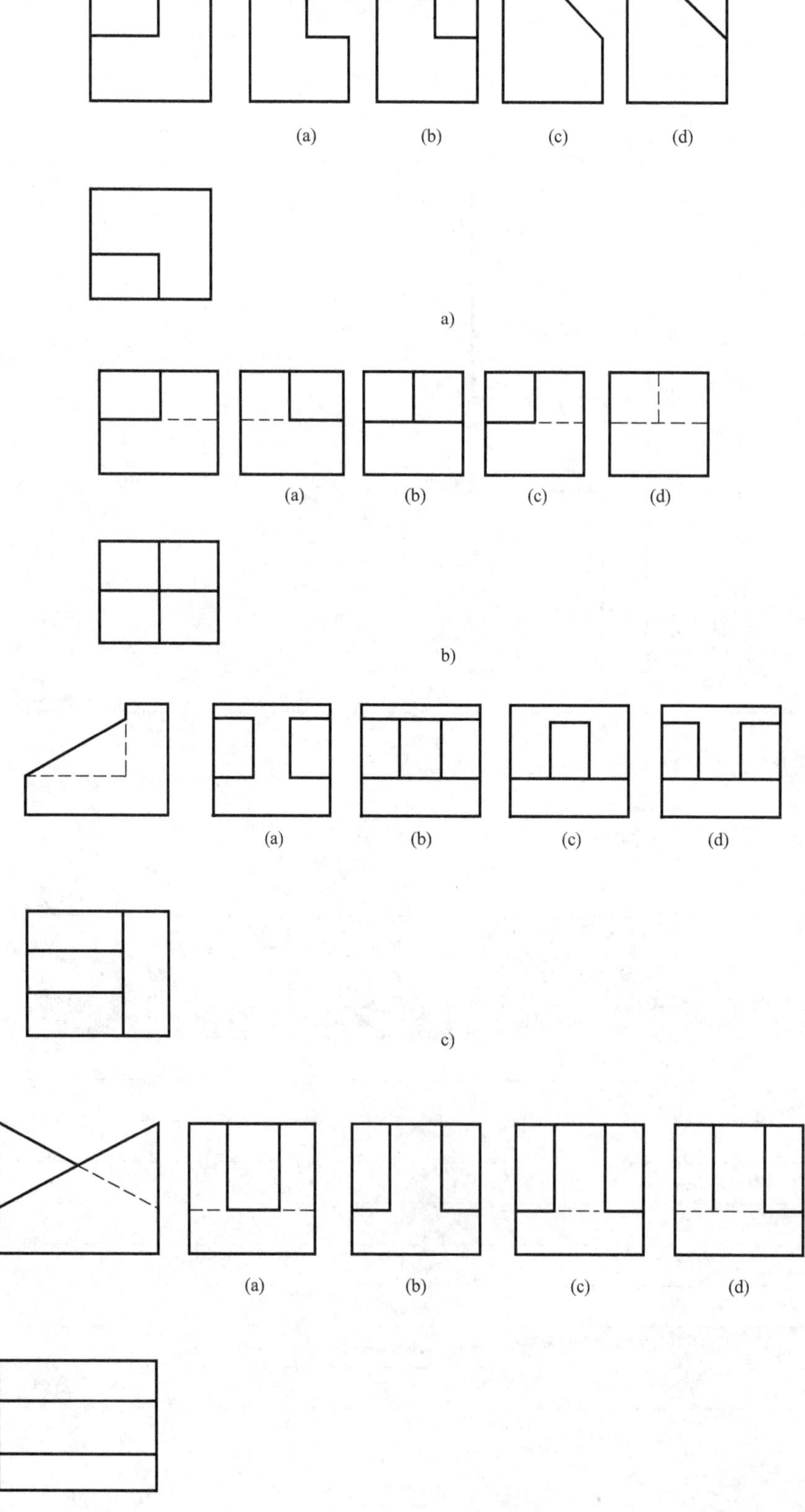

图 2-85 题 1 图

图 2-85 题 1 图（续）

图 2-86 题 2 图

3. 根据两面视图，想象其形状，并补画第三视图，如图 2-87 所示。

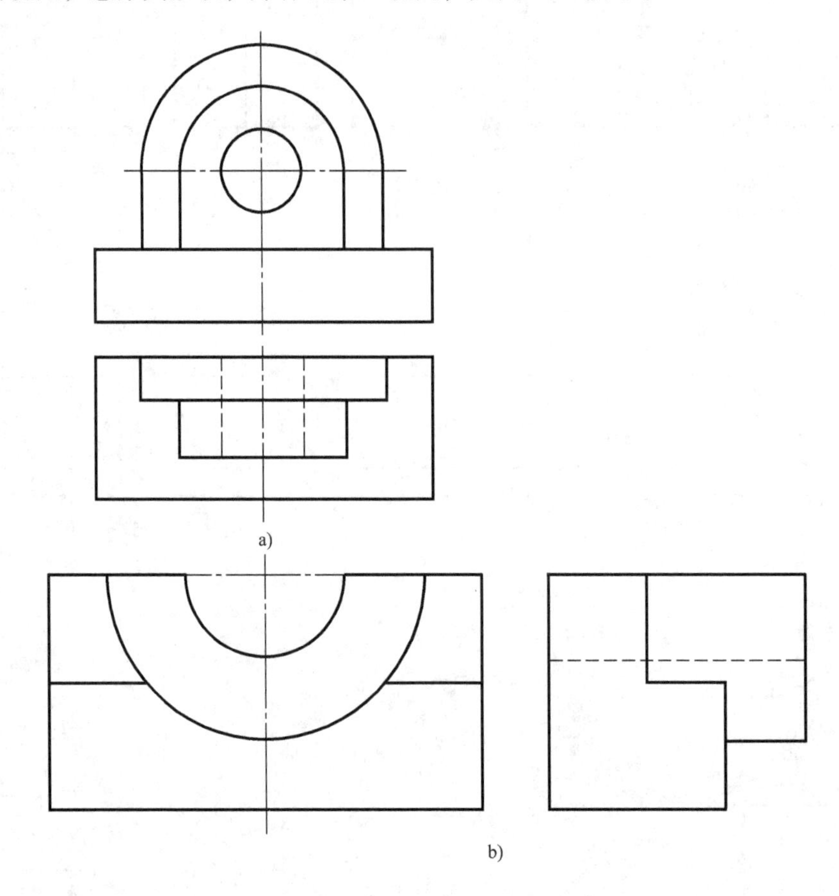

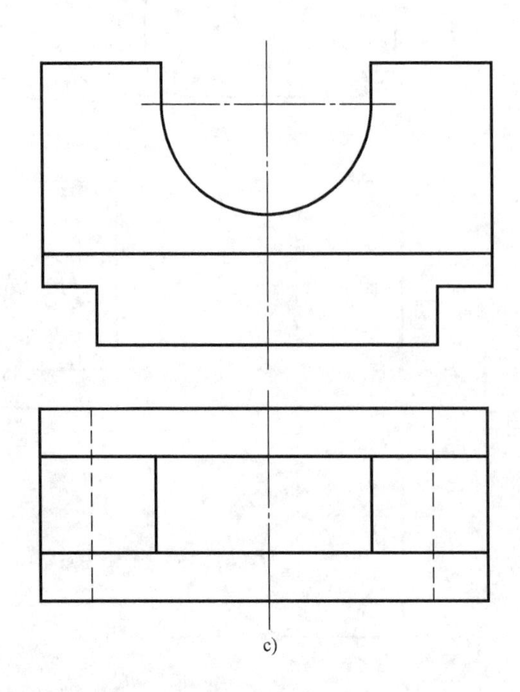

图 2-87

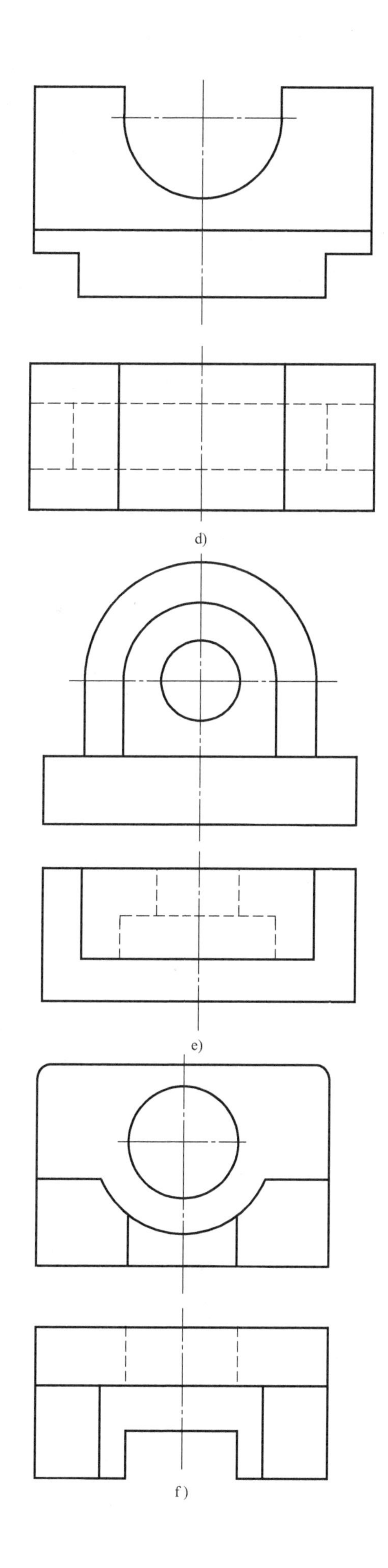

题 3 图

任务 2.8 轴承座轴测图的绘制

任务导入

图 2-88a 所示为轴承座三视图。如何根据该三视图画出图 2-88b 所示的轴测图？

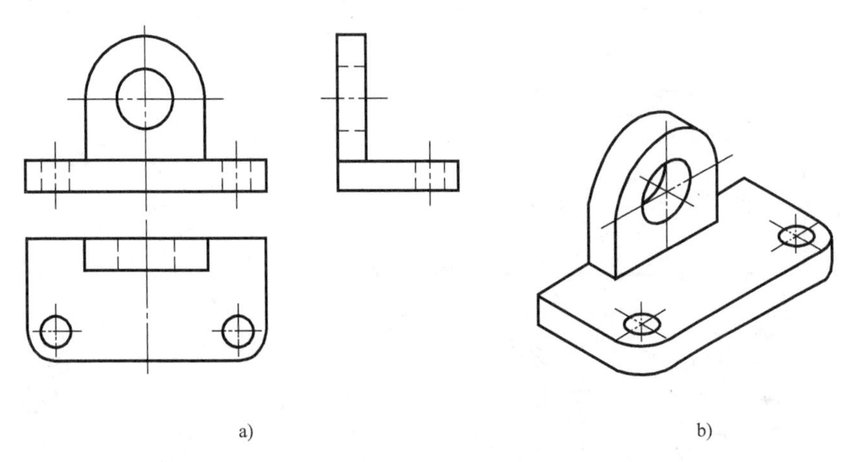

图 2-88 轴承座三视图和轴测图

a）轴承座三视图 b）轴承座轴测图

任务分析

图 2-88a 所示的轴承座三视图，其度量性好、绘制简便，但需要运用正投影原理把几个视图联系起来看，对缺乏读图知识的人而言，难以看懂，所以在机械制图中可以采用轴测图作为辅助图样，更清楚地表达形体的空间形状。从图 2-88b 可知，轴承座由水平底板和正平立板两部分构成，分别绘制两部分的轴测图并叠加即可完成轴承座的轴测图。要完成此任务，需搞清楚轴测图的基本概念和轴测图基本形体的画法。

知识链接

一、轴测图的基本知识

1. 轴测投影的形成

将物体连同其参考直角坐标系，沿不平行于任一坐标平面的方向，用平行投影法将其投射在单一投影面上所得到的图形称为轴测投影图，简称轴测图。轴测图的形成如图 2-89 所示。

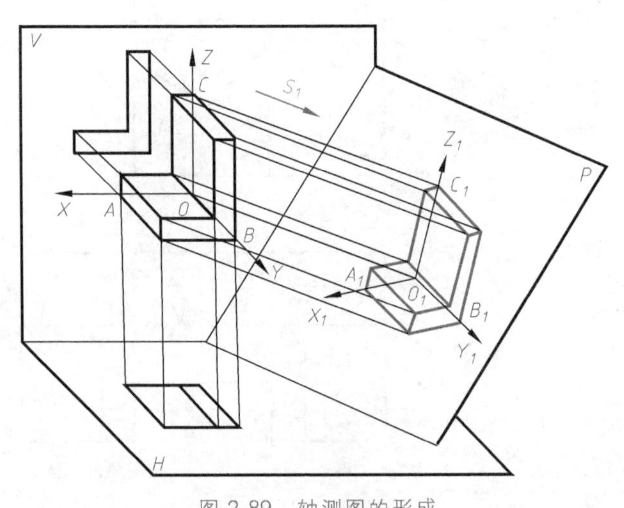

图 2-89 轴测图的形成

2. 轴测投影的基本概念

（1）轴测投影面　单一投影面 P 称为轴测投影面。

（2）轴测轴　空间直角坐标系的坐标轴在轴测投影面上的投影称为轴测投影轴，简称轴测轴。如图 2-89 中的 O_1X_1、O_1Y_1、O_1Z_1。

（3）轴间角　相邻两轴测轴之间的夹角称为轴间角。如图 2-89 中的 $\angle X_1O_1Y_1$、$\angle Z_1O_1Y_1$、

$\angle X_1O_1Z_1$。

（4）轴向伸缩系数　轴测轴 O_1X_1、O_1Y_1、O_1Z_1 上的单位长度与相应空间直角坐标轴上单位长度的比值称为轴向伸缩系数。X、Y、Z 三个轴测轴方向的轴向伸缩系数分别用 p、q、r 表示，即 $p=O_1X_1/OX$，$q=O_1Y_1/OY$，$r=O_1Z_1/OZ$。

（5）轴测投影的分类　轴测图根据投射线方向和轴测投影面的位置不同，可分为正轴测投影和斜轴测投影两大类：当投射方向垂直于轴测投影面时，称为正轴测投影；当投射方向倾斜于轴测投影面时，称为斜轴测投影。常用的有正等轴测投影（正等测）和斜二等轴测投影（斜二测）两种。

归纳 1：

● 物体上的平行线段，其轴测投影也相互______；与坐标轴平行的线段，其轴测投影必______于轴测轴。因此，轴测图具有平行投影的基本特性。

二、正等轴测图的绘制

1. 正等轴测图的轴测轴、轴间角和轴向伸缩系数

使物体上参考直角坐标系的三个坐标轴与轴测投影面的倾角都相等，并用正投影法将物体向轴测投影面投射所得到的图形称为正等轴测图，如图 2-90a 所示。正等轴测图的轴间角都为 120°，且规定 OZ 轴画成铅垂方向，如图 2-90b 所示。各轴的轴向伸缩系数相等（约为 0.82），为了作图简便，取轴向伸缩系数为 1。

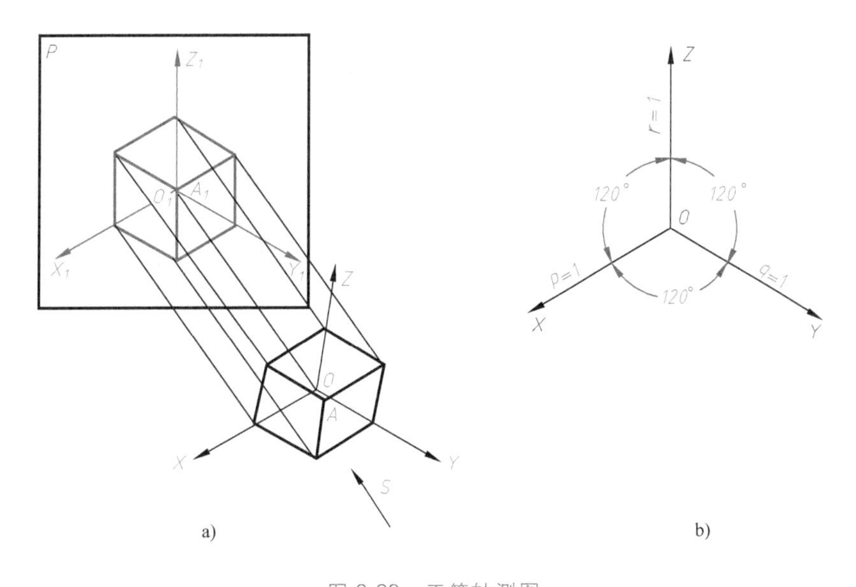

图 2-90　正等轴测图

a）正等轴测图的形成　b）轴间角和各轴向伸缩系数

2. 平面立体正等轴测图的绘制方法

（1）坐标法　对于基本体（平面立体）或基本体叠加的平面立体，其正等轴测图的画法为：先在平面立体的三视图中确定坐标原点和坐标系，画出正等轴测图的轴测轴；然后根据立体表面上各顶点的坐标值作出它们的位置；最后依次连接各顶点的轴测投影，完成平面立体的轴测图。这种由点连线而得到平面立体正等轴测图的方法称为坐标法。图 2-91 所示为坐标法绘制正等轴测图。

（2）切割法　对于切割形成的平面立体，其正等轴测图的画法为：先在平面立体的三视图中确定坐标原点和坐标系，用坐标方法画出基本体的轴测图；然后分析切割部分的形状和尺寸，在基本体的相应位置完成切割部分的轴测图；最后整理全图，擦去作图辅助线和不可见轮廓线，描深可见轮廓线，完成平面立体的轴测图。这种在基本体正等轴测图上切割得到平面立体正等轴测图的方法称为切割法。图 2-92 所示为切割法绘制正等轴测图。

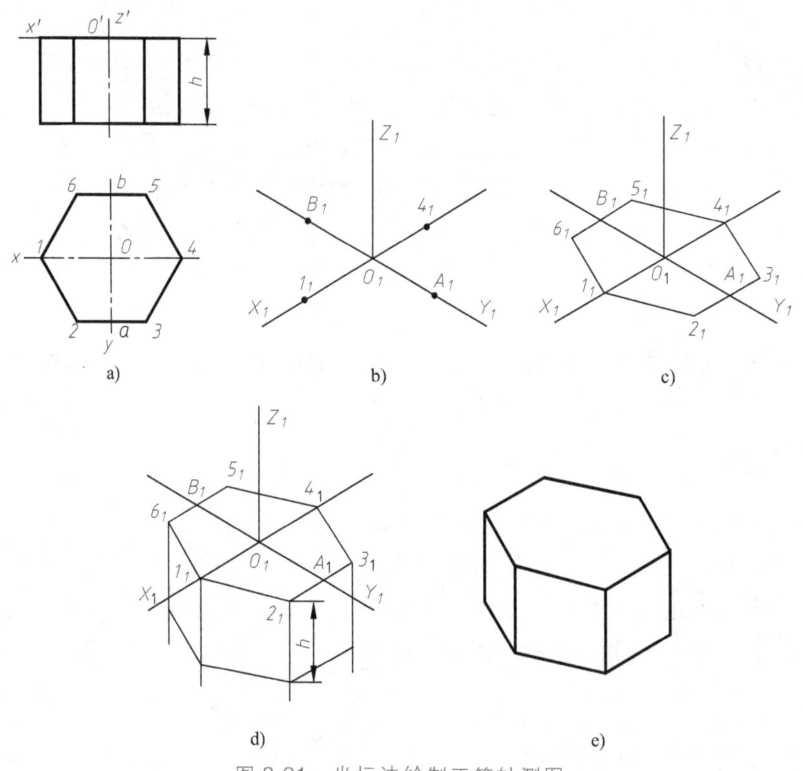

图 2-91　坐标法绘制正等轴测图

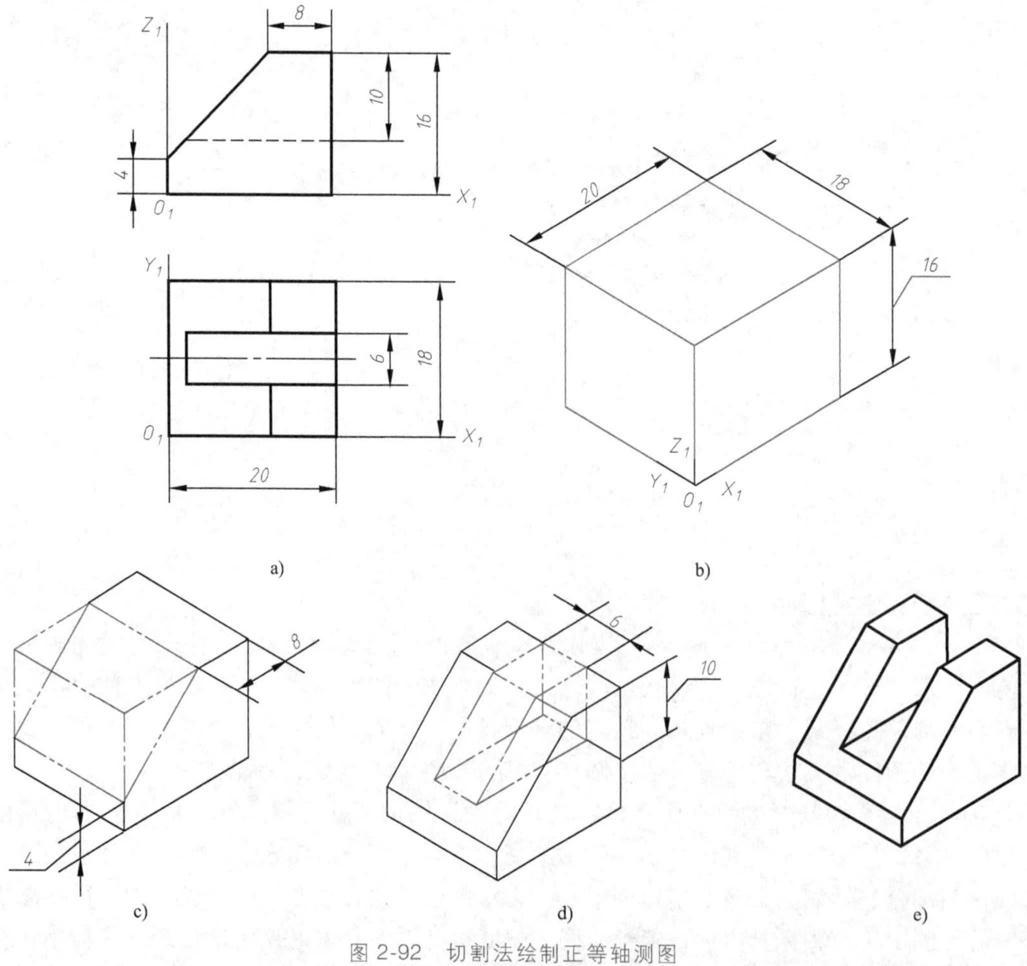

图 2-92　切割法绘制正等轴测图

a）定坐标原点　b）画长方体外形　c）切左上角　d）切槽　e）擦去不可见轮廓线，描深图线

3. 曲面立体正等轴测图的绘制方法

（1）平行于坐标面的圆的画法　如图 2-93 所示，平行于坐标面的圆的正等轴测图都是椭圆。该椭圆一般可以用近似画法（菱形法）进行绘制。

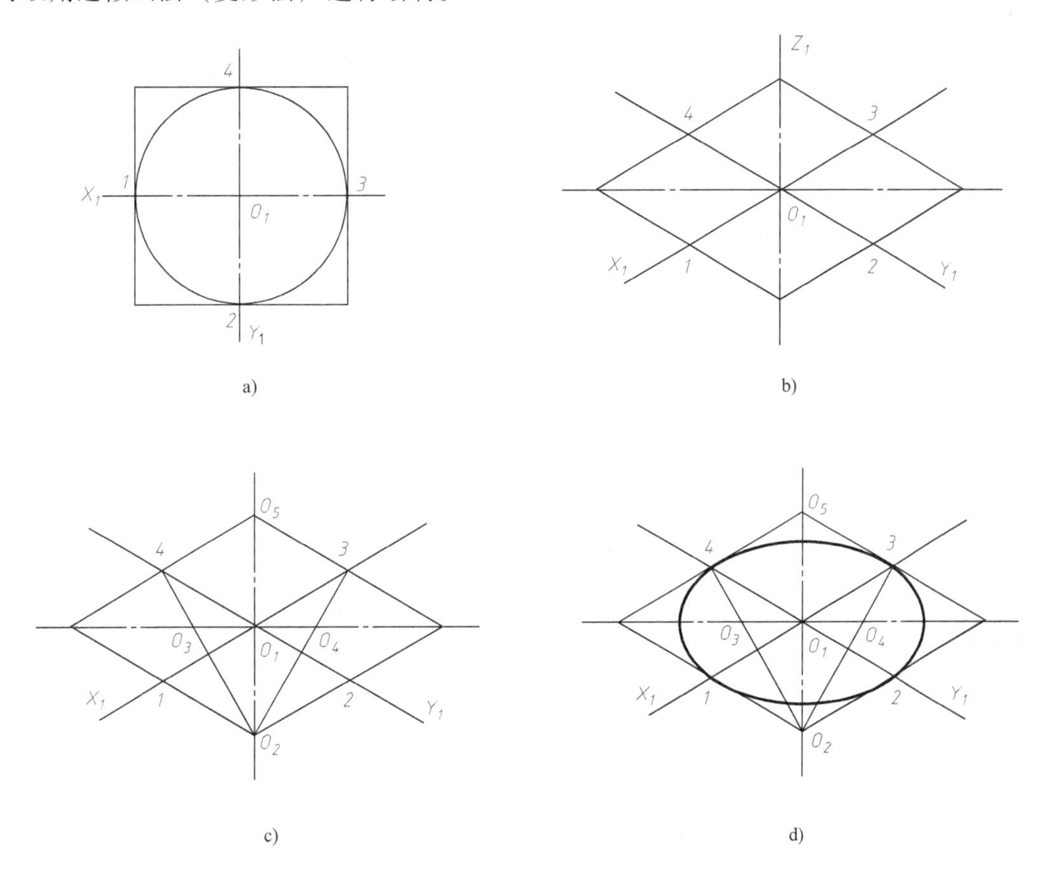

图 2-93　平行于坐标面的圆的画法

（2）圆柱正等轴测图的画法　圆柱正等轴测图的画法如图 2-94 所示。

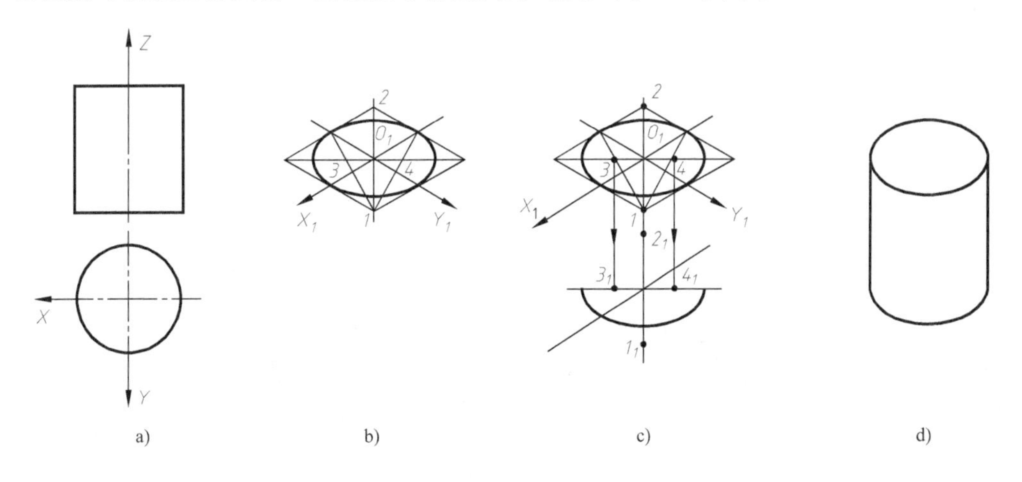

图 2-94　圆柱正等轴测图的画法

（3）倒圆正等轴测图的画法　倒圆正等轴测图的画法如图 2-95 所示。

归纳 2：曲面立体正等轴测图的绘制方法

先在曲面立体的三视图中确定坐标原点和坐标系，画出正等轴测图的轴测轴；然后作出曲面立体上圆的正等轴测图——椭圆；最后连接椭圆的公切线，完成曲面立体的正等轴测图。

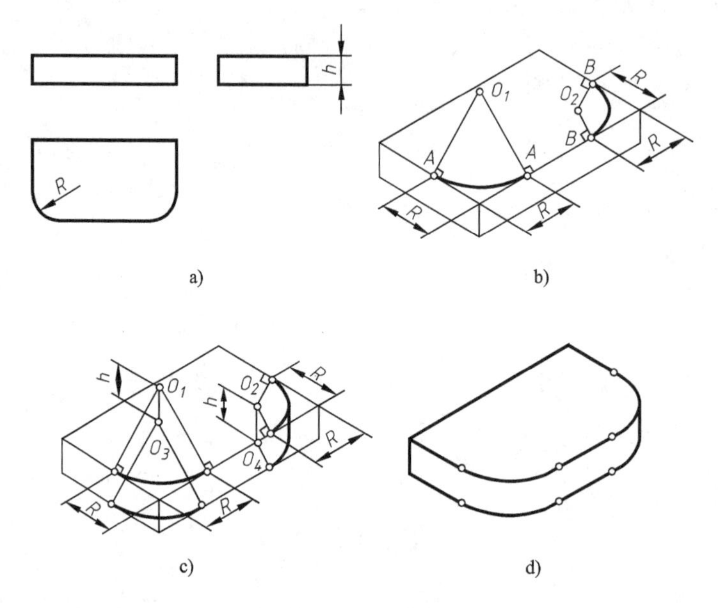

图 2-95　倒圆正等轴测图的画法

任务计划与决策

填写工作任务计划与决策单（表 2-31）。

表 2-31　工作任务计划与决策单

<table>
<tr><td>专业</td><td></td><td>班级</td><td colspan="4"></td></tr>
<tr><td>组别</td><td></td><td>任务名称</td><td colspan="2">轴承座轴测图的绘制</td><td>参考学时</td><td>4 学时</td></tr>
<tr><td>任务计划</td><td colspan="6">各组根据任务内容制订绘制轴承座轴测图的任务计划</td></tr>
<tr><td rowspan="3">任务决策</td><td>项目</td><td colspan="2">可选方案</td><td colspan="2">方案分析</td><td>结论</td></tr>
<tr><td rowspan="2">绘图方案</td><td>方案 1</td><td></td><td colspan="2"></td><td></td></tr>
<tr><td>方案 2</td><td></td><td colspan="2"></td><td></td></tr>
</table>

任务实施

填写工作任务实施单（表 2-32）。

轴承座正等轴测图的绘制

表 2-32 工作任务实施单

专业		班级		姓名		学号	
组别		任务名称	轴承座轴测图的绘制		参考学时	4 学时	
任务图	任务图如图 2-88 所示						
轴承座轴测图的绘制	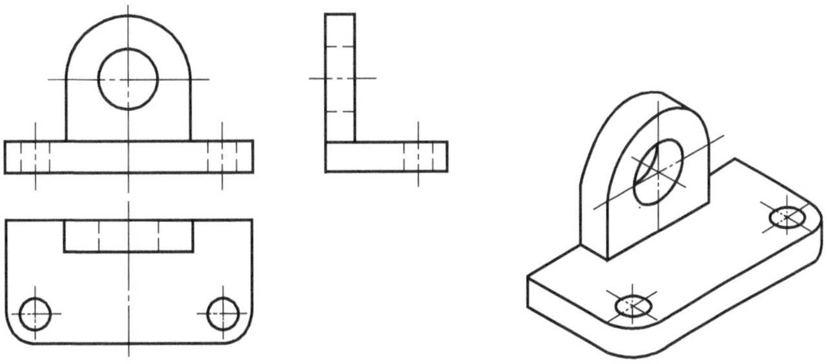 a) b)						

任务评价

填写工作任务评价单（表 2-33）。

表 2-33 工作任务评价单

班级		姓名		学号		成绩	
组别		任务名称	轴承座轴测图的绘制		参考学时	4 学时	
序号	评价内容		分数	自评分	互评分	组长或教师评分	
1	课前准备（课前预习情况）		5				
2	知识链接（完成情况）		25				
3	任务计划与决策		10				
4	任务实施（图线、表达方案、图形布局等）		25				
5	绘图质量		30				
6	遵守课堂纪律		5				
总分			100				
综合评价（自评分×20%+互评分×40%+组长或教师评分×40%）							
组长签字：					教师签字：		
学习体会	签名： 日期：						

技能强化

如图 2-96 所示，根据两面视图画出正等轴测图。

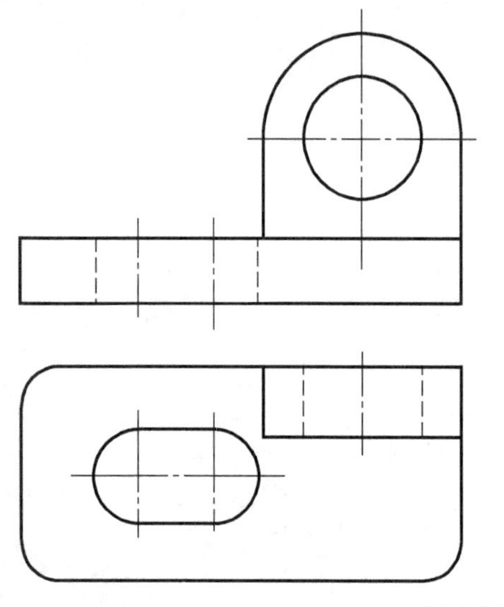

图 2-96　题图

知识拓展

一、斜二轴测图的轴测轴、轴间角和轴向伸缩系数

斜二轴测图的投影常选用与坐标面 XOZ 面平行，而投射方向与投影面倾斜，并不平行于任一坐标轴，如图 2-97a 所示。斜二轴测图中 XOZ 面投影反映实形，轴测轴 $O_1X_1 \perp O_1Z_1$（即轴间角 $\angle X_1O_1Z_1=90°$），这两根轴的轴向伸缩系数为 1；轴间角 $\angle X_1O_1Y_1=\angle Y_1O_1Z_1=135°$，$O_1Y_1$ 轴的轴向伸缩系数为 0.5，如图 2-97b 所示。

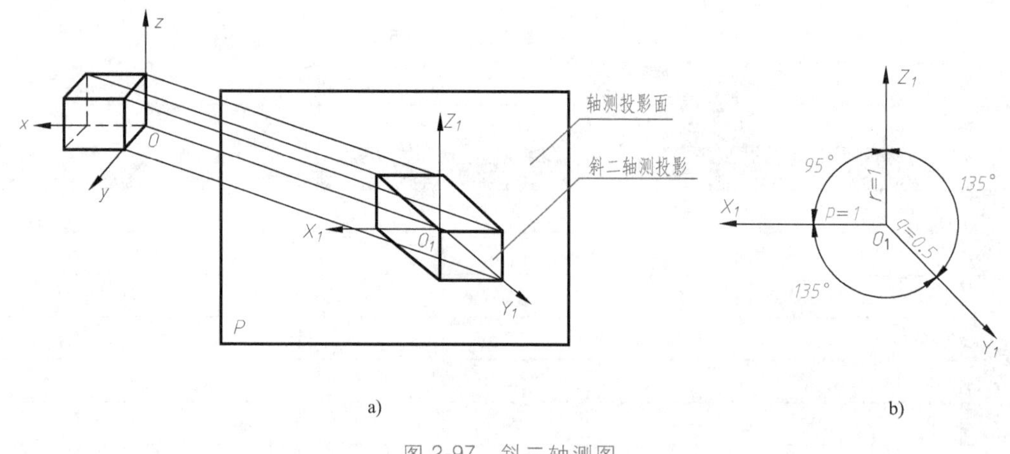

图 2-97　斜二轴测图

a）轴测图的形成　b）轴测轴、轴间角、轴向伸缩系数

二、斜二轴测图的绘制方法

先在立体的三视图中确定坐标原点和坐标系，画出斜二轴测图的轴测轴；然后从前往后依次按轴测轴 X、Z 方向轴向伸缩系数为 1、轴测轴 Y 方向轴向伸缩系数为 0.5 作出平行于 XOZ 坐标面的各平面的图形，不可见的图线不画；最后依次连接各平面的相应拐点，完成斜二轴测图。

如图 2-98a 所示，法兰盘为阶梯回转体，为使作图方便，选取 *OY* 轴与回转体轴线重合，使法兰盘上的所有圆均平行于 *XOZ* 坐标面，在斜二轴测图上反映实形。作图过程如图 2-98b~f 所示。

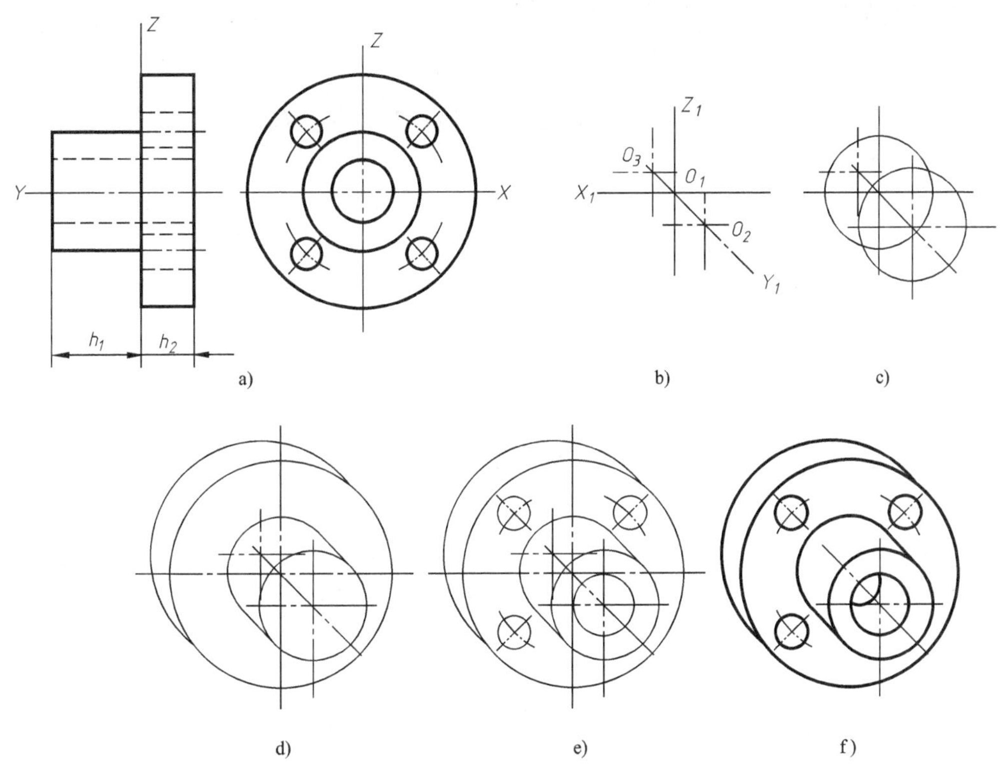

图 2-98　斜二轴测图的画法

技能拓展

根据基本体的两视图，画出斜二轴测图，如图 2-99 所示。

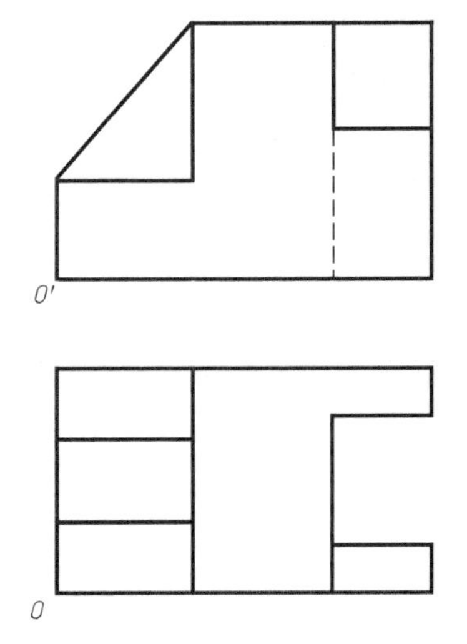

图 2-99　题图

项目3 PROJECT 3 轴套类零件图的绘制与识读

学习目标

1. 掌握常用测量工具的选择和使用方法。
2. 了解零件图的作用和内容。
3. 掌握轴套类零件视图表达方案的选择。
4. 掌握剖视图、断面图的画法与标注。
5. 掌握轴套类零件的表面结构与几何公差的概念及含义。
6. 掌握零件的尺寸极限与配合。
7. 掌握轴套类零件图识读的方法。
8. 能熟记6S管理规定，并按照6S管理规定进行操作。

素养目标

1. 通过识图，培养学生抓住事物本质特征的能力，养成科学的思维习惯。

2. 引入零件图技术文件的保密性质，培养学生保密意识，爱国意识，遵守法律意识。

3. 引入工程案例，培养学生的成本意识与安全意识。

任务3.1 轴套零件图的绘制

任务导入

图3-1所示为轴套零件的立体图，如何正确运用机械图样表达此轴套零件？

图3-1 轴套零件立体图

任务分析

轴套零件主要是由回转体组成的，从图3-1所示的模型可知，该零件的主要表面为内外回转面，零件的壁厚较薄易变形，该类零件通常起支承和导向作用。要正确表达其内外部结构，应了解其中的特征面形状。因此，要完成本工作任务，必须掌握常见零件的分类及剖视图的绘制方法，以及零件表面结构与几何公差等相关知识。

知识链接

一、零件图的作用及内容

零件图是生产工艺过程中的重要技术文件，是生产准备、制造加工、质检装配、服务维修的基本依据。图 3-2 所示为齿轮泵泵体零件图。

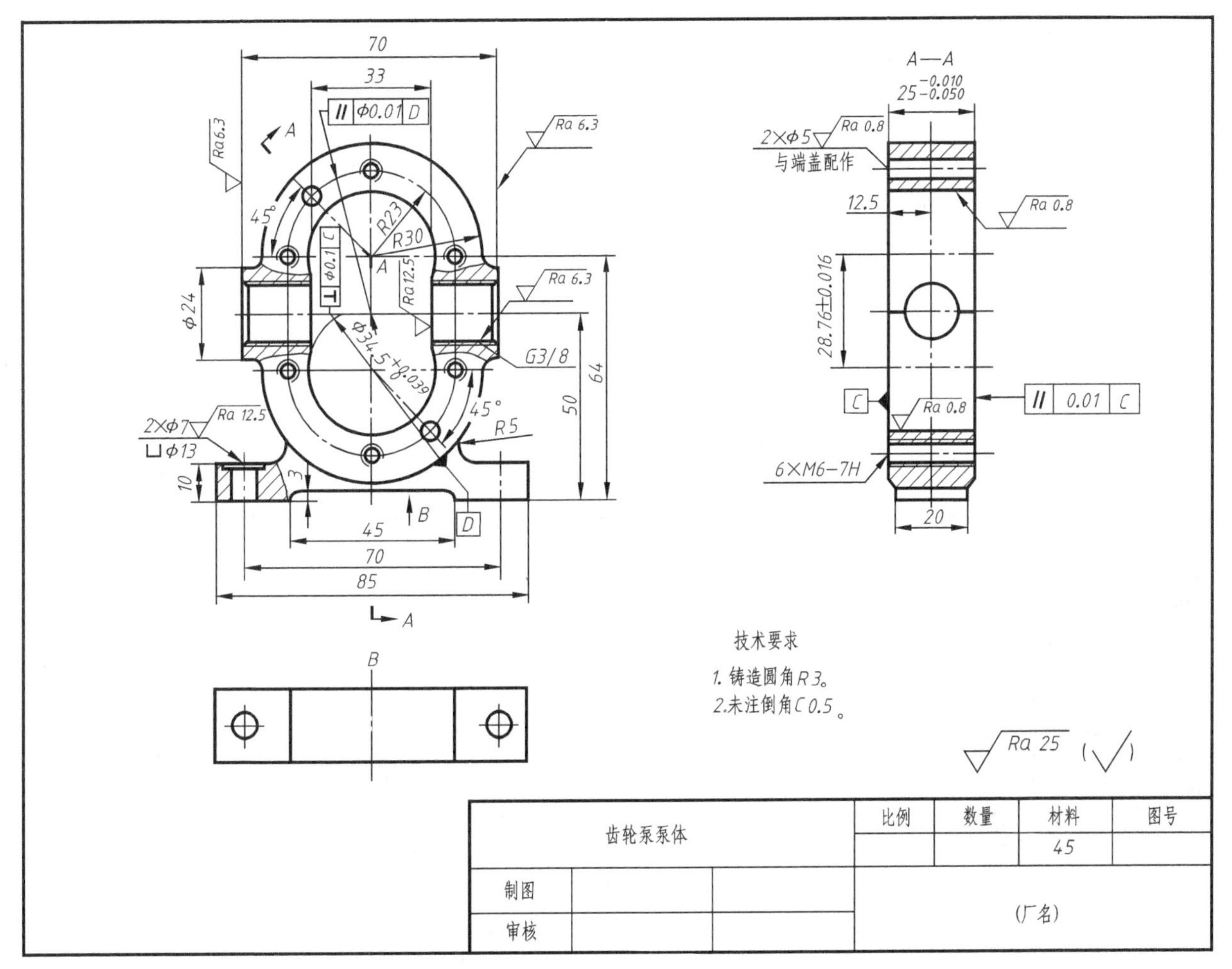

图 3-2 齿轮泵泵体零件图

归纳 1：

●一张完整的零件图应包括的基本内容有：______________、______________、______________和______________。

剖视图

二、零件图的表达方法——剖视图

1. 剖视图的形成

如图 3-3 所示，假想用一剖切面剖开零件，将处在观察者和剖切面之间的部分移去，而将其余部分向投影面上投射，得到的图形称为剖视图。

（1）剖切位置及剖切面的确定　根据零件的特点，剖切面可以是曲面，但一般为平面。剖切平面的位置应通过内部结构的对称面或回转轴线，且平行于某一投影面，如图 3-3a 所示。

（2）画剖视图　“假想”剖开后投射，所有可见的线均画出，不能遗漏，如图 3-3b 所示。当物体被剖开后，其内部一些原本看不见的结构，如孔、槽等即成为可见结构，画剖面区域的轮廓线也就是画这些可见结构的轮廓线；还要用粗实线画出剖切平面后方的所有可见轮廓线。

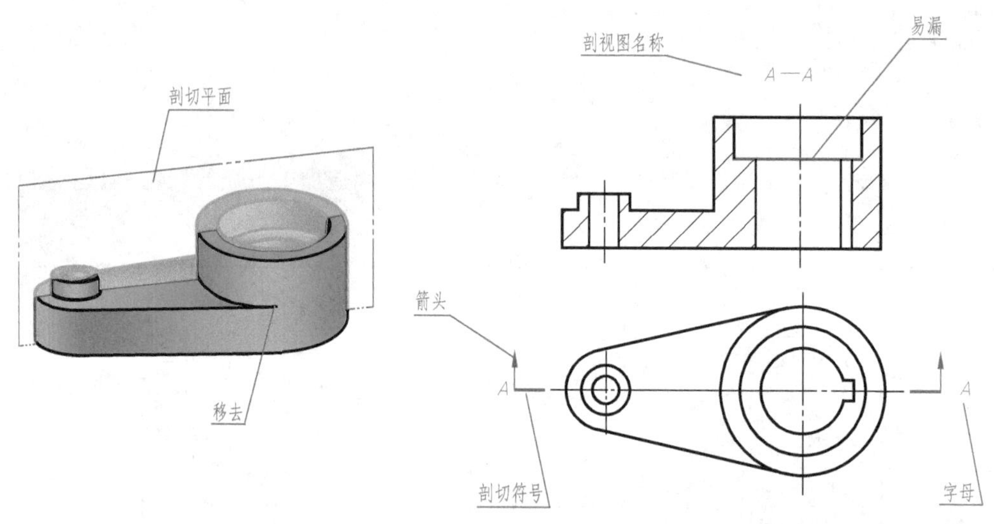

图 3-3　剖视图的形成

（3）画剖面符号　在剖视图中，剖切面与零件接触的部分称为剖面区域。国家标准规定，剖面区域内要画上剖面符号。不同的材料采用不同的剖面符号，各种材料的剖面符号见表 3-1。

表 3-1　各种材料的剖面符号

材料		剖面符号	材料	剖面符号
金属材料（已有规定剖面符号者除外）			木质胶合板（不分层数）	
线圈绕组元件			基础周围的泥土	
转子、电枢、变压器和电抗器等的叠钢片			混凝土	
非金属材料（已有规定剖面符号者除外）			钢筋混凝土	
型砂、填砂、粉末冶金、砂轮、陶瓷刀片、硬质合金刀片等			砖	
玻璃及供观察用的其他透明材料			格网（筛网、过滤网等）	
木材	纵断面		液体	
	横断面			

注：1. 剖面符号仅表示材料的类型，材料的名称和代号另行注明。
2. 叠钢片的剖面线方向，应与束装中叠钢片的方向一致。
3. 液面用细实线绘制。

金属材料的剖面符号（也称剖面线）为与水平线成 45°（向左或向右倾斜）且间隔相等的细实线；同一零件在各个剖视图上剖面线的方向和间距应相同；当图形的主要轮廓线与水平方向成 45°时，该图形的剖面线画成与水平方向成30°或60°的细实线。金属材料剖面符号画法如图3-4所示。

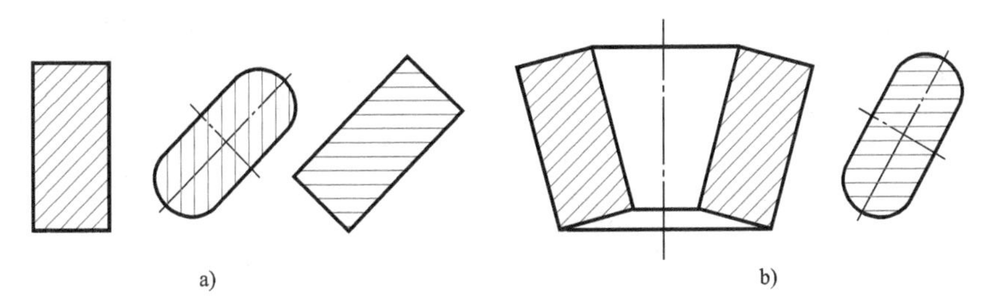

图3-4 金属材料剖面符号画法

2. 剖视图的配置

剖视图优先按基本视图位置配置，如图3-3b中的*A—A*剖视图；如果无法配置在基本视图位置时，可按投影关系配置在与剖切符号相对应的位置，必要时允许配置在其他适当位置，如图3-5中的*B—B*剖视图。

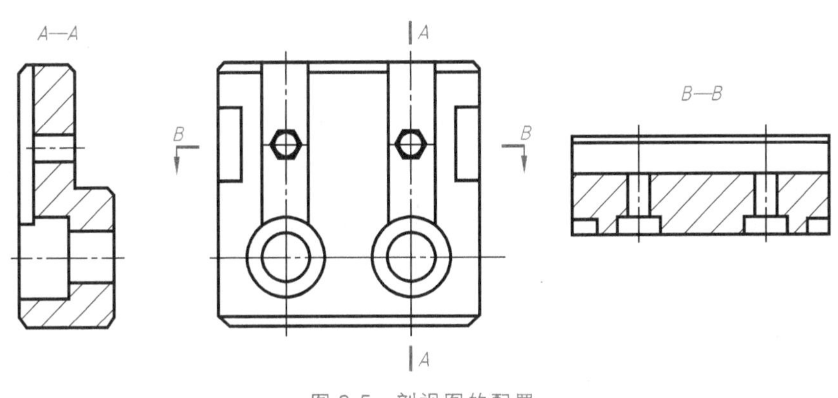

图3-5 剖视图的配置

3. 剖视图的标注

为了便于读图，在剖视图上通常要标注剖切符号、箭头和剖视图名称三项内容，如图3-3b所示。

（1）剖切符号 剖切符号表示剖切面位置，用粗实线画出，长度为5mm左右，在剖面的起、迄及转折处表示，并尽可能不与图形的轮廓线相交。

（2）箭头 箭头表示投射方向，画在剖切符号的两端，且应与剖切符号垂直。

（3）剖视图名称 在剖视图的正上方用大写字母标出剖视图名称×—×，并在剖切符号的两端和转折处注上相同字母。

归纳2：

●如图3-5所示，当剖视图按照基本视图配置，中间无其他视图隔开时，可省略______。

●当单一剖切平面通过物体的对称平面，剖视图按照基本视图配置，中间无其他视图隔开时，可省略标注。

●同一零件的各个视图中，剖面线方向与间距必须____________。

剖视图的种类

4. 剖视图的种类

按剖切范围的大小，剖视图可分为全剖视图、半剖视图和局部剖视图三种。

（1）全剖视图 用剖切面完全地剖开零件得到的剖视图，称为全剖视图，如图3-6所示。

（2）半剖视图 当零件具有对称平面时，在垂直于零件对称面投影面上投射所得的图形以中心线（细点画线表示）为界，一半画成剖视，另一半画成视图，这样组合的图形称为半剖视图，如图3-7所示。

（3）局部剖视图 假想用剖切面局部地剖开零件得到的剖视图，称为局部剖视图，如图3-8所示。局部剖视图主要用于表达零件的局部内部结构或不宜采用全剖视图或半剖视图的地方（孔、槽等）。

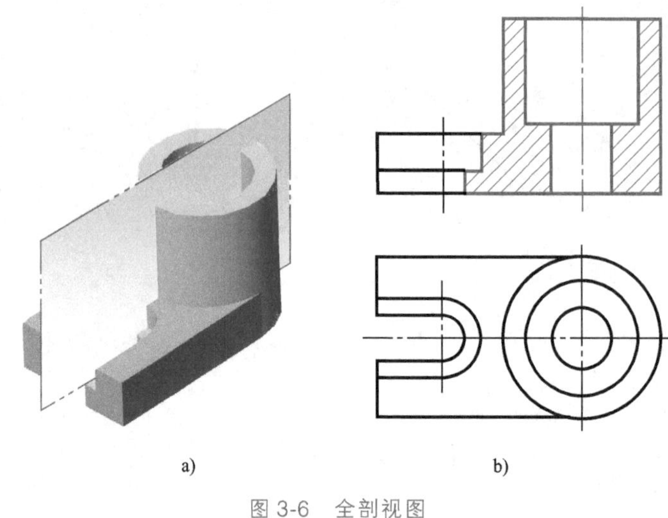

a)　　b)

图 3-6　全剖视图

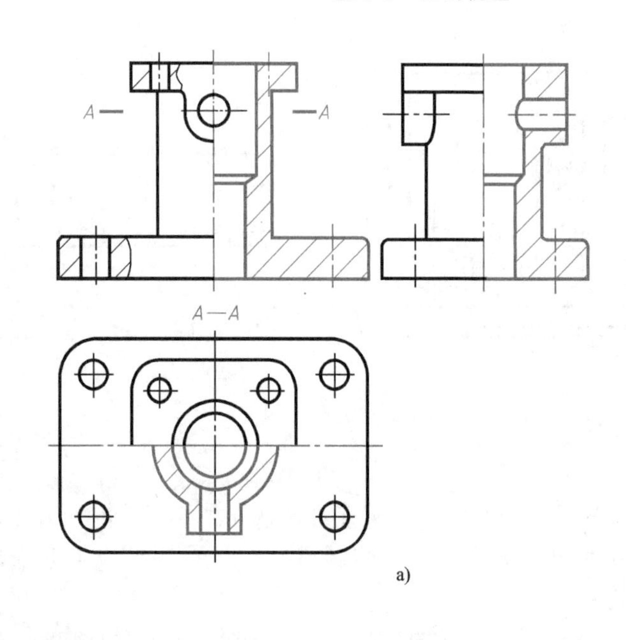

a)

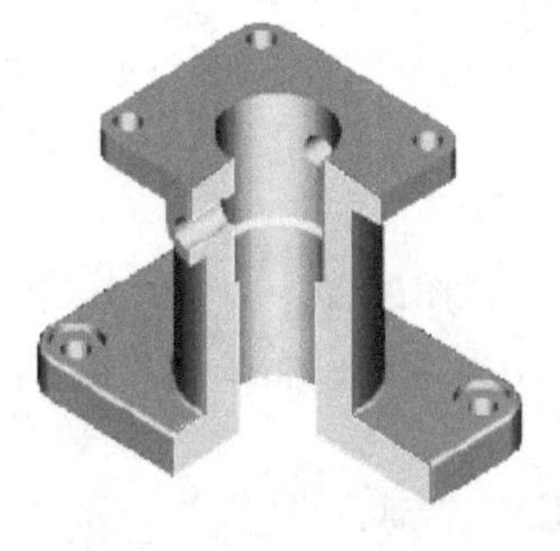

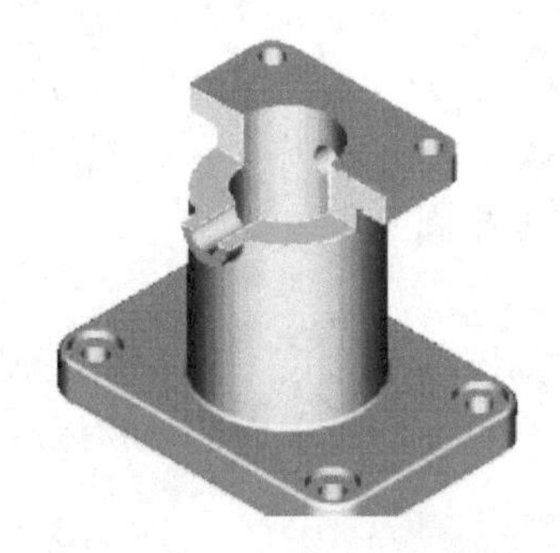

b)

图 3-7　半剖视图

半剖视图

归纳 3:

●________通常用于表达内部结构较为复杂的零件；__________主要用于内、外形状需在同一图上兼顾表达的对称零件；__________主要用于表达零件的局部内部结构或不宜采用全剖视图或半剖视图的地方。

●如图 3-7 所示，半剖视图的剖视部分与视图部分的分界线为__________线；半剖视图的剖切位

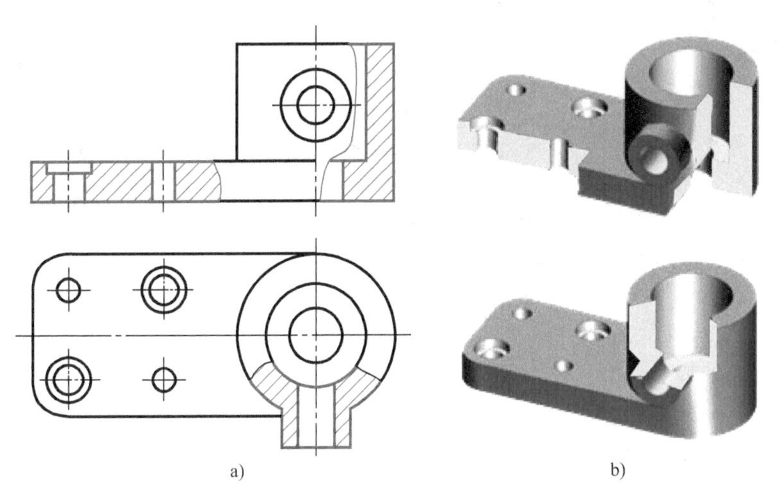

图 3-8　局部剖视图

置应选择为主视图位于中心线的________侧，俯视图位于中心线______侧，左视图位于中心线______侧。

●如图 3-7 所示，由于半剖视图已将零件内部结构表达清楚，故半剖视图中不应再画出虚线，但对于孔或槽等，应画出______线位置。对于那些在半剖视图中未表达清楚的结构，可以在半剖视图中做________剖视。如图 3-9 所示，当零件形状接近于对称，且不对称部分已有图形表达清楚时，也可画成____剖视图。

●在绘制局部剖视图时，一般用______或双折线作为剖开部分与未剖部分的分界线。波浪线不应与其他图线______，若遇到可见的孔、槽等空洞结构，则波浪线应______，不能穿空而过，也不允许画到外轮廓线之外，如图 3-10 所示。

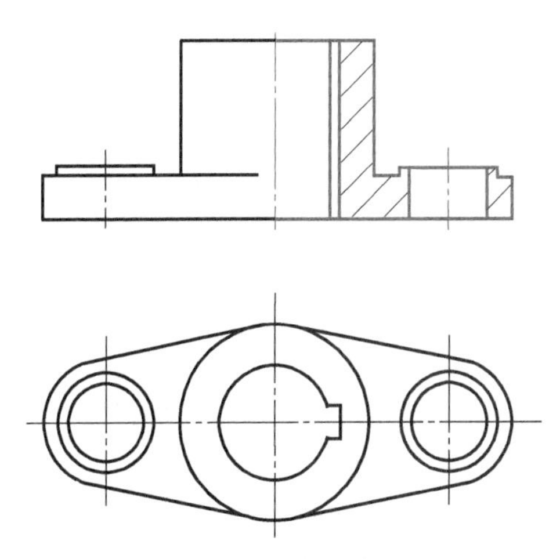

图 3-9　近似对称图形的半剖视图

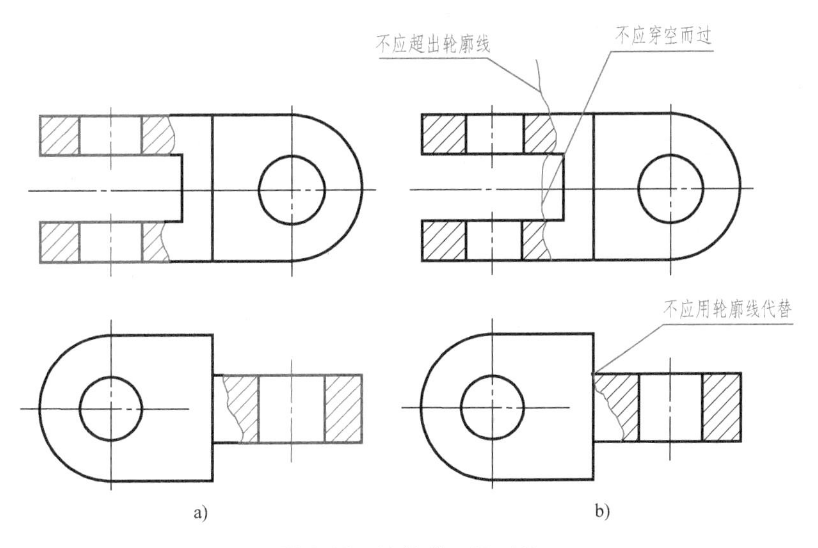

图 3-10　波浪线正误对比

a）正确　b）错误

三、零件的表面结构

表面结构是表面粗糙度、表面波纹度、表面缺陷、表面纹理和表面几何形状的总称。GB/T 131—

2006 对表面结构的各项要求在图样上的表示法做了具体规定。

1. 表面粗糙度的概念

表面粗糙度是衡量零件质量的一项主要指标，它是指零件加工表面上由具有较小间距的峰谷所组成的微观几何形状特性，如图 3-11 所示。

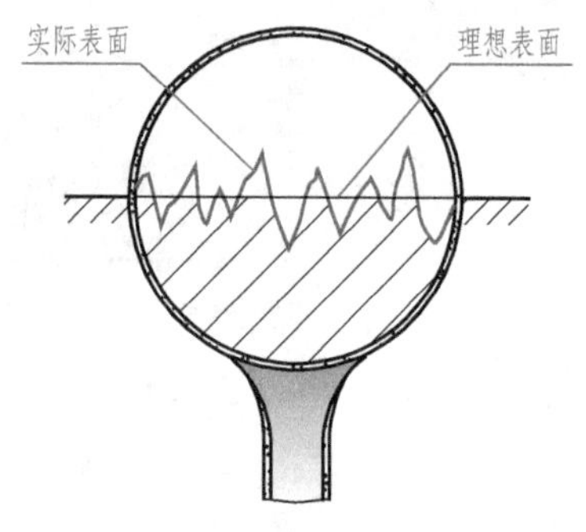

图 3-11　微观几何形状

2. 表面粗糙度的评定参数及数值

国家标准规定了表面粗糙度的评定参数，分别为轮廓算术平均偏差 Ra、轮廓最大高度 Rz，其中使用最广泛的是轮廓算术平均偏差 Ra。

Ra 是在一个取样长度内纵坐标值 $Z(x)$ 绝对值的算术平均值，如图 3-12 所示。可用下面算式表示

$$Ra = \frac{1}{lr}\int_0^{lr} |Z(x)| \mathrm{d}x$$

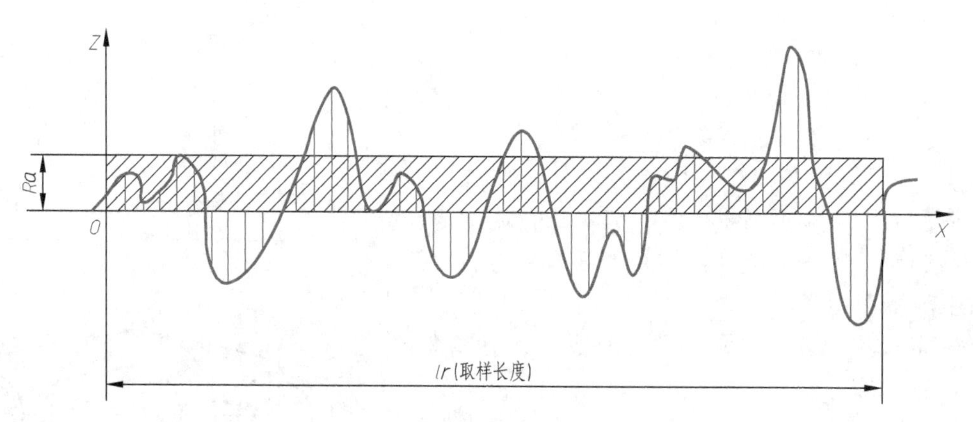

图 3-12　轮廓算术平均偏差 Ra

归纳 4：

●轮廓算术平均偏差 Ra 的数值越________，零件表面越平整光滑；Ra 的数值越________，零件表面越粗糙。

●常用的轮廓算术平均偏差 Ra 的数值见表 3-2，其单位为________。

表 3-2　常用的轮廓算术平均偏差 Ra 的数值　（单位：μm）

第一系列	第二系列	第一系列	第二系列	第一系列	第二系列	第一系列	第二系列
	0.008						
	0.010						
0.012			0.125		1.25	12.5	
	0.016		0.160	1.6			16
	0.020	0.20			2.0		20
0.025			0.25		2.5	25	
	0.032		0.32	3.2			32
	0.040	0.40			4.0		40
0.050			0.50		5.0	50	
	0.063		0.63	6.3			63
	0.080	0.80			8.0		80
0.100			1.00		10.0	100	

注：优先选用第一系列数值。

3. 表面结构图形符号

表面结构图形符号及含义见表 3-3。

表 3-3 表面结构图形符号及含义

图形符号名称	图形符号	含义
基本图形符号	H_1、H_2、d' 尺寸见表 3-4	未指定工艺方法的表面，当通过一个注释解释时可以单独使用
扩展图形符号		用去除材料的方法获得的表面，仅当其含义为"被加工表面"时可单独使用
		用不去除材料的方法获得的表面，也可用于保持上道工序形成的表面，不管这种状况是通过去除材料或不去除材料形成的
完整图形符号		对基本符号和扩展符号的扩充，用于对表面结构有补充要求的标注
		表示在图样某个视图上构成封闭轮廓的各种表面有相同的表面结构要求
补充要求的注写	c a e d b	位置 a：注写表面结构的单一要求 位置 a 和 b：注写两个或多个要求 位置 c：注写加工方法 位置 d：注写表面纹理和方向 位置 e：注写加工余量

表面结构图形符号的尺寸见表 3-4。

表 3-4 表面结构图形符号的尺寸 （单位：mm）

数字和字母高度 h	2.5	3.5	5	7	10	14	20
符号线宽 d' 字母线宽 d	0.25	0.35	0.5	0.7	1	1.4	2
高度 H_1	3.5	5	7	10	14	20	28
高度 H_2（最小值）①	7.5	10.5	15	21	30	42	60

① 高度 H_2 取决于标注内容。

归纳 5：

●基本图形符号√表示__________方法表面，扩展图形符号表示用________________的方法获得的表面，扩展图形符号表示用________________的方法获得的表面。

4. 表面结构要求在图样上的标注

表面结构要求在图样上的标注如图 3-13、图 3-14 所示。

归纳 6：

●表面结构要求对每一表面一般只标注____次，并尽可能注在相应的尺寸及其公差的同一视图上。除非另有说明，所注写的表面结构要求是对完工零件表面的要求。

●表面结构的注写和读取方向与________________的方向一致，如图 3-13、图 3-14 所示。

5. 表面结构要求在图样中的简化注法

（1）有相同表面结构要求的简化注法　如果在工件的多数（包含全部）表面有相同的表面结构要

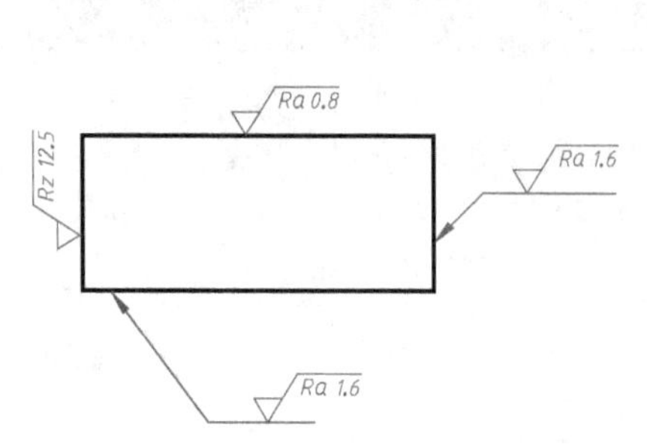

图 3-13 表面结构要求在图样上的标注（一）

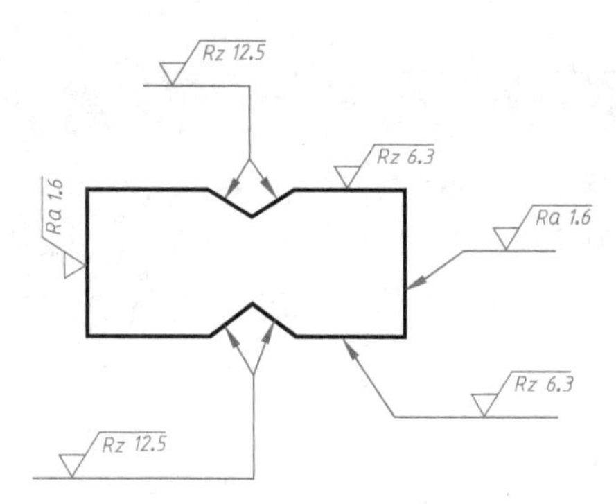

图 3-14 表面结构要求在图样上的标注（二）

求，则其表面结构要求可统一标注在图样的标题栏附近。如图 3-15 所示，两种简化标注方法可以任选其一。

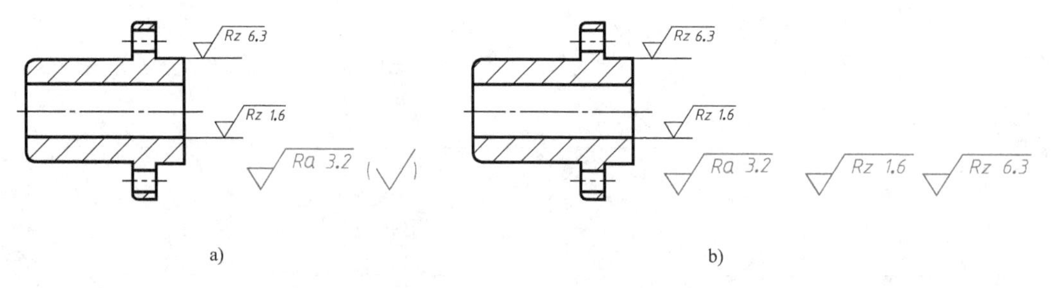

图 3-15 大多数表面有相同表面结构要求的简化注法

a）在圆括号内给出无任何其他标注的基本符号 b）在圆括号内给出不同的表面结构要求

（2）多个表面有共同要求的注法 如图 3-16 所示，用带字母的完整符号，以等式的形式在图形或标题栏附近，对有相同表面结构要求的表面进行简化标注。

（3）两种或多种工艺获得的同一表面的注法 通过几种不同的工艺方法获得的表面，当需要明确每种工艺方法的表面结构要求时，可按图 3-17 所示进行标注（图中 Fe 表示基体材料为钢，Ep 表示加工工艺为电镀）。

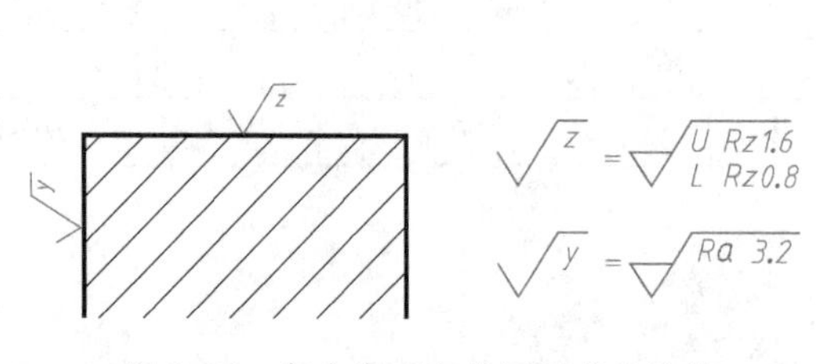

图 3-16 多个表面有共同要求的注法

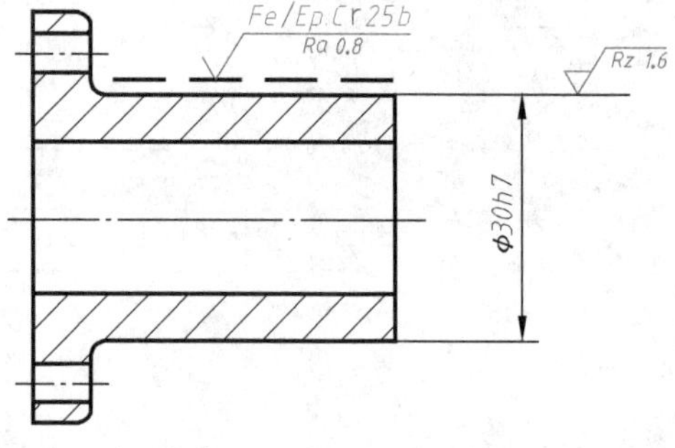

图 3-17 通过多种工艺方法获得的表面的注法

6. 表面结构要求的选用原则

表面结构要求的选择原则是：在满足功能要求的前提下，尽量选择较大的表面粗糙度值，以减小加工难度，降低生产成本。

常用的 *Ra* 值、表面特征、主要加工方法和应用举例见表 3-5。

表 3-5 常用的 *Ra* 值、表面特征、主要加工方法和应用举例

Ra/μm	表面特征	主要加工方法	应用举例
50、100	明显可见刀痕	粗车、粗铣、粗刨、钻、粗铰、锉刀和粗砂轮加工	表面质量最低的加工面，一般很少使用
25	可见刀痕		

（续）

Ra/μm	表面特征	主要加工方法	应用举例
12.5	微见刀痕	粗车、刨、立铣、平铣、钻	不接触表面、不重要的接触面，如螺钉、倒角、机座底面等
6.3	可见加工刀痕	精车、精铣、精刨、铰、镗、粗磨等	没有相对运动的零件接触面，如箱、盖、套筒要求紧贴的表面、键和键槽工作表面；相对运动速度不高的接触面，如支架孔、衬套的工作表面等
3.2	微见加工刀痕		
1.6	看不见加工刀痕		
0.8	可辨加工痕迹方向	精车、精铣、精拉、精镗、精磨等	要求密合很好的接触面，如与滚动轴承配合的表面、锥销孔等；相对速度较高的接触面，如滑动轴承的配合表面、齿轮轮齿的工作表面等
0.4	微辨加工痕迹方向		

归纳 7：

●零件表面粗糙度值的选用原则是：既要满足零件表面的功能要求，又要考虑经济合理性。即在满足使用要求的前提下，应选用较____的 *Ra* 值。

●同一零件上，工作表面比非工作表面的表面粗糙度值__________。

四、几何公差

机械零件几何要素的形状、方向和位置精度是该零件的一项主要质量指标，其很大程度上影响着该零件的质量与互换性以及整个机械产品的质量。为了保证机械产品的质量和零件的互换性，应该在零件图上规定零件加工时产生的几何误差的允许变动范围，并按零件图上给出的几何公差来检测零件的几何误差是否符合设计要求。

1. 几何公差的概念

几何公差是指实际被测要素对图样上给定的理想形状、理想方位的允许变动量。形状公差是指实际单一要素的形状的允许变动量，方向或位置公差是指实际关联要素的方位对于基准的允许变动量。

GB/T 1182—2008 规定几何公差的公差类型分为形状公差、方向公差、位置公差及跳动公差四种，共 19 项，几何公差的公差类型及其符号见表 3-6。

表 3-6　几何公差的公差类型及其符号

公差类型	几何特征	符号	有无基准
形状公差	直线度	—	无
	平面度	▱	无
	圆度	○	无
	圆柱度	⌭	无
	线轮廓度	⌒	无
	面轮廓度	⌓	无
方向公差	平行度	//	有
	垂直度	⊥	有
	倾斜度	∠	有
	线轮廓度	⌒	有
	面轮廓度	⌓	有
位置公差	同轴度（用于中心点）	◎	有
	同轴度（用于轴线）	◎	有
	对称度	⌯	有
	位置度	⌖	有或无
	线轮廓度	⌒	有
	面轮廓度	⌓	有
跳动公差	圆跳动	↗	有
	全跳度	⌰	有

2. 几何公差标注

（1）公差框格　采用水平或垂直绘制的矩形方框的形式给出该要求。由两格或多格组成，如图3-18所示。

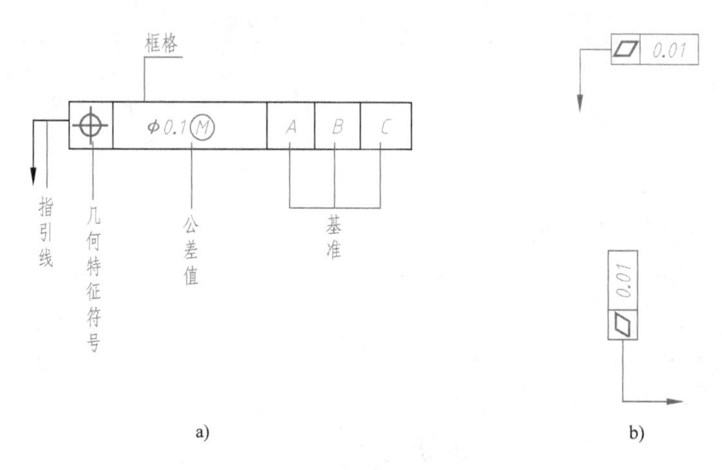

图 3-18　公差框格中的内容填写示例

带箭头的指引线从公差框格的一端（左端或右端）引出，并且必须垂直于该框格，用箭头与被测要素相连。它引向被测要素时，允许弯折，但通常只弯折一次。

归纳 8：

●标注公差框格中的内容时，从左到右第一格填写__________，第二格填写______，第三格填写__________________。

（2）被测要素　用带箭头的指引线将被测要素与公差框格的一端相连，指引线的箭头应指向被测要素几何公差带的宽度或直径方向。

归纳 9：

●如图 3-19 所示，当公差涉及轮廓线或轮廓面时，箭头指向该要素的____或其延长线上，并应与尺寸线明显错开。

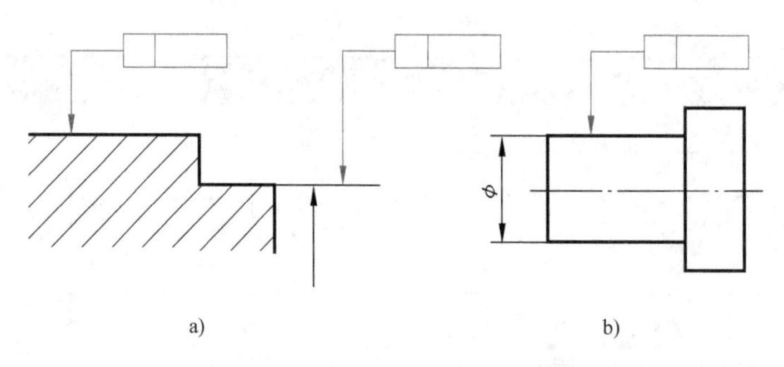

图 3-19　被测要素为轮廓线或轮廓面

●如图 3-20 所示，当公差涉及要素的中心线、中心面或中心点时，箭头应位于相应____的延长线上。

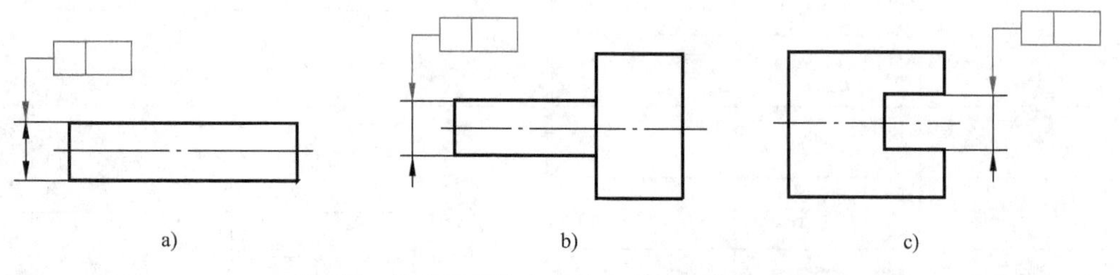

图 3-20　被测要素为中心线、中心面或中心点时

●如图 3-21 所示，如果需要就某个要素给出几种几何特征的公差，可将几个公差框格________。

（3）基准的标注　基准由一个带方格的大写英文字母用细实线与一个涂黑的或空白的三角形相连而组成，规定画法如图 3-22 所示（涂黑的和空白的基准三角形含义相同）。表示基准的字母也要标注在相应被测要素的公差框格内。基准引向基准要素时，其方格中的字母应水平书写。

图 3-21　同一表面有不同的几何公差要求　　　图 3-22　基准

归纳 10：

●当基准要素是轮廓线或轮廓面时，基准三角形放置在要素的____或其延长线上，与尺寸线明显错开，如图 3-23a 所示。基准三角形也可放置在该轮廓面引出线的水平线上，如图 3-23b 所示。

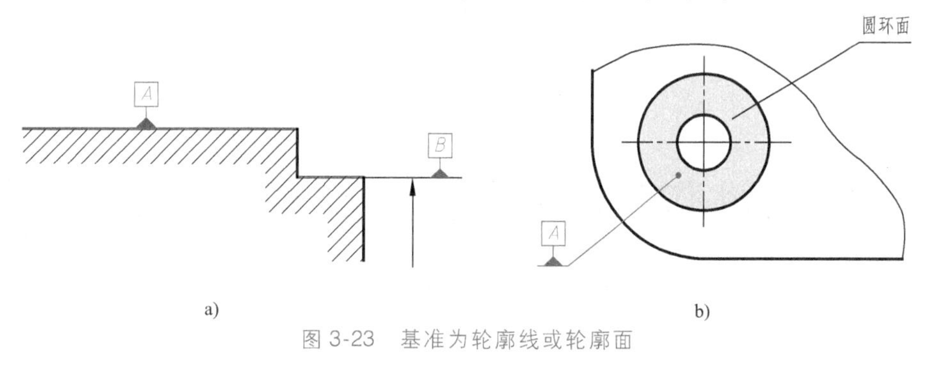

图 3-23　基准为轮廓线或轮廓面

●如图 3-24 所示，当基准是尺寸要素确定的轴线、中心平面或中心点时，基准三角形应放置在______________。

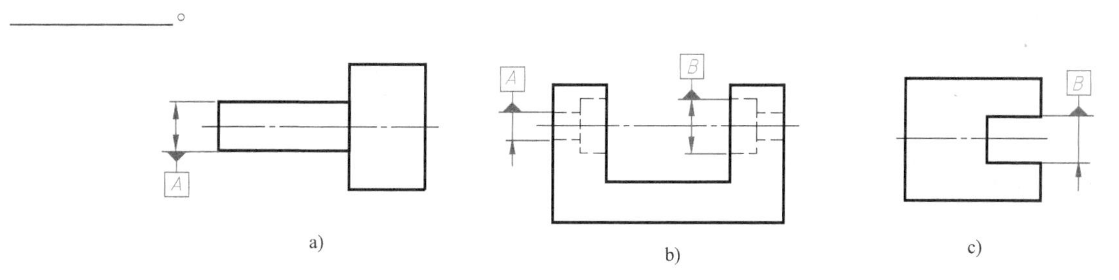

图 3-24　基准为尺寸要素确定的轴线、中心平面或中心点

●由两个要求组成的公共基准在框格中用由一字线隔开的大写字母表示。由两个或 3 个要素组成的基准体系（如多基准组合），表示基准的大写字母应按基准的优先次序从左至右分别置于各格中，如图 3-25 所示。

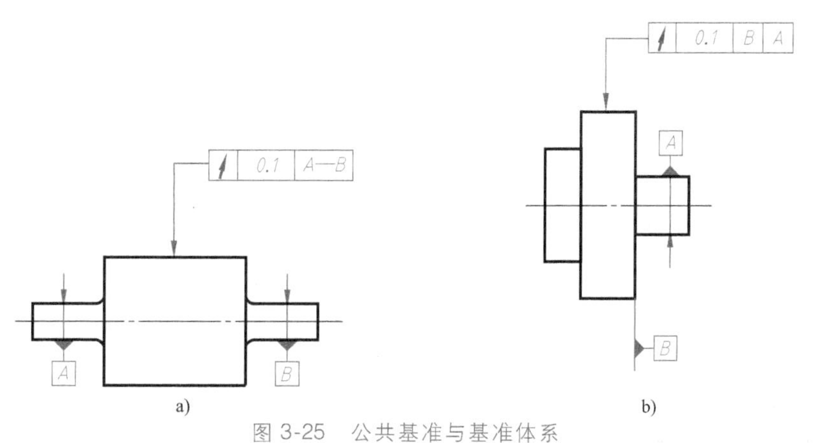

图 3-25　公共基准与基准体系

3. 几何公差标注示例

识读图 3-26 中各种几何公差的含义。几何公差标注示例说明见表 3-7。

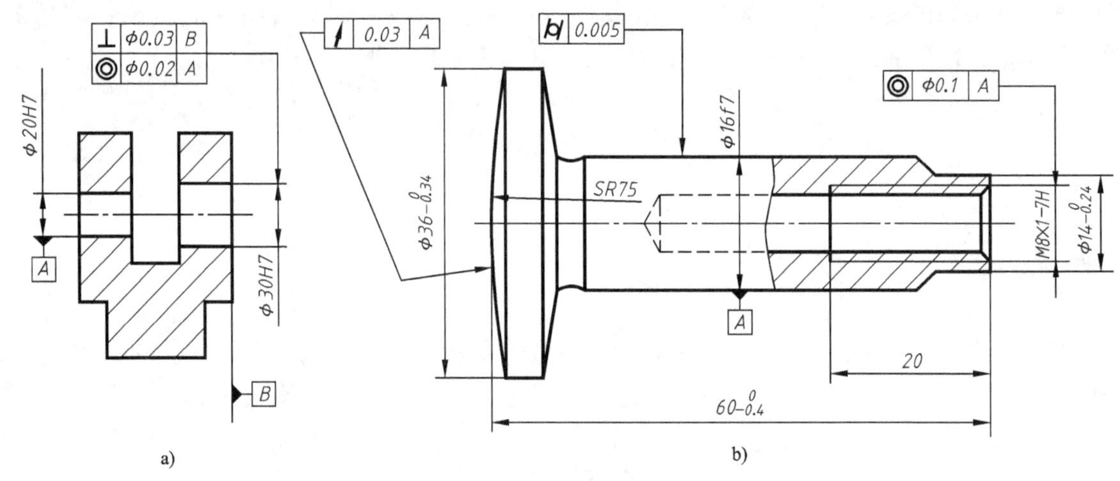

图 3-26 几何公差标注示例

表 3-7 几何公差标注示例说明

标注代号	含义说明
⊥ φ0.03 B	表示零件上孔 φ30H7 的轴线与基准平面 *B* 的垂直误差,其必须位于直径为公差值 0.03mm 的圆柱面范围内
◎ φ0.02 A	表示零件上孔 φ30H7 的轴线的同轴度误差,φ30H7 的轴线必须位于直径为公差值 0.02mm,且与 φ20H7 基准孔轴线 *A* 同轴的圆柱面范围内
⌭ 0.005	表示 φ16f7 阀杆杆身的圆柱度公差为 0.005mm
◎ φ0.1 A	表示 M8×1-7H 螺孔的轴线对 φ16f7 轴线的同轴度公差为 φ0.1mm
↗ 0.03 A	表示 *SR*75 球面对 φ16f7 轴线的径向圆跳动公差为 0.03mm

任务计划与决策

填写工作任务计划与决策单（表 3-8）。

表 3-8 工作任务计划与决策单

<table>
<tr><td>专业</td><td></td><td>班级</td><td colspan="3"></td></tr>
<tr><td>组别</td><td></td><td>任务名称</td><td>轴套零件图的绘制</td><td>参考学时</td><td>6 学时</td></tr>
<tr><td>任务计划</td><td colspan="5">各组根据任务内容制订绘制轴套零件图的计划</td></tr>
<tr><td rowspan="7">任务决策</td><td>项目</td><td colspan="2">可选方案</td><td>方案分析</td><td>结论</td></tr>
<tr><td rowspan="2">主视图方向</td><td>方案 1</td><td></td><td></td><td></td></tr>
<tr><td>方案 2</td><td></td><td></td><td></td></tr>
<tr><td rowspan="2">视图表达方案</td><td>方案 1</td><td></td><td></td><td></td></tr>
<tr><td>方案 2</td><td></td><td></td><td></td></tr>
<tr><td rowspan="2">绘图方案</td><td>方案 1</td><td></td><td></td><td></td></tr>
<tr><td>方案 2</td><td></td><td></td><td></td></tr>
</table>

任务实施

填写工作任务实施单（表 3-9）。

表 3-9 工作任务实施单

<table>
<tr><td>专业</td><td></td><td>班级</td><td></td><td>姓名</td><td></td><td>学号</td><td></td></tr>
<tr><td>组别</td><td></td><td>任务名称</td><td colspan="2">轴套零件图的绘制</td><td>参考学时</td><td colspan="2">6 学时</td></tr>
<tr><td>任务图</td><td colspan="7">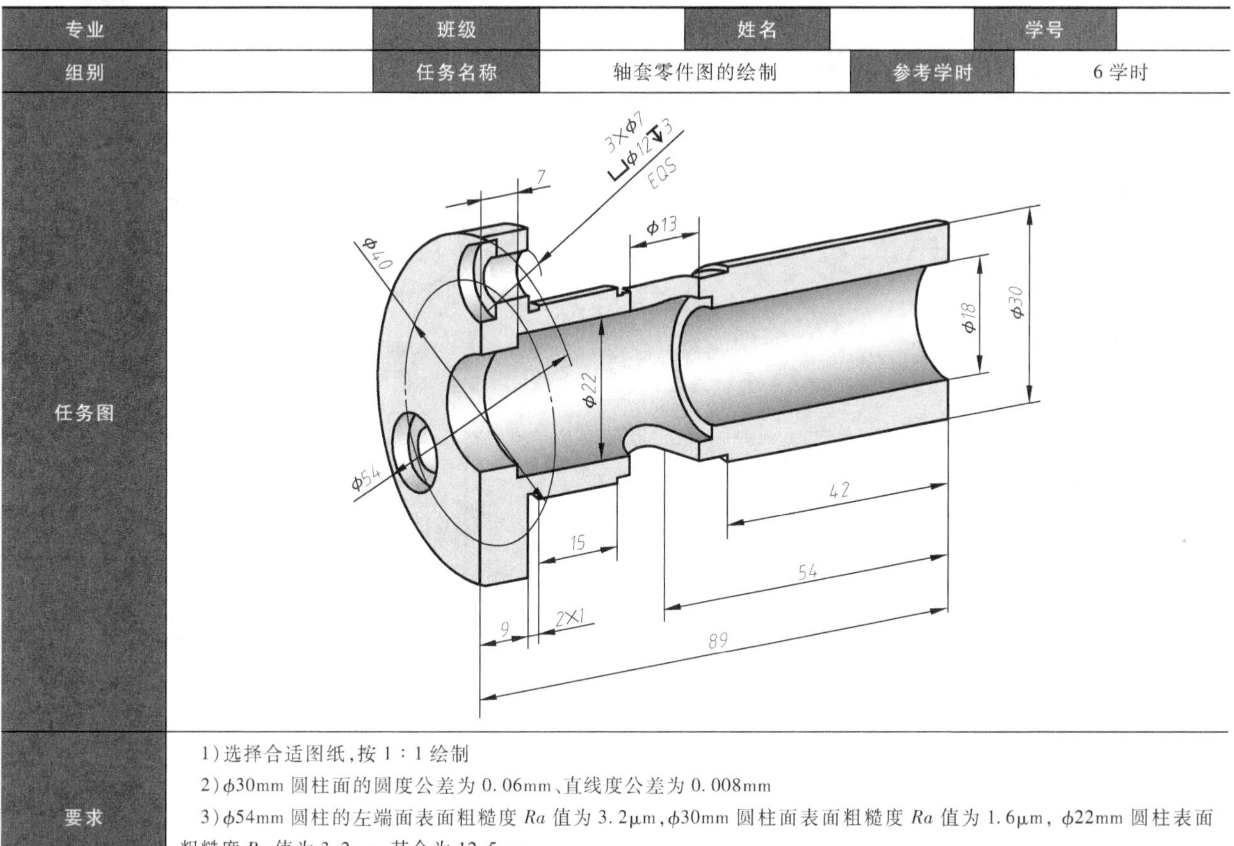
</td></tr>
<tr><td>要求</td><td colspan="7">1)选择合适图纸,按 1∶1 绘制
2)φ30mm 圆柱面的圆度公差为 0.06mm、直线度公差为 0.008mm
3)φ54mm 圆柱的左端面表面粗糙度 Ra 值为 3.2μm,φ30mm 圆柱面表面粗糙度 Ra 值为 1.6μm, φ22mm 圆柱表面粗糙度 Ra 值为 3.2μm,其余为 12.5μm
4)若有实体模型,则其数据以测量结果为准,上图数据作为参考</td></tr>
</table>

任务评价

填写工作任务评价单（表 3-10）。

表 3-10 工作任务评价单

<table>
<tr><td>班级</td><td></td><td>姓名</td><td></td><td>学号</td><td></td><td>成绩</td><td></td></tr>
<tr><td>组别</td><td></td><td>任务名称</td><td colspan="2">轴套零件图的绘制</td><td>参考学时</td><td colspan="2">6 学时</td></tr>
<tr><td>序号</td><td colspan="2">评价内容</td><td>分数</td><td>自评分</td><td>互评分</td><td colspan="2">组长或教师评分</td></tr>
<tr><td>1</td><td colspan="2">课前准备(课前预习情况)</td><td>5</td><td></td><td></td><td colspan="2"></td></tr>
<tr><td>2</td><td colspan="2">知识链接(完成情况)</td><td>25</td><td></td><td></td><td colspan="2"></td></tr>
<tr><td>3</td><td colspan="2">任务计划与决策</td><td>10</td><td></td><td></td><td colspan="2"></td></tr>
<tr><td>4</td><td colspan="2">任务实施(图线、表达方案、图形布局等)</td><td>25</td><td></td><td></td><td colspan="2"></td></tr>
<tr><td>5</td><td colspan="2">绘图质量</td><td>30</td><td></td><td></td><td colspan="2"></td></tr>
<tr><td>6</td><td colspan="2">遵守课堂纪律</td><td>5</td><td></td><td></td><td colspan="2"></td></tr>
<tr><td colspan="3">总分</td><td>100</td><td></td><td></td><td colspan="2"></td></tr>
<tr><td colspan="6">综合评价(自评分×20%+互评分×40%+组长或教师评分×40%)</td><td colspan="2"></td></tr>
<tr><td colspan="6">组长签字:</td><td colspan="2">教师签字:</td></tr>
<tr><td>学习体会</td><td colspan="5">签名:</td><td colspan="2">日期:</td></tr>
</table>

技能强化

1. 补画剖视图中漏画的图线，如图 3-27 所示。

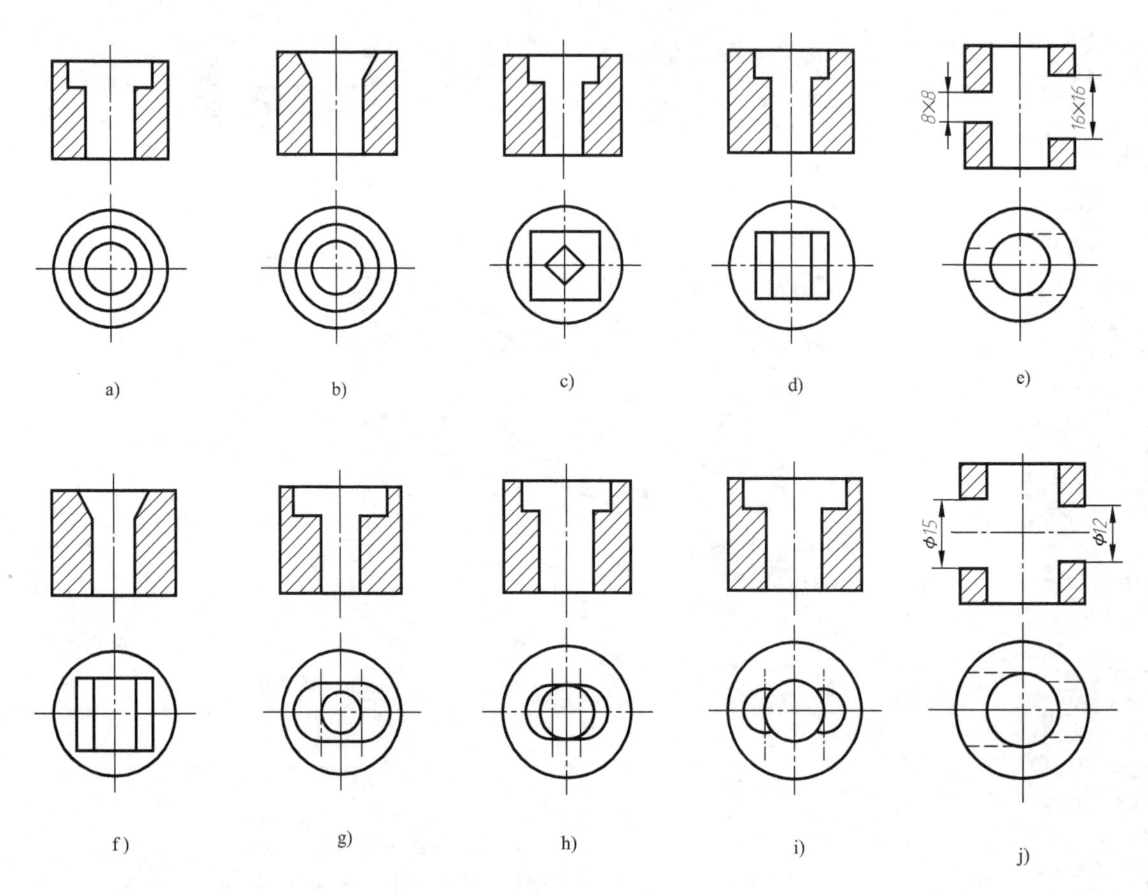

图 3-27　题 1 图

2. 根据已知视图，完成剖视图，如图 3-28 所示。

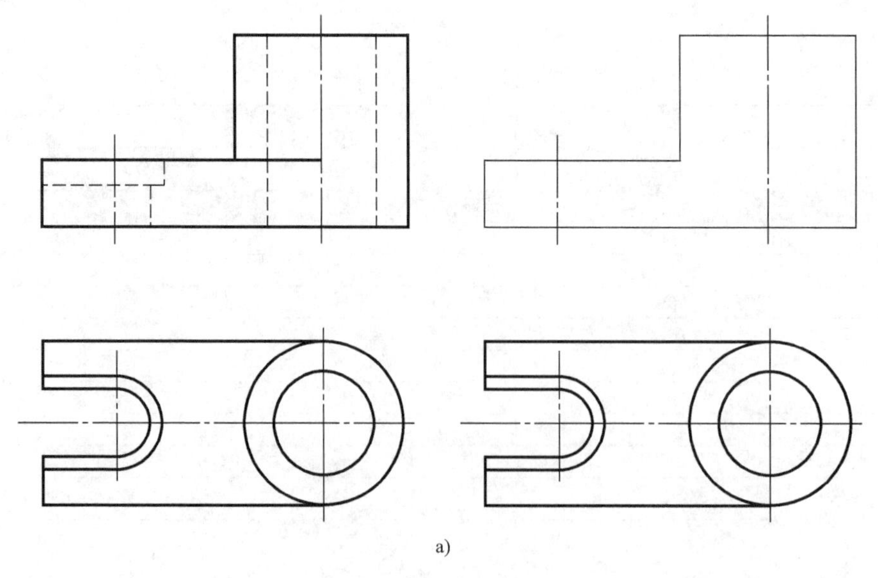

图 3-28　题 2 图

a）将主视图改画成全剖视图

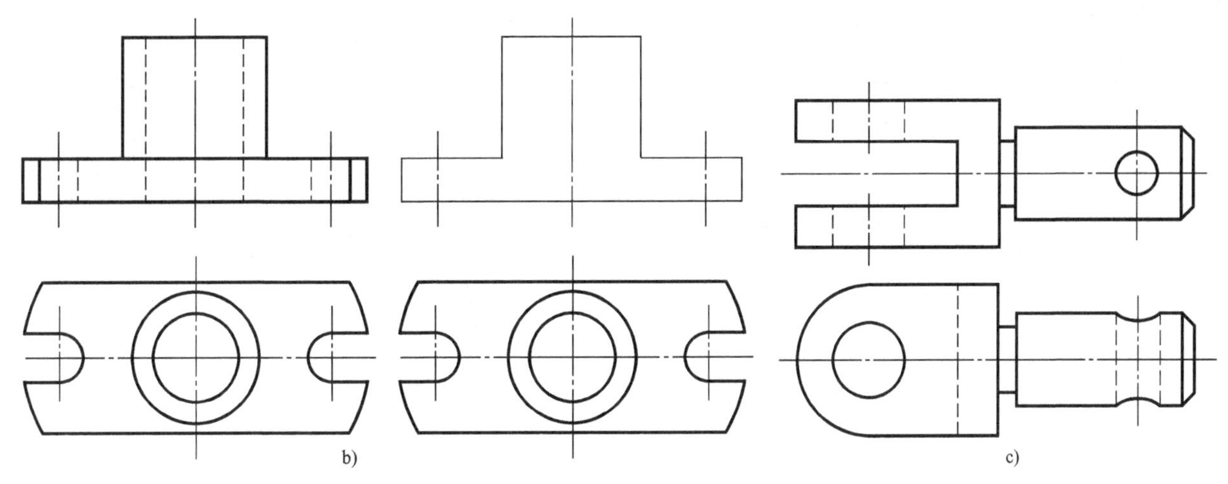

图 3-28　题 2 图（续）

b）将主视图改画成半剖视图　c）把视图用局部剖视图表达

3. 在图 3-29 中标注如下内容。

1）ϕ20mm、ϕ18mm 圆柱面表面粗糙度 *Ra* 值为 1.6μm。

2）M16 螺纹工作表面表面粗糙度 *Ra* 值为 3.2μm。

3）键槽两侧面表面粗糙度 *Ra* 值为 3.2μm，底面表面粗糙度 *Ra* 值为 6.3μm。

4）右侧锥孔内表面表面粗糙度 *Ra* 值为 3.2μm。

5）其余表面表面粗糙度 *Ra* 值为 12.5μm。

4. 解释图 3-30 中几何公差的含义。

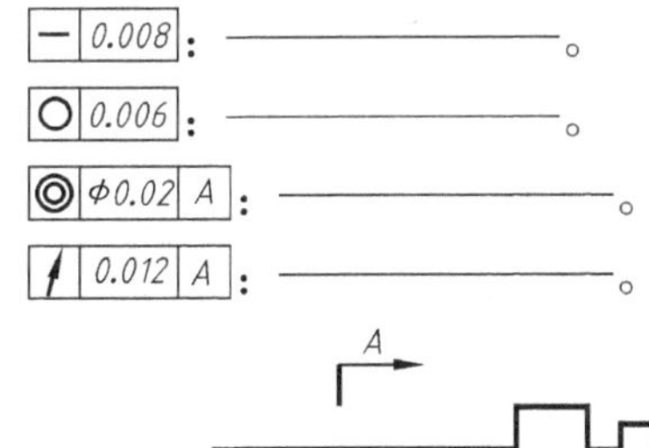

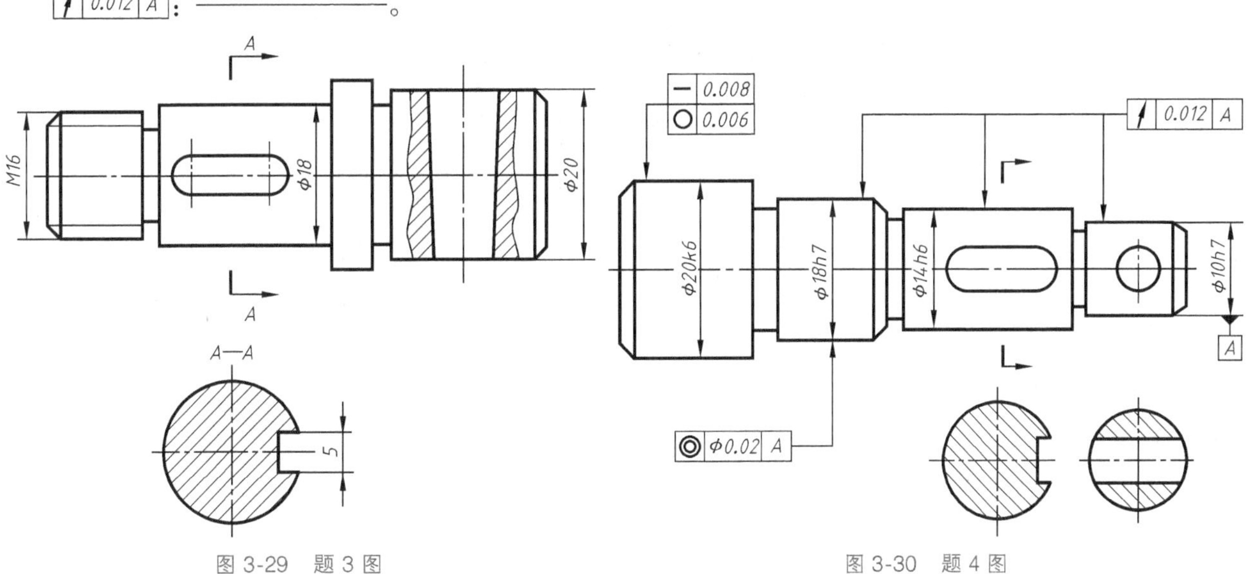

图 3-29　题 3 图　　　　图 3-30　题 4 图

5. 把文字说明的几何公差用符号和公差框格形式表达在图 3-31 中。

1）左端面的平面度公差为 0.01mm。

2）右端面对左端面的平行度公差为 0.01mm。

3）ϕ70mm 孔的轴线对左端面的垂直度公差为 0.02mm。

4）ϕ210mm 外圆的轴线对 ϕ70mm 孔的轴线同轴度公差为 0.03mm。

5）4×ϕ20H8 孔的轴线对左端面及 ϕ70mm 孔的轴线位置度公差为 0.15mm。

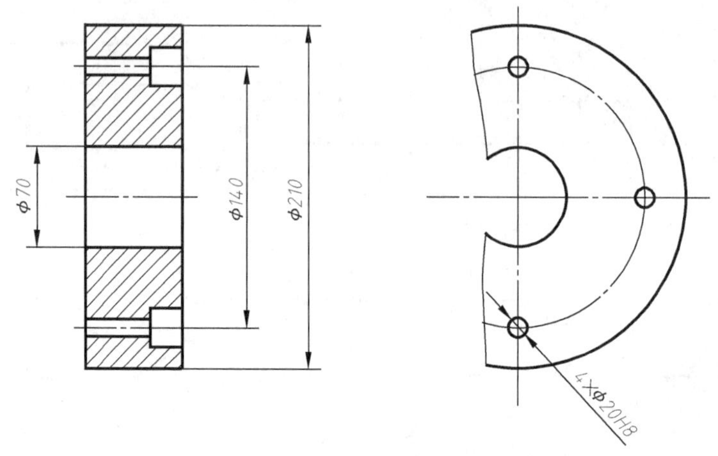

图 3-31　题 5 图

任务 3.2　传动轴零件图的绘制

任务导入

图 3-32 所示为传动轴立体图，如何正确用零件图表达此零件？

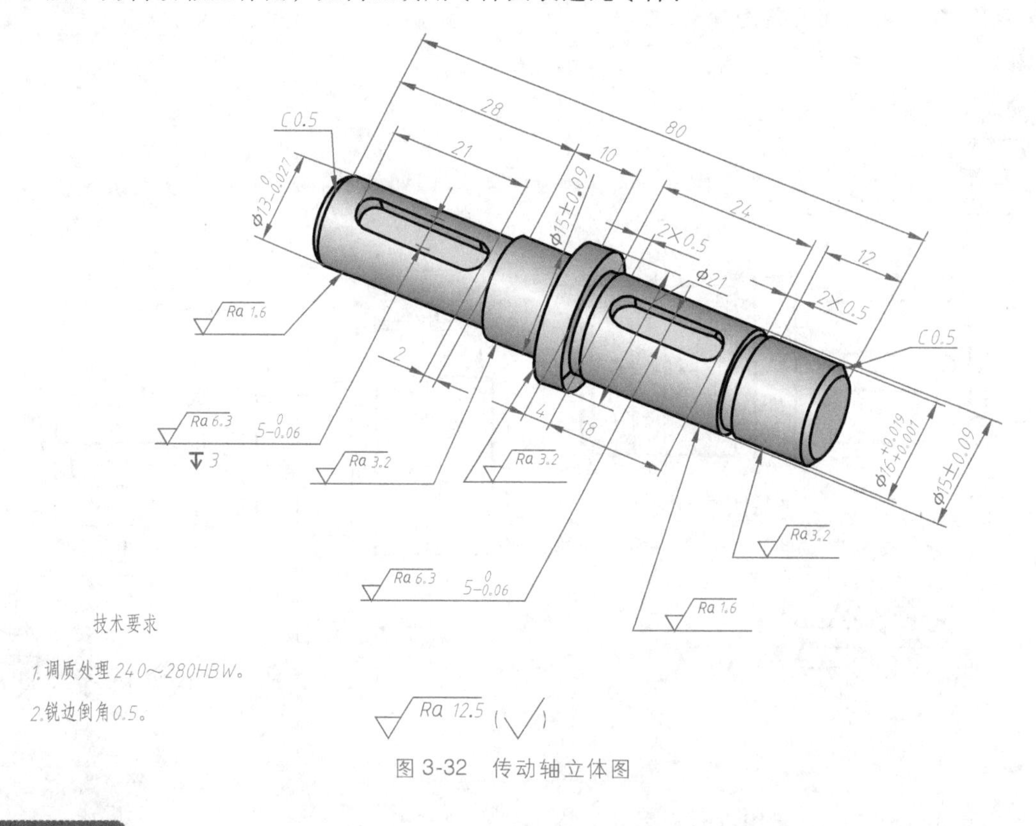

图 3-32　传动轴立体图

任务分析

退刀槽、倒角、倒圆、键槽、中心孔、螺纹等是轴类零件上的常见结构，主要用来支承转动零件和传递转矩。要正确表达轴类零件，必须掌握轴类零件的视图表达方案、断面图、局部放大图、轴类零件的尺寸标注与技术要求，以及轴类零件的常见结构等相关知识。

知识链接

断面图

一、断面图

1. 断面图的概念

用假想的剖切面将零件的某处切断，仅画出剖切面与零件接触部分的图形，该图形称为断面图，简称断面，如图 3-33 所示。断面图主要用于表达零件某处的断面形状。例如，零件上的肋、轮辐、键槽、小孔及各种型材的断面形状等。

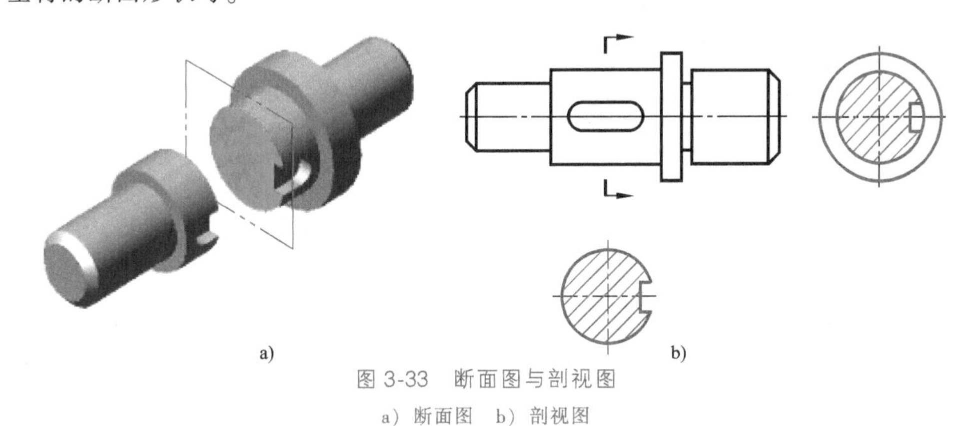

a)　　b)

图 3-33　断面图与剖视图

a）断面图　b）剖视图

归纳 1:

●断面图与剖视图的区别是：断面图仅画出断面的形状，而剖视图不但要画出断面的形状，还要画出剖切面后其他结构的投影。比较断面图和剖视图可以看出：用断面图表达轴上键槽的深度，要比用剖视图表达得更加简捷、清晰。

2. 断面图的类型

根据断面图的配置不同，可分为移出断面图和重合断面图。

（1）移出断面图　画在视图之外的断面图称为移出断面图。其画法与配置如图 3-33a 所示。移出断面图的标注形式和内容与剖视图相同，也可根据断面是否对称及配置方式进行省略或简化。移出断面图的标注见表 3-11。

表 3-11　移出断面图的标注

断面图类型	断面图不同配置时的标注情况		
	配置在剖切线的延长线上	按投影关系配置	配置在其他位置
对称的移出断面图	省略标注	A—A　A　A 省略箭头	A　A　A—A 省略箭头
非对称的移出断面图	省略字母	A—A　A　A 省略箭头	A　A　A—A 标注剖切符号、字母和箭头

归纳 2:

●移出断面图的轮廓线用________线绘制，并在剖到的实体范围内绘制剖面线。

●移出断面图可配置在________的延长线上，也可以自由配置或按投影关系配置。

●如图 3-34 所示，当移出断面的图形对称时，移出断面图可配置在视图的________处。

●如图 3-35 所示，由两个或多个相交的剖切平面剖切得出的移出断面图，中间一般应________。

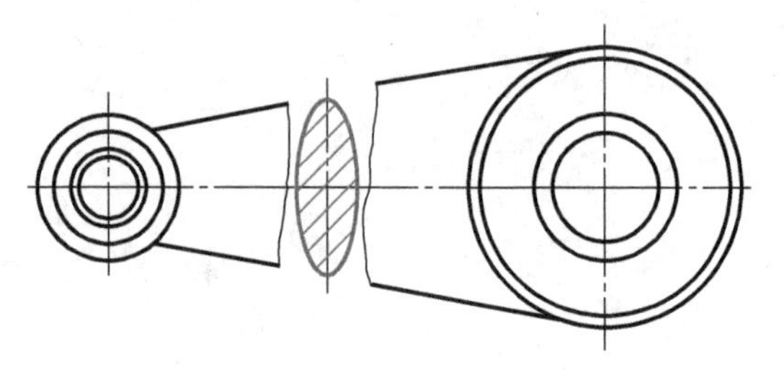

图 3-34 配置在视图中断处的移出断面图

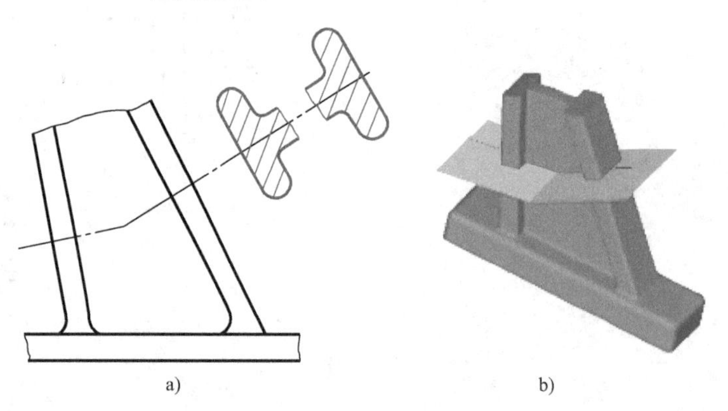

a) b)

图 3-35 断开的移出断面图

●当剖切平面通过回转所形成的孔或凹坑的轴线时，这些结构应按________图绘制，如图 3-36a 所示；当剖切平面通过非圆孔，导致出现完全分离的剖面区域时，这些结构应按________图绘制，如图 3-36b所示。

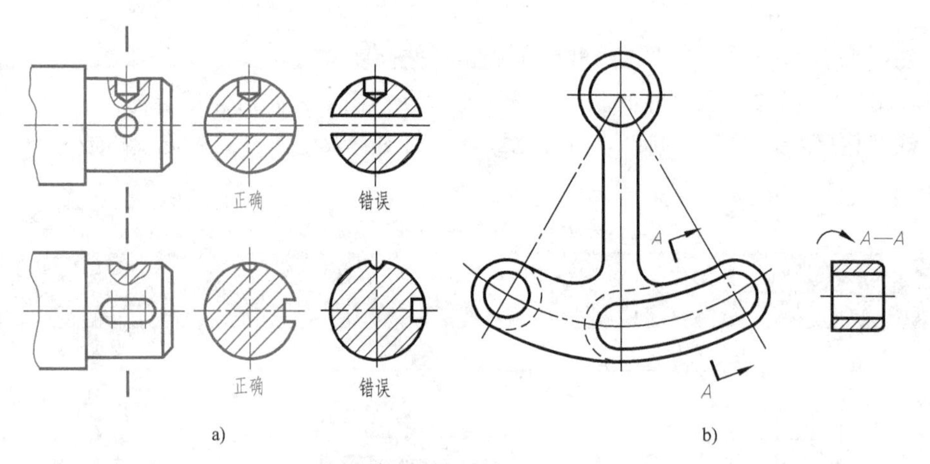

a) b)

图 3-36 特殊情况断面图的规定画法

（2）重合断面图 画在视图之内的断面图称为重合断面图。其画法及标注如图 3-37 所示。

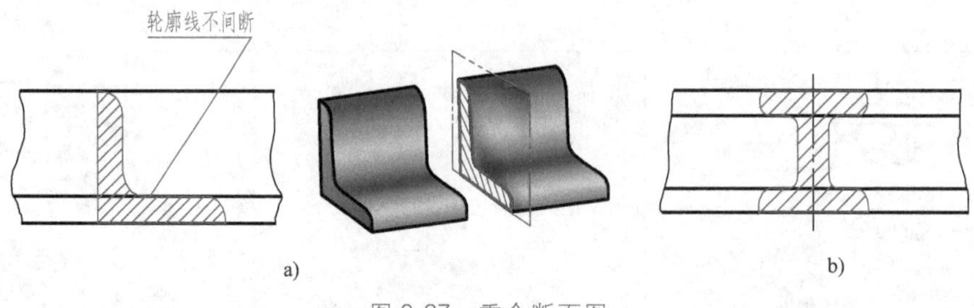

a) b)

图 3-37 重合断面图

归纳 3:

●重合断面图的轮廓线用________线绘制，断面图画在视图之内。当视图中的轮廓线与重合断面图重叠时，视图中的轮廓线仍应连续画出，不可间断，如图 3-37a 所示。

●对称断面的标注可________，如图 3-37b 所示。

二、局部放大图

当零件上的细小结构在视图中表达不清，或不便于标注尺寸时，可将零件的这部分结构用大于原图形所采用的比例放大画出，此图形称为局部放大图，如图 3-38 所示。局部放大图可以画成视图、剖视图和断面图，它与被放大部分的表达方式无关。局部放大图所采用的比例，是指局部放大图与所表达的零件对应要素的线性之比（图与物之比），与原图所采用的比例无关。

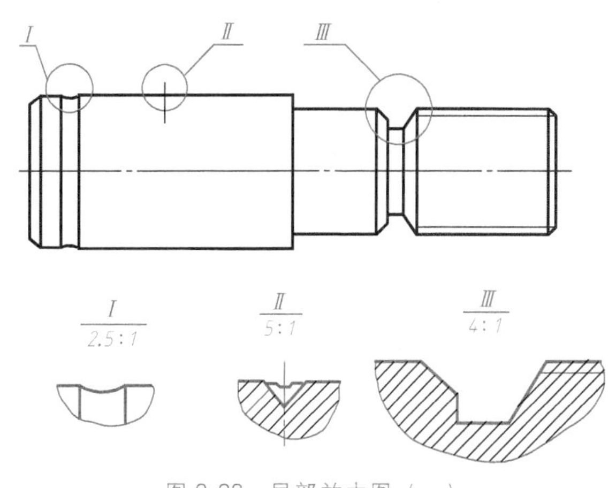

图 3-38　局部放大图（一）

归纳 4:

●放大部位的表示：在原图上用________线圆或长圆将需要放大的部位圈起来；当被放大的部位有两处及两处以上时，必须用罗马数字编号。

●如图 3-38、图 3-39 所示，放大图一般配置在被放大部位的附近。当放大部有仅有一处时，在局部放大图上方只需注明所采用的比例；当被放大部位有两处及两处以上时，在放大图上方以________的形式标出比例和放大部位的编号；局部放大图的投射方向与原图中被放大部位的投射方向保持一致。

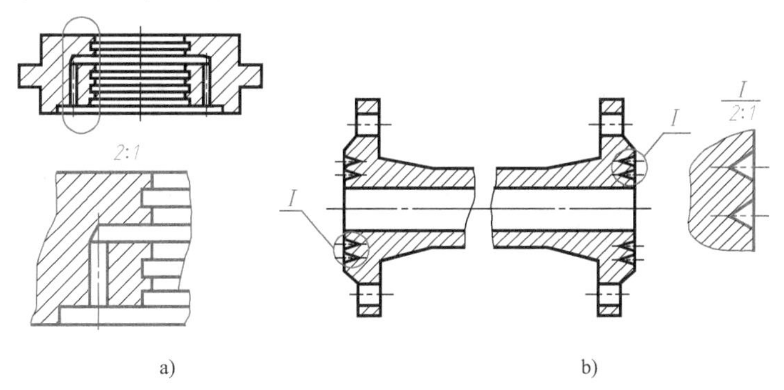

a)　b)

图 3-39　局部放大图（二）

●局部放大图的断裂边界用________线表示。

●同一零件上不同部位的相同或对称结构，只画________个局部放大图，如图 3-39b 所示。

三、轴套类零件视图表达方案的选择

轴套类零件（图 3-40）主要包括轴、轴套、衬套等，一般起支承传动零件和传递动力的作用。轴套类零件的毛坯多为棒料或锻件，加工方法以车削、镗削和磨削为主。

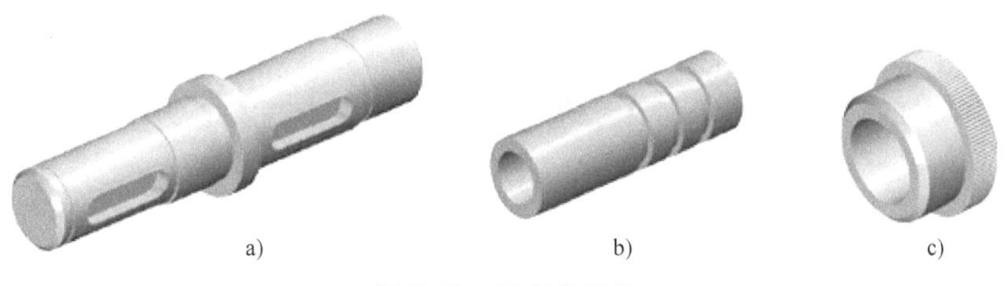

a)　b)　c)

图 3-40　轴套类零件

a）轴　b）轴套　c）衬套

轴套类零件的特点有：由几段直径不同的回转体组成，轴向尺寸通常大于径向尺寸，常有键槽、退刀槽、中心孔、销孔、轴肩、螺纹等结构。

根据轴套类零件的结构特点，其视图表达方案的选择如下：

1. 主视图的选择

1）按形状特征选择主视图投射方向。以最能反映零件形体特征的方向作为主视图投射方向进行投射，如图 3-41 所示。通常将轴的大端朝左，小端朝右；轴上的键槽、孔可朝前或朝上，以使其形状和位置清晰显示。

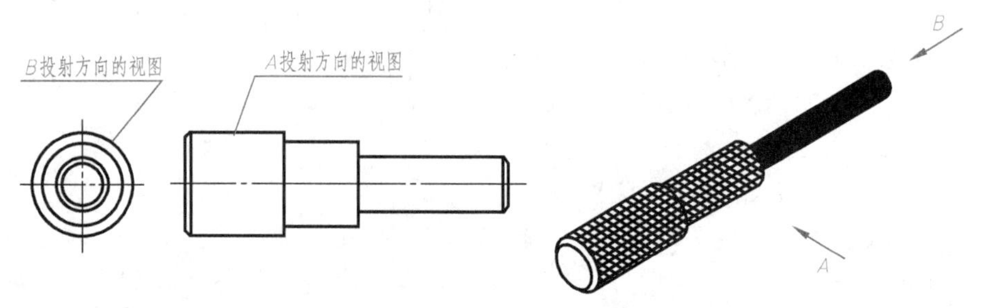

图 3-41　按形状特征选择主视图投射方向

2）按加工位置选择主视图投射方向。主视图与零件主要加工工序中的加工位置一致，便于加工和检测尺寸。例如，轴套类零件主要在车床上进行加工，故其主视图应尽量按轴线水平位置绘制，如图 3-42 所示。

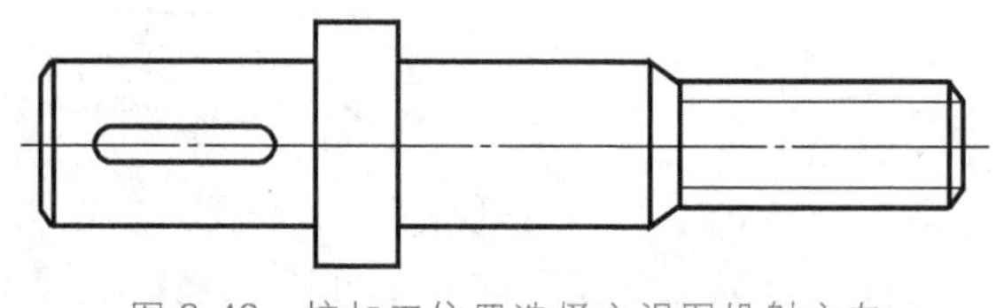

图 3-42　按加工位置选择主视图投射方向

3）形状简单且较长的零件可采用折断法绘制零件图。实心轴上个别部分的内部结构形状，可用局部剖视图兼顾表达。空心套可用剖视图（全剖视图、半剖视图或局部剖视图）表达。轴端中心孔不做剖切，用规定标准代号表示。

2. 其他视图的选择

1）轴套类零件的主要结构形状是同轴回转体，在主视图上注出相应的直径符号“ϕ”，即可表达清楚形体特征，故一般不必再画其他基本视图（结构复杂的轴例外）。

2）主视图中未表达清楚的局部结构形状（如键槽、退刀槽、孔等），可另用断面图、局部剖视图或局部放大图等补充表达，这样既清晰又便于标注尺寸。图 3-43 所示为轴套类零件的视图表达。

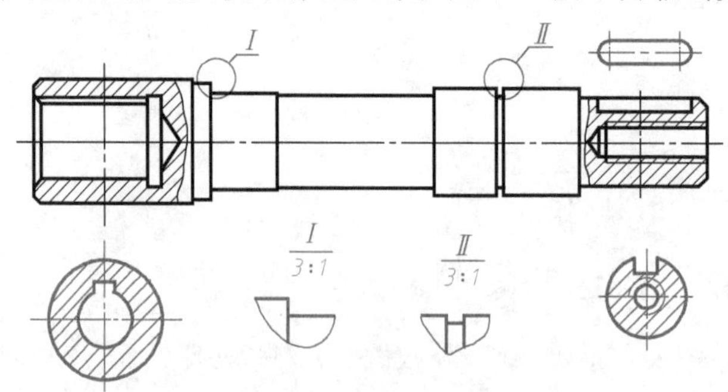

图 3-43　轴套类零件的视图表达

归纳 5：

● 在轴套类零件的视图表达中，除主视图外，通常还采用局部剖视图、________和________等来补充表达轴类零件上的键槽、退刀槽及孔等结构。

四、零件尺寸的极限与配合

极限与配合是零件图和装配图中的一项重要的技术要求，也是产品检验的技术指标。

1. 零件的互换性

互换性是指按同一零件图生产出来的零件，不经任何选择或修配，就能顺利地同与其相配的零部件装配成符合要求的成品的性质。零件具有互换性，既便于装配和维修，也有利于组织生产协作，提高生产率。

2. 极限与配合的基本概念

（1）公称尺寸　公称尺寸指由图样规范确定的理想形状要素的尺寸。

（2）实际尺寸　实际尺寸指通过测量获得的尺寸。

（3）极限尺寸　极限尺寸指尺寸要素允许的尺寸的两个极端，上限称为上极限尺寸，下限称为下极限尺寸。

（4）极限偏差　极限偏差是指某一尺寸减去其公称尺寸所得到的代数差。极限偏差是偏差的最大值和最小值，分为上极限偏差和下极限偏差。

上极限偏差=上极限尺寸-公称尺寸。孔的上极限偏差代号为 ES，轴的上极限偏差代号为 es。

下极限偏差=下极限尺寸-公称尺寸。孔的下极限偏差代号为 EI，下极限偏差代号为 ei。极限偏差可以为正数、负数或零。

极限偏差在零件图中的表示如图 3-44 所示。

（5）尺寸公差（简称公差）　尺寸公差是允许尺寸的变动量。公差=上极限尺寸-下极限尺寸=上极限偏差-下极限偏差。尺寸公差是一个没有符号的绝对值。

（6）零线　零线是在极限与配合图解（简称公差带图）中偏差为零的一条基准直线，是表示公称尺寸的一条直线。零线之上偏差为正，零线之下偏差为负，如图 3-45 所示。

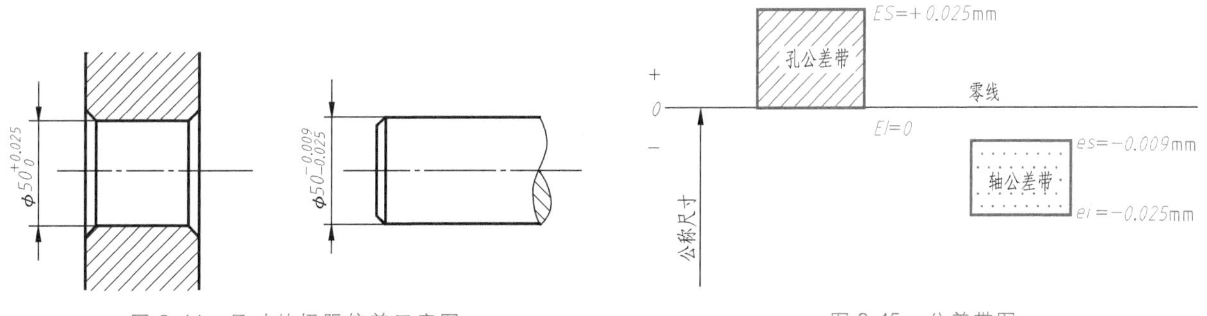

图 3-44　尺寸的极限偏差示意图

图 3-45　公差带图

（7）公差带　将尺寸公差与公称尺寸的关系按放大比例画成的简图，称为公差带图。在公差带图中，由代表上、下极限偏差（或上、下极限尺寸）的两条直线所限定的区域，称为公差带。它反映了公差的大小和相对于零线的位置。

归纳 6：

●图 3-44 所示的尺寸中，________为公称尺寸，图中孔的上极限尺寸为________，轴的下极限尺寸为________。ES=________，ei=________。

3. 标准公差和基本偏差

公差带的“大小”和“位置”在国家标准 GB/T 1800.1—2009 中进行了标准化，即标准公差和基本偏差。

（1）标准公差等级　在公称尺寸小于或等于 500mm 的范围内，国家标准将标准公差等级分为 20 级，即 IT01、IT0 及 IT1~IT18。其中 IT 表示标准公差，数字表示公差等级，从 IT01 至 IT18 精度依次降低，公差值也由小变大。各标准公差等级的数值可查阅附录 A 中表 A-1。

（2）基本偏差　基本偏差是用于确定公差带相对于零线位置的上极限偏差或下极限偏差，一般为靠近零线的那个极限偏差。国家标准分别对孔和轴各规定了 28 种基本偏差，如图 3-46 所示。

基本偏差只代表公差带相对于零线的位置，不表示公差带的大小。因此，图 3-46 中仅画出了属于

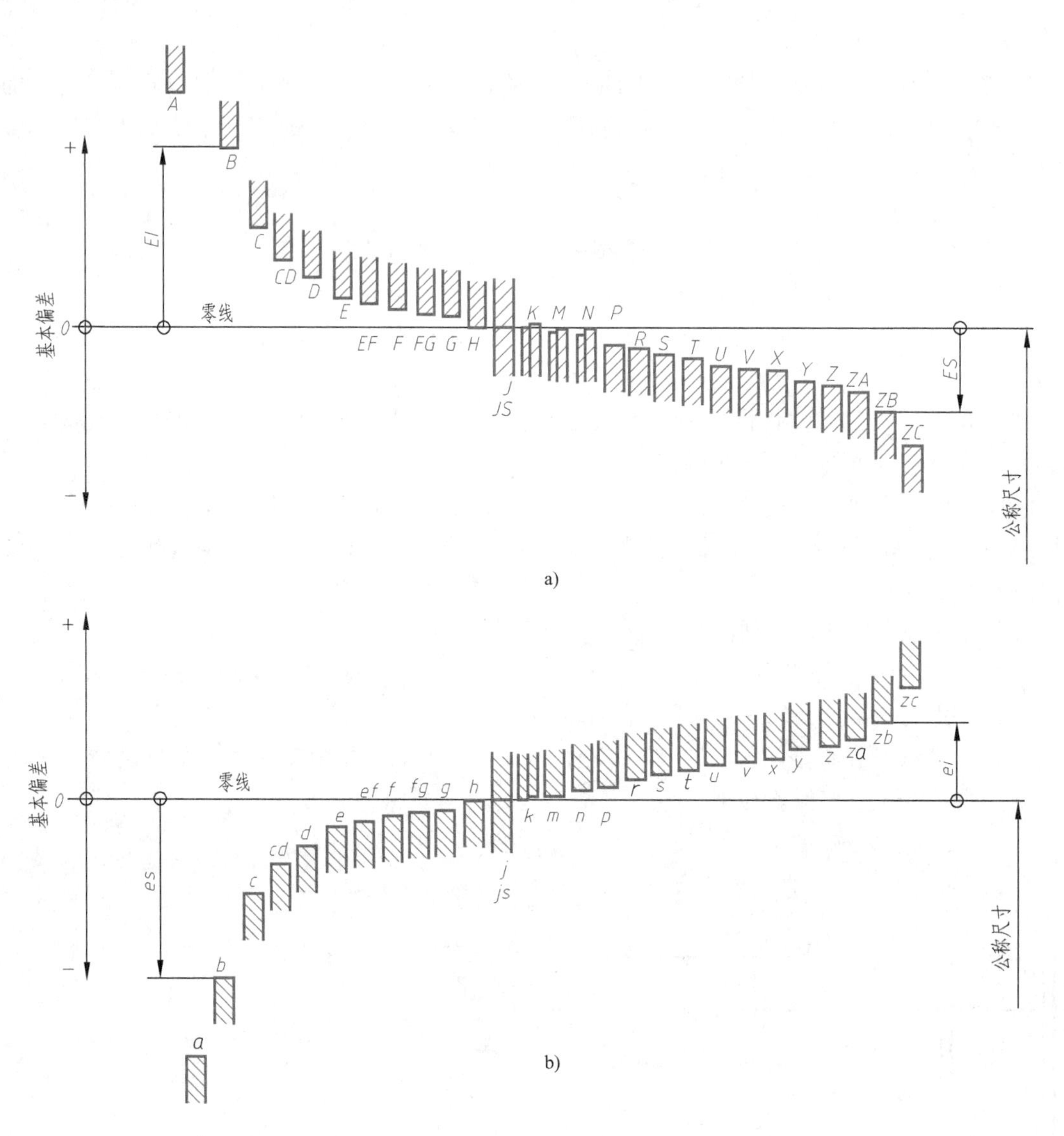

图 3-46　基本偏差系列图

a）孔　b）轴

基本偏差的一端，另一端是开口的，其是否封闭，取决于它与某一标准公差等级的组合。因此，孔、轴注公差尺寸由公称尺寸与所要求的公差带和/或对应的极限偏差组成。

归纳 7：

●基本偏差用拉丁字母表示，轴的基本偏差用________字母表示，孔的基本偏差用________字母表示，如图 3-45 所示。

●尺寸 ϕ20H7 中，“ϕ20” 表示________，“H” 表示________，“7” 表示________。

●从附录 A 中可以查出：ϕ70M6 的上极限偏差 ES =________，下极限偏差 EI =________，标准公差等级为 =________；ϕ100k5 的上极限偏差 es =________，下极限偏差 ei =________，标准公差等级为________。

4. 配合

公称尺寸相同且相互结合的孔和轴的公差带之间的关系称为配合。根据使用要求的不同，孔和轴之间的配合有松有紧，国家标准规定配合分三类：间隙配合、过盈配合和过渡配合。

（1）间隙配合　孔与轴配合时，具有间隙（包括最小间隙等于零）时，孔的公差带在轴的公差带之上，如图 3-47 所示。

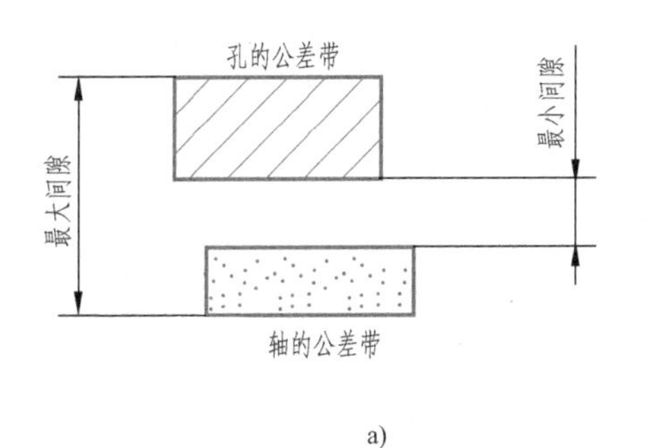

a)

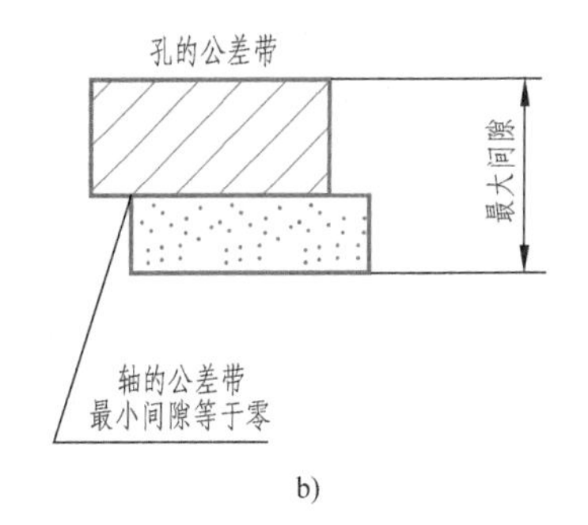

b)

图 3-47 间隙配合

（2）过盈配合 孔和轴配合时，孔的尺寸减去相配合轴的尺寸，其代数差为负值时为过盈。具有过盈（包括最小过盈等于零）的配合称为过盈配合。此时，孔的公差带在轴的公差带之下，如图 3-48 所示。

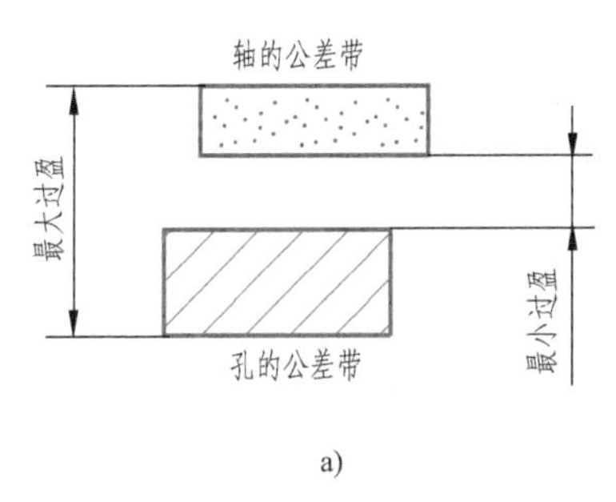

a)

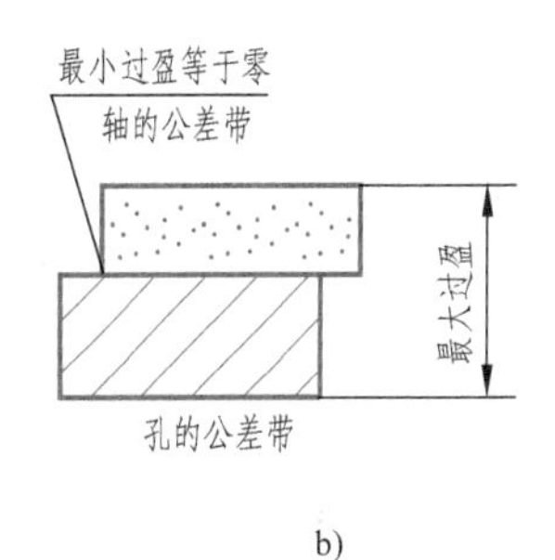

b)

图 3-48 过盈配合

（3）过渡配合 可能具有间隙或过盈的配合为过渡配合。此时，孔的公差带与轴的公差带相互交叠，如图 3-49 所示。

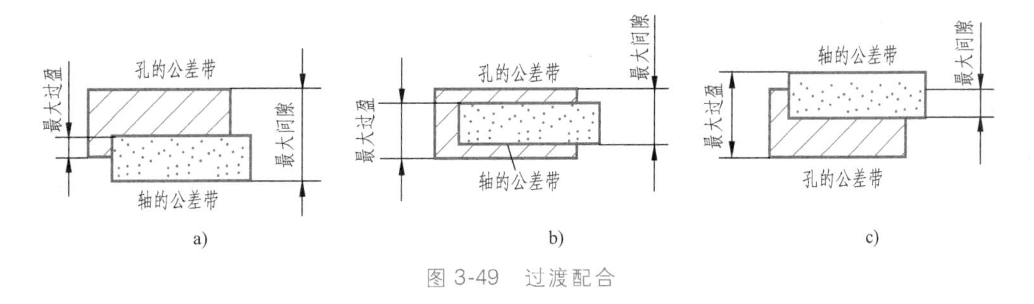

图 3-49 过渡配合

5. 配合制

当公称尺寸确定后，为了既能得到孔与轴之间各种不同性质的配合，又便于设计和制造，国家标准规定了两种不同的配合制：基孔制配合和基轴制配合。一般情况下优先选用基孔制配合。

（1）基孔制配合 基孔制配合是指基本偏差一定的孔的公差带与不同基本偏差的轴的公差带形成各种配合的一种制度，如图 3-50 所示。基孔制配合中的孔为基准孔，用基本偏差代号 H 表示，基孔制配合的下极限偏差为零。

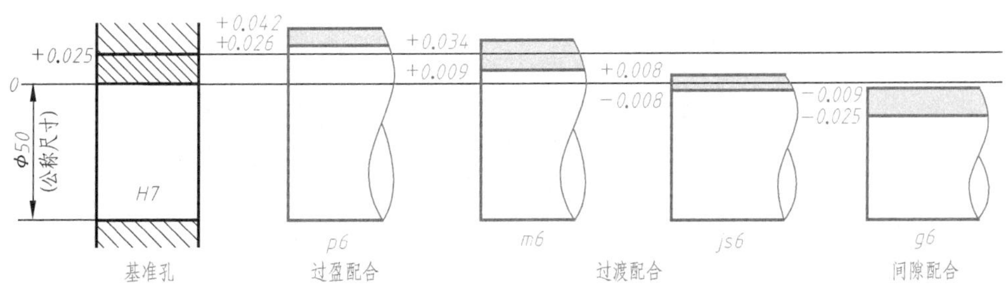

图 3-50 基孔制配合

（2）基轴制配合　基轴制配合是指基本偏差一定的轴的公差带与不同基本偏差的孔的公差带形成各种配合的一种制度，如图 3-51 所示。基轴制配合中的轴为基准轴，用基本偏差代号 h 表示，基准轴的上极限偏差为零。

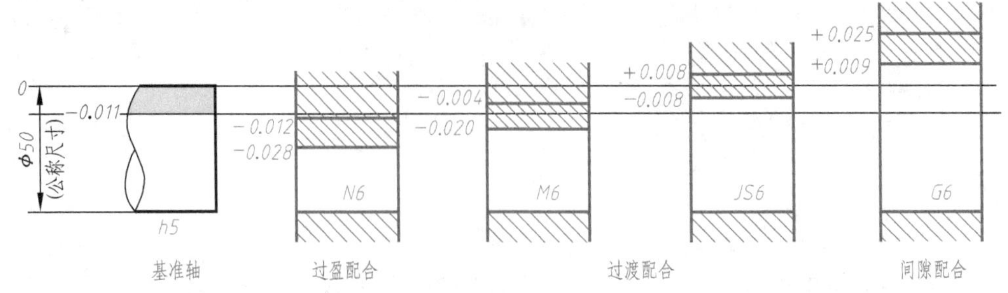

图 3-51　基轴制配合

归纳 8：

●在基孔制配合中，基本偏差一定的孔的公差带与不同基本偏差的轴的公差带形成各种配合。a~h 用于________配合，j~n 用于________配合，p~zc 用于________配合。

●在基轴制配合中，基本偏差为一定的轴的公差带，与不同基本偏差的孔的公差带形成各种配合：A~H 用于________配合，J~N 用于________配合，P~ZC 用于________配合。

6. 公差与配合的选用

GB/T 1801—2009 规定的轴、孔公差带组合成的常用基孔制配合有 59 种，其中含优先配合 13 种；常用的基轴制配合有 47 种，其中含优先配合 13 种。应首先选用优先配合，其次选用常用配合。

1）一般情况下优先采用基孔制配合，以限制定值刀具、量具的规格和数量。基轴制配合通常仅用于有明显经济效果和结构设计要求不适合采用基孔制配合的场合。

2）选用孔比轴低一级的标准公差等级。

3）常用的配合尺寸中公差等级的应用见表 3-12。

表 3-12　常用的配合尺寸中公差等级的应用

公差等级	IT5	IT6(轴)、IT7(孔)	IT8、IT9	IT10~IT12	举例
精密机械	常用	次要处	—	—	仪器、航空机械
非精密机械	重要处	常用	次要处	—	机床、汽车
	—	重要处	常用	次要处	矿山机械、农业机械

7. 公差与配合的标注

1）零件图上标注公差的尺寸的表示形式有三种，如图 3-52 所示。

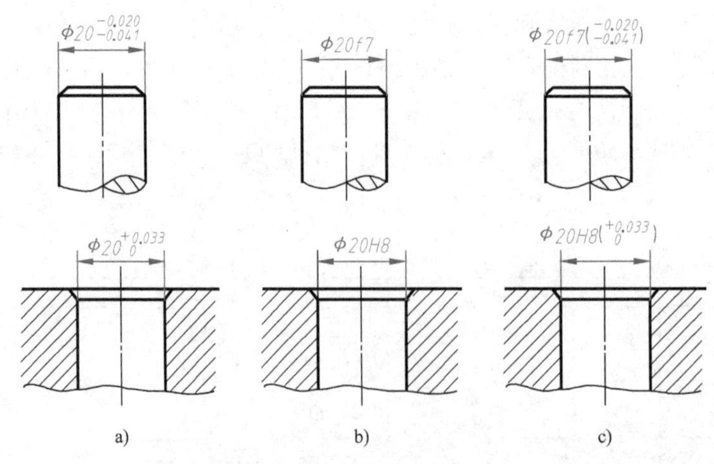

图 3-52　零件图上尺寸公差的标注

a）标注极限偏差　b）标注公差带　c）既标注公差带代号又标注极限偏差

归纳 9：

●三种形式的优缺点是：________________。

2）配合在装配图上的表示　在装配图上常需要标注配合代号。配合用相同的公称尺寸后跟孔、轴公差带表示。在孔、轴公差带写成分数的形式，分子为孔公差带，分母为轴公差带。其形式如图3-53a所示。注意：当滚动轴承与轴和壳体孔配合时，只标注轴和壳体孔的公差带代号，滚动轴承的公差带代号不标注，如图 3-53b 所示。

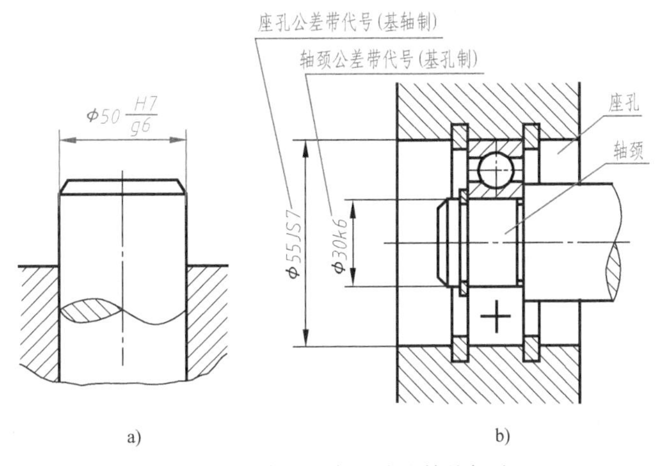

图 3-53　装配图中尺寸公差的标注

归纳 10：

●ϕ50P7/h6 的含义是：________________。

五、轴套类零件图的尺寸标注与技术要求

1. 轴套类零件图的尺寸标注

尺寸标注是零件图的主要内容之一，是零件加工制造的主要依据。因此，在标注零件尺寸时，既要符合尺寸标注的有关规定，又要达到完整、清晰、合理的要求。尺寸标注合理，是指所标注尺寸既要满足设计要求，又要满足加工、测量和检验等制造工艺要求。为了做到尺寸标注合理，必须对零件进行结构分析、形体分析和工艺分析，正确选择尺寸基准，选择合理的标注形式，结合零件的具体情况标注尺寸。

（1）尺寸基准的选择　零件在设计、制造和检验时，测量尺寸的起点称为尺寸基准。根据不同的作用，基准分为设计基准和工艺基准。

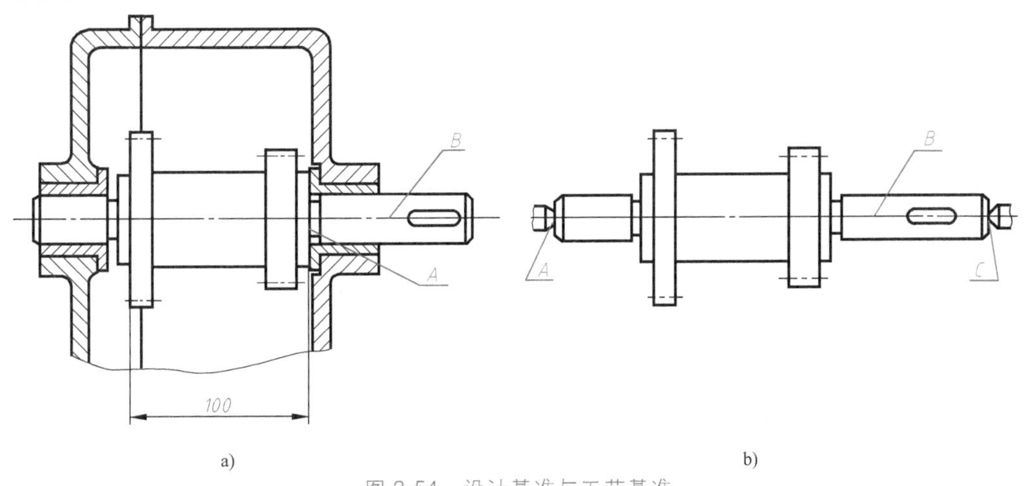

图 3-54　设计基准与工艺基准

a）设计基准　b）工艺基准

1）设计基准。根据机器的结构和设计要求，用于确定零件在机器中位置的一些面、线、点，称为设计基准。如图 3-54a 所示，依据轴线 *B* 及右轴肩 *A* 确定齿轮轴在机器中的位置（标注尺寸 100mm），因此轴线 B 和右轴肩分别为齿轮轴的径向和轴向的设计基准。

2）工艺基准。根据零件加工制造、测量和检测等工艺要求所选定的一些面、线、点，称为工艺基准。如图 3-54b 所示的齿轮轴，加工、测量时是以轴线 *B* 和左、右端面 *A*、*C* 分别作为径向和轴向的基准，因此该零件的轴线和左、右端面为工艺基准。

3）基准的选择。任何一个零件都有长、宽、高三个方向（或轴向、径向两个方向）的尺寸，每个尺寸都有基准，因此每个方向至少要有一个基准。同一方向上有多个基准时，其中必定有一个基准是主要的，称为主要基准，其余的基准则为辅助基准。

归纳 11：

●如图 3-55 所示，*B* 是________基准，*C* 是________基准，*D* 是________基准，*E* 是________基准。

●轴套类零件一般选择________作为径向尺寸基准，重要的轴肩或端面（为定位面或接触面）作为________方向的尺寸基准。有设计要求的主要尺寸须从尺寸基准直接标注出，其余尺寸一般按加工顺序标出。

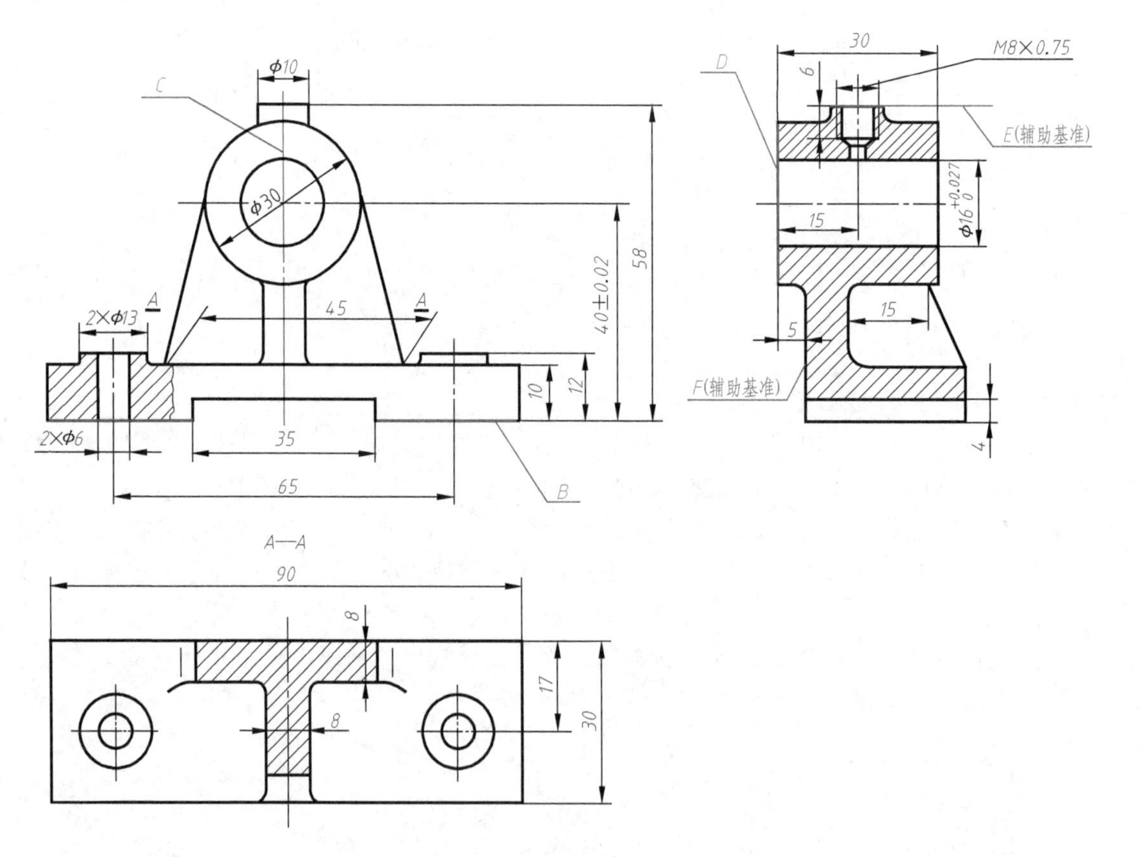

图 3-55 基准的选择

（2）尺寸标注形式　由于零件的结构设计、工艺要求不同，所以尺寸基准的选择也不尽相同。零件图上的尺寸标注一般有链式、坐标式和综合式三种形式，如图 3-56 所示。

归纳 12：

●零件图上的重要尺寸必须直接标出，以保证设计要求。

●避免标注成封闭的尺寸链。

●按加工顺序标注尺寸符合加工过程，方便加工和测量，从而易于保证工艺要求，例如图 3-57 所示的齿轮轴的尺寸标注。

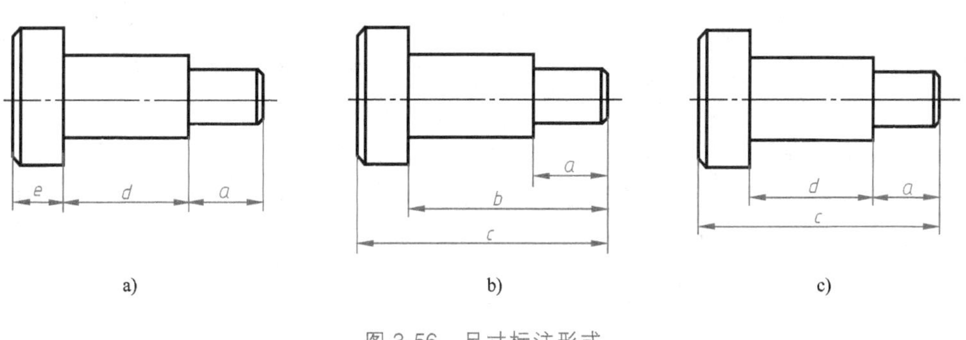

图 3-56　尺寸标注形式

a）链式　b）坐标式　c）综合式

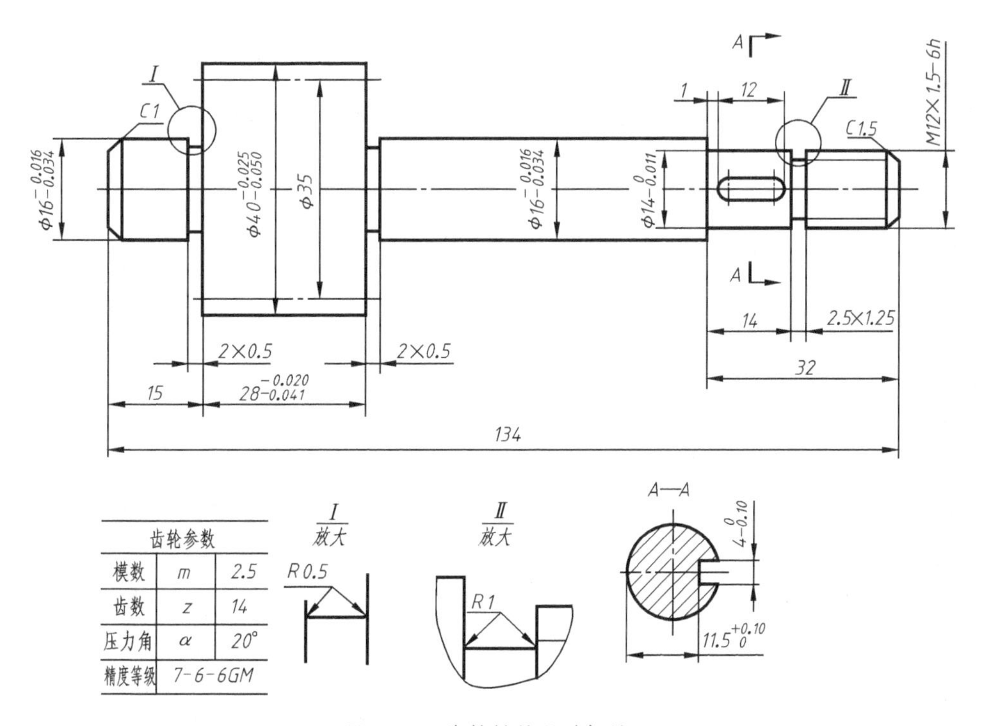

齿轮参数		
模数	m	2.5
齿数	z	14
压力角	α	20°
精度等级	7-6-6GM	

图 3-57　齿轮轴的尺寸标注

●在没有结构上的或其他重要的要求时，标注尺寸应尽量考虑测量方便。图 3-58 所示为尺寸不便及便于测量的对比。

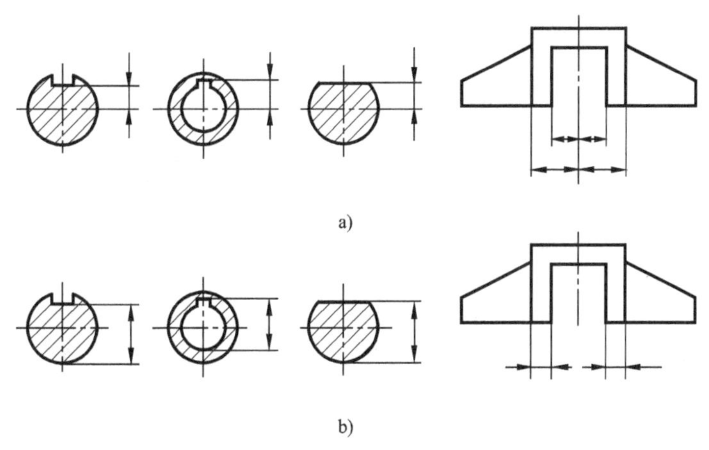

图 3-58　尺寸的不便及便于测量的对比

a）不便测量　b）便于测量

2. 轴套类零件图的技术要求

1）有配合要求的表面，其表面粗糙度值应较小。无配合要求表面的表面粗糙度值较大。

2）有配合要求的轴颈尺寸公差等级较高、公差较小。无配合要求的轴颈尺寸公差等级低、或不需标注。有配合要求的轴颈和重要的端面一般应有几何公差的要求。

3）为了提高强度和韧性，往往需对轴套类零件进行调质处理；对轴上与其他零件有相对运动的部分，为增加其耐磨性，有时还需要进行表面淬火、渗碳或渗氮等热处理。

任务计划与决策

填写工作任务计划与决策（表3-13）。

表 3-13 工作任务计划与决策单

<table>
<tr><td>专业</td><td></td><td>班级</td><td colspan="4"></td></tr>
<tr><td>组别</td><td></td><td>任务名称</td><td colspan="2">传动轴零件图的绘制</td><td>参考学时</td><td>6学时</td></tr>
<tr><td>任务计划</td><td colspan="6">各组根据任务内容制订绘制传动轴零件图的任务计划</td></tr>
<tr><td rowspan="7">任务决策</td><td>项目</td><td colspan="2">可选方案</td><td colspan="2">方案分析</td><td>结论</td></tr>
<tr><td rowspan="2">主视图方向</td><td>方案1</td><td></td><td colspan="2"></td><td></td></tr>
<tr><td>方案2</td><td></td><td colspan="2"></td><td></td></tr>
<tr><td rowspan="2">视图表达方案</td><td>方案1</td><td></td><td colspan="2"></td><td></td></tr>
<tr><td>方案2</td><td></td><td colspan="2"></td><td></td></tr>
<tr><td rowspan="2">绘图方案</td><td>方案1</td><td></td><td colspan="2"></td><td></td></tr>
<tr><td>方案2</td><td></td><td colspan="2"></td><td></td></tr>
</table>

任务实施

填写工作任务实施单（表3-14）。

表 3-14 工作任务实施单

<table>
<tr><td>专业</td><td></td><td>班级</td><td></td><td>姓名</td><td></td><td>学号</td><td></td></tr>
<tr><td>组别</td><td></td><td>任务名称</td><td colspan="2">传动轴零件图的绘制</td><td>参考学时</td><td colspan="2">6学时</td></tr>
<tr><td>任务图</td><td colspan="7">任务图如图3-32所示</td></tr>
<tr><td>要求</td><td colspan="7">选择合适的图纸，按1:1绘制零件图</td></tr>
</table>

任务评价

填写工作任务评价单（表3-15）。

表 3-15 工作任务评价单

班级		姓名		学号		成绩	
组别		任务名称	传动轴零件图的绘制		参考学时	6 学时	
序号	评价内容	分数	自评分	互评分	组长或教师评分		
1	课前准备(课前预习情况)	5					
2	知识链接(完成情况)	25					
3	任务计划与决策	10					
4	任务实施(图线、表达方案、图形布局等)	25					
5	绘图质量	30					
6	遵守课堂纪律	5					
总分		100					
综合评价(自评分×20%+互评分×40%+组长或教师评分×40%)							
组长签字:				教师签字:			
学习体会	签名: 日期:						

技能强化

1. 选择正确的断面图，如图 3-59 所示。

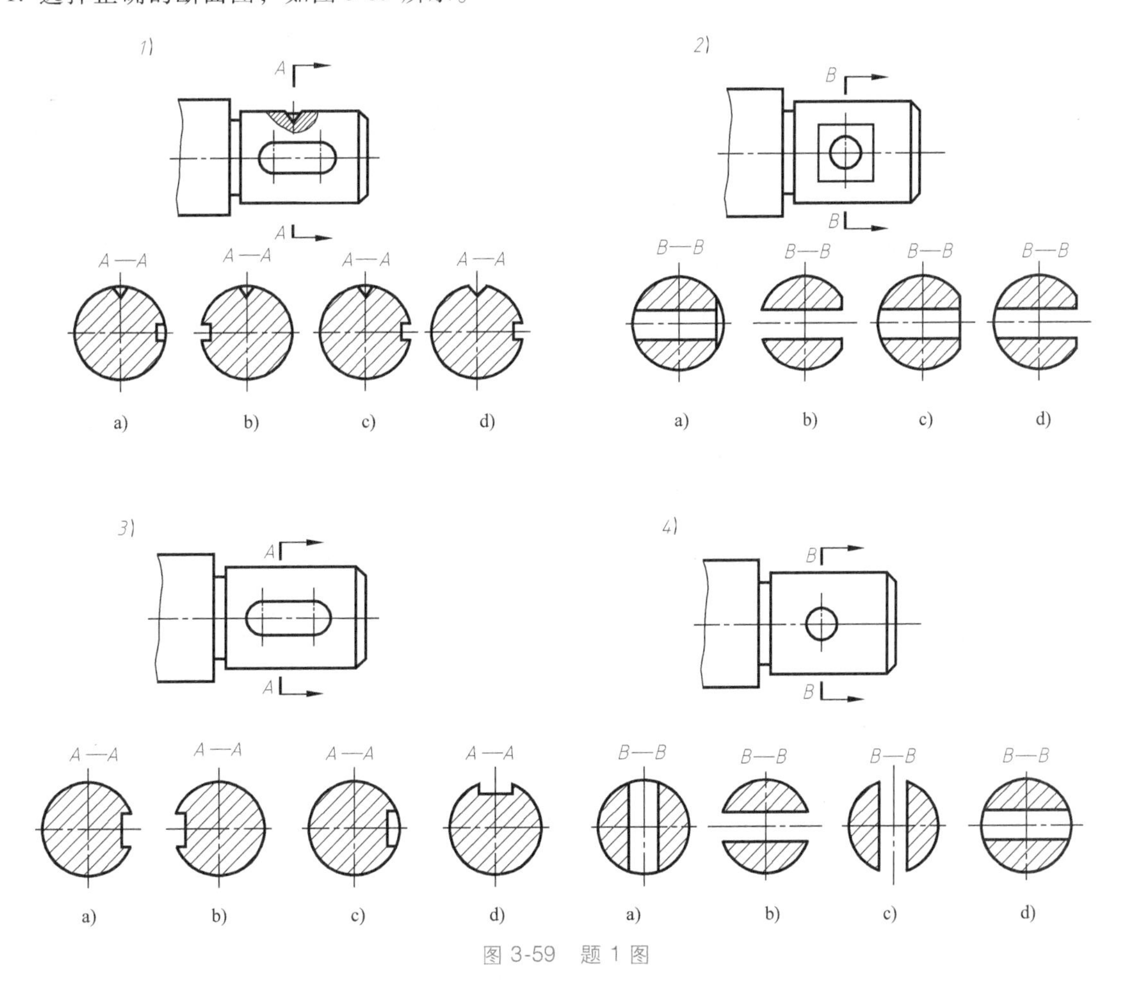

图 3-59 题 1 图

2. 在图 3-60 的指定位置画出断面图（键槽深为 3mm）。

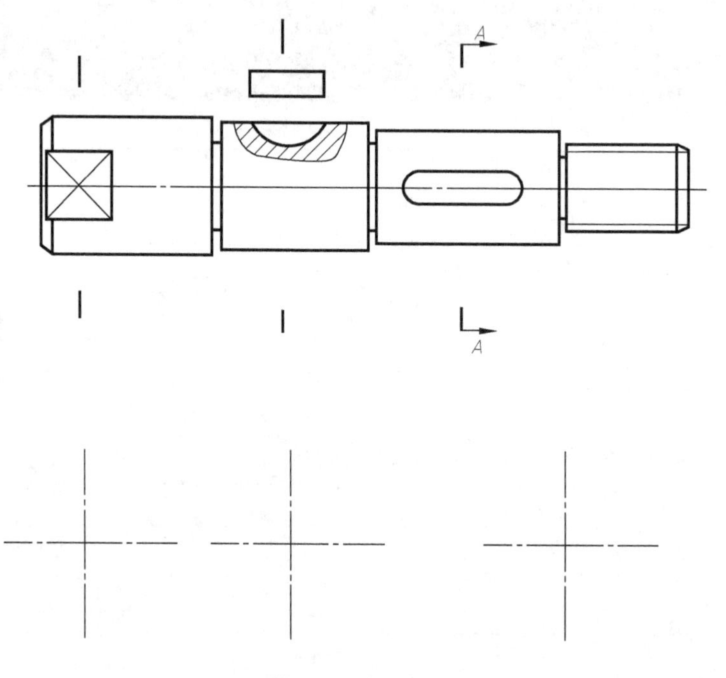

图 3-60　题 2 图

3. 读图并完成下面的习题。

1）轴套与泵体孔的配合尺寸为 ϕ30H7/k6，公称尺寸为________，基________制配合。标准公差等级：轴 IT ________级，孔 IT ________级，轴套与泵体孔是________配合。轴套：上极限偏差________，下极限偏差________。泵体孔：上极限偏差________，下极限偏差________。

2）轴与轴套的配合尺寸为 ϕ26H8/f7，公称尺寸为________，基________制配合。标准公差等级：轴 IT ________级，孔 IT ________级，轴与轴套是________配合。轴：上极限偏差________，下极限偏差________。轴套：上极限偏差________，下极限偏差________。

3）在图 3-61b、c 分别对轴套，轴的尺寸进行标注。

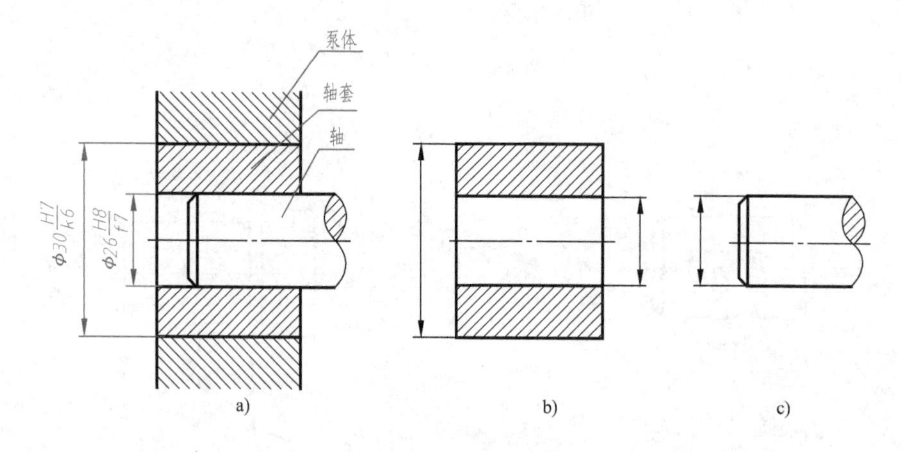

图 3-61　题 3 图

a）装配图　b）轴套　c）轴

4. 按照图 3-62 所示的轴类零件，完成零件图的表达。

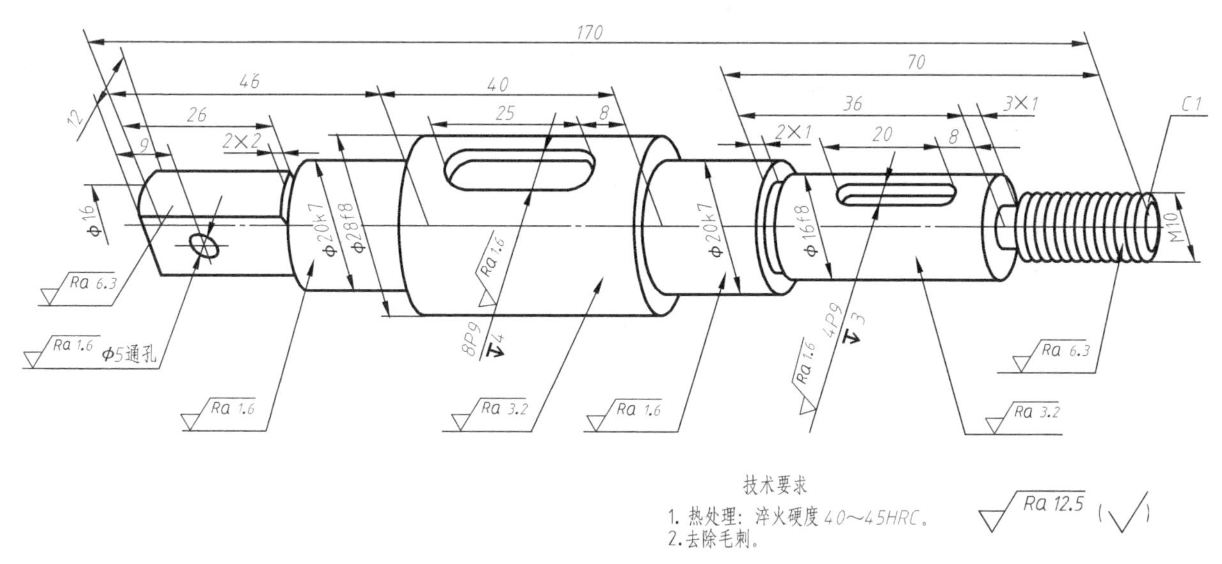

图 3-62　题 4 图

实践目的：

1）熟悉零件测绘的方法和步骤。

2）进一步培养根据零件结构特点选择零件表达方案的能力。

3）熟悉零件图尺寸的标注方法和技术要求的填写。

4）通过零件测绘，加深对零件工艺结构的感性认识。

5）通过零件测绘，熟悉常用测量工具，掌握几种常见的测量方法。

实践要求：

1）用 A3 图纸、横放、比例 1∶1，标注尺寸。

2）合理选择表达方案。

3）将下面文字说明中的技术要求用公差框格注在图中：ϕ28f8 和 ϕ16f8 外圆表面对两 ϕ20k7 公共轴线的径向圆跳动公差分别为 0.050mm 和 0.040mm。

4）图形的画法、标注等应符合国家标准。

实践提示：

1）按零件的立体图对零件草图进行全面检查，审核确定无误后再进行绘制。

2）全面应用所学知识，提高综合能力。所绘制的零件图应符合如下要求：

① 选用的视图方案对零件结构形状的表达应完整、正确、清晰，符合规定画法及标注。

② 尺寸标注符合规定，做到正确、不遗漏，清晰（便于识图）、合理（符合设计和工艺要求）。标准结构的尺寸标注应标准化。

③ 表面粗糙度、尺寸公差、几何公差等技术要求的注写须符合规定，既要保证零件质量，又要降低零件制造成本。要做到这一点，应查阅相关资料（如教材、标准手册、同类型的零件图等）。

④ 布图合理，图形简捷，图面整洁，字体工整。

知识拓展

1. 倒圆和倒角

为避免在轴肩、孔端等转折处由于应力集中而产生裂纹，常以倒角或倒圆过渡。轴或孔的端面上加工成 45°或其他度数的倒角，其目的是为了便于安装和操作安全。轴、孔的标准倒角和倒圆的尺寸可查国家标准，其尺寸标注方法如图 3-63 所示。其中，倒角为 45°时用代号 C 表示，与轴向尺寸 n 连注成 Cn 的形式。若零件上的倒角尺寸全部相同时，可在技术要求注明“全部倒角 Cn”。当零件倒角尺寸无一定要求时，则可在技术要求中注明“锐角倒钝”。

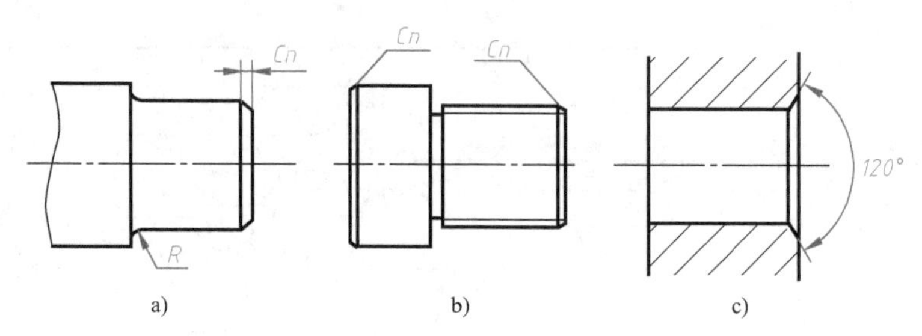

图 3-63　轴、孔的倒角及倒圆标注

2. 钻孔工艺结构

用钻头钻不通孔时，由于钻头顶部有 120°的圆锥面，所以不通孔总有一个 120°的圆锥面，扩孔时也有一个锥角为 120°的圆台面（圆锥面、圆台面不注尺寸），如图 3-64a 所示。此外，孔的位置应合理，使钻头垂直于孔的端面，否则易将孔钻偏或将钻头折断，如图 3-64b 所示。

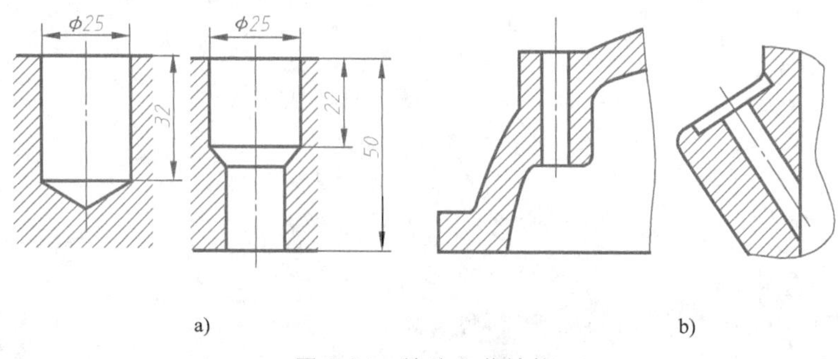

图 3-64　钻孔工艺结构

3. 退刀槽和砂轮越程槽

在切削过程中，为使刀具易于退刀，并在装配时容易与有关零件靠紧（便于装配），常在轴上先加工出退刀槽或砂轮越程槽。其画法如图 3-65a 所示，尺寸可按“槽宽×槽深”或“槽宽×直径”。当槽的结构比较复杂时，可画出局部放大图标注尺寸，如图 3-65b 所示。

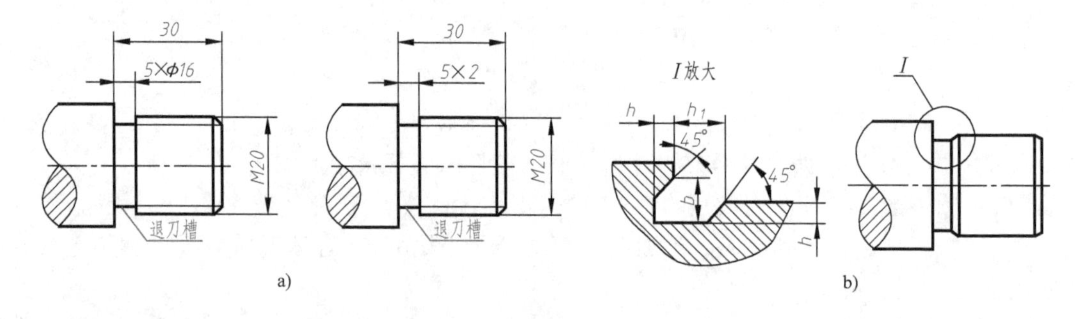

图 3-65　退刀槽和砂轮越程槽

退刀槽和砂轮越程槽的结构尺寸系列可分别查阅 GB/T 3—1997、GB/T 6403. 5—2008。

任务 3. 3　减速箱输出轴的测绘

任务导入

图 3-66 所示为减速箱输出轴。如何认识常用工具名称、用途及使用方法，如何选择合适的测绘工具测量减速箱输出轴并绘制输出轴零件草图？

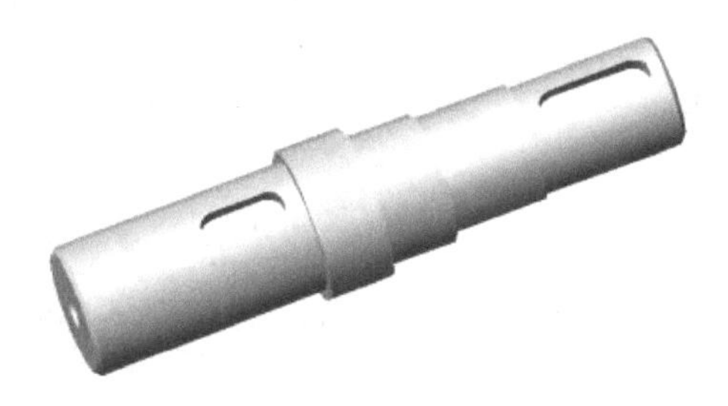

图 3-66 减速箱输出轴

任务分析

零件测绘是根据已有零件画出零件图的过程，这一过程包含绘制零件草图、测量出零件的尺寸和确定零件的技术要求，完成此过程必须掌握零件草图绘制方法、常用测量工具的选择和使用等相关知识。学生在实施本任务过程中应完成零件草图的绘制、测绘工具的选择及测量，并做好相关测量数据的记录，工作过程符合“6S”工作要求。

知识链接

一、测绘的概念

测绘是对已有零件进行分析，以目测估计图形与实物的比例，徒手画出草图，测量并标注尺寸和技术要求，经整理画成零件图的过程。

测绘零件大多在车间现场进行，由于场地和时间限制，一般都不用或只用少数简单绘图工具，徒手目测、绘出图形，其线型不可能像用直尺和仪器绘制的那样均匀笔直，但绝不能马虎潦草，而应努力做到线型清晰、内容完整、投影关系正确、比例匀称、字迹工整。

二、测绘的步骤与方法

1）分析零件。为了把被测零件准确完整地表达出来，应先对被测零件进行认真的分析，了解零件的类型、在机器中的作用、所使用的材料及大致的加工方法。

2）确定零件的视图表达方案。需要注意的是：一个零件的表达方案并非是唯一的，可多考虑几种方案，选择最佳方案。

三、目测徒手画零件草图

1）确定绘图比例并定位布局：根据零件大小、视图数量、现有图纸大小，确定适当的绘图比例。粗略确定各视图应占的图纸面积，在图纸上作出主要视图的作图基准线、中心线。注意留出标注尺寸和画其他补充视图的地方。

2）详细画出零件内外结构和形状，检查、描深有关图线。注意：各部分结构之间的比例应协调。

3）将应该标注尺寸的尺寸界线、尺寸线全部画出，然后集中测量、注写各个尺寸。注意：应避免遗漏、重复或注错尺寸。

4）注写技术要求：确定表面粗糙度，确定零件的材料、尺寸公差、几何公差及热处理等要求。

5）最后检查、修改全图并填写标题栏，完成草图。

四、绘制零件图

绘制零件草图时，往往受某些条件的限制，有些问题可能处理得不够完善。一般应将零件草图整理、修改后画成正式的零件图，经批准后才能投入生产。在画零件图时，要对零件草图进行进一步检查和校核，对于标准结构，查表并正确注出尺寸。用仪器或计算机画出零件图。

五、认知常用测量工具

写出下列测量工具的名称及用途。

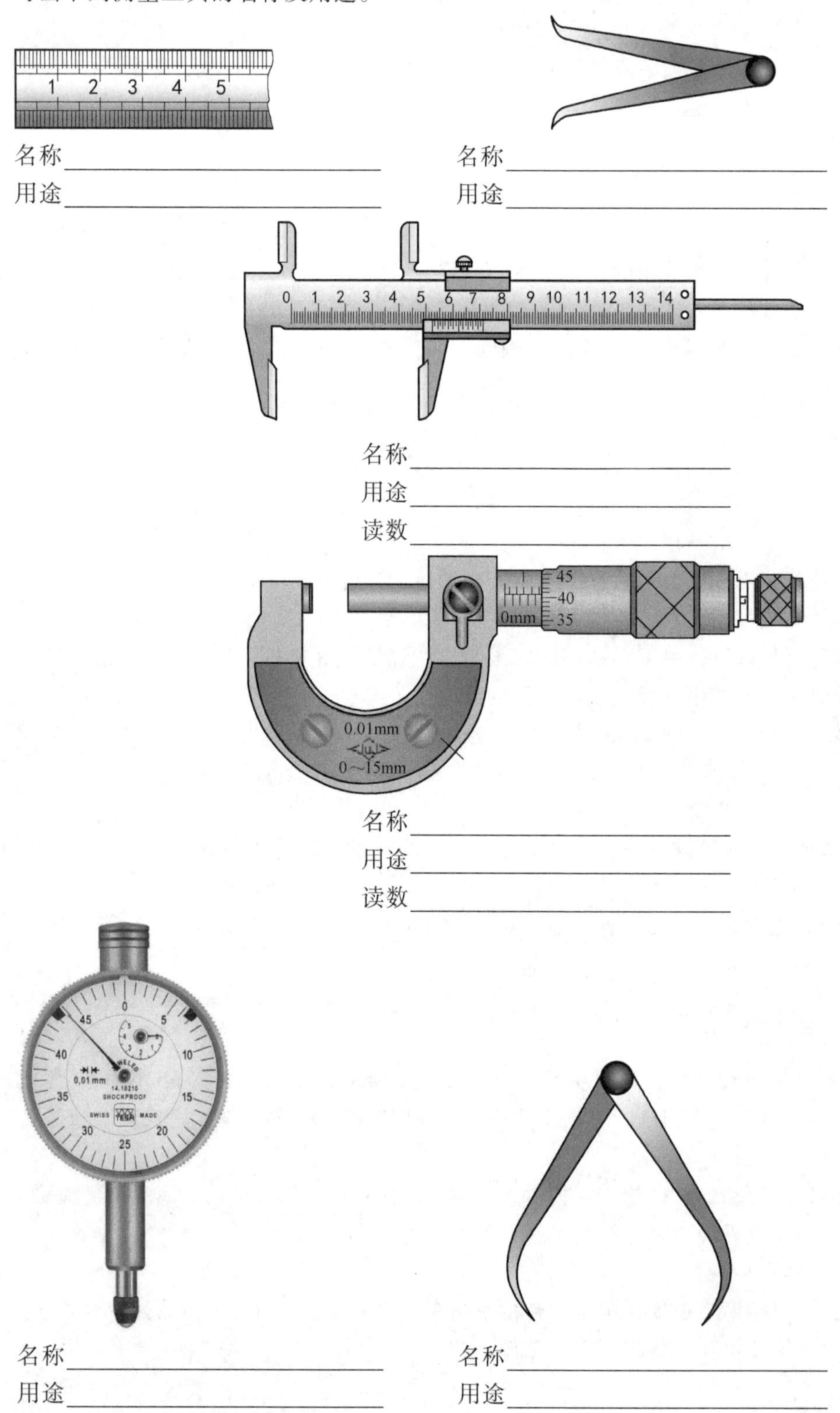

六、零件测绘的注意事项

1）测量尺寸时，应正确选择测量基准，以减少测量误差。零件上磨损部位的尺寸应参考其配合零件的相关尺寸，或参考有关的技术资料进行确定。

2）零件间相配合结构的公称尺寸必须一致，并应精确测量。之后查阅有关手册，给出恰当的尺寸偏差。

3）零件上的非配合尺寸，如果测得为小数，应圆整为整数标出。

4）零件上的截交线和相贯线不能机械地照实物绘制。因为它们常常由于制造上的缺陷而歪斜。画图时要弄清它们是怎样形成的，然后用学过的相应画法画出。

5）要重视零件上的一些细小结构，如倒角、倒圆、凹坑、凸台、退刀槽和中心孔等。若为标准件，则在测得尺寸后，应参照相应的标准查出其尺寸值，注写在图样上。

6）对于零件上的缺陷，如铸造缩孔、砂眼、毛刺、磨损等，不要在图上画出。

7）技术要求的确定。测绘零件时，可根据实物并结合有关资料分析、确定零件的技术要求，如尺寸公差、表面粗糙度、几何公差、热处理和表面处理等。

任务计划与决策

填写工作任务计划与决策单（见表3-16）。

表3-16 工作任务计划与决策单

专业		班级			
组别		任务名称	减速箱输出轴的测绘	参考学时	2学时

任务计划

1）工作前，请先按照6S规定进行整理

序号	检查项目	检查结果
1	桌面是否清洁、整齐	
2	减速箱输出轴摆放是否规范	
3	学习用品是否准备齐全	
4	组员分工是否明确	
5	全组人员是否全部到位	
6	其他	

2）选择合适的测量工具，并填入下表

序号	测量工具名称	用途	规格型号	数量
1				
2				
3				
4				
5				

任务决策

项目	可选方案		方案分析	结论
草图表达方案	方案1			
	方案2			
尺寸测量方案	方案1			
	方案2			

任务实施

填写工作任务实施单（表3-17）。

表3-17 工作任务实施单

专业		班级		姓名		学号	
组别		任务名称	减速箱输出轴的测绘	参考学时	6学时		
要求	1）准备一张A4草图纸 2）绘制减速箱输出轴的草图，并把测量数据标注在图上						

任务评价

填写工作任务评价单（表 3-18）。

表 3-18　工作任务评价单

班级		姓名		学号		成绩	
组别		任务名称	减速箱输出轴的测绘		参考学时	2 学时	
序号	评价内容		分数	自评分	互评分	组长或教师评分	
1	课前准备（课前预习情况）		5				
2	知识链接（完成情况）		10				
3	任务计划与决策		25				
4	任务实施		25				
5	实施效果		30				
6	遵守课堂纪律		5				
总分			100				
综合评价（自评分×20%+互评分×40%+组长或教师评分×40%）							
组长签字：						教师签字：	
学习体会	签名：　日期：						

任务 3.4　传动轴零件图的识读

任务导入

如何正确识读图 3-67 所示的传动轴零件图？

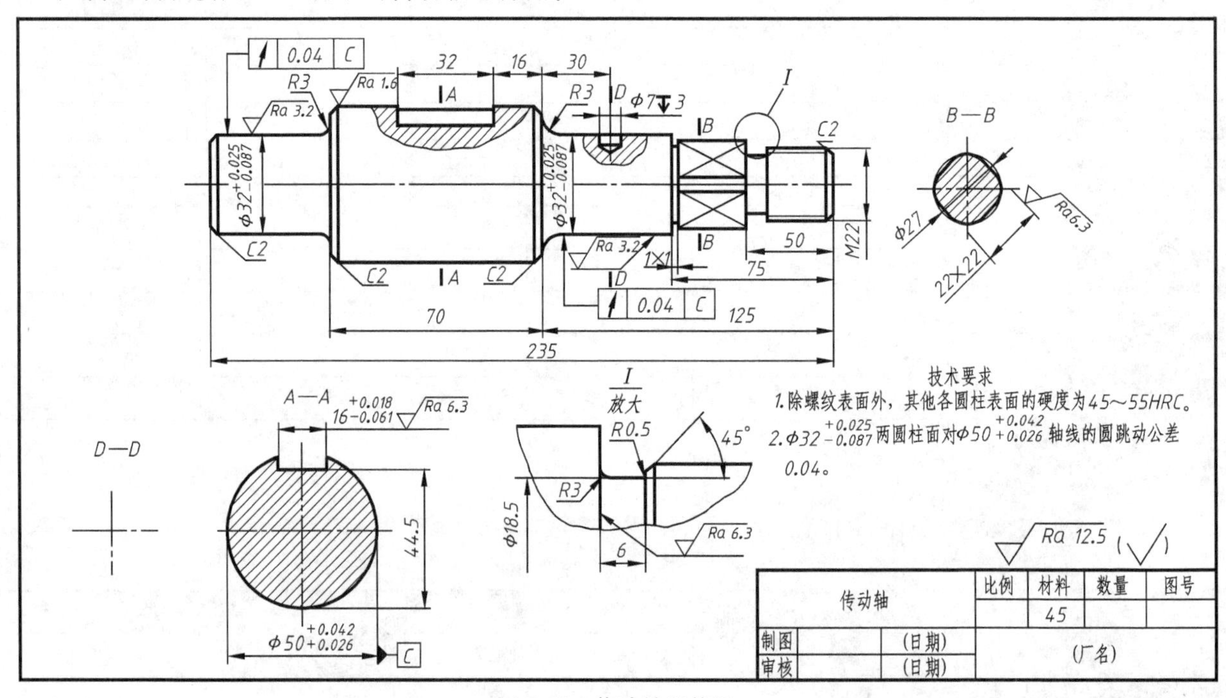

图 3-67　传动轴零件图

任务分析

在设计和制造设备或仪器过程中，读零件图是一项非常重要的工作。读图的目的就是根据零件图想象零件的结构形状，了解零件的尺寸和技术要求等，以便进一步研究零件的加工方法，制订出合理的加工工艺。为此，要读懂传动轴零件图，必须学习零件图识读的方法、步骤及要求等相关知识。

知识链接

一、读零件图的要求

1）了解零件的名称、用途和材料。

2）了解组成零件各部分结构形状的特点、功用以及它们之间相对位置。

3）了解零件的制造方法和技术要求。

二、读零件图的方法和步骤

1. 概括了解

从标题栏内了解零件的名称、材料和绘图比例等，并浏览视图，初步知道零件的用途和形状。

2. 分析视图

分析视图布局，找出主视图、其他基本视图和辅助视图。分析各视图的表达重点。从主视图入手，联系其他视图，运用形体分析法和线面分析法，分析零件的结构形状。

3. 读尺寸标注

先找出零件长、宽、高三个方向的尺寸基准，然后从基准出发，找出主要尺寸。再用形体分析法找出各部分的定形尺寸和定位尺寸。

4. 读技术要求

分析零件的尺寸公差、几何公差、表面粗糙度和其他技术要求，弄清哪些部位要求高，哪些要求低。找出技术关键，抓住主要矛盾。

5. 归纳总结

综合以上分析，把图形、尺寸和技术要求等全面系统地联系起来，并参阅相关资料，得出零件的结构、尺寸、技术要求等的总体印象。

对于较复杂的零件图，往往还要参考装配图等有关技术资料，才能完全读懂。对于有些表达不够理想的零件图，则需要反复仔细地分析才能看懂。

三、轴套类零件图的特点

1. 结构特点

通常由几段不同直径的同轴回转体组成，常有键槽、退刀槽、砂轮越程槽、中心孔、销孔、轴肩及螺纹等结构。

2. 主要加工方法

主要加工方法是车削、镗削和磨削。

3. 视图表达

主视图按加工位置放置，表达其主体结构。采用断面图、局部剖视图、局部放大图等表达零件的局部结构。

4. 尺寸标注

以回转轴线作为径向（高、宽方向）尺寸基准，长度方向的尺寸基准是重要端面。主要尺寸直接注出，其余尺寸按工序标注。

5. 技术要求

有配合要求的表面，其表面粗糙度值较小。有配合要求的轴颈，有尺寸公差。主要端面一般有几何公差要求。

任务计划与决策

填写工作任务计划与决策单（表 3-19）。

表 3-19 工作任务计划与决策单

<table>
<tr><td>专业</td><td></td><td>班级</td><td colspan="4"></td></tr>
<tr><td>组别</td><td></td><td>任务名称</td><td colspan="2">传动轴零件图的识读</td><td>参考学时</td><td>2 学时</td></tr>
<tr><td>任务计划</td><td colspan="6">各组根据任务内容制订传动轴零件图的读图步骤</td></tr>
<tr><td rowspan="3">任务决策</td><td>项目</td><td colspan="2">可选方案</td><td colspan="2">方案分析</td><td>结论</td></tr>
<tr><td rowspan="2">识读方案</td><td>方案 1</td><td></td><td colspan="2"></td><td></td></tr>
<tr><td>方案 2</td><td></td><td colspan="2"></td><td></td></tr>
</table>

任务实施

识读齿轮轴零件图

填写工作任务实施单（表 3-20）。

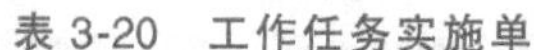

表 3-20 工作任务实施单

<table>
<tr><td>专业</td><td></td><td>班级</td><td></td><td>姓名</td><td></td><td>学号</td><td></td></tr>
<tr><td>组别</td><td></td><td>任务名称</td><td colspan="2">传动轴零件图的识读</td><td>参考学时</td><td colspan="2">2 学时</td></tr>
<tr><td>任务图</td><td colspan="7">任务图如图 3-67 所示</td></tr>
<tr><td>将读图结果填入表中</td><td colspan="7">根据前面所学的知识，识读传动轴零件图，并填空
1）该零件图采用的表达方法有________
2）轴右侧的两处斜交细实线是________符号
3）键槽的定位尺寸是________，键槽的长度为________，宽度为________，深度为________
4）分析尺寸，找出径向、轴向的尺寸基准
5）将技术要求第二条标注在图上
6）尺寸 C2 中“C”表示________，“2”表示________；ϕ7 ↧ 3mm 中的“ϕ7”mm 表示________，↧ 3 表示________
7）补画 D—D 断面图
8）零件上 $\phi50^{+0.042}_{+0.026}$mm 这段的长度为________，表面粗糙度代号为________
9）[↗ | 0.04 | C] 的被测要素为________，基准要素为________，公差项目为________，公差值为________
10）该轴的表面结构要求最高的 Ra 值为________</td></tr>
</table>

任务评价

填写工作任务评价单（表 3-21）。

表 3-21　工作任务评价单

<table>
<tr><td>班级</td><td></td><td>姓名</td><td></td><td>学号</td><td></td><td>成绩</td><td></td></tr>
<tr><td>组别</td><td></td><td>任务名称</td><td colspan="2">传动轴零件图的识读</td><td>参考学时</td><td colspan="2">2 学时</td></tr>
<tr><td>序号</td><td>评价内容</td><td>分数</td><td>自评分</td><td>互评分</td><td colspan="3">组长或教师评分</td></tr>
<tr><td>1</td><td>课前准备(课前预习情况)</td><td>5</td><td></td><td></td><td colspan="3"></td></tr>
<tr><td>2</td><td>知识链接(完成情况)</td><td>25</td><td></td><td></td><td colspan="3"></td></tr>
<tr><td>3</td><td>任务计划与决策</td><td>10</td><td></td><td></td><td colspan="3"></td></tr>
<tr><td>4</td><td>任务实施</td><td>25</td><td></td><td></td><td colspan="3"></td></tr>
<tr><td>5</td><td>识图效果</td><td>30</td><td></td><td></td><td colspan="3"></td></tr>
<tr><td>6</td><td>遵守课堂纪律</td><td>5</td><td></td><td></td><td colspan="3"></td></tr>
<tr><td colspan="2">总分</td><td>100</td><td></td><td></td><td colspan="3"></td></tr>
<tr><td colspan="4">综合评价(自评分×20%+互评分×40%+组长或教师评分×40%)</td><td colspan="4"></td></tr>
<tr><td colspan="4">组长签字：</td><td colspan="4">教师签字：</td></tr>
<tr><td>学习体会</td><td colspan="7">签名：　　　　日期：</td></tr>
</table>

技能强化

1. 读图 3-68 所示的零件图，然后填空。

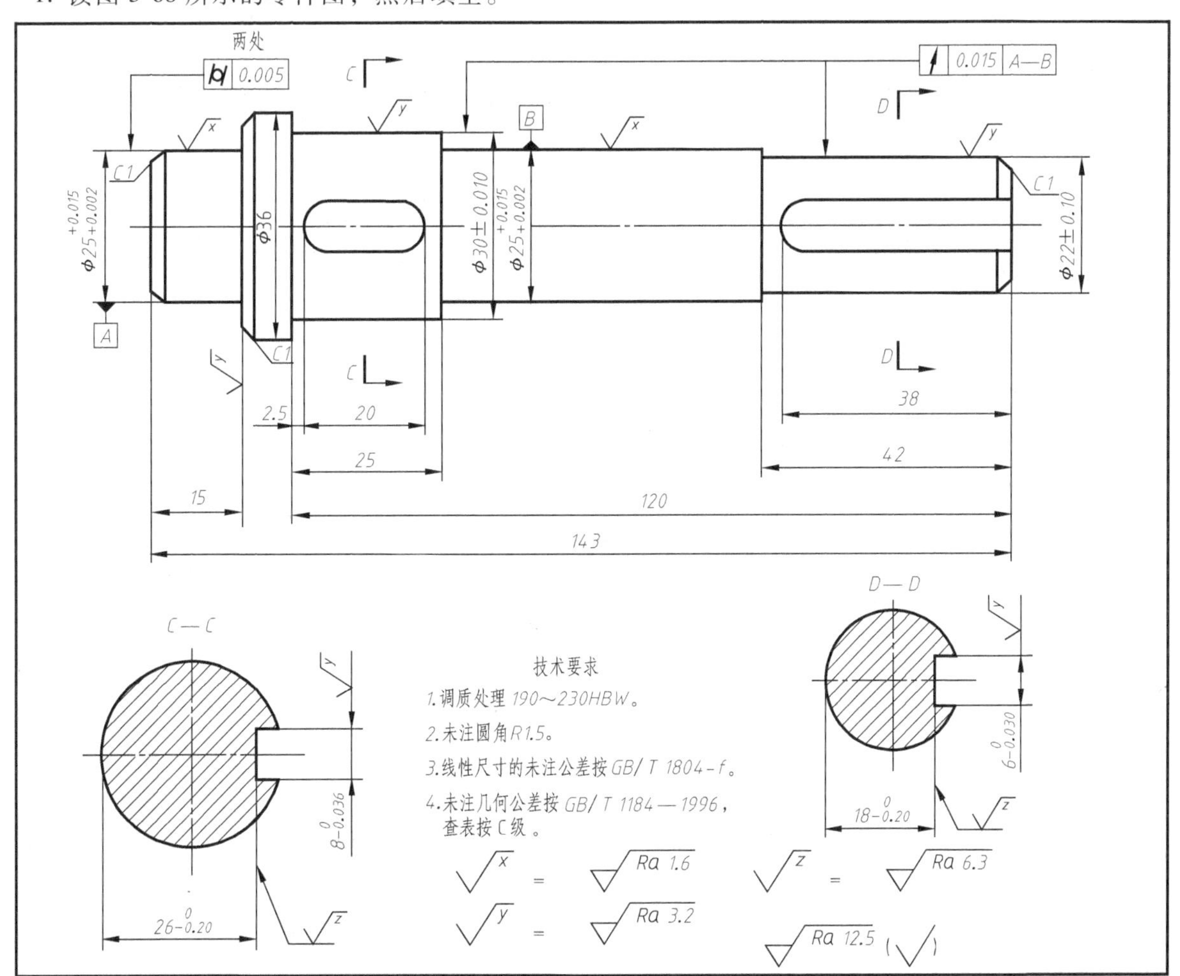

图 3-68　题 1 图

1）轴上 $\phi22\pm0.10$mm 的这段长度为________，表面粗糙度代号为________。

2）左端平键的长度为________，宽度为________，深度为________。

3）⌭ 0.005 的被测要素为________，公差项目为________，公差值为________。

4）$\sqrt{Ra\ 6.3}$ 表示________面的表面粗糙度，Ra 值为________。

5）$\phi30\pm0.01$mm 是________尺寸，2.5mm 是________尺寸。

6）$\phi25^{+0.015}_{+0.002}$mm 的含义是：公称尺寸为________，基本偏差为________，上极限偏差为________，公差为________。

7）该零件的表面结构共有________级要求，要求最光滑的 Ra 值为________，要求最粗糙的表面结构代号为________。

2. 读图 3-69 所示的主动齿轮轴零件图，然后填空。

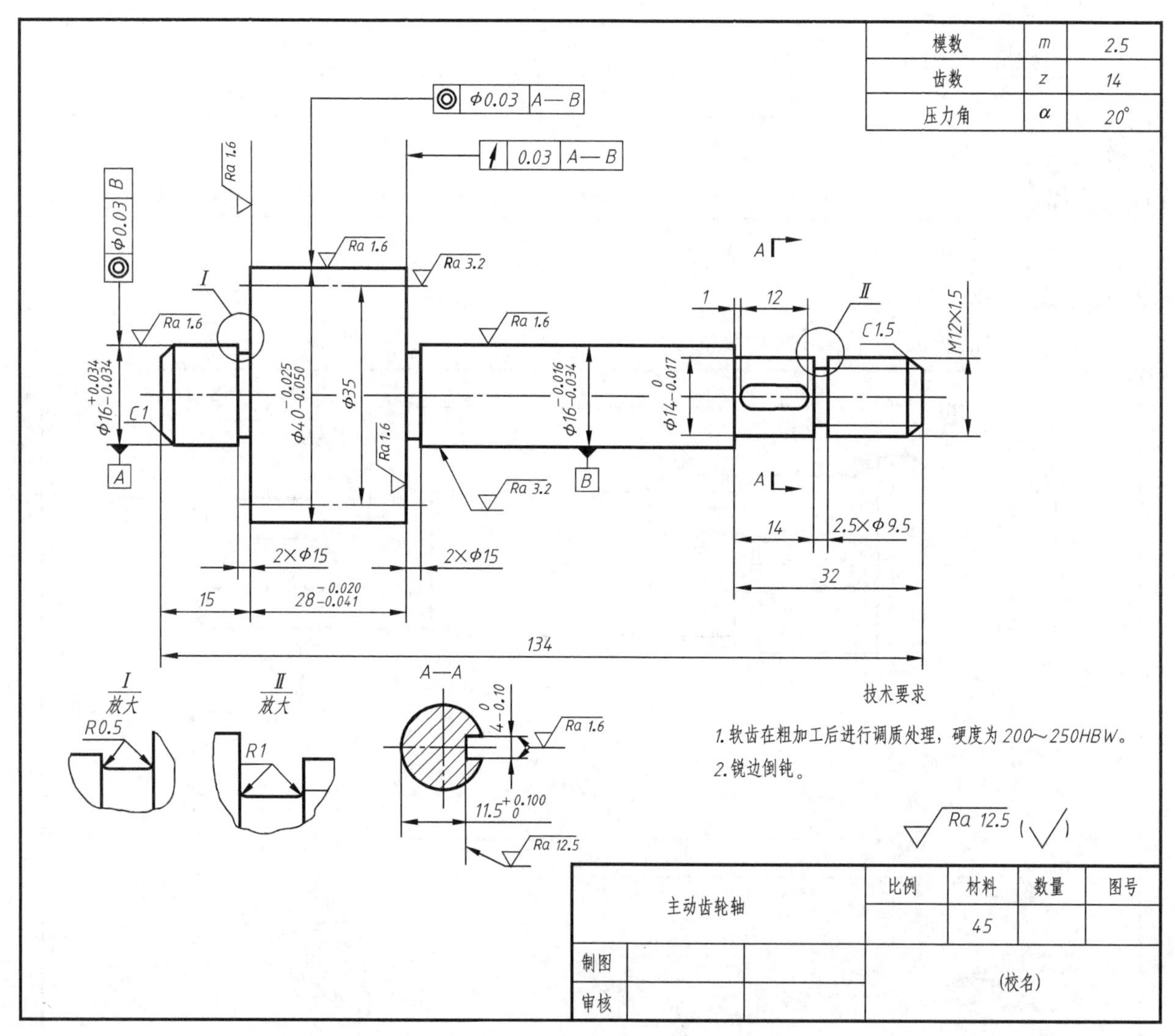

图 3-69　题 2 图

1）该零件属于________类零件，材料是________。

2）该零件图采用________个基本视图表达零件的结构和形状。此外采用________表达退刀槽结构，采用________表达键槽处断面形状。

3）齿轮工作表面的表面粗糙度代号为________。

4）键槽两侧面的表面粗糙度值为________。

5）用指引线和文字在图中注明径向尺寸基准和轴向主要尺寸基准。

6）键槽长度尺寸为________，宽度为________，长度方向的定位尺寸为________。注出 $11.5^{+0.1}_{0}$mm是为了便于________。

7）该轴的表面结构要求最高的 *Ra* 值为________。

8）几何公差的代号和含义分别为________。

9）图中的工艺结构包括：有________处倒角，其尺寸分别为________；有________处退刀槽，其尺寸分别为________。

项目4 PROJECT 4 轮盘类零件图的绘制与识读

学习目标

1. 掌握轮盘类零件的视图表达方案。
2. 掌握剖切面的种类。
3. 了解视图的规定画法及简化画法。
4. 会识读轮盘类零件图。
5. 能熟记6S管理规定，并按照6S管理规定进行操作。

素养目标

1. 通过零件图的绘制与识读，培养学生精益、专注、创新的工匠精神。
2. 引入工匠典型事例，强化学生“工匠”意识，养成良好的职业素养。
3. 通过典型零件图的绘制，培养学生独立思考、善于思考以及勤于思考的习惯。

任务4.1 手轮零件图的绘制

任务导入

图4-1所示为手轮立体图。如何正确绘制手轮零件图?

图4-1 手轮立体图

任务分析

手轮是机器上常见的用手直接操作的轮盘类零件。手轮由轮毂、轮辐和轮缘三部分构成。轮毂的内孔与轴配合，连接方式一般为键连接，也可用销连接。轮辐为等分放射状排列的杆件，截面常为椭圆形。轮缘为复杂截面绕轮轴旋转形成的环状结构。手轮为铸件，轮缘外侧要求很光滑，表面质量要求高。要解决以上工作任务，必须掌握轮盘类零件的视图表达方案、剖切面的种类、视图的规定画法及简化画法等相关知识。

知识链接

一、剖切面的种类

由于零件结构形状差异很大，需根据零件的结构特点，选用不同数量、位置和形状的剖切面，从而使其结构形状得到充分表达。可以选择单一剖切平面、几个平行的剖切平面或几个相交的剖切平面。

1. 单一剖切平面

如图4-2所示，因零件右边的连接部分是倾斜的，所以三视图中的俯视图和左视图都不能反映连接部分的实形，对零件外形结构及前面凸台的内部结构都表达得不够清楚，读图也不方便。为了清晰地表达零件右边的连接部分内外倾斜结构，用一个平行于倾斜结构的正垂面作为新投影面，沿垂直于新投影面的箭头*A*方向投射且经过连接孔的中心孔，就可以得到反映倾斜结构内外部分的投影。

归纳1:

●用单一剖切平面剖切获得的剖视图是指用与基本投影面倾斜的平面剖切零件，再将其投射到与剖切平面平行的投射面上，这种剖切方法称为“斜剖”。用单一剖切平面剖切获得的剖视图通常用于表达具有________结构的零件。用单一剖切平面剖切获得的剖视图一般配置在箭头所指的前方，必要时也可配置在其他位置或加以摆正，摆正画出的剖视图应加带旋转箭头的标注。

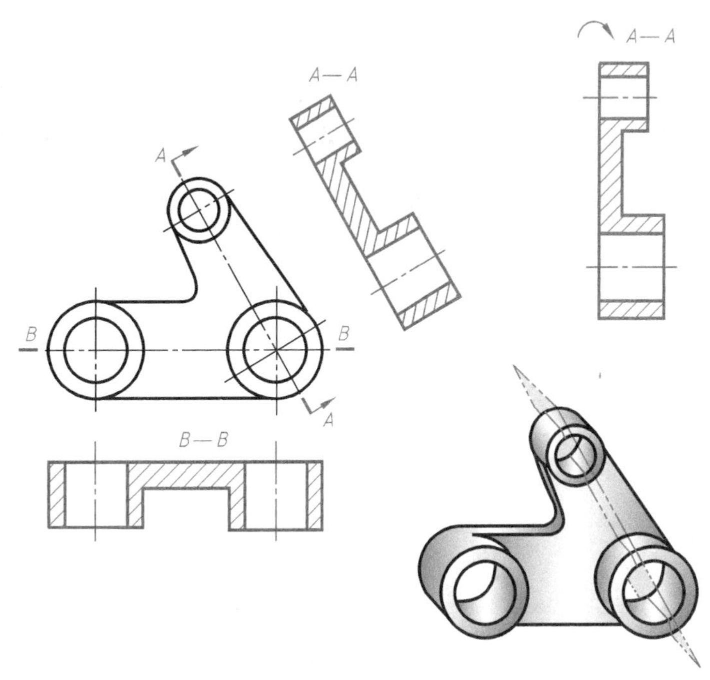

图 4-2 用单一剖切平面剖切获得的剖视图

2. 几个平行或相交的剖切平面

（1）用几个平行的剖切平面剖切 当物体上有若干不在同一平面上而又需要表达的内部结构时，可采用几个平行的剖切平面剖开物体，这种剖切方法称为“阶梯剖”。如图 4-3a 所示，假想用两个平行的剖切平面依次通过孔的轴线将零件剖开，露出孔的内部实形，然后向正投影面投射得到剖视图。

归纳 2：

●用几个平行的剖切平面剖切获得的剖视图，剖切平面的转折处不与零件上的轮廓线________，在剖切平面的起、迄和转折处，用相同的大写字母及剖切符号表示剖切位置，在起、迄处注明投射方向，相应视图上方注明剖视图名称。当两个要素在图形上有公共对称中心线或轴线时，以公共对称中心线或轴线分界各画一半，如图4-3b所示。

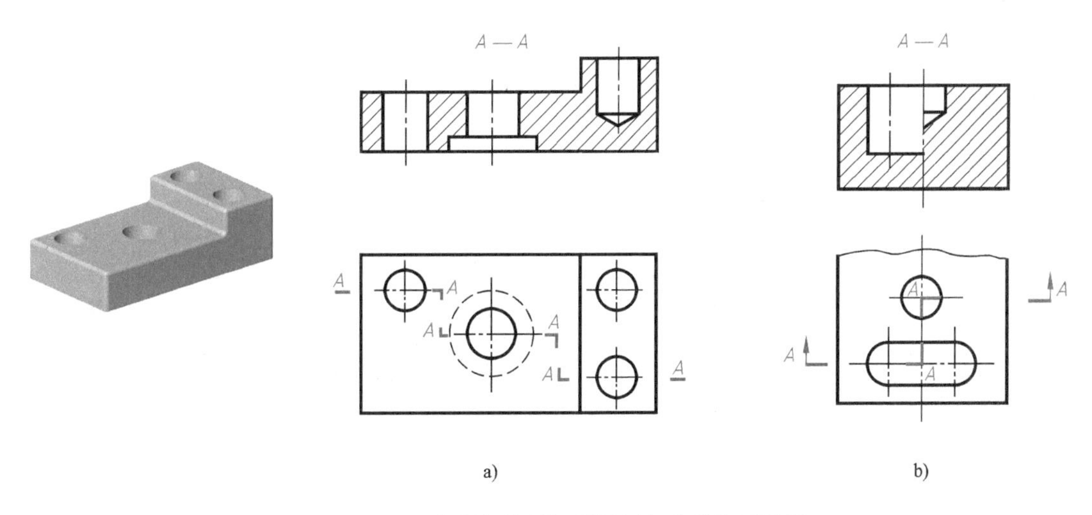

图 4-3 用几个平行的剖切平面剖切获得的剖视图

（2）用几个相交的剖切平面剖切 采用两个或两个以上相交剖切平面将零件不同层次的空腔结构同时剖开，然后将被剖切平面剖开的结构及其有关部分旋转到与选定的基本投影面平行再进行投射，这种剖切方法称为“旋转剖”，如图 4-4 所示。

旋转剖

归纳 3：

●如图 4-5 所示，用几个相交的剖切平面剖切获得的剖视图一般采用__________方法绘制剖视图，往往有些部分图形会伸长。如图 4-6 所示，当剖切后产生不完整要素时，应将此部分按__________绘制。

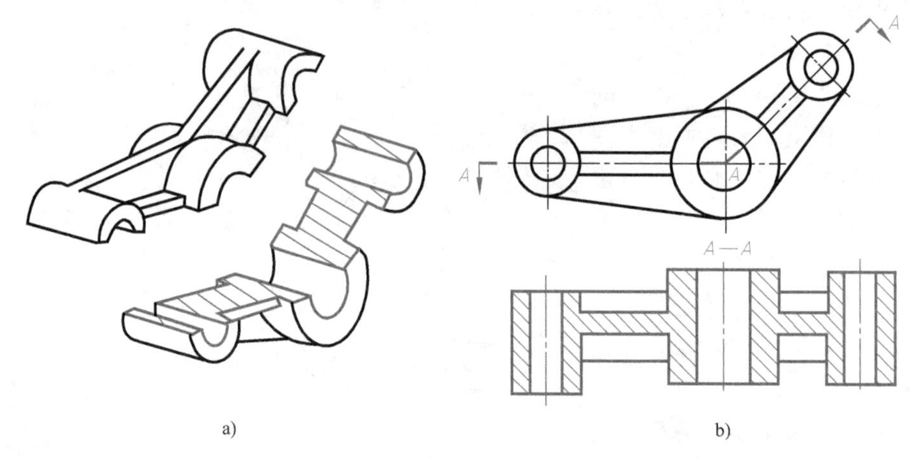

图 4-4　用几个相交的剖切平面剖切获得的剖视图（一）

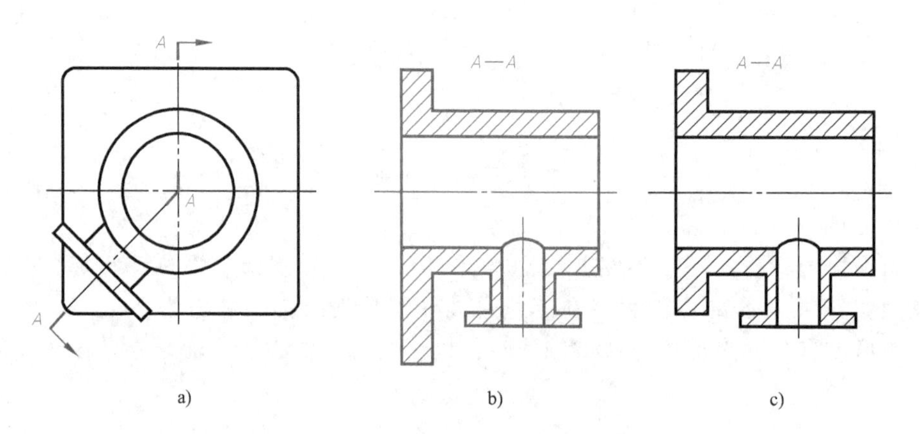

图 4-5　用几个相交的剖切平面剖切获得的剖视图（二）

a）剖切　b）正确　c）错误

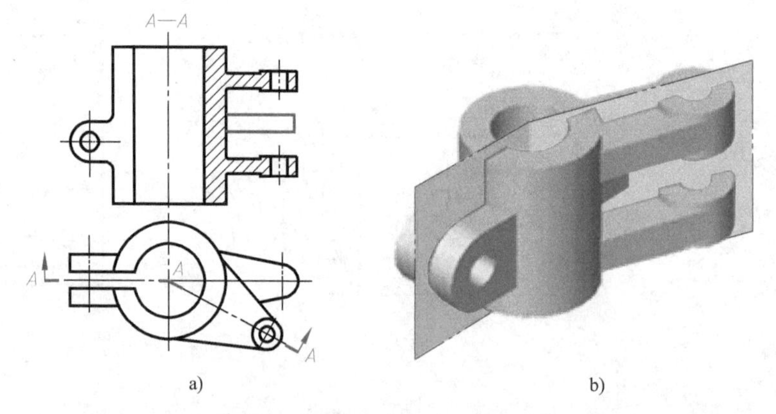

图 4-6　不完整要素的剖切

（3）复合剖　当零件的内部结构较复杂，只用几个平行剖切平面剖切获得的剖视图或几个相交的剖切平面剖切获得的剖视图仍不能表达清楚时，可以用组合的剖切平面剖开零件，如图 4-7 所示。

二、轮盘类零件的常见结构及规定画法

1）如图 4-8 所示，对于零件上的肋、轮辐和薄壁等结构，当剖切面沿纵向（通过轮辐、肋等的轴线或对称平面）剖切时，规定在这些结构的剖切面上不画剖面符号，但必须用粗实线将它与邻接部分分开；当剖切平面沿横向即垂直于结构轴线或对称面剖切时，需画出剖面符号。

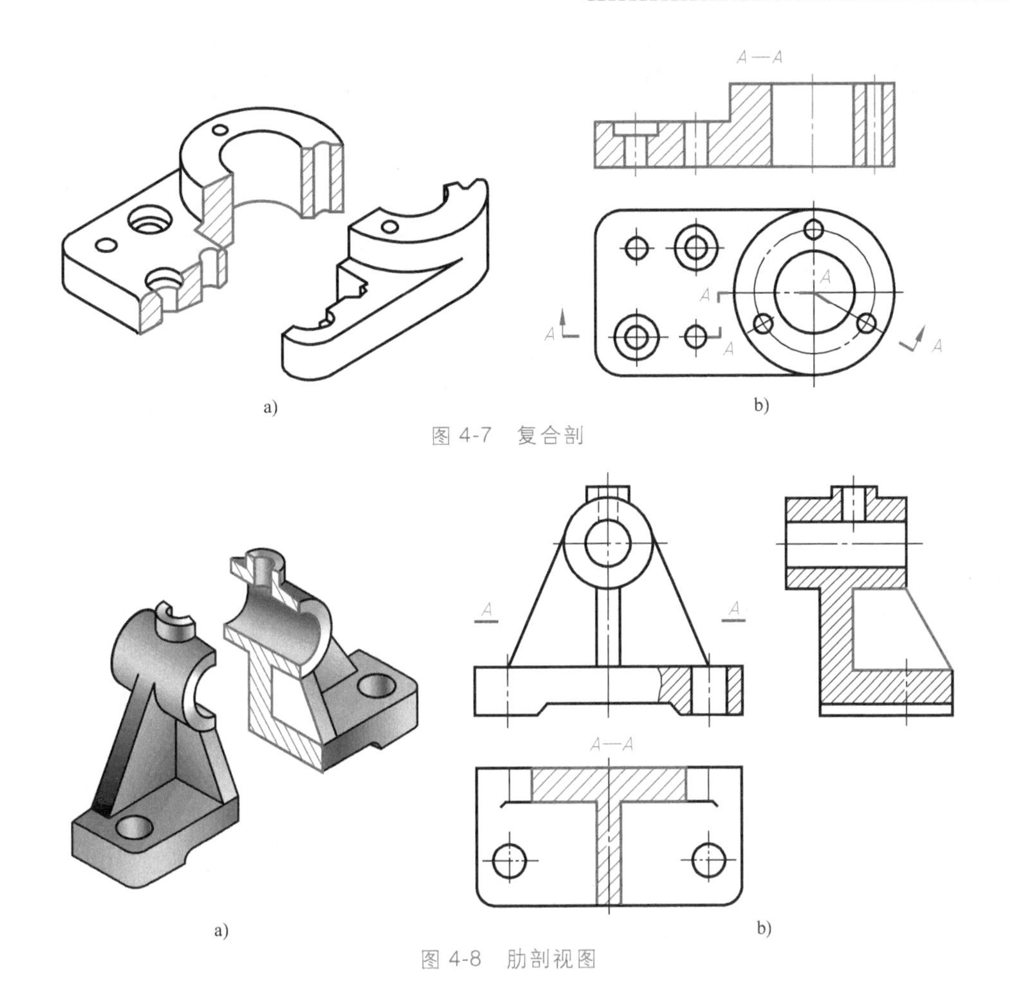

图 4-7　复合剖

图 4-8　肋剖视图

2）当回转体零件上均匀分布的肋、轮辐、孔等结构不处于剖切平面上时，可将这些结构假想旋转到剖切平面上画出，不需任何标注，如图 4-9 所示。

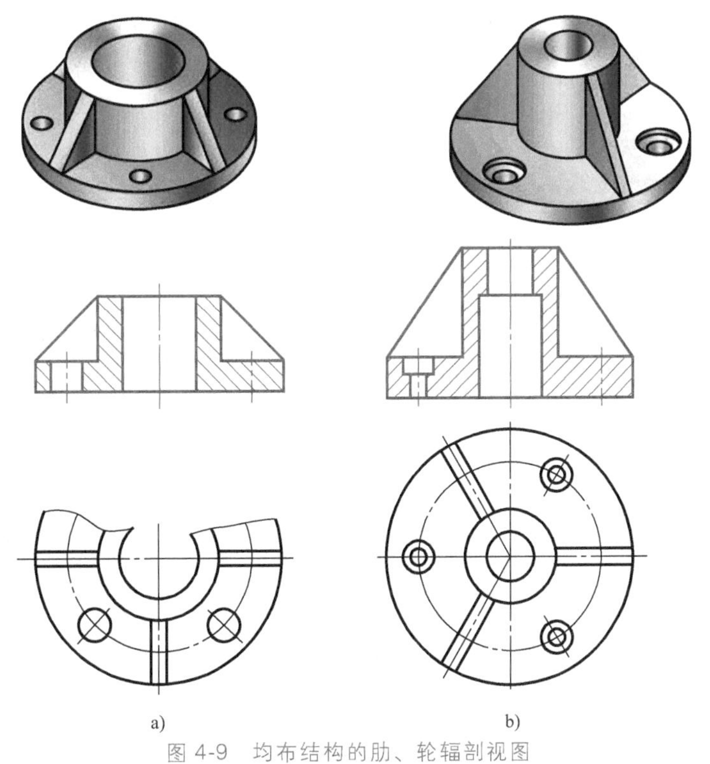

图 4-9　均布结构的肋、轮辐剖视图

3）当零件有若干形状相同且有规律分布的孔，可以仅画出一个或几个孔，其余只需用点画线表示其中心位置，如图 4-10 所示。在不致引起误解时，对称零件的视图可只画一半或四分之一，并在对称中心线的两端画出两条与其垂直的平行细实线，如图 4-11 所示。

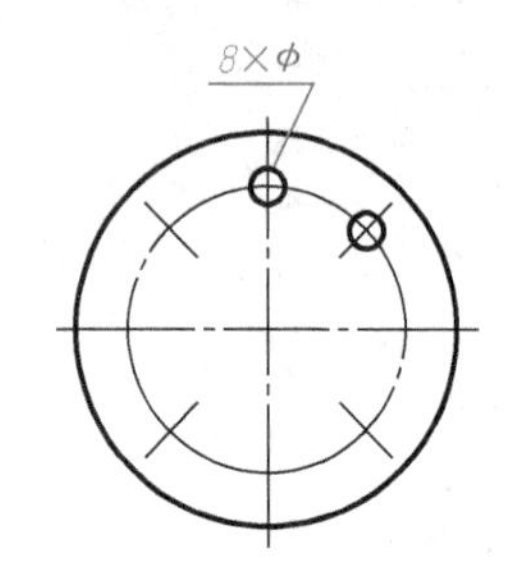

图 4-10　均匀分布的孔的简化画法

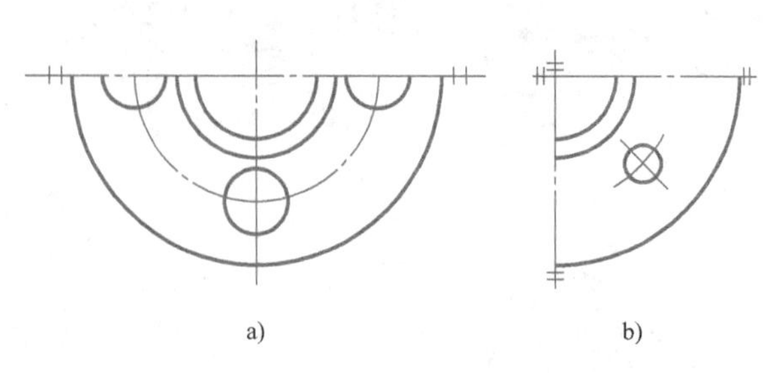

图 4-11　对称结构的简化画法

a）只画一半　b）只画四分之一

4）当图形中不能充分表达平面时，可用平面符号（相交的细实线）表示，如图 4-12a 所示。若其他视图已经把这个平面表达清楚，则平面符号可以省略不画，如图 4-12b 所示。

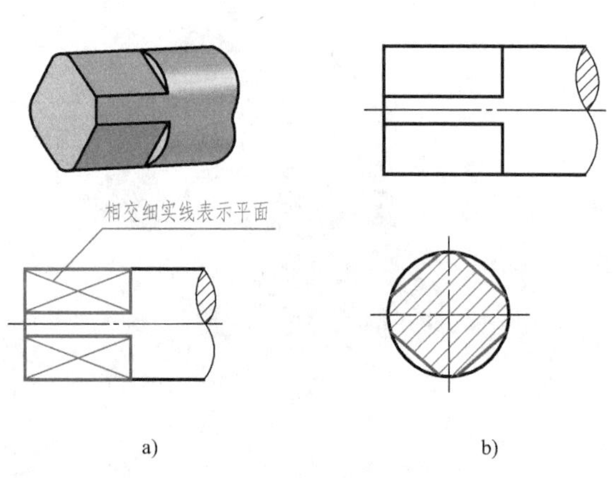

图 4-12　平面的表达

三、轮盘类零件图的表达方案

轮盘类零件的基本形体一般为回转体或其他几何形状的扁平的盘状体，通常还带有各种形状的凸缘、均布的圆孔和肋等局部结构。其主要作用是轴向定位、防尘和密封。

1. 主视图选择

轮盘类零件的毛坯一般为铸件或锻件，由于多数表面主要在车床上加工，为方便工人对照读图，主视图往往也按加工位置摆放。

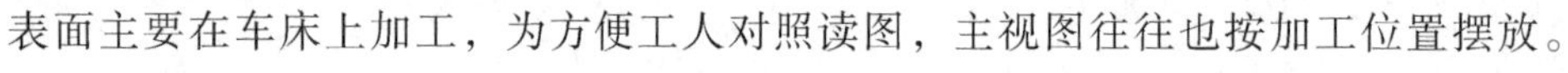

1）选择垂直于轴线的方向作为主视图的投射方向，即主视图轴线侧垂放置。

2）若有内部结构，主视图常采用半剖视图、全剖视图或局部剖视图表达。

2. 其他视图的选择

1）轮盘类零件一般需要两个以上基本视图表达，除主视图外，为了表达零件上均布的孔、槽、肋、轮辐等结构，一般还需用左视图表达轮盘上连接孔或轮辐、肋板等的数目和分布情况。

2）对于还未表达清楚的局部结构，常用局部视图、局部剖视图、断面图或局部放大图等补充表达。此外，为了表达细小结构，有时还采用局部放大图。轮盘类零件的其他结构形状（如轮辐）可用移出断面图或重合断面图表达。

3）根据轮盘类零件的结构特点，各个视图具有对称平面时，可作半剖视图，无对称平面时，可作全剖视图。

四、轮盘类零件图的尺寸标注与技术要求

轮盘类零件图的尺寸标注与技术要求示例如图 4-13 所示。

归纳 4：

●轮盘类零件宽度和高度方向的主要基准是__________，长度方向的主要基准是______。

●零件上各圆柱的直径及较大的孔径，其尺寸标注在______视图上。而位于盘上多个小孔的定位圆直径尺寸标注在__________视图上则较为清晰。

●有配合的内、外表面粗糙度值__________；用于轴向定位的端面，表面粗糙度值______。

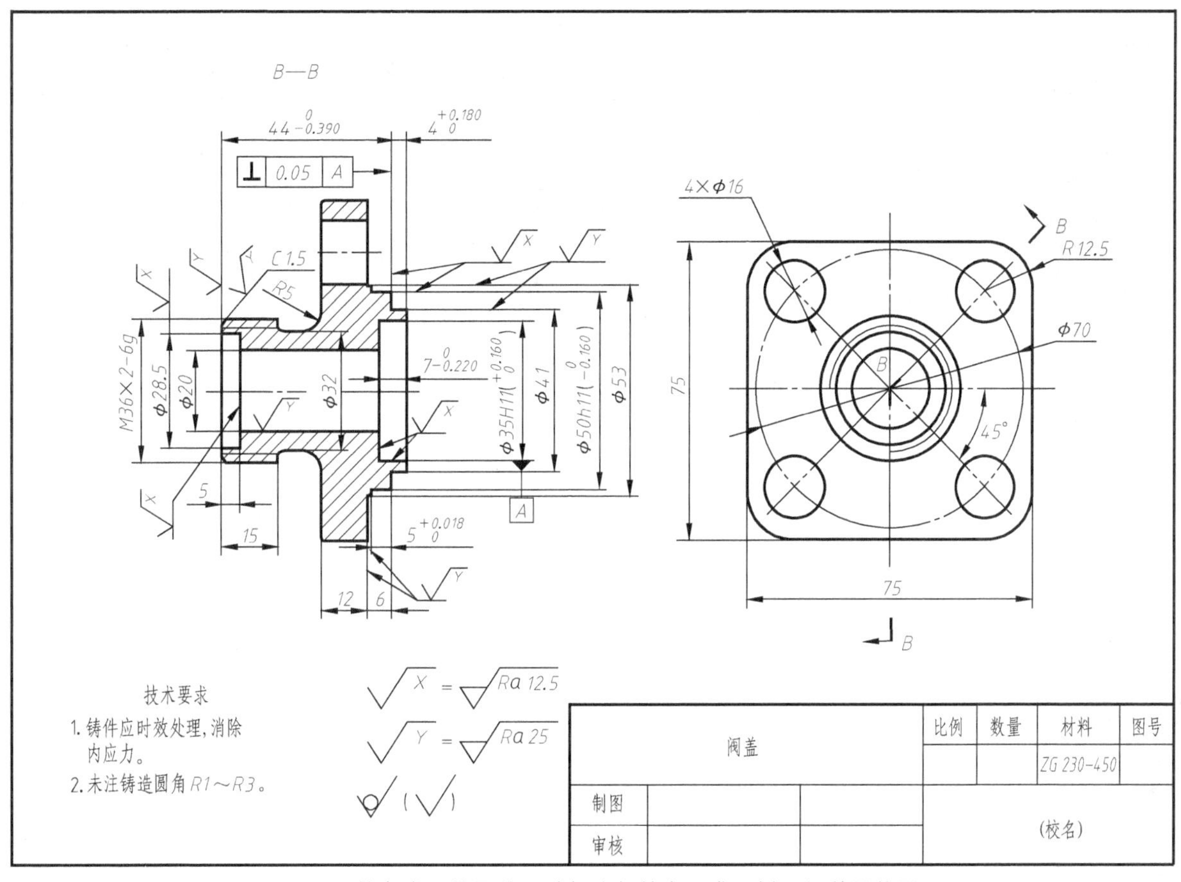

图 4-13　轮盘类零件图的尺寸标注与技术要求示例（阀盖零件图）

● 有配合的孔和轴的尺寸公差______；与其他运动零件相接触的表面应有平行度、垂直度的要求。

任务计划与决策

填写工作任务计划与决策单（表 4-1）。

表 4-1　工作任务计划与决策单

<table>
<tr><td>专业</td><td></td><td>班级</td><td colspan="3"></td></tr>
<tr><td>组别</td><td></td><td>任务名称</td><td>手轮零件图的绘制</td><td>参考学时</td><td>4 学时</td></tr>
<tr><td>任务计划</td><td colspan="5">各组根据任务内容制订绘制手轮零件图的任务计划</td></tr>
<tr><td rowspan="7">任务决策</td><td>项目</td><td colspan="2">可选方案</td><td>方案分析</td><td>结论</td></tr>
<tr><td rowspan="2">主视图方向</td><td>方案 1</td><td></td><td></td><td></td></tr>
<tr><td>方案 2</td><td></td><td></td><td></td></tr>
<tr><td rowspan="2">视图表达方案</td><td>方案 1</td><td></td><td></td><td></td></tr>
<tr><td>方案 2</td><td></td><td></td><td></td></tr>
<tr><td rowspan="2">绘图方案</td><td>方案 1</td><td></td><td></td><td></td></tr>
<tr><td>方案 2</td><td></td><td></td><td></td></tr>
</table>

任务实施

填写工作任务实施单（表 4-2）。

表 4-2 工作任务实施单

<table>
<tr><td>专业</td><td></td><td>班级</td><td></td><td>姓名</td><td></td><td>学号</td><td></td></tr>
<tr><td>组别</td><td></td><td>任务名称</td><td colspan="2">手轮零件图的绘制</td><td>参考学时</td><td colspan="2">4学时</td></tr>
<tr><td>任务图</td><td colspan="7">φ120 φ134 φ18 φ30 6 9.6 20.8 15 24 54 2 R5 R5 轮辐截面</td></tr>
<tr><td>要求</td><td colspan="7">1)选择合适的图纸,按 1∶1 绘制
2)未注倒角 C1,未注铸造圆角 R2~R3mm
3)φ30mm 圆柱的左右端面表面粗糙度值 Ra 为 12.5μm,轮盘外表面表面粗糙度值 Ra 为 3.2μm,键槽两侧面表面粗糙度值 Ra 为 6.3μm,其余为不去除材料的方法获得表面
4)φ18mm 孔的公差为 H9,查表标注键槽相关公差值
5)有实体模型的,数据以测量结果为准,上图数据作为参考</td></tr>
</table>

任务评价

填写工作任务评价单（表 4-3）。

表 4-3 工作任务评价单

<table>
<tr><td>班级</td><td></td><td>姓名</td><td></td><td>学号</td><td></td><td>成绩</td><td></td></tr>
<tr><td>组别</td><td></td><td>任务名称</td><td colspan="2">手轮零件图的绘制</td><td>参考学时</td><td colspan="2">4学时</td></tr>
<tr><td>序号</td><td colspan="2">评价内容</td><td>分数</td><td>自评分</td><td>互评分</td><td colspan="2">组长或教师评分</td></tr>
<tr><td>1</td><td colspan="2">课前准备(课前预习情况)</td><td>5</td><td></td><td></td><td colspan="2"></td></tr>
<tr><td>2</td><td colspan="2">知识链接(完成情况)</td><td>25</td><td></td><td></td><td colspan="2"></td></tr>
<tr><td>3</td><td colspan="2">任务计划与决策</td><td>10</td><td></td><td></td><td colspan="2"></td></tr>
<tr><td>4</td><td colspan="2">任务实施(图线、表达方案、图形布局等)</td><td>25</td><td></td><td></td><td colspan="2"></td></tr>
<tr><td>5</td><td colspan="2">绘图质量</td><td>30</td><td></td><td></td><td colspan="2"></td></tr>
<tr><td>6</td><td colspan="2">遵守课堂纪律</td><td>5</td><td></td><td></td><td colspan="2"></td></tr>
<tr><td colspan="3">总分</td><td>100</td><td></td><td></td><td colspan="2"></td></tr>
<tr><td colspan="6">综合评价(自评分×20%+互评分×40%+组长或教师评分×40%)</td><td colspan="2"></td></tr>
<tr><td colspan="5">组长签字:</td><td colspan="3">教师签字:</td></tr>
<tr><td>学习体会</td><td colspan="7">签名:　　　　日期:</td></tr>
</table>

技能强化

1. 按要求完成下列练习。

1）如图 4-14 所示，完成图中 *A—A* 斜剖视图。

2）如图 4-15 所示，采用旋转剖将主视图画成全剖视图，并标注剖切符号等。

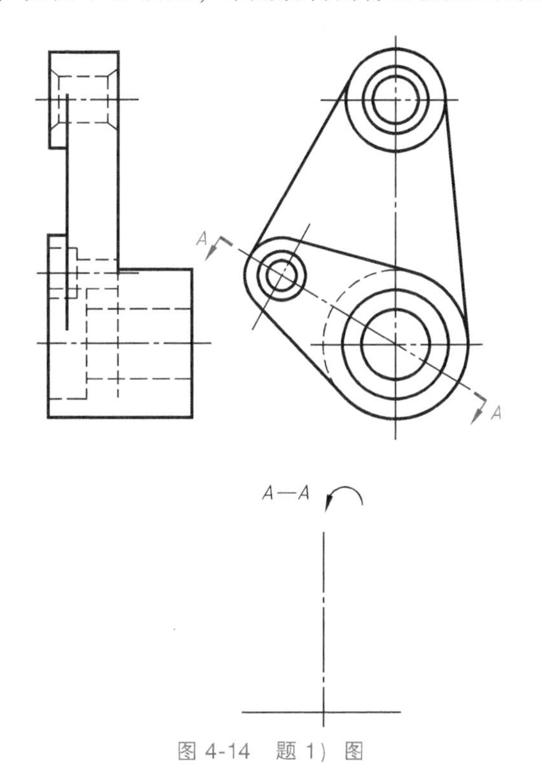

图 4-14 题 1）图

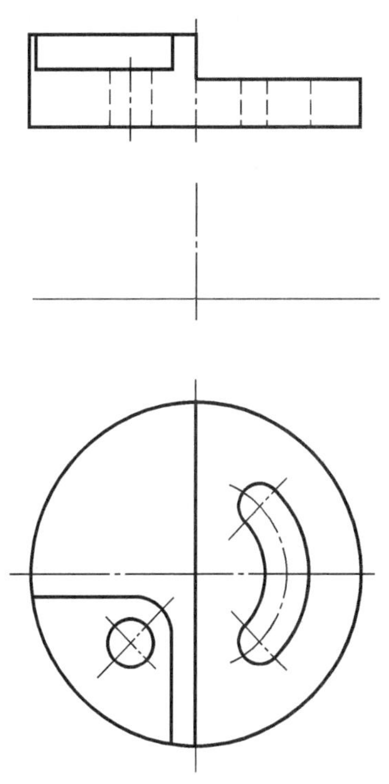

图 4-15 题 2）图

3）如图 4-16 所示，将主视图在右边画成全剖视图。

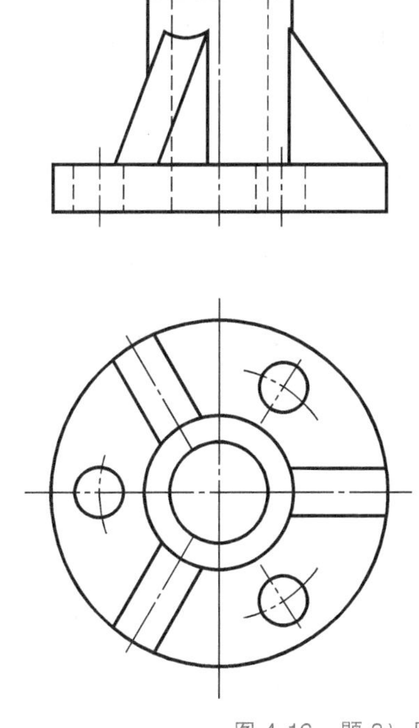

图 4-16 题 3）图

4）如图 4-17 所示，用几个平行的剖切平面剖切主视图，画成全剖视图，并标注剖切符号等。

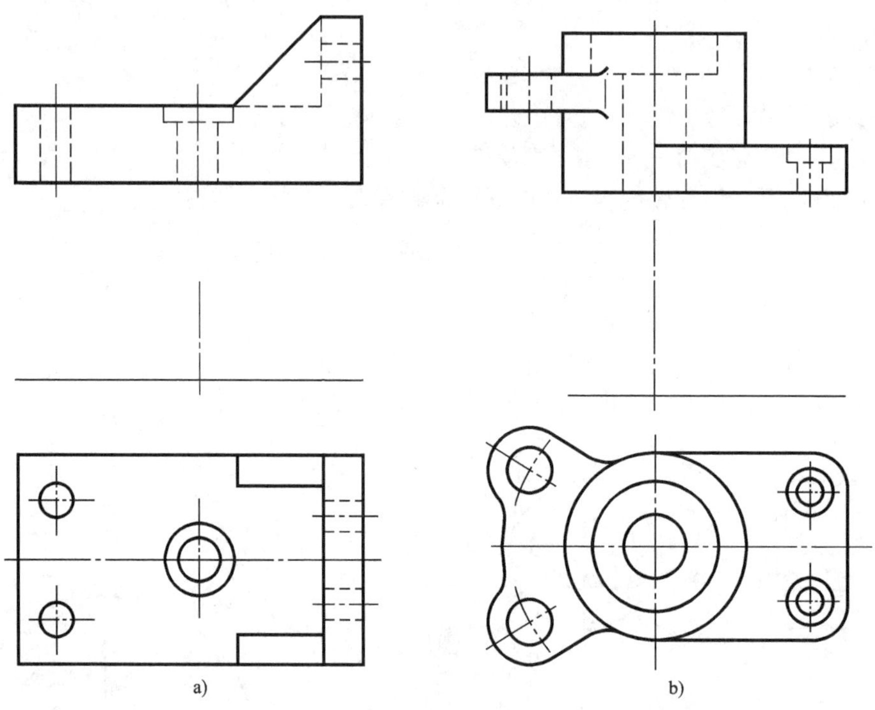

图 4-17 题 4）图

2. 按照题意，完成零件图的表达。

实践名称：端盖。

实践内容：根据图 4-18 所示端盖零件的立体图（或实物零件），绘制其零件图。

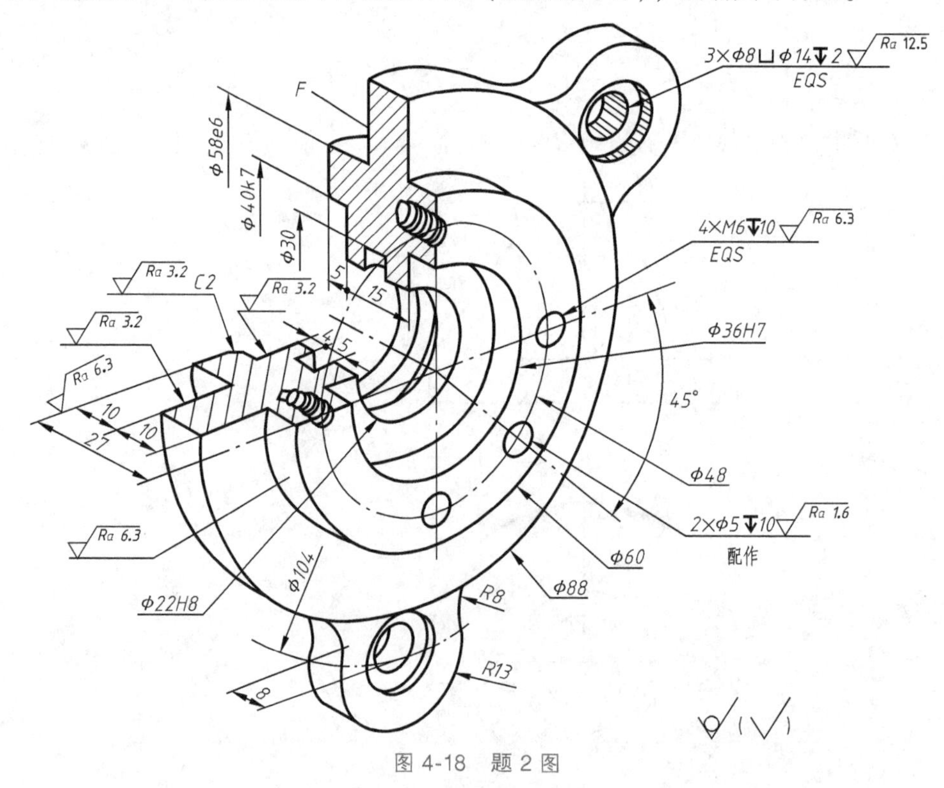

图 4-18 题 2 图

实践目的：

1）熟悉零件测绘的方法和步骤。

2）进一步培养根据零件结构特点选择零件表达方案的能力。

3）熟悉零件图尺寸的标注方法和技术要求的填写。

4）通过零件测绘，加深对零件工艺结构的感性认识。

5）通过零件测绘 ，熟悉常用的测量工具，掌握几种常见的测量方法。

实践要求：

1）用 A3 图纸，横放，绘图比例 1∶1，材料为 HT150。合理标注尺寸。

2）零件表达方案选择合理，视图表达完整、清晰。

3）零件结构，特别是工艺结构应合理、完整、准确。尺寸与技术要求等应标注完整、正确。

4）合理标注以下技术要求。

① 端面 F 对 ϕ22H8 轴线的垂直度公差为 0.040mm。

② ϕ58e6 轴线对 ϕ22H8 轴线的同轴度公差为 ϕ0.025mm。

实践提示：

1）按零件内容对零件草图进行全面检查，审核确定无误后再进行绘制。

2）全面应用所学知识，提高综合能力。所绘制的零件图应符合如下要求：

① 选用的视图方案对零件结构形状的表达应完整、正确、清晰，符合规定画法及标注。

② 尺寸标注符合规定，做到不错、不漏，清晰（便于读图）、合理（符合设计和工艺要求）。标准结构的尺寸应标准化。

③ 表面粗糙度、尺寸公差、几何公差等技术要求的注写须符合规定，既能保证零件质量，又能降低零件制造成本。要做到这一点，应查阅相关资料（如教材、标准手册、同类型的零件图等）。

④ 布图合理，图形简洁，图面整洁，字体工整。

任务 4.2 泵盖零件图的识读

任务导入

如何正确识读图 4-19 所示的泵盖零件图，了解其形状、结构、大小和技术要求？

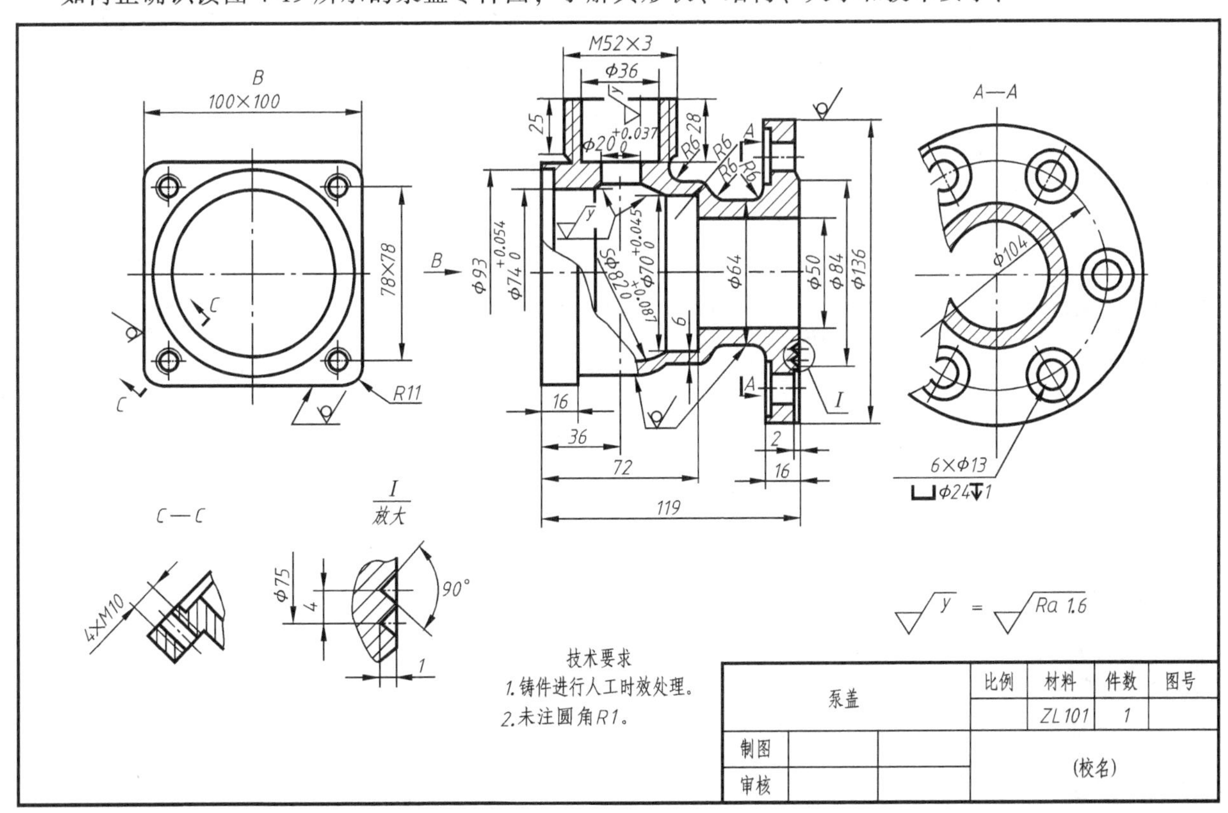

图 4-19 泵盖零件图

任务分析

泵盖零件属于轮盘类零件，基本形状是柱体，该零件上有螺纹孔、销孔及成形孔等。

知识链接

一、结构特点

泵盖零件的主体部分常由回转体组成，也可能是方形或组合形体。零件通常有键槽、轮辐、均布孔等结构，并且常有一个端面与部件中的其他零件结合。

二、主要加工方法

毛坯多为铸件，主要在车床上加工，轴向尺寸较小时采用刨床或铣床加工。

三、视图表达

一般采用两个视图表达。主视图按加工位置原则，轴线水平放置（对于不以车削为主的零件，则按形状特征选择主视图），通常采用全剖视图表达内部结构；另一个视图表达外形轮廓和其他结构，如孔、肋、轮辐的相对位置等。

四、尺寸标注

径向的主要尺寸基准是回转轴线，轴向尺寸则以主要结合面为基准。对于轮盘类零件上的均布孔，一般采用“$n\times\phi$EQS”的形式标注。

五、技术要求

重要的轴、孔和端面尺寸精度要求较高，且一般都有几何公差要求，如同轴度、垂直度、平行度和轴向圆跳动等。配合的内、外表面及轴向定位端面有较高的表面粗糙度要求。材料多为铸件，有时效处理和表面处理等要求。

任务计划与决策

填写工作任务计划与决策单（表4-4）。

表4-4　工作任务计划与决策单

专业		班级				
组别		任务名称	泵盖零件图的识读		参考学时	2学时
任务计划	各组根据任务内容制订识读泵盖零件图的任务计划					
任务决策	项目	可选方案		方案分析		结论
	识读方案	方案1				
		方案2				

任务实施

填写工作任务实施单（表4-5）。

表4-5 工作任务实施单

专业		班级		姓名		学号	
组别		任务名称	泵盖零件图的识读		参考学时	2学时	
任务图	（各小组识读图4-19）						
泵盖零件图识读结果	1）该零件的主视图为______视图，也可以采用__________视图 2）该零件的内、外部结构主要是______体，故设计基准是指______向尺寸和______向尺寸的主要基准 3）分析尺寸，找出长、宽、高方向的尺寸基准 4）左视图采用__________画法 5）泵盖的热处理方法是__________						

任务评价

填写工作任务评价单（表4-6）。

表4-6 工作任务评价单

班级		姓名		学号		成绩	
组别		任务名称	泵盖零件图的识读		参考学时	2学时	
序号	评价内容		分数	自评分	互评分	组长或教师评分	
1	课前准备（课前预习情况）		5				
2	知识链接（完成情况）		25				
3	任务计划与决策		10				
4	任务实施（习题完成情况等）		25				
5	识读效果		30				
6	遵守课堂纪律、相互协作等情况		5				
总分			100				
综合评价（自评分×20%+互评分×40%+组长或教师评分×40%）							
组长签字：					教师签字：		
学习体会	签名： 日期：						

技能拓展

1. 如图 4-20 所示，识读通盖零件图并回答问题。

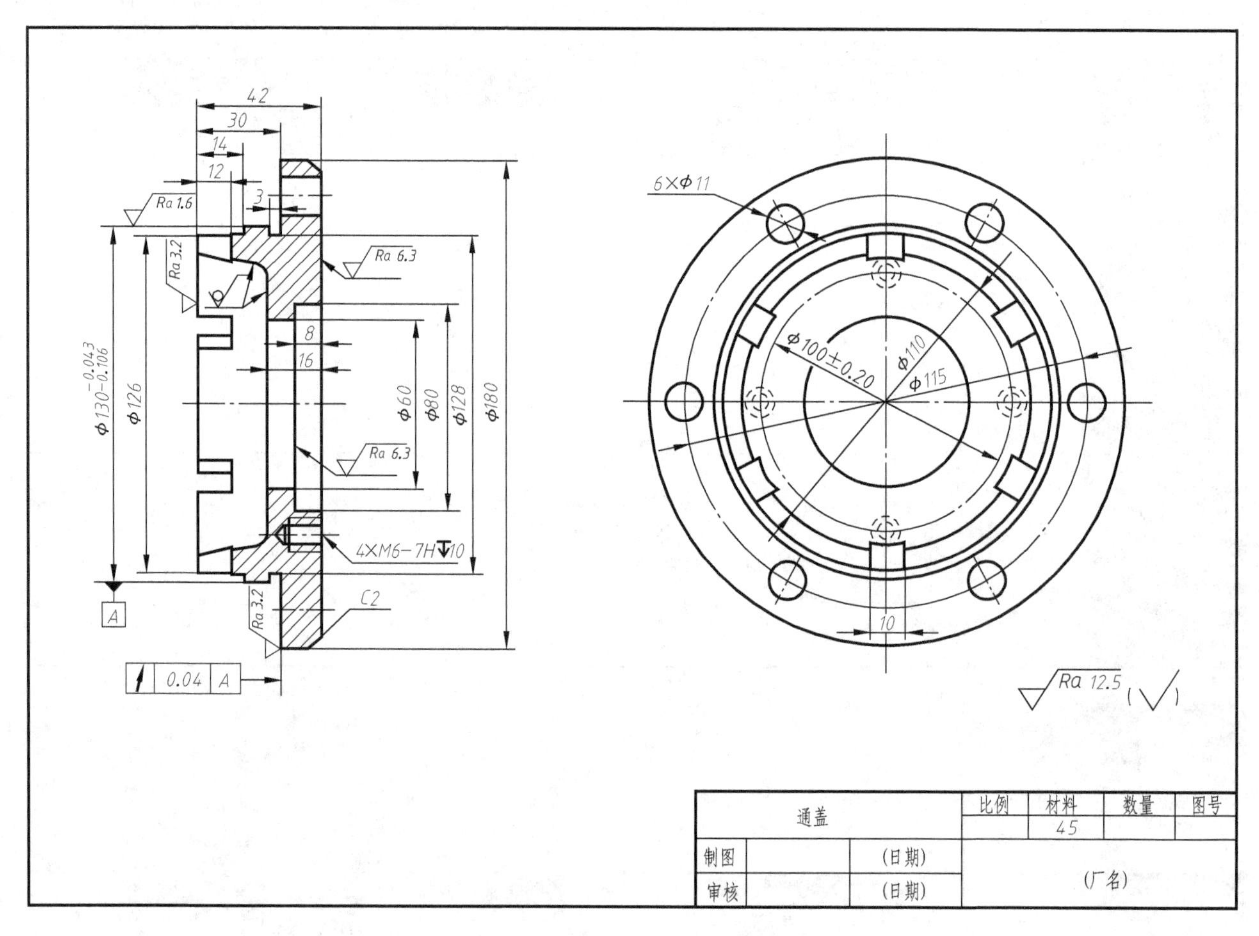

图 4-20 题 1 图

1）该零件的名称是____________________，属于________________类零件。

2）表达该零件用了________个基本视图，主视图采用__________剖视图。

3）在图中注出零件长、宽、高三个方向的尺寸基准。

4）端盖的周围有______个圆孔，它们的直径为______，定位尺寸为______。

5）端盖上有______个槽，它们的宽度为______，深度为__________。

6）零件表面要求最高的表面粗糙度代号为______，要求最低的为________。

2. 识读图 4-21 所示的手轮零件图并填空。

1）该零件的主视图为__________视图，也可以采用__________视图。

2）该零件的内、外部结构主要是______体，故设计基准是指______向尺寸和______向尺寸的主要基准。

3）A▲表示基准 *A* 为__________。

4）$\phi 4H7(^{+0.012}_{0})$ 孔的表面粗糙度代号是____________。

5）$\phi 18f6$ 外圆表面的表面粗糙度值 *Ra* 为____。

6）◎ ϕ0.02 A 的具体含义是：__________对__________的__________公差为______ mm。

7）$\phi 4H7(^{+0.012}_{0})$ 中“$\phi 4$”是______，“H”是______，“7”是______。其基本偏差是______，公差是__________。

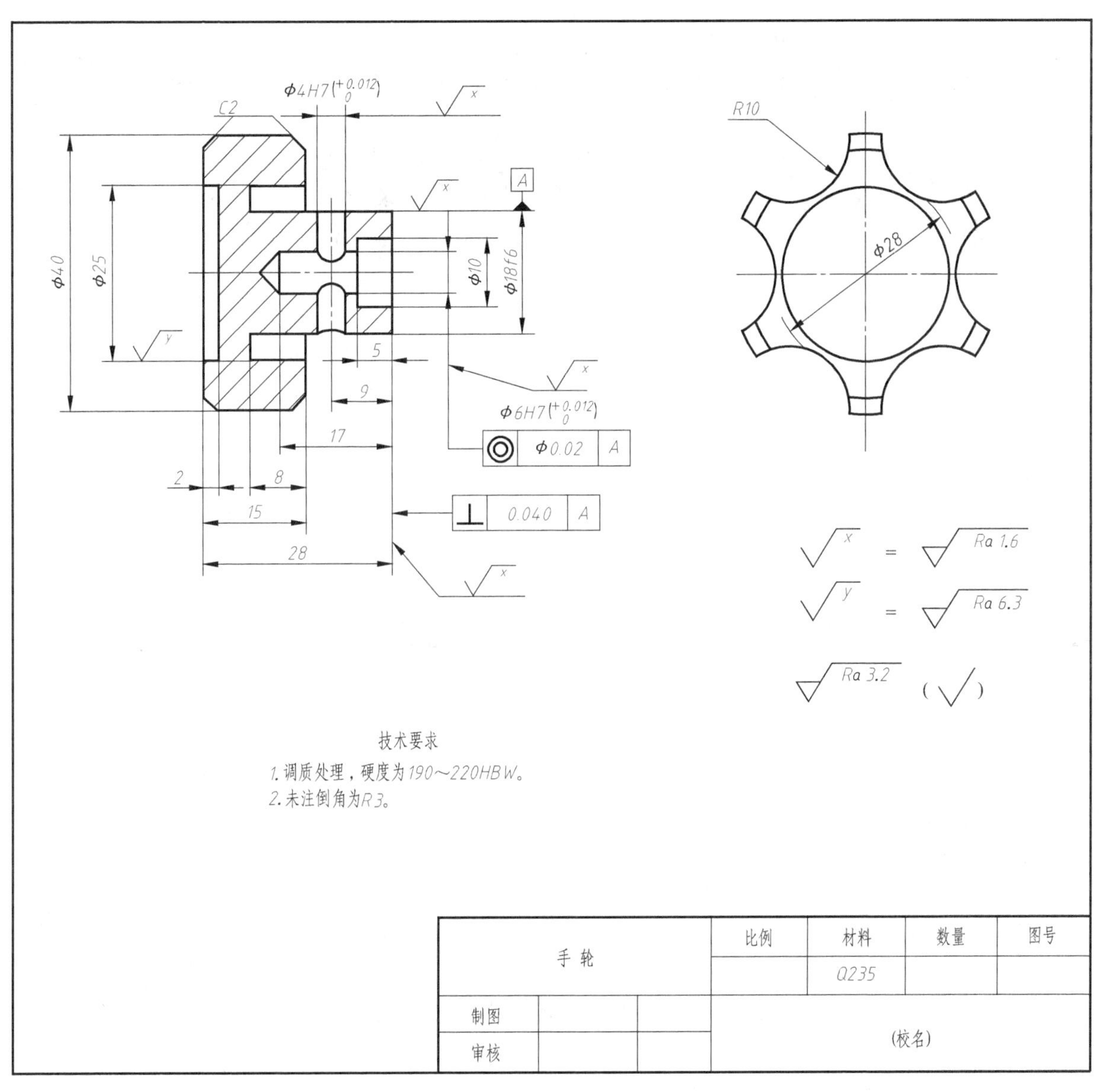
Φ4H7($^{+0.012}_{0}$)
C2
R10
A
Φ40
Φ25
Φ10
Φ18f6
Φ28
5
9
17
2
8
15
28
Φ6H7($^{+0.012}_{0}$)
Φ0.02 A
0.040 A
Ra 1.6
Ra 6.3
Ra 3.2
技术要求
1. 调质处理，硬度为190～220HBW。
2. 未注倒角为R3。
手 轮
比例
材料
数量
图号
Q235
制图
审核
(校名)

图 4-21 题 2 图

项目5 PROJECT 5 箱体类零件图的绘制与识读

学习目标

1. 掌握视图的类型及标注。
2. 掌握箱体类零件的视图表达方法。
3. 掌握箱体类零件的尺寸标注及技术要求。
4. 了解常见小孔的标注及铸造工艺结构。
5. 能熟记6S管理规定，并按照6S管理规定进行操作。

素养目标

1. 通过介绍物体不同角度的视图表达方法，培养学生换位思考，学会理解和感恩。
2. 引入零件表达的多元性，提出人的多元性，引导学生建立正确的人生观、世界观。
3. 通过介绍时代发展的多元性，引导学生认识社会，把握时代特点，树立崇高的时代责任感。

任务5.1 阀体零件图的绘制

任务导入

图5-1所示为阀体，如何正确绘制阀体的零件图？

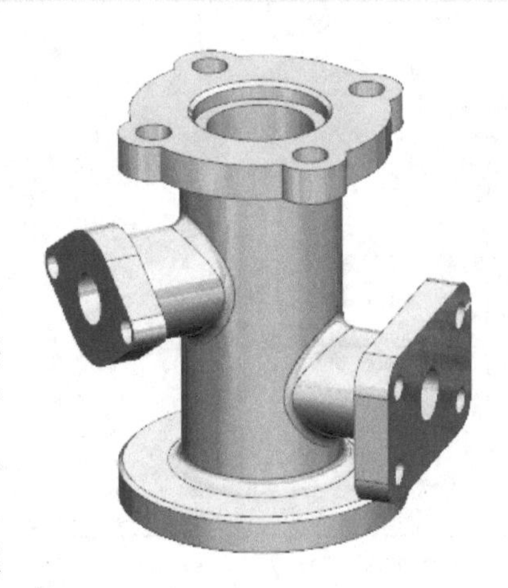
图5-1 阀体

任务分析

阀体零件结构形状比较复杂，加工工序多，通常含有复杂的内腔。此类零件一般有带安装孔的底板，其上常有凹坑、凸台或有供连接端盖用的凸缘结构，并常有螺纹孔、销孔等结构；支承孔处常设有加厚凸台或加强肋；箱体表面过渡线较多。毛坯多为铸件，只有部分表面经过机械加工，因此此类零件具有许多铸造工艺结构，如铸造圆角、起模斜度等。阀体属于典型的箱体类零件，一般可起支承、容纳、定位和密封等作用，要画出其零件图，必须掌握箱体类零件的视图表达方法、常见的视图类型、箱体类零件的尺寸标注、技术要求和铸造工艺结构等相关知识。

知识链接

一、零件外部结构的表达方法

根据国家标准（GB/T 17451—1998和GB/T 4458.1—2002），主要用来表达零件外部形状的视图分为四类，即基本视图、向视图、局部视图和斜视图。

基本视图

1. 基本视图

对于形状比较复杂的零件，用两个或三个视图尚不能完整、清楚地表达它们的内外形状时，则可根据国家标准，在原有三个投影面的基础上，再增设三个投影面，组成一个正六面体，这六个投影面称为基本投影面，如图5-2所示。零件向基本投影面投射所得到的视图，称为基本视图。因此，除了主视图、俯视图、左视图三个视图外，还有后视图（从后向前投射）、仰视图（从下向上投射）、右视图（从右向左投射）。投影面按图5-2所示展开在同一平面上后，基本视图的配置关系如图 5-3 所示，且不需要标注。

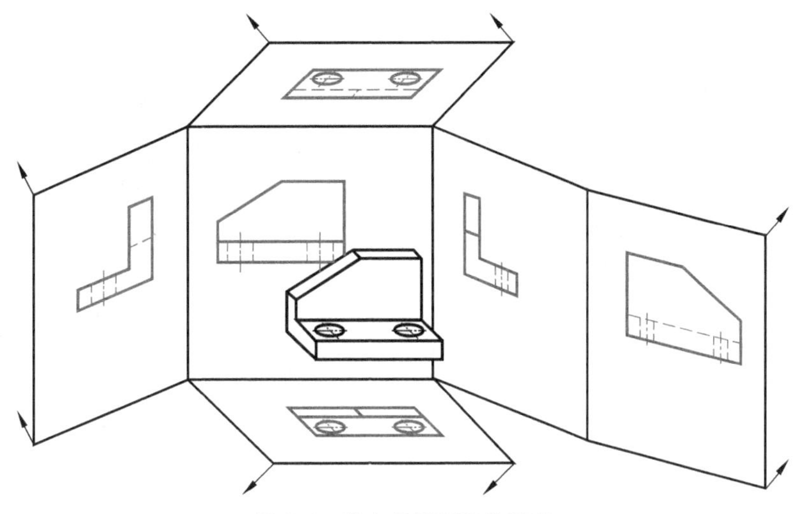

图 5-2 基本投影面及其展开

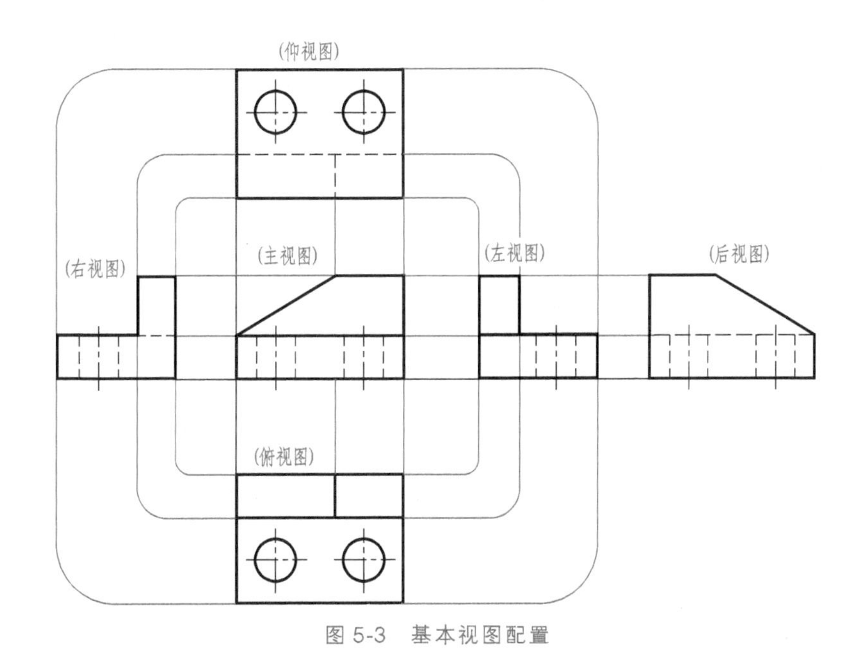

图 5-3 基本视图配置

归纳 1:

●基本视图包括＿＿＿＿＿、＿＿＿＿＿、＿＿＿＿＿、＿＿＿＿＿、＿＿＿＿＿、＿＿＿＿＿六种，其中＿＿＿、＿＿＿、＿＿＿长对正，＿＿＿、＿＿＿、＿＿＿、＿＿＿高平齐，＿＿＿、＿＿＿、＿＿＿、＿＿＿宽相等。

2. 向视图

在实际制图时，考虑到各视图在图纸中的合理布局问题，如不能按图 5-3 配置视图或各视图不画在同一张图纸上时，应在视图的上方标出视图的名称“×”（这里“×”为大写拉丁字母代号），并在相应的视图附近用箭头指明投射方向，并注上同样的字母，这种视图称为向视图。向视图是可以自由配置的视图，如图 5-4 所示。

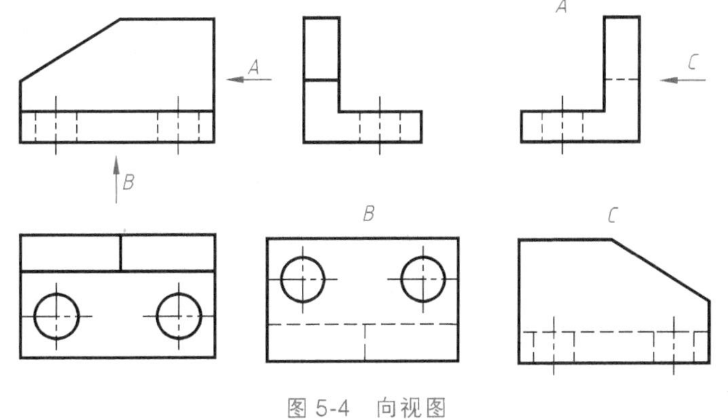

图 5-4 向视图

归纳 2:

●向视图与基本视图的区别是________________________。

3. 斜视图

如图 5-5a 所示，因为压紧杆的耳板是倾斜的，所以三视图中的俯视图和左视图都不能反映耳板的实形，对耳板的结构表达不够清楚，且绘图比较困难，读图也不方便。为了清晰地表达压紧杆的倾斜结构，可按图 5-5b 所示，加一个平行于倾斜结构的正垂面作为新投影面，沿垂直于新投影面的箭头 *A* 方向投射，就可以得到反映倾斜结构实形的投影。

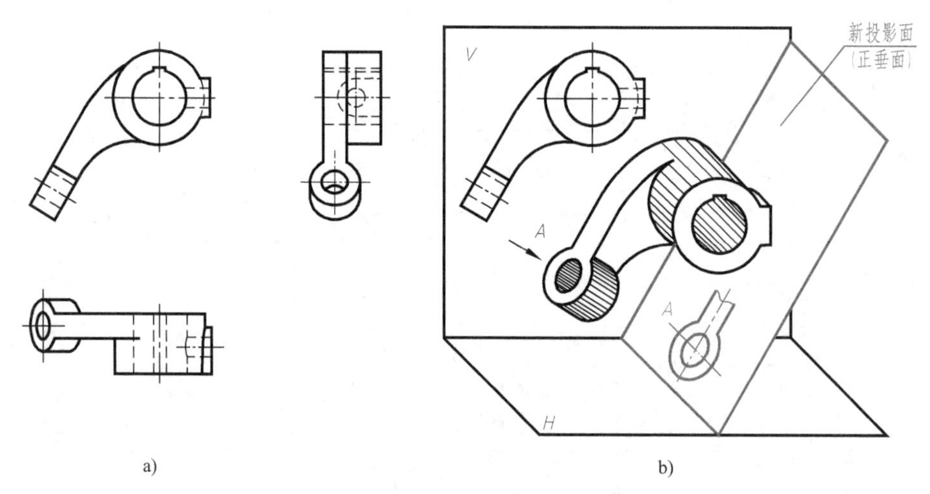

图 5-5　压紧杆的三视图及斜视图的形成

a）三视图　b）倾斜结构斜视图的形成

归纳 3:

●斜视图是指________________________，通常用于表达具有__________结构的零件。斜视图的标注与向视图相同（图 5-6a），在不致引起误解的情况下，允许将斜视图旋转配置，旋转符号的箭头指向应与旋转方向一致，标注形式为“×↶”，表示该斜视图名称的大写拉丁字母应靠近旋转符号的箭头端，如图 5-6b 所示，也允许将旋转角度标注在字母后。

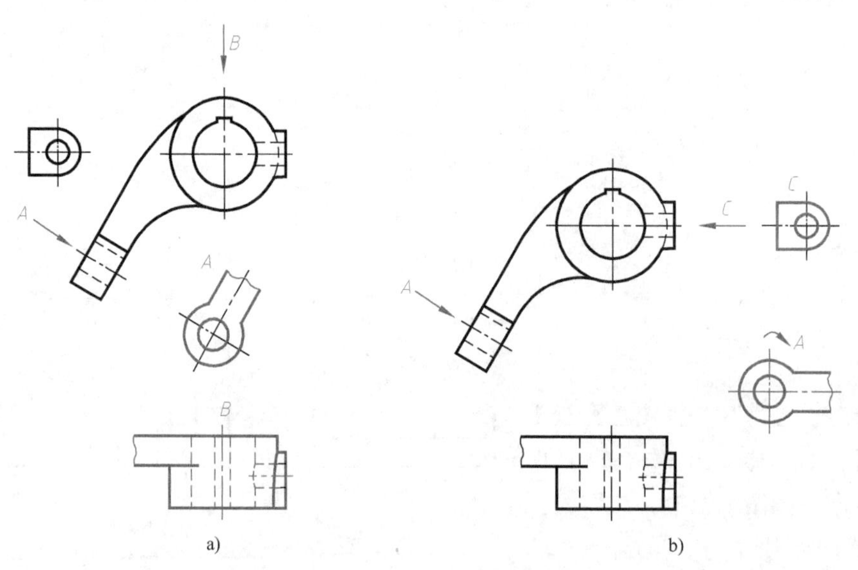

图 5-6　压紧杆的斜视图和局部视图

a）一种布置形式　b）另一种布置形式

4. 局部视图

如图 5-6 所示，压紧杆主体形状和耳板的形状已经通过主视图和斜视图表达清楚，只差主体的宽度及压紧杆右侧凸台部分的形状及位置的表达，因此可以采用局部视图来表达该部分的形状位置，如图5-6所示的 *B* 向、*C* 向视图。

归纳4：

● 局部视图是指_______________________________视图。局部视图断裂处应以__________表示；当所表达的局部结构是完整的且外轮廓线又为封闭时，波浪线可__________，如图5-6b所示的 *C* 向视图。用波浪线作断裂线时，波浪线__________断裂零件的轮廓线，应画在零件实体上，不可画在零件的______，如图5-7所示。

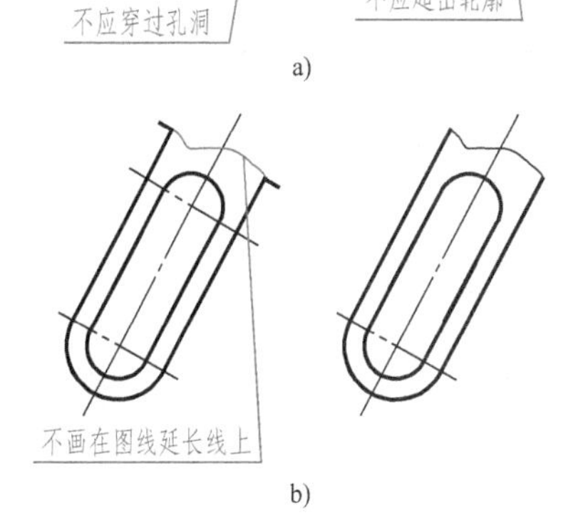

图5-7 波浪线的画法

a）错误 b）正确

二、箱体类零件的视图表达方案

1）常以最能反映形状特征及结构相对位置的方向作为主视图。加工位置作为主视图的摆放位置。

2）需要两个或两个以上的基本视图才能将其主要结构形状表达清楚。

3）常用局部视图、局部剖视图和断面图等来表达尚未表达清楚的局部结构。

三、箱体类零件图的尺寸标注及技术要求

1）箱体类零件图的长度、宽度、高度方向的主要基准为孔的中心线、轴线、对称平面和较大的加工平面。

2）箱体的定位尺寸较多，各孔中心线（或轴线）间的距离要直接标注出来。

3）箱体重要的孔、表面的表面粗糙度值较小。

任务计划与决策

填写工作任务计划与决策单（表5-1）。

表5-1 工作任务计划与决策单

<table>
<tr><td>专业</td><td></td><td>班级</td><td colspan="4"></td></tr>
<tr><td>组别</td><td></td><td>任务名称</td><td colspan="2">阀体零件图的绘制</td><td>参考学时</td><td>8学时</td></tr>
<tr><td>任务计划</td><td colspan="6">各组根据任务内容制订绘制阀体零件图的任务计划</td></tr>
<tr><td rowspan="7">任务决策</td><td>项目</td><td colspan="2">可选方案</td><td colspan="2">方案分析</td><td>结论</td></tr>
<tr><td rowspan="2">主视图方向</td><td>方案1</td><td></td><td colspan="2"></td><td></td></tr>
<tr><td>方案2</td><td></td><td colspan="2"></td><td></td></tr>
<tr><td rowspan="2">视图表达方案</td><td>方案1</td><td></td><td colspan="2"></td><td></td></tr>
<tr><td>方案2</td><td></td><td colspan="2"></td><td></td></tr>
<tr><td rowspan="2">绘图方案</td><td>方案1</td><td></td><td colspan="2"></td><td></td></tr>
<tr><td>方案2</td><td></td><td colspan="2"></td><td></td></tr>
</table>

任务实施

填写工作任务实施单（表5-2）。

表 5-2　工作任务实施单

<table>
<tr><td>专业</td><td></td><td>班级</td><td></td><td>姓名</td><td></td><td>学号</td><td></td></tr>
<tr><td>组别</td><td></td><td>任务名称</td><td colspan="2">阀体零件图的绘制</td><td>参考学时</td><td colspan="2">8 学时</td></tr>
<tr><td>任务图</td><td colspan="7">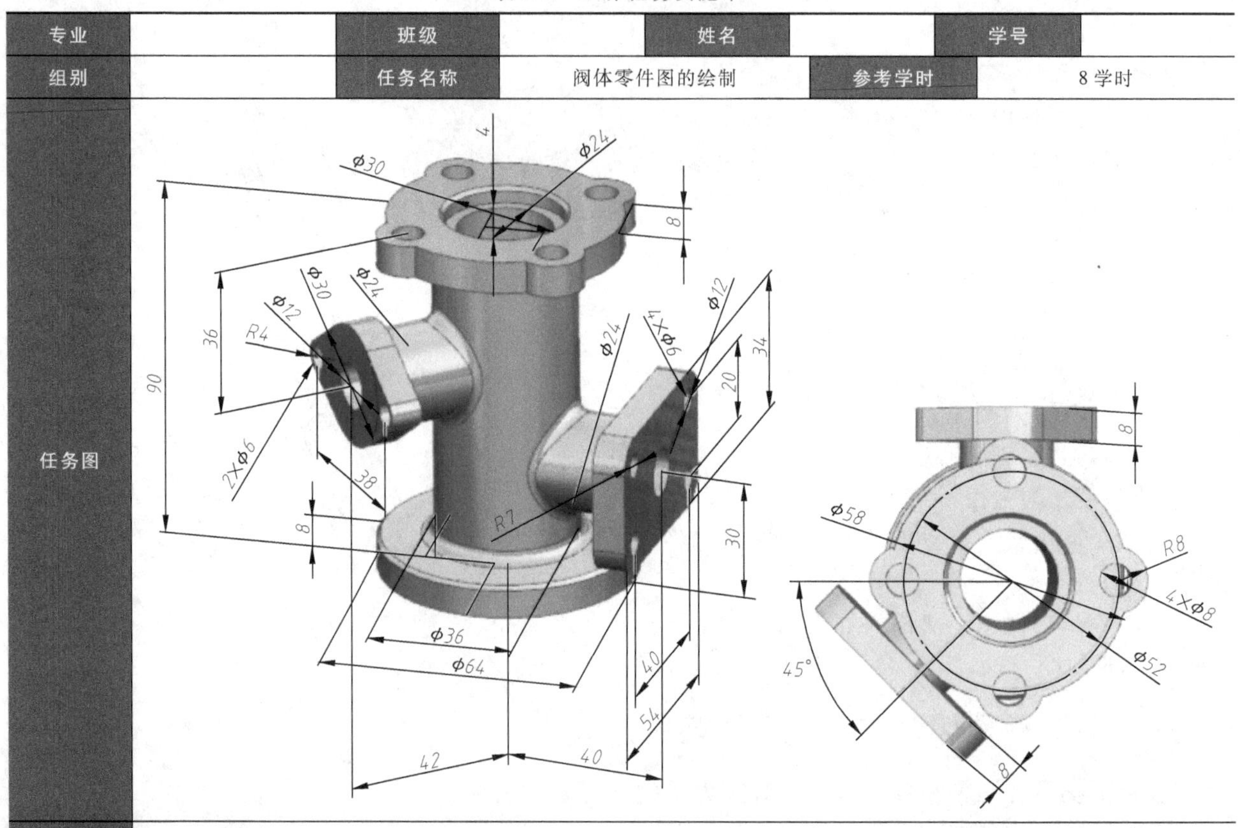
</td></tr>
<tr><td>要求</td><td colspan="7">1)选择合适的图纸,按 1∶1 绘制
2)阀体上、下表面及两个连接表面的表面粗糙度值 Ra 为 6.3μm,内表面的表面粗糙度值 Ra 为 1.6μm,连接孔内表面的表面粗糙度值 Ra 为 1.6μm,其余为不去除材料方法获得的表面
3)若有实体模型,则其数据以测量结果为准,上图数据作为参考</td></tr>
</table>

任务评价

填写工作任务评价单（表 5-3）。

表 5-3　工作任务评价单

班级		姓名		学号		成绩	
组别		任务名称	阀体零件图的绘制		参考学时	8 学时	
序号	评价内容		分数	自评分	互评分	组长或教师评分	
1	课前准备(课前预习情况)		5				
2	知识链接(完成情况)		25				
3	任务计划与决策		10				
4	任务实施(图线、表达方案、图形布局等)		25				
5	绘图质量		30				
6	遵守课堂纪律		5				
总分			100				
综合评价(自评分×20%+互评分×40%+组长或教师评分×40%)							
组长签字:						教师签字:	
学习体会	签名:　日期:						

技能强化

1. 根据图 5-8 所示的主、俯、左视图，补画其余基本视图。

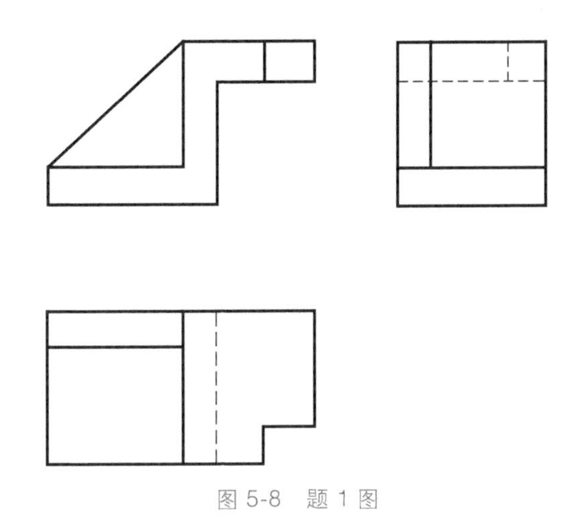

图 5-8　题 1 图

2. 根据图 5-9 中的三视图和轴测图，绘制 *D*、*E*、*F* 三个方向的向视图。

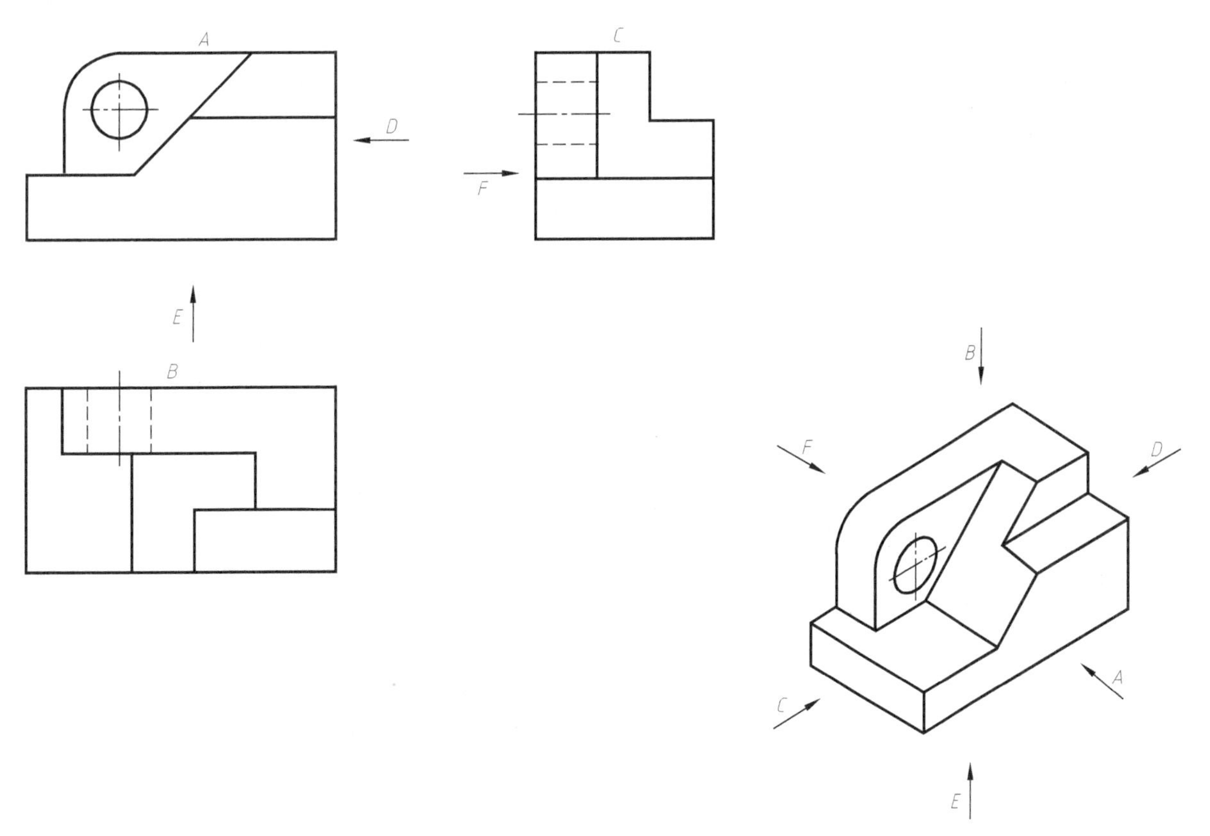

图 5-9　题 2 图

3. 在指定位置作局部视图和斜视图，如图 5-10 所示。

4. 按照题意，完成零件图的表达。

实践名称：阀体。

实践内容：根据图 5-11 所示阀体零件的立体图（或实物零件），绘制其零件图。

实践目的：

1）熟悉零件测绘的方法和步骤。

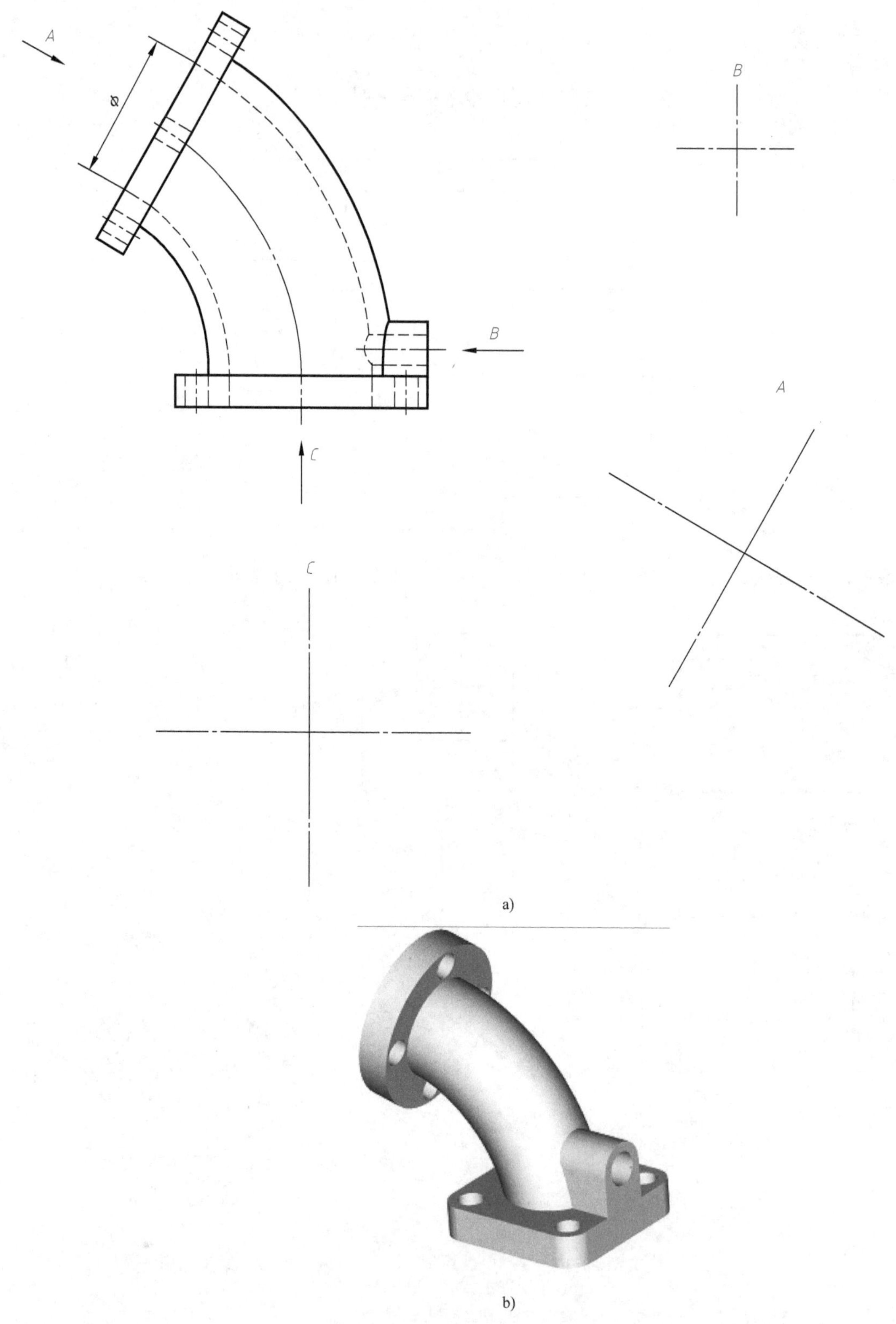

a)

b)

图 5-10　题 3 图

2）进一步培养根据零件结构特点选择零件表达方案的能力。

3）熟悉零件图尺寸的标注方法和技术要求的填写。

4）通过零件测绘，加深对零件工艺结构的感性认识。

5）通过零件测绘，熟悉常用的测量工具，掌握几种常见的测量方法。

实践要求：

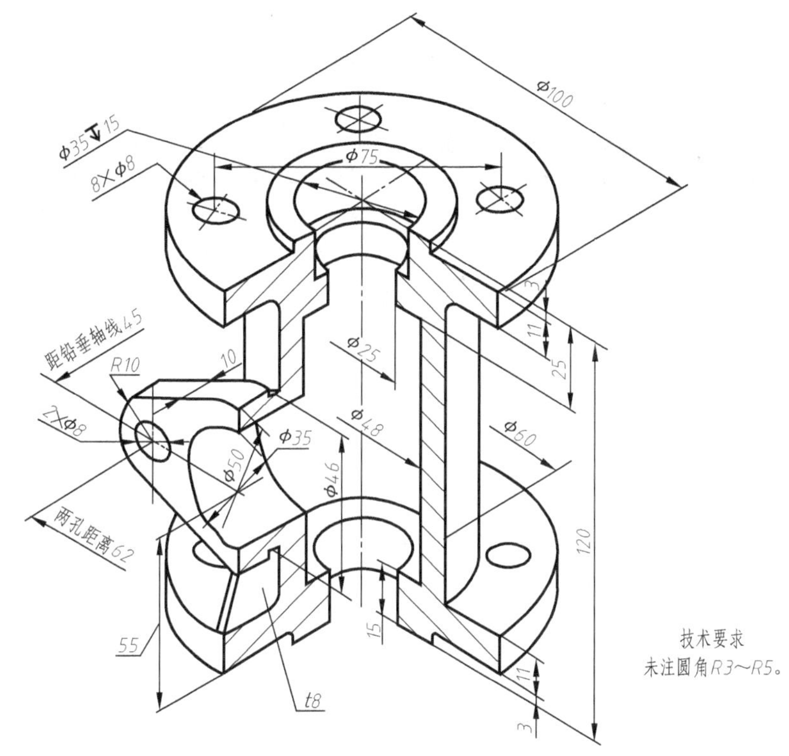

图 5-11 题 4 图

1）用 A3 图纸，横放，绘图比例 1∶1 合理标注尺寸。

2）零件表达方案选择合理，视图表达完整、清晰。

3）零件结构，特别是工艺结构应合理、完整、准确。尺寸与技术要求等应标注完整、正确。

实践提示：

1）按零件内容对零件草图进行全面检查，审核确定无误后再进行绘制。

2）全面应用所学知识，提高综合能力。所绘制的零件图应符合如下要求：

① 选用的视图方案对零件结构形状的表达应完整、正确、清晰，符合规定画法及标注。

② 尺寸标注符合规定，做到不错、不漏，清晰（便于读图）、合理（符合设计和工艺要求）。标准结构的尺寸应标准化。

③ 表面粗糙度、尺寸公差、几何公差等技术要求的注写须符合规定，既能保证零件质量，又能降低零件制造成本。要做到这一点，应查阅相关资料（如教材、标准手册、同类型的零件图等）。

④ 布图合理，图形简洁，图面整洁，字体工整。

知识拓展

1. 凸台和凹槽

为了保证加工表面的质量、节省材料、减轻零件重量、降低制造费用、提高零件加工精度、保证装配精度，应尽量减少加工面。为此，常在零件上设计出凸台、沉孔、凹槽、空腔，如图 5-12 所示。

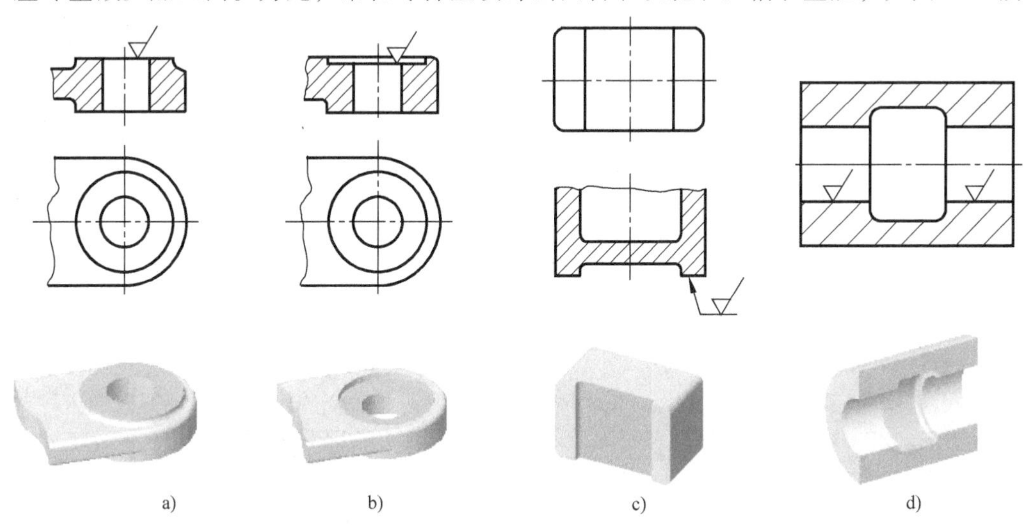

图 5-12 凸台和凹槽

a）凸台 b）沉孔 c）凹槽 d）空腔

2. 常见孔的标注

常见孔的尺寸注法见表 5-4。

表 5-4 常见孔的尺寸注法

序号	类型		简化标注	一般注法	说明
1	光孔	一般孔	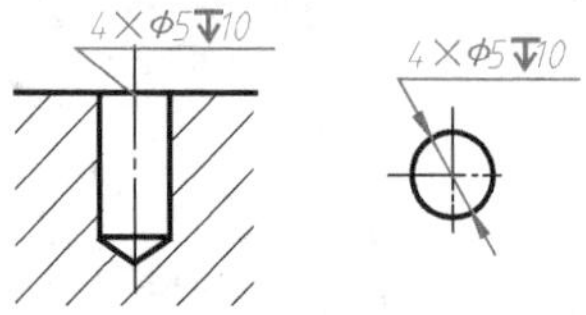	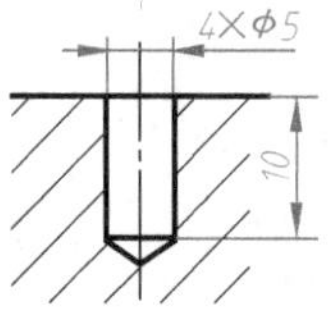	↧为深度符号。4×ϕ5mm 表示四个孔的直径均为 ϕ5mm 三种注法任选一种即可（下同）
2	光孔	精加工孔	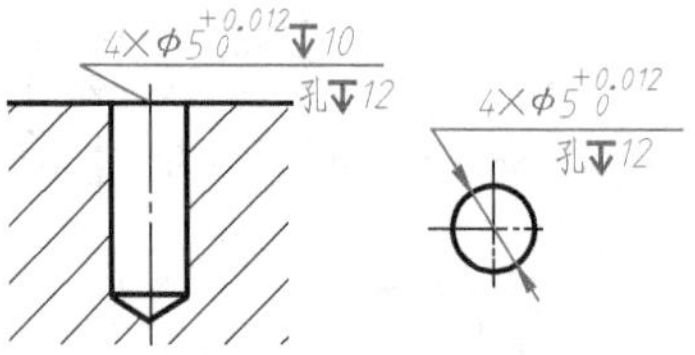	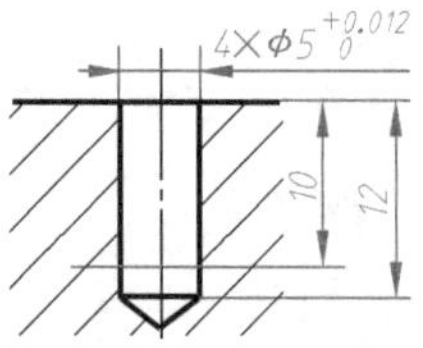	钻孔深 12mm，钻孔后需精加工 $\phi5^{+0.012}_{0}$mm，深度 10mm
3	光孔	锥销孔	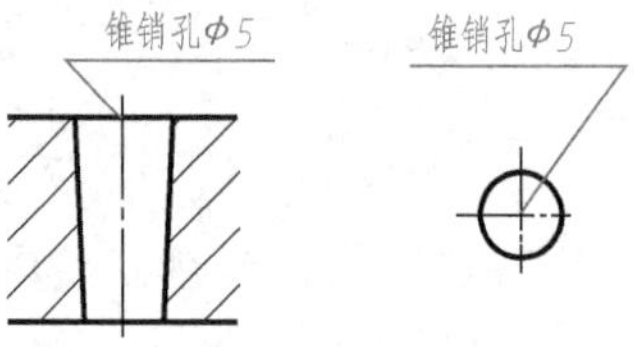	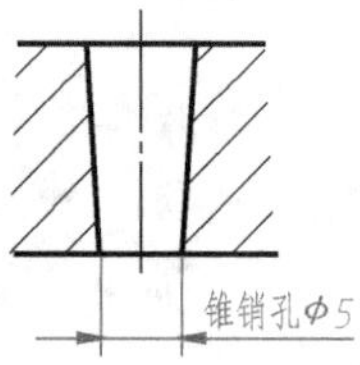	ϕ5mm 为与锥销孔相配的圆锥销公称直径。锥销孔通常是相邻两零件装在一起时加工的，该过程称为配作
4	沉孔	锥形沉孔	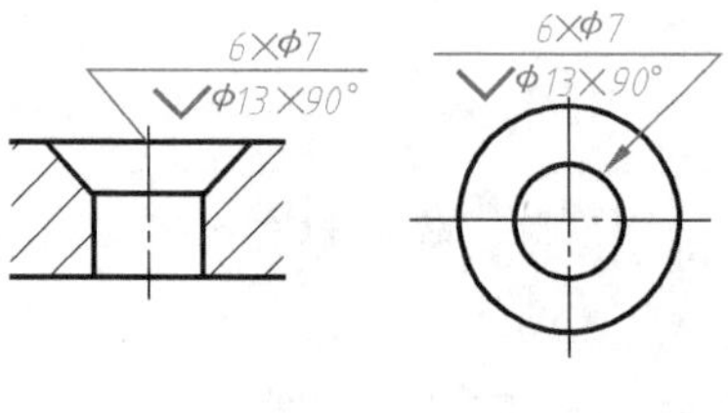	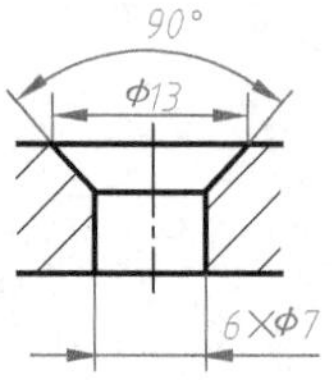	⌵为埋头孔符号。6×ϕ7mm 表示 6 个孔的直径均为 ϕ7mm。锥形部分大端直径为 ϕ13mm，角度为 90°
5	沉孔	柱形沉孔	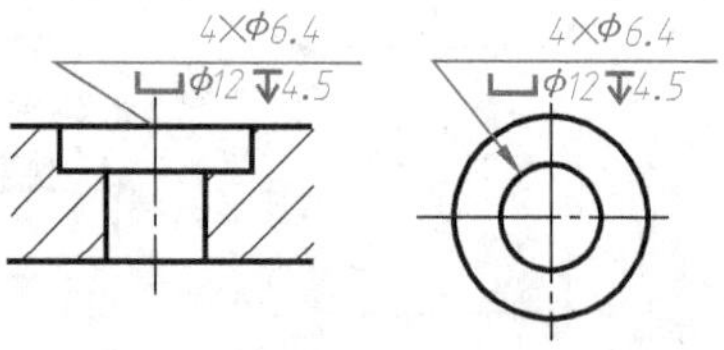	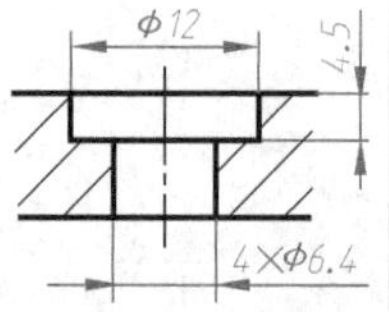	⌴为沉孔及锪平孔符号。4 个柱形沉孔的小孔直径为 ϕ6.4mm，大孔直径为 ϕ12mm，孔深为 4.5mm
6	沉孔	锪平面孔	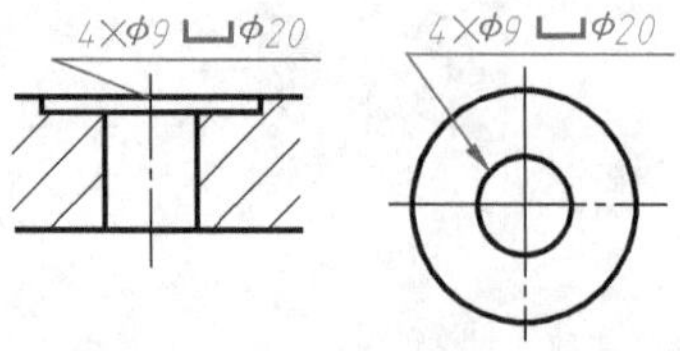	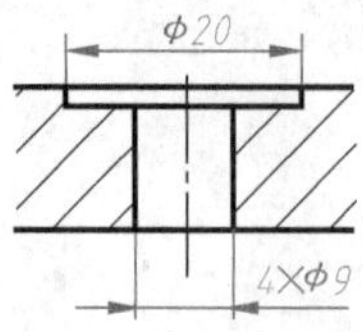	锪平面 ϕ20mm 的深度不需标注，加工时一般锪平到不出现毛面为止

（续）

序号	类型		简化标注	一般注法	说明
7	螺纹孔	通孔	3×M6-7H　3×M6-7H	3×M6-7H	3×M6-7H 表示 3 个公称直径为 6mm，螺纹中径、顶径公差带为 7H 的螺纹孔
8		不通孔	3×M6-7H↧10　3×M6-7H↧10	3×M6-7H　10	↧10mm 是指螺纹孔的有效深度尺寸为 10mm，钻孔深度以保证螺纹孔有效深度为准，也可查有关手册确定
9			3×M6↧10 孔↧12　3×M6↧10 孔↧12	3×M6　10　12	需要注出钻孔深度时，应明确标注出钻孔深度尺寸

3. 零件的铸造工艺结构

零件的铸造工艺结构

（1）起模斜度（图 5-13）　铸造零件毛坯时，为了方便取模，常在铸件壁上沿起模方向设计出一定的斜度，即起模斜度。起模斜度的大小通常为 1∶20～1∶10（用角度表示为 3°～5°）。对于斜度不大的结构，可不在图形上画出，但须在技术要求中用文字说明起模斜度值。

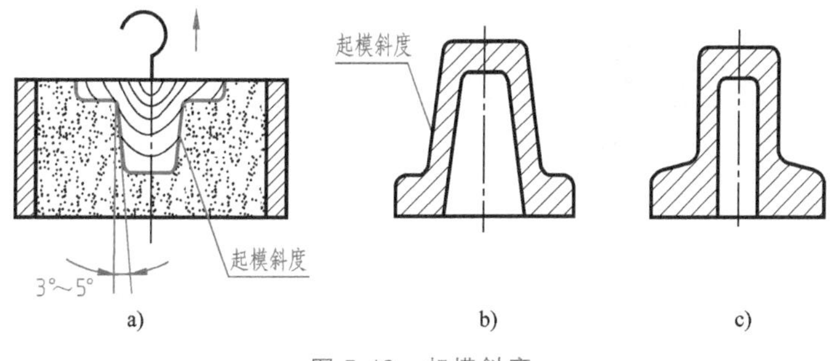

图 5-13　起模斜度

（2）铸造圆角　铸造零件毛坯时，为防止铸造砂型落砂，避免铸件冷却时产生裂纹或缩孔（图 5-14a），铸造表面相贯处均做成圆角过渡，如图 5-14b 所示。铸造圆角在图中一般应画出，其半径一般取 $R3$～$R5$mm，或取壁厚的 20%～40%，也可从有关手册中查得。

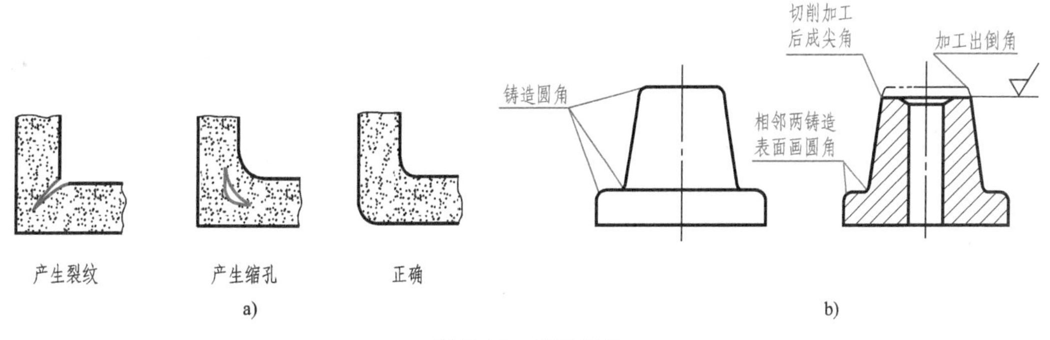

图 5-14　铸造圆角

(3) 铸件壁厚　在设计铸件时，壁厚要尽量均匀（图 5-15a）或逐渐过渡（图 5-15b）。如果铸件壁厚不均匀，在铸造过程中冷却结晶速度不同，在厚壁处会产生组织疏松以致出现缩孔、裂纹等缺陷。为了保证液态金属的流动性，铸件的壁厚不应小于 3~8mm。

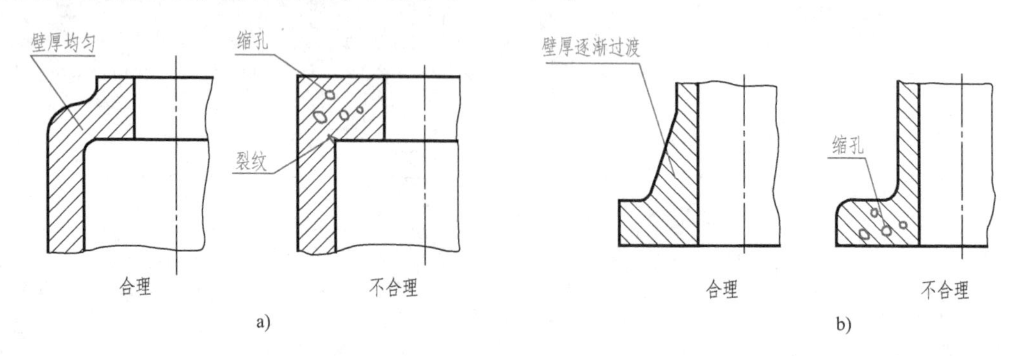

图 5-15　铸件壁厚应均匀或逐渐过渡

(4) 过渡线　铸件两表面相贯时，表面交线因圆角而模糊不清，为了方便读图，画图时两表面交线用细实线按原位置画出，但交线的两端不与轮廓线的圆角相交。

1）两曲面相交的过渡线不应与圆角轮廓线接触，如图 5-16a 所示；两曲面相切的过渡线应在切点附近断开，如图 5-16b 所示。

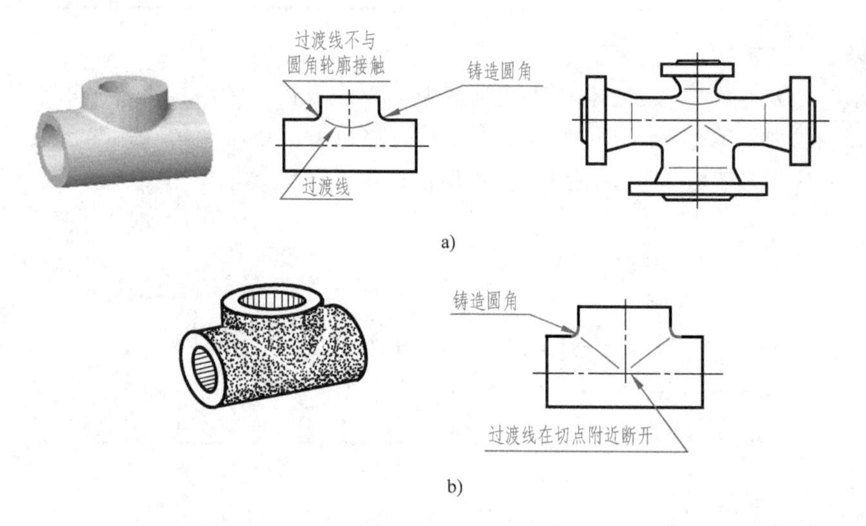

图 5-16　两曲面相交、相切时过渡线的画法

2）平面与平面或平面与曲面相交的过渡线应在转角处断开，并加画过渡圆弧，其弯向应与铸造圆角的弯向一致，如图 5-17、图 5-18 所示。

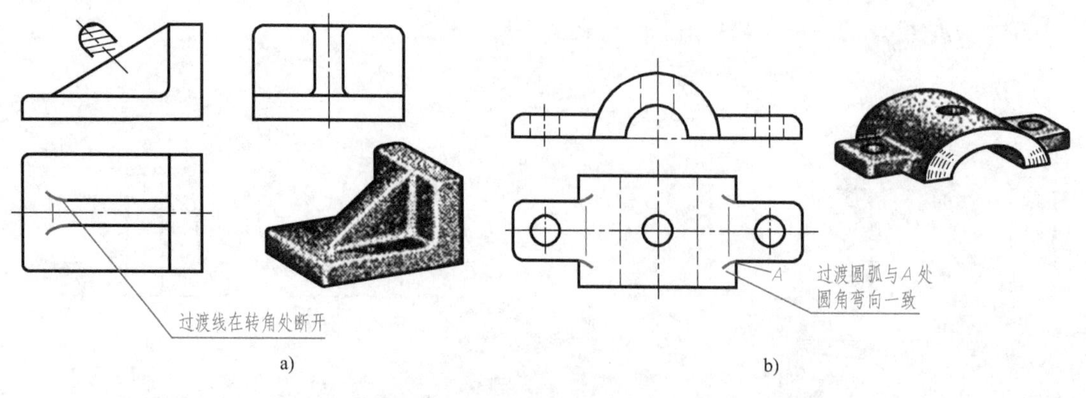

图 5-17　平面和平面或平面与曲面相交时过渡线的画法

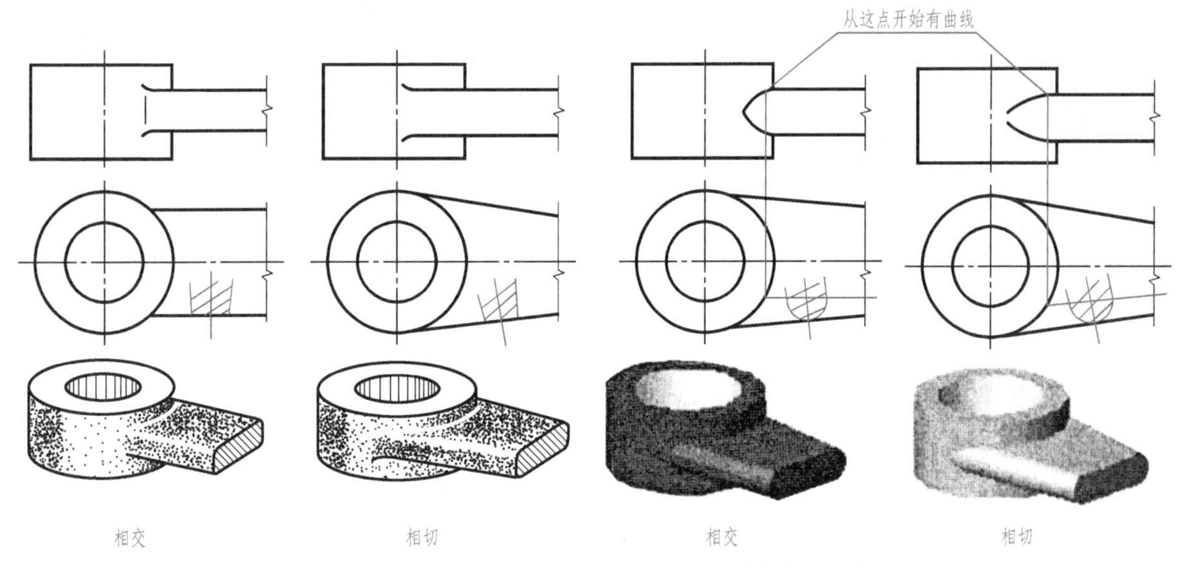

图 5-18　连接板与圆柱面相交或相切时过渡线的画法

技能拓展

将图 5-19a 中的尺寸用简化注法在图 5-19b 中注出。

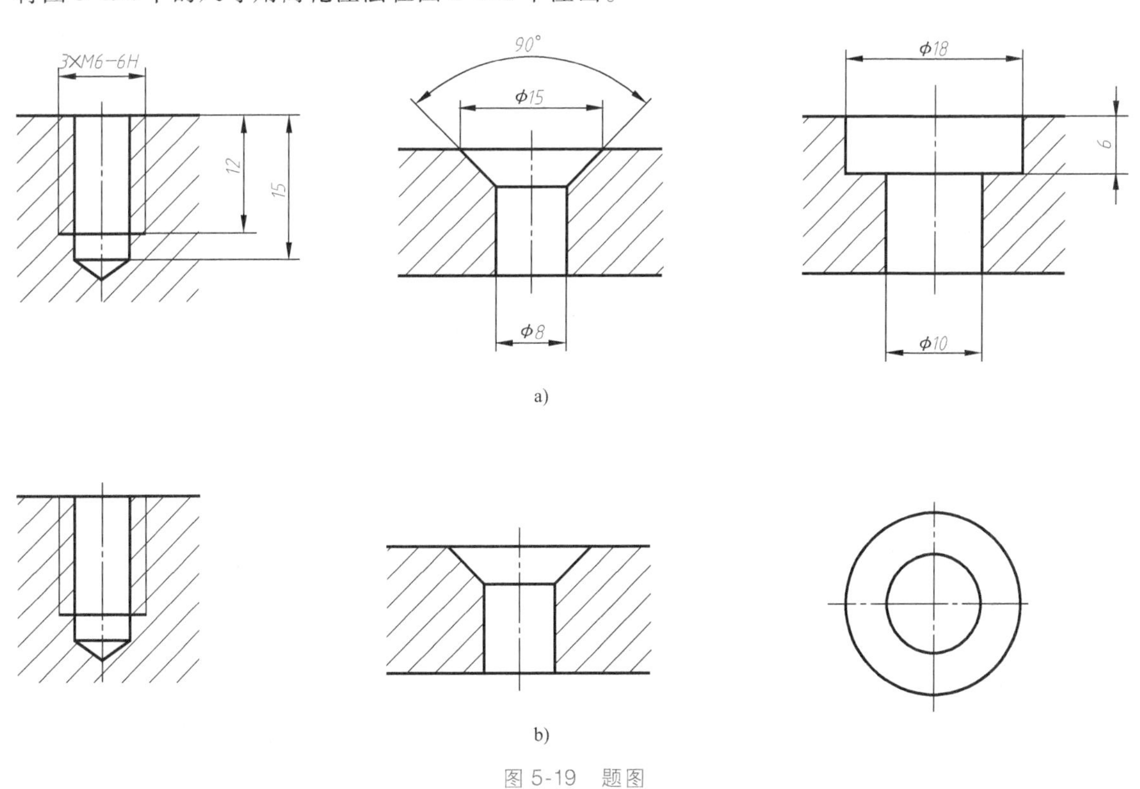

图 5-19　题图

任务 5.2　底座零件图的识读

任务导入

图 5-20 所示为底座零件图，如何正确识读该零件图，了解其形状、结构、尺寸和技术要求？

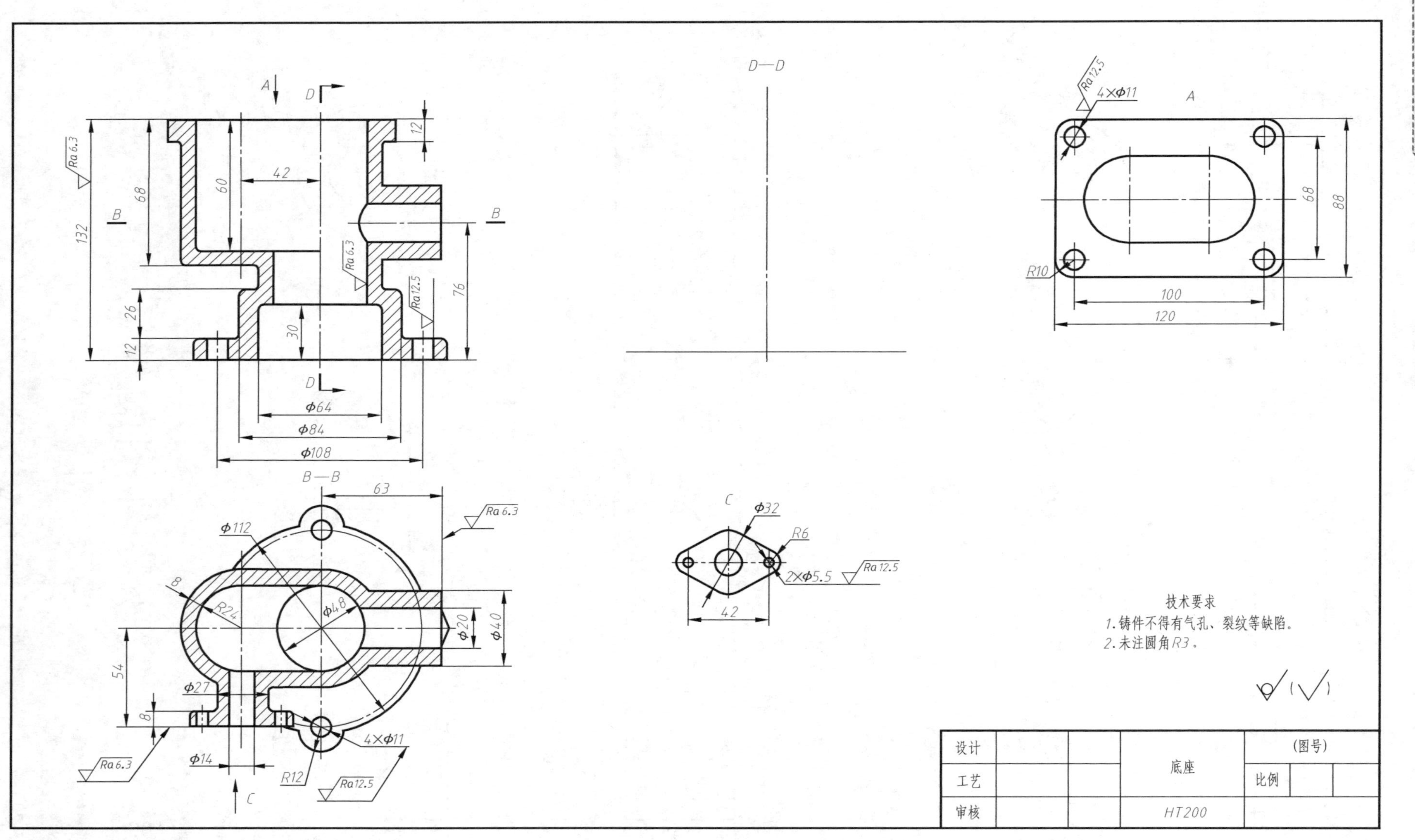

图 5-20 底座零件图

任务分析

底座属箱体类零件，在设备和部件中常起容纳和支承的作用。其主要结构是由均匀的薄壁围成不同形状的空腔，空腔壁上还有多方向的孔，另外还有加强肋、凸台、凹坑、铸造圆角、起模斜度等常见结构。分析主视图的选取原则，分析常见结构的表达方法，分析尺寸与技术要求，想象零件的空间结构。

知识链接

一、零件图的识读方法与步骤

（1）概括了解　首先从标题栏中了解零件的名称、材料、数量等信息，然后通过装配图或其他途径了解零件的作用以及与其他零件的装配关系。

（2）分析视图、想象形状

1）弄清各视图之间的投影关系。

2）以形体分析法为主，结合零件的常见结构知识，读懂零件各部分的形状，然后综合想象出整个零件的形状。

（3）分析尺寸　分析尺寸基准，了解零件各部分的定形尺寸、定位尺寸和总体尺寸。

（4）了解技术要求　读懂视图中各项技术要求，如表面粗糙度、极限与配合、几何公差等。

（5）总结归纳

二、箱体类零件图的特点

（1）结构特点　箱体类零件主要用来支承、包容和保护运动零件或其他零件，常有内腔、轴承孔、肋、安装板、光孔、螺纹孔等结构。

（2）加工方法　箱体类零件毛坯一般为铸件，主要在铣床、刨床、钻床上加工。

（3）视图表达　一般需要两个以上的基本视图，主视图按形状特征和工作位置来选择，采用通过主要支承孔轴线的剖视图表达其内部形状结构，局部结构常用局部视图、局部剖视图、断面图等表达。

（4）尺寸标注　长、宽、高三个方向的主要尺寸基准通常选用轴线、对称平面、结合面和较大的加工平面。一般定位尺寸较多，各孔中心线之间的距离应直接标出。

（5）技术要求　箱体类零件的轴孔、结合面及重要表面在尺寸精度、表面粗糙度和几何公差等方面有较严格的要求，常有保证铸造质量的要求，如进行时效处理，不允许有砂眼、裂纹等。

任务计划与决策

填写工作任务计划与决策单（表5-5）。

表5-5　工作任务计划与决策单

<table>
<tr><td>专业</td><td></td><td colspan="2">班级</td><td colspan="3"></td></tr>
<tr><td>组别</td><td></td><td colspan="2">任务名称</td><td>底座零件图的识读</td><td>参考学时</td><td>2学时</td></tr>
<tr><td>任务计划</td><td colspan="6">各组根据任务内容制订识读底座零件图的任务计划</td></tr>
<tr><td rowspan="3">任务决策</td><td>项目</td><td colspan="2">可选方案</td><td colspan="2">方案分析</td><td>结论</td></tr>
<tr><td rowspan="2">识读方案</td><td>方案1</td><td></td><td colspan="2"></td><td></td></tr>
<tr><td>方案2</td><td></td><td colspan="2"></td><td></td></tr>
</table>

任务实施

填写工作任务实施单（表5-6）。

表5-6 工作任务实施单

专业		班级		姓名		学号	
组别		任务名称	底座零件图的识读		参考学时	2学时	
任务图	各小组识读图5-20						
底座识读结果	1）该零件的名称是______，材料是______ 2）此零件属于____________类零件。主视图中采用了____________剖视；俯视图采用了____________视图，同时采用了______个局部视图 3）用指引线和文字在图上注明长、宽、高三个方向尺寸的主要基准 4）图中底座下表面4×ϕ11mm的定位尺寸是__________ 5）补画出*D—D*视图 6）该零件要求最高的表面粗糙度是__________ 7）想象并说明该零件的空间结构						

任务评价

填写工作任务评价单（表5-7）。

表5-7 工作任务评价单

班级		姓名		学号		成绩	
组别		任务名称	底座零件图的识读		参考学时	2学时	
序号	评价内容		分数	自评分	互评分	组长或教师评分	
1	课前准备（课前预习情况）		5				
2	知识链接（完成情况）		25				
3	任务计划与决策		10				
4	任务实施（习题完成情况等）		25				
5	识读效果		30				
6	遵守课堂纪律、相互协作等情况		5				
总分			100				
综合评价（自评分×20%+互评分×40%+组长或教师评分×40%）							
组长签字：					教师签字：		
学习体会	签名：　　　　日期：						

技能强化

如图5-21所示，识读阀体零件图，并回答问题。

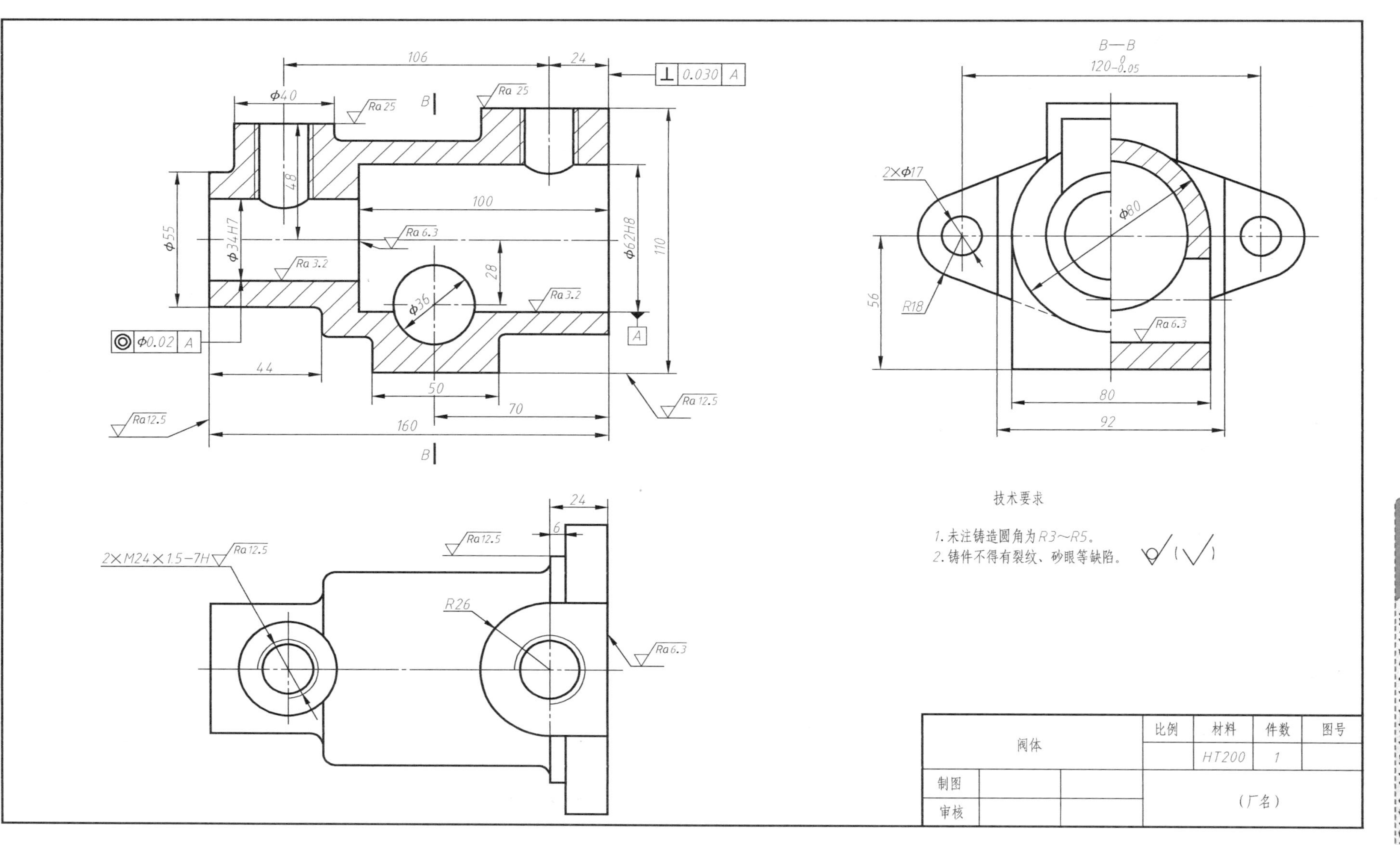
B—B
技术要求
1.未注铸造圆角为R3~R5。
2.铸件不得有裂纹、砂眼等缺陷。
阀体
比例
材料
件数
图号
HT200
1
制图
审核
(厂名)

图 5-21 题图

1）该零件要求最高的表面粗糙度是__________。$\sqrt{\circ}$ 表示__________。

2）图中 2×M24×1.5-7H 结构的定位尺寸分别为__________和__________。

3）框格 | ◎ | ϕ0.02 | A | 表示被测要素为__________，基准要素为__________，允许的误差值为__________。

4）用文字指出长、宽、高三个方向的主要尺寸基准。箱体的总长为__________，总宽为__________，总高为__________。

5）孔 ϕ62H8 的上极限尺寸为__________，下极限尺寸为__________。当孔的尺寸为 ϕ62.05mm 时，该零件__________（是否）合格。

项目6 PROJECT 6 叉架类零件图的绘制与识读

学习目标

1. 掌握叉架类零件的视图表达方法。
2. 能够绘制及识读叉架类零件图。
3. 能运用6S进行现场管理并做到安全生产。

素养目标

1. 通过典型零件图识图，提高学生理论联系实际，分析、解决问题的能力。
2. 引入中国制造的发展现状，培养学生的责任感、使命感。
3. 通过介绍安全生产的典型案例，培养学生的安全意识和工程伦理意识。

任务6.1 托脚零件图的绘制

任务导入

叉架类零件包括各种用途的叉杆和支架零件。叉杆零件多为运动件，通常起传动、连接、调节或制动等作用。支架零件通常起支承、连接等作用，其毛坯多为铸件或锻件。机器上的拨叉、连杆、摇臂、支架、杠杆、踏脚座等均属叉架类零件。图6-1为托脚实体图，如何正确绘制其零件图？

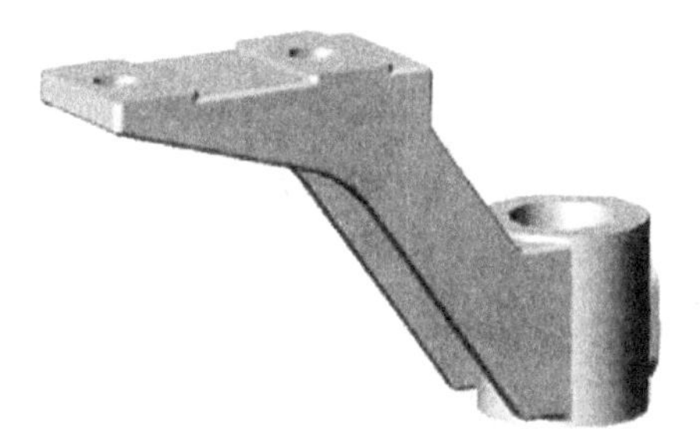

图6-1 托脚实体图

任务分析

叉架类零件多数形状不规则，外形结构比内腔复杂，且整体结构复杂多样，形状差异较大，常有弯曲或倾斜结构。其上常有肋、轴孔、耳板、底板等结构，局部结构常有油槽、油孔、螺孔、沉孔等，表面常有铸造圆角和过渡线。托脚属于典型的叉架类零件，要画出其零件图，必须掌握叉架类零件的视图表达方法、尺寸标注、技术要求等相关知识。

知识链接

一、叉架类零件的视图表达方案

1. 叉架类零件的结构特点

叉架类零件的毛坯通过铸造或模锻制成，经机械加工而成。结构大部分都比较复杂，一般分为支承部分、工作部分和连接部分，其上常有凸台、凹坑、销孔、螺纹孔和沉孔等结构。

2. 叉架类零件的视图表达方法

(1) 主视图的选择

1) 形状特征原则与摆放原则。叉架类零件加工部位较少，加工时各工序位置不同，较难区分主次工序，故一般是在符合主视图投射方向的“形状特征性原则”的前提下，按工作（安装）位置选择主视图。当工作位置是倾斜的或不固定时，可将其放正画主视图。

2) 表达方法的选用。主视图常用剖视图（形状不规则时，一般用局部剖视图）表达主体外形和局部内形。剖切其上的肋时，应采用规定画法。对于表面的过渡线，应仔细分析，正确绘制。

(2) 其他视图的选择

1) 视图数量。叉架类零件结构形状（尤其外形）较复杂，通常需两个或两个以上的基本视图，并多用局部剖视图兼顾内外形状在同一视图上进行表达。

2) 表达方法的选用。叉杆零件的倾斜结构常用向视图、局部视图、斜视图、单一剖切平面获得的剖视图、断面图等来表达。其主体结构与局部结构可适当分散表达。

二、叉架类零件图的尺寸标注及技术要求

1. 叉架类零件图的尺寸标注

1) 长度、宽度、高度方向的主要基准一般为孔中心线、轴线、对称平面和较大的加工平面。

2) 定位尺寸较多，要注意保证定位的精度。一般要标注出孔中心线（或轴线）间的距离，孔中心线（轴线）到平面的距离或平面到平面的距离。

3) 定形尺寸一般采用形体分析法标注，便于制作模样。起模斜度、圆角也要标注出来。

2. 叉架类零件图的技术要求

叉架类零件一般对表面粗糙度、尺寸公差、几何公差等内容没有特别严格的要求，但对孔径、某些角度或某部分的长度尺寸有一定的公差要求。

任务计划与决策

填写工作任务计划与决策单（表6-1）。

表6-1　工作任务计划与决策单

<table>
<tr><td>专业</td><td colspan="2"></td><td>班级</td><td colspan="3"></td></tr>
<tr><td>组别</td><td colspan="2"></td><td>任务名称</td><td>托脚零件图的绘制</td><td>参考学时</td><td>4学时</td></tr>
<tr><td>任务计划</td><td colspan="6">各组根据任务内容制订绘制托脚零件图的任务计划</td></tr>
<tr><td rowspan="7">任务决策</td><td>项目</td><td colspan="2">可选方案</td><td>方案分析</td><td colspan="2">结论</td></tr>
<tr><td rowspan="2">主视图选择方案</td><td>方案1</td><td></td><td></td><td colspan="2"></td></tr>
<tr><td>方案2</td><td></td><td></td><td colspan="2"></td></tr>
<tr><td rowspan="2">视图表达方案</td><td>方案1</td><td></td><td></td><td colspan="2"></td></tr>
<tr><td>方案2</td><td></td><td></td><td colspan="2"></td></tr>
<tr><td rowspan="2">绘图方案</td><td>方案1</td><td></td><td></td><td colspan="2"></td></tr>
<tr><td>方案2</td><td></td><td></td><td colspan="2"></td></tr>
</table>

任务实施

填写工作任务实施单（表6-2）。

表 6-2 工作任务实施单

专业		班级		姓名		学号	
组别		任务名称	托脚零件图的绘制	参考学时	4学时		
任务图							

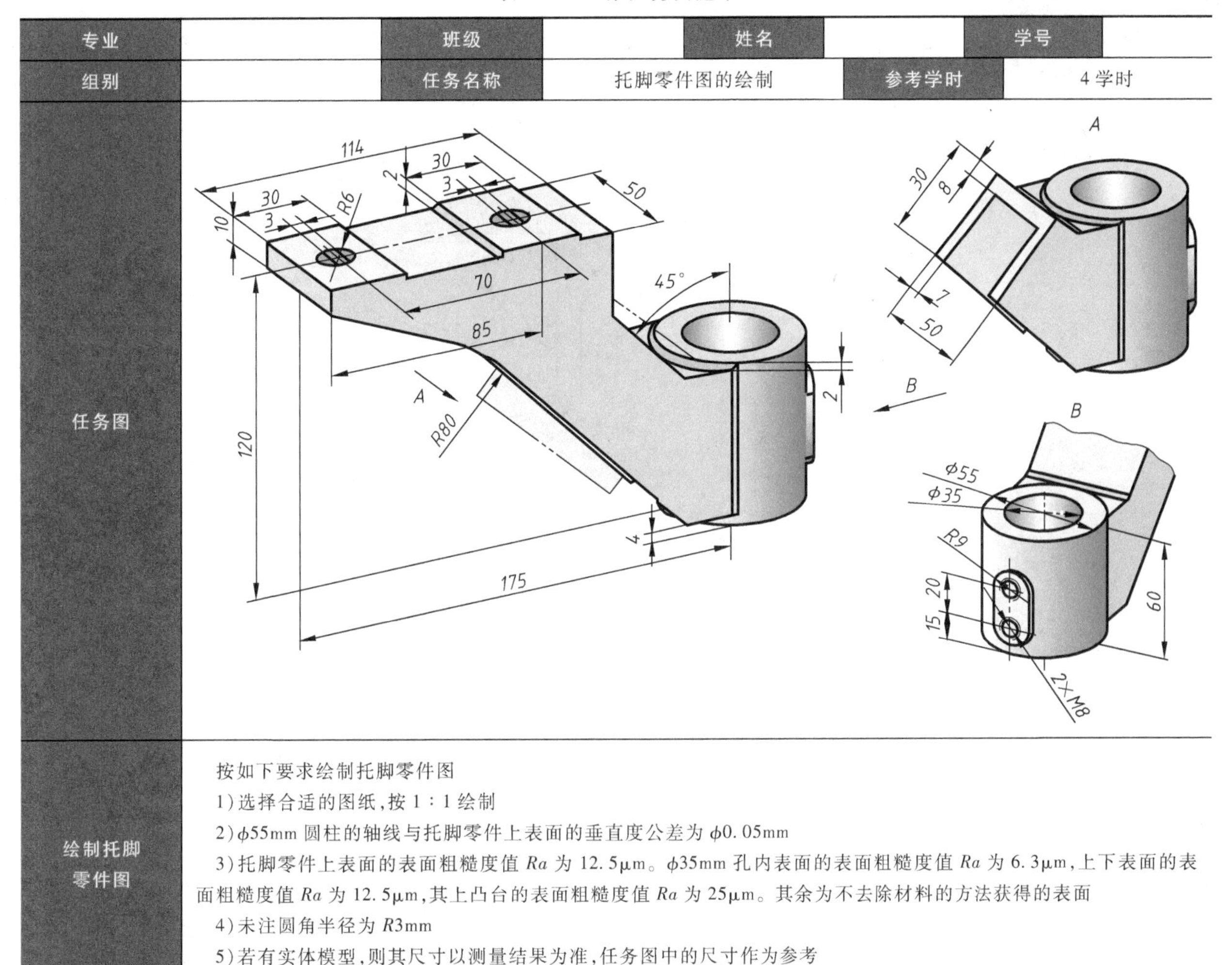

绘制托脚零件图	按如下要求绘制托脚零件图 1)选择合适的图纸,按1∶1绘制 2)ϕ55mm圆柱的轴线与托脚零件上表面的垂直度公差为ϕ0.05mm 3)托脚零件上表面的表面粗糙度值 Ra 为12.5μm。ϕ35mm孔内表面的表面粗糙度值 Ra 为6.3μm,上下表面的表面粗糙度值 Ra 为12.5μm,其上凸台的表面粗糙度值 Ra 为25μm。其余为不去除材料的方法获得的表面 4)未注圆角半径为 R3mm 5)若有实体模型,则其尺寸以测量结果为准,任务图中的尺寸作为参考

任务评价

填写工作任务评价单(表6-3)。

表 6-3 工作任务评价单

班级		姓名		学号		成绩	
组别		任务名称	托脚零件图的绘制	参考学时	4学时		
序号	评价内容	分数	自评分	互评分	组长或教师评分		
1	课前准备(课前预习情况)	5					
2	知识链接(完成情况)	10					
3	任务计划与决策	25					
4	任务实施	25					
5	绘图质量	30					
6	遵守课堂纪律	5					
总分		100					
综合评价(自评分×20%+互评分×40%+组长或教师评分×40%)							

组长签字: 教师签字:

学习体会	签名: 日期:

技能强化

根据图 6-2 所示的支座轴测图画零件图。

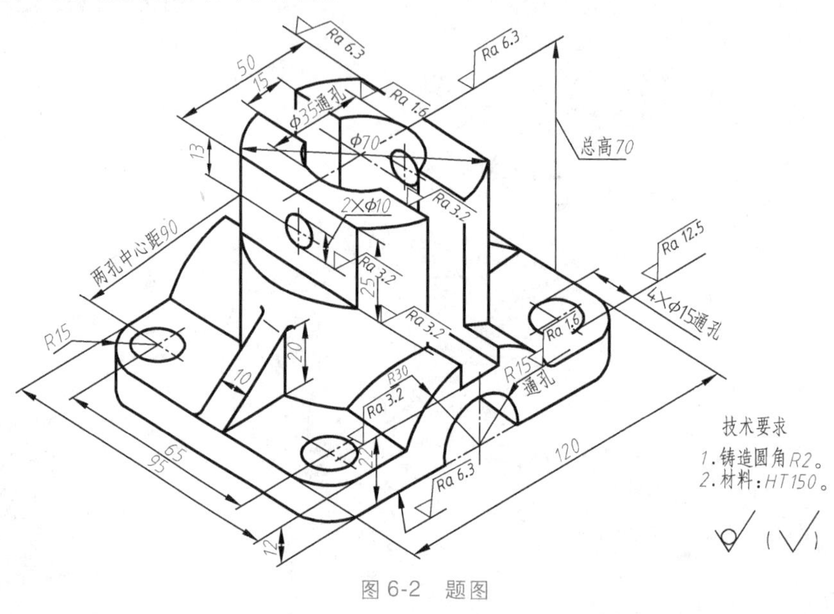

图 6-2　题图

任务 6.2　支架零件图的识读

任务导入

正确识读图 6-3 所示的支架零件图，了解其形状、结构、大小和技术要求。

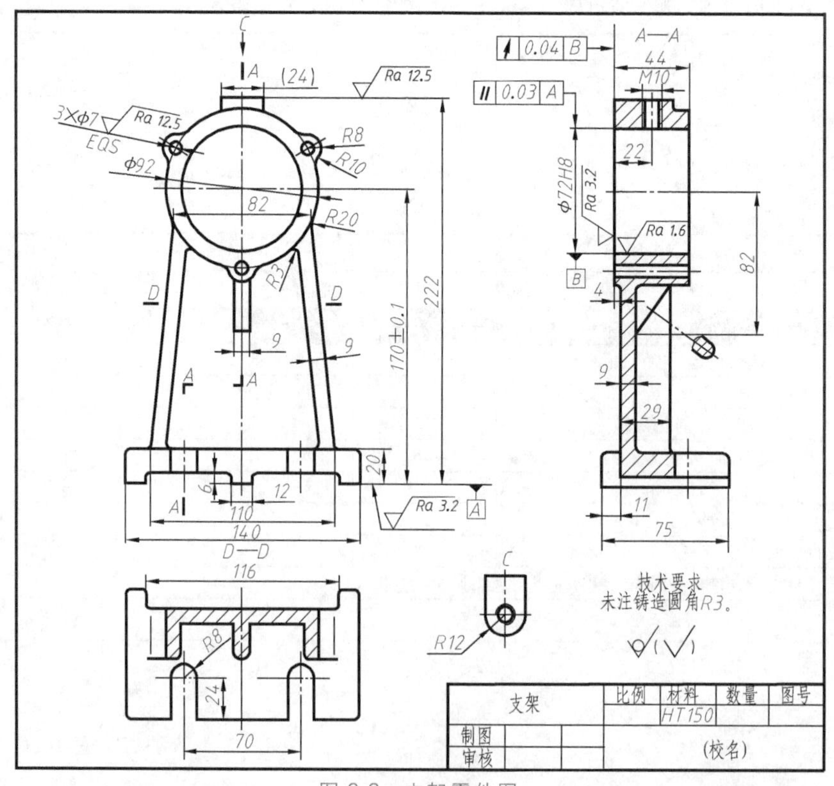

图 6-3　支架零件图

任务分析

从图 6-3 所示的零件图可知，该零件属于典型的叉架类零件。要想通过识读零件图想象出支架的空间结构，就必须掌握叉架类零件图表达方案、分析叉架类零件的尺寸标注、技术要求等相关知识。

知识链接

一、叉架类零件图的识读方法与步骤

参照项目 3 中的任务 3.4。

二、叉架类零件图的特点

(1) 结构特点　叉架类零件通常由工作部分、支承（或安装）部分及连接部分组成，形状比较复杂且不规则。零件上常有叉形结构、肋、孔和槽等。

(2) 加工方法　毛坯多为铸件或锻件，经车、镗、铣、刨、钻等多种工序加工而成。

(3) 视图表达　一般需要两个以上基本视图：常以工作位置为主视图，反映重要形状特征；连接部分和细部结构采用局部视图或斜视图，并用剖视图、断面图、局部放大图表达局部结构。

(4) 尺寸标注　尺寸标注比较复杂，各部分的形状和相对位置的尺寸要直接标注。尺寸基准常选择安装基准面、对称平面、轴线和孔中心线。定位尺寸较多，往往还有角度尺寸。为了便于制作模样，一般采用形体分析法标注定形尺寸。

(5) 技术要求　支承部分、配合面均有较严的尺寸公差、几何公差和表面粗糙度要求。

任务计划与决策

填写工作任务计划与决策单（表 6-4）。

表 6-4　工作任务计划与决策单

<table>
<tr><td>专业</td><td></td><td>班级</td><td colspan="4"></td></tr>
<tr><td>组别</td><td></td><td>任务名称</td><td colspan="2">支架零件图的识读</td><td>参考学时</td><td>2 学时</td></tr>
<tr><td>任务计划</td><td colspan="6">各组根据任务内容制订支架零件图识读的任务计划</td></tr>
<tr><td rowspan="3">任务决策</td><td colspan="2">项目</td><td colspan="2">可选方案</td><td>方案分析</td><td>结论</td></tr>
<tr><td colspan="2" rowspan="2">识读方案</td><td>方案 1</td><td></td><td></td><td></td></tr>
<tr><td>方案 2</td><td></td><td></td><td></td></tr>
</table>

任务实施

填写工作任务实施单（表 6-5）。

表 6-5　工作任务实施单

<table>
<tr><td>专业</td><td></td><td>班级</td><td></td><td>姓名</td><td></td><td>学号</td><td></td></tr>
<tr><td>组别</td><td></td><td>任务名称</td><td colspan="2">支架零件图的识读</td><td>参考学时</td><td colspan="2">2 学时</td></tr>
<tr><td>任务图</td><td colspan="7">各小组识读图 6-3</td></tr>
<tr><td>支架零件图识读结果</td><td colspan="7">1)从标题栏可知:零件的名称是____,属于______零件,材料是____
2)该零件图共有________个视图。主视图采用______视图,俯视图采用______视图,左视图采用______视图,凸台采用__________视图
3)用符号▲指出长、宽、高三个方向的尺寸基准
4)3×ϕ7mm 通孔的定位尺寸是______,M10 螺孔的定位尺寸是________
5)说明代号 [↗ | 0.04 | B] 的含义:基准要素是________,被测要素是________,公差项目是__________,公差值是________
6)孔 ϕ72H8 和通孔 3×ϕ7mm 的表面结构要求代号分别为__________、________
7)ϕ72H8 的上极限尺寸为________,下极限尺寸为______,“H8”是________代号,“H”是_________代号,“8”是__________代号
8)想象并说明该零件的空间结构</td></tr>
</table>

任务评价

填写工作任务评价单（表 6-6）。

表 6-6　工作任务评价单

<table>
<tr><td>班级</td><td></td><td>姓名</td><td></td><td>学号</td><td></td><td>成绩</td><td></td></tr>
<tr><td>组别</td><td></td><td>任务名称</td><td colspan="2">支架零件图的识读</td><td>参考学时</td><td colspan="2">2 学时</td></tr>
<tr><td>序号</td><td>评价内容</td><td>分数</td><td>自评分</td><td>互评分</td><td>组长或教师评分</td></tr>
<tr><td>1</td><td>课前准备(课前预习情况)</td><td>5</td><td></td><td></td><td></td></tr>
<tr><td>2</td><td>知识链接(完成情况)</td><td>10</td><td></td><td></td><td></td></tr>
<tr><td>3</td><td>任务计划与决策</td><td>25</td><td></td><td></td><td></td></tr>
<tr><td>4</td><td>任务实施</td><td>25</td><td></td><td></td><td></td></tr>
<tr><td>5</td><td>识图效果</td><td>30</td><td></td><td></td><td></td></tr>
<tr><td>6</td><td>遵守课堂纪律</td><td>5</td><td></td><td></td><td></td></tr>
<tr><td colspan="2">总分</td><td>100</td><td></td><td></td><td></td></tr>
<tr><td colspan="4">综合评价(自评分×20%+互评分×40%+组长或教师评分×40%)</td><td colspan="2"></td></tr>
<tr><td colspan="4">组长签字:</td><td colspan="2">教师签字:</td></tr>
<tr><td>学习体会</td><td colspan="5">签名:　　　　　日期:</td></tr>
</table>

技能强化

1. 识读图 6-4 所示的拨叉零件图并回答问题。

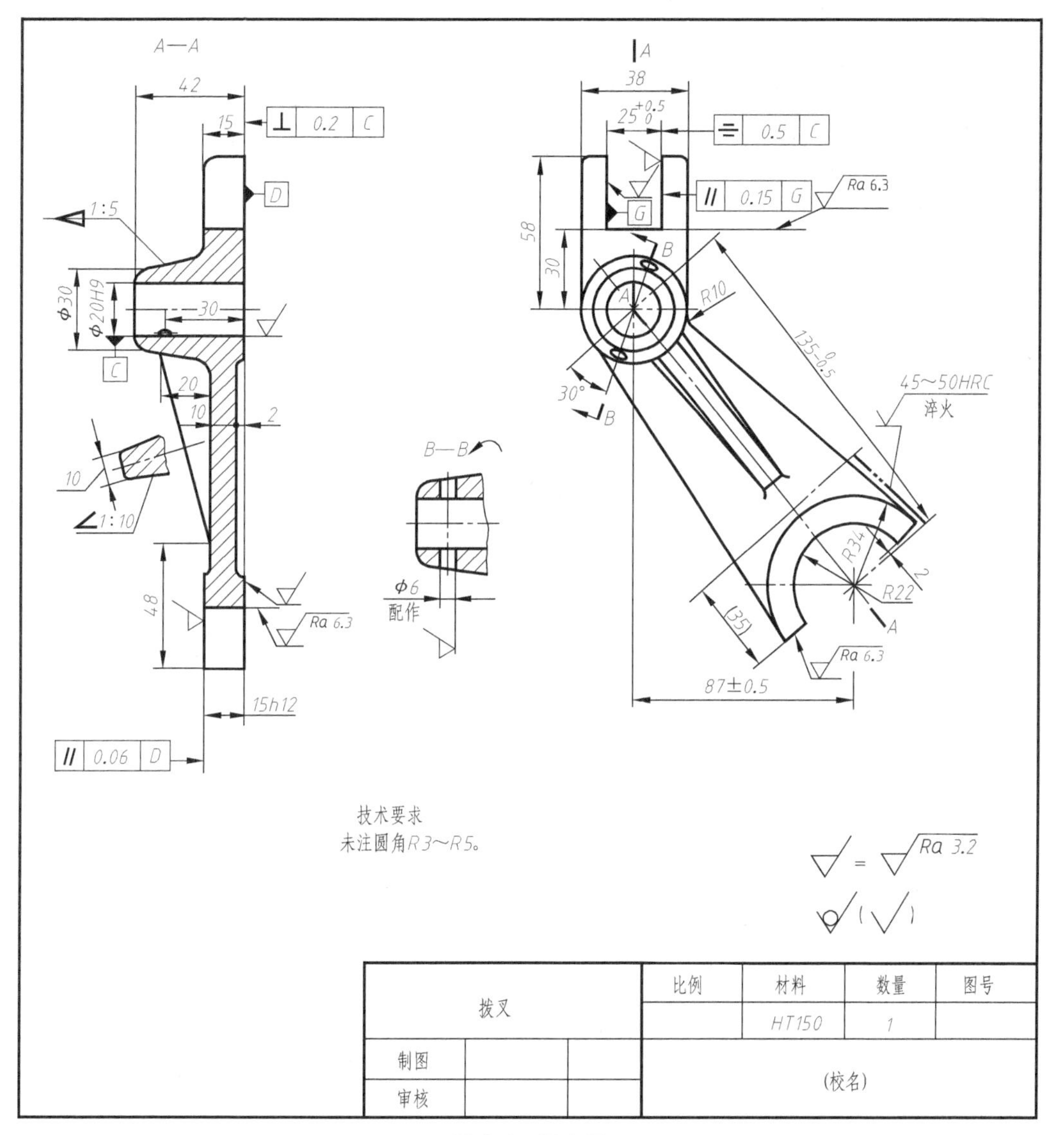

图 6-4　题 1 图

1）该零件的名称是____，材料是____。

2）该零件图共有________个视图。图中 A-A 是________剖视图，B-B 是______剖视图，肋断面采用__________图。

3）用符号▲指出长、宽、高三个方向的尺寸基准。

4）B-B 中，销孔 φ6mm 配作的定位尺寸是______，R22mm 处的定位尺寸是________。

5）尺寸“(35)”的特殊要求是：____________________。

6）说明代号 ⊥ 0.2 C 的含义：基准要素是________，被测要素是________，公差项目是__________，公差值是________。

7）孔 φ20H9 和半圆孔 R22mm 的表面结构要求代号分别为__________、________。

8）φ20H9 的上极限尺寸为________，下极限尺寸为______，“H9”是________代号，“H”是__________代号，“9”是__________代号。

2. 识读图 6-5 所示的托架零件图并回答问题。

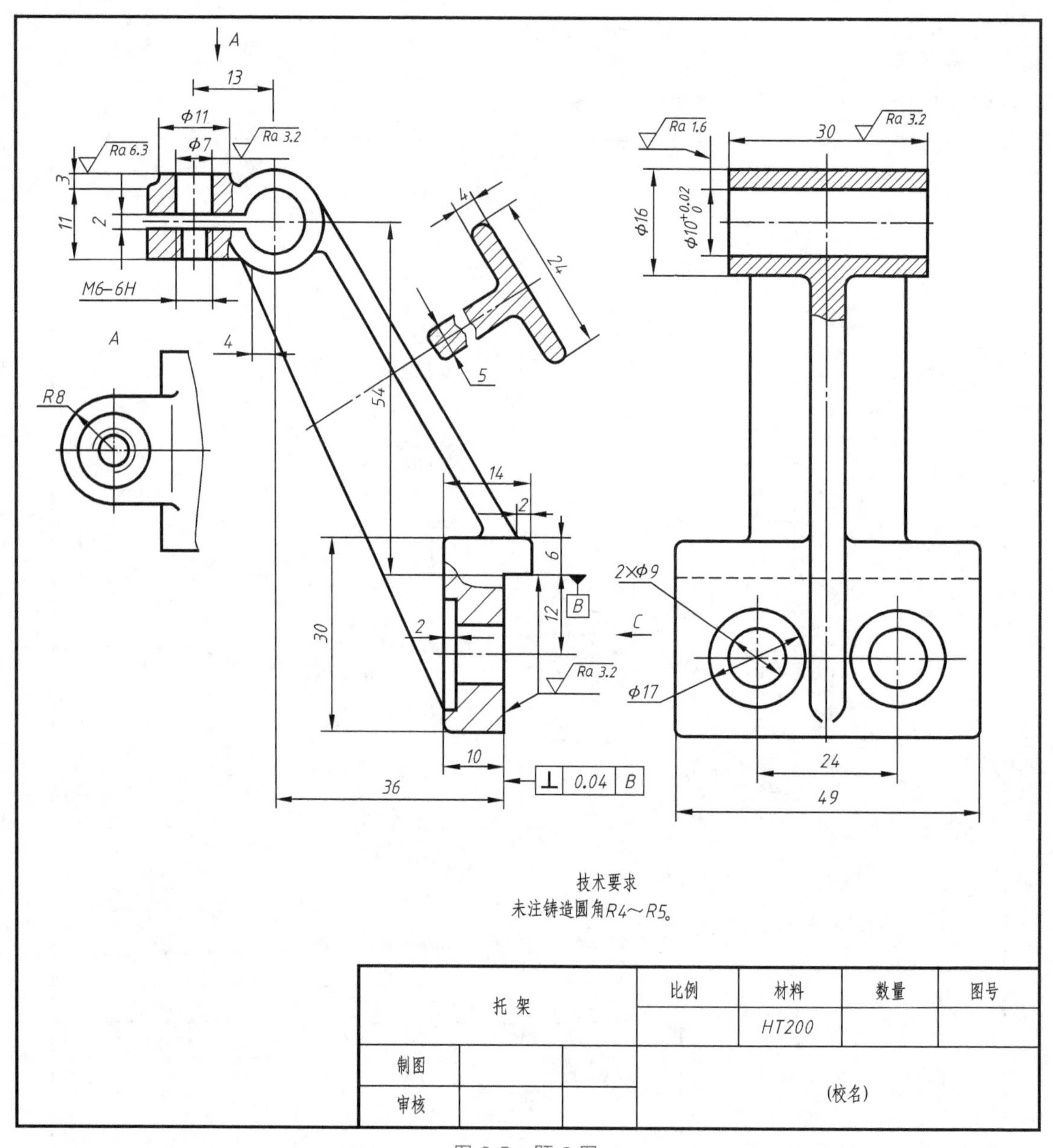

图 6-5 题 2 图

1）该零件的名称是________，材料是__________。

2）表达该零件所用的一组图形分别是___________、__________、___________、___________。

3）此零件的连接部分是一个______形肋，其厚度分别为____和____。

4）尺寸 M6-6H 中的 M 表示______螺纹，6 为__________，6H 的含义是___________。

5）框格[⊥ 0.04 B]表示的几何公差项目是__________，其被测要素是___________，基准要素是________。

6）ϕ7mm 孔的定位尺寸是__________，$\phi 10^{+0.02}_{0}$mm 的定位尺寸是________。其表面粗糙度代号分别为___________和______________。

7）在图中作出 C 向局部视图。

项目7 PROJECT 7 标准件与常用件图样的绘制

学习目标

1. 掌握标准件与常用件的基本知识。
2. 掌握标准件与常用件的规定画法、代号和标主方法。
3. 掌握标准件与常用件的标准查阅。
4. 掌握标准件和常用件的选用及与其他零件配合时的画法。
5. 能熟记6S管理规定，并按照6S管理规定进行操作。

素养目标

1. 引入标准化成本管理理念，培养学生的成本意识和质量意识。
2. 通过介绍弹簧的工作原理，联系压力和动力的关系，培养学生不怕挫折、积极进取的奋斗精神。
3. 通过讲解滚动轴承的特点，宣扬持之以恒、爱岗敬业的职业精神。

任务7.1　螺栓连接装配图的绘制

任务导入

图7-1所示为螺栓连接的立体图，如何选用合适的螺栓、螺母和垫圈将两个零件连接起来，并绘制其装配图？

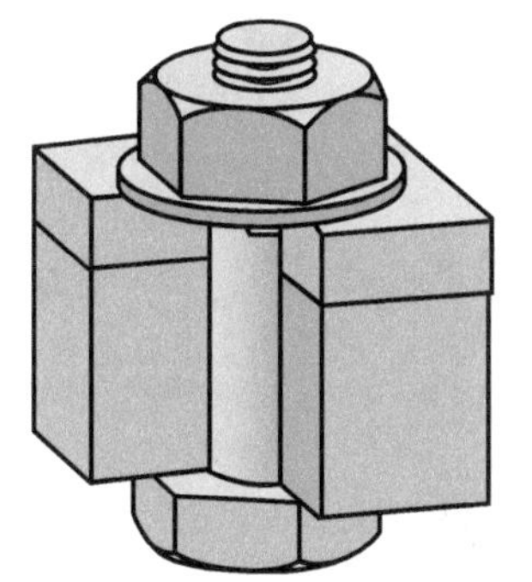

图7-1　螺栓连接的装配立体图

任务分析

螺栓连接中所用到的螺栓、螺母和垫圈都属于标准件和常用件，在国家标准中规定了其规格及标准画法。要解决以上螺纹紧固件的连接画法，应从国家标准对螺纹的基本画法入手，掌握螺纹的有关参数、标注、含义，掌握螺栓选用的原则及相关标准的查阅，掌握螺栓连接画法的基本要求等知识。

知识链接

一、标准件与常用件

机械设备经常用螺栓等标准件实现零件的装配，如图7-2所示。标准件指结构、尺寸规格、技术要求等实现标准化的零件或零件组，中国国家标准化管理委员会对每一种标准件都规定了对应编号，以方便制造和使用。

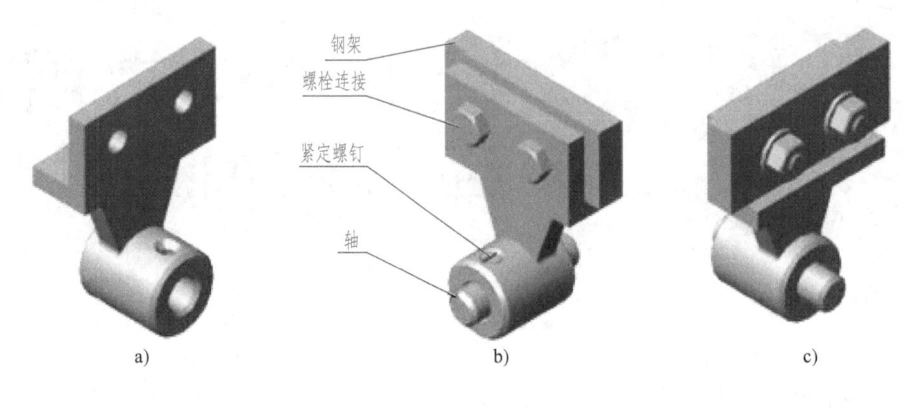

图 7-2 轴承架装配

常见的标准件和常用件有螺母、双头螺柱、螺钉、键、销、滚动轴承、齿轮和弹簧等。

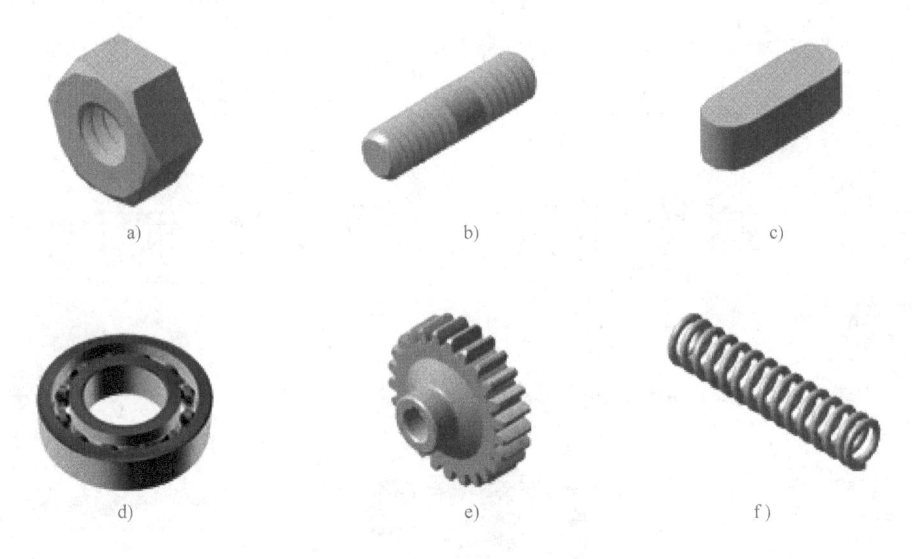

图 7-3 常见的标准件和常用件

a）螺母 b）双头螺柱 c）键 d）滚动轴承 e）齿轮 f）弹簧

二、螺纹基本知识及螺纹的画法

1. 螺纹的形成

螺纹是按螺旋线的原理形成的。外螺纹是在圆柱（或圆锥）外表面上形成的螺纹。

内螺纹是在圆柱（或圆锥）内表面上形成的螺纹。螺纹的加工方法有很多，常用的方法是用车床（图 7-4a）或者丝锥（图 7-4b）攻螺纹。

2. 螺纹的要素

普通螺纹的基本几何要素包括牙型、直径、螺距、导程、线数、旋向、牙型角和螺纹升角等。

（1）牙型　在螺纹轴线平面内的螺纹轮廓形状称为牙型。常见的牙型有三角形（60°、55°）、梯形、锯齿形和矩形等，如图 7-5 所示。

（2）螺纹的直径　螺纹的直径包括大径、小径和中径，如图 7-6 所示。

1）大径 d、D：指与外螺纹的牙顶或内螺纹的牙底相切的假想圆柱或圆锥的直径。内螺纹的大径用大写字母 D 表示，外螺纹的大径用小写字母 d 表示。

2）小径 d_1、D_1：指与外螺纹的牙底或内螺纹的牙顶相切的假想圆柱或圆锥的直径。内螺纹的径用 D_1 表示，外螺纹的小径用 d_1 表示。

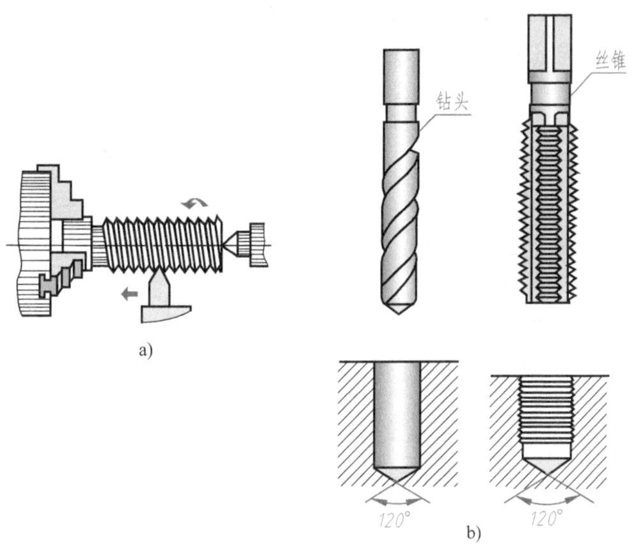

图 7-4 螺纹的加工方法

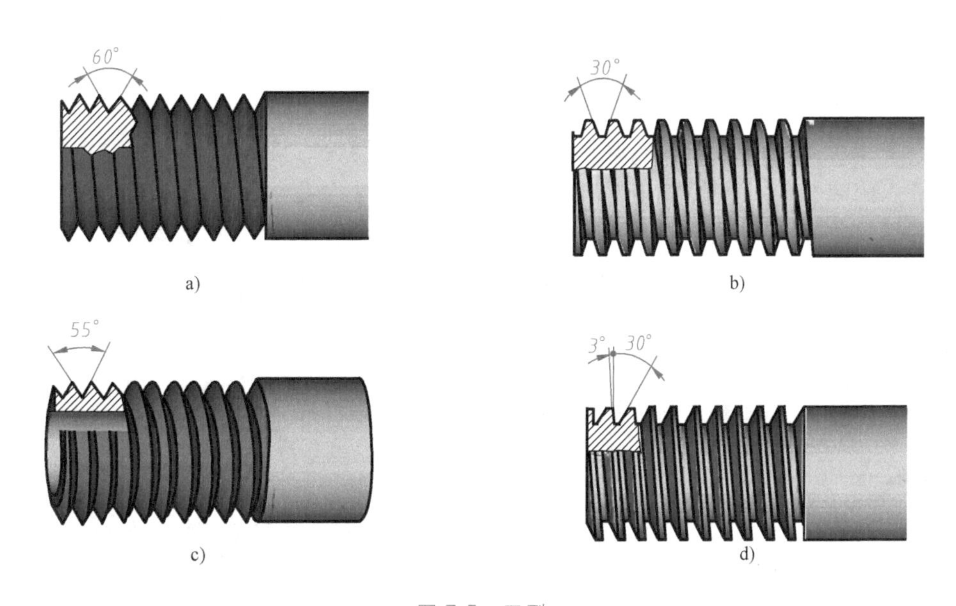

图 7-5 牙型

a）普通螺纹（M） b）梯形螺纹（Tr） c）管螺纹（G、Rp） d）锯齿形螺纹（B）

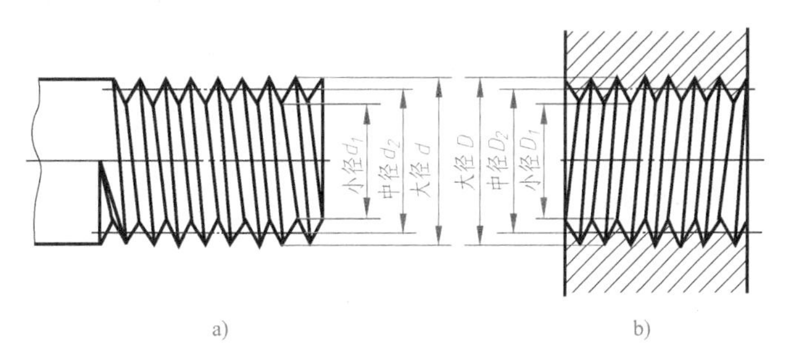

图 7-6 螺纹的直径

a）外螺纹 b）内螺纹

3）中径 d_2、D_2：指一个假想圆柱或圆锥的直径，该圆柱或圆锥的母线通过实际螺纹上牙厚与牙槽宽度相等的地方。

4）公称直径：代表螺纹尺寸的直径，指螺纹大径的公称尺寸。

（3）线数　形成螺纹的螺旋线条数称为线数，线数用字母 n 表示。沿一条螺旋线形成的螺纹称为单线螺纹，沿两条以上螺旋线形成的螺纹称为多线螺纹，如图 7-7 所示。

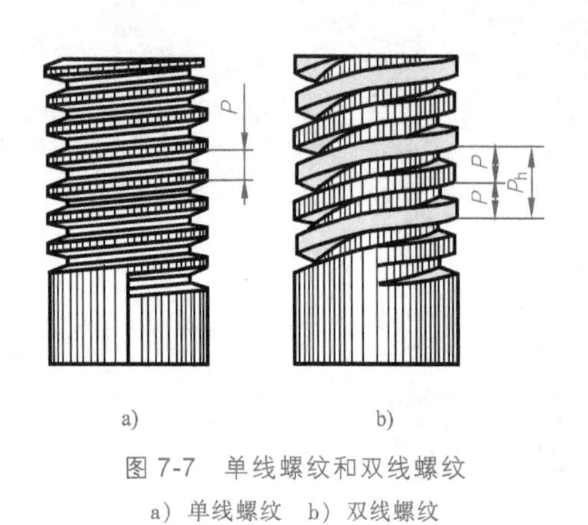

a)　　b)

图 7-7　单线螺纹和双线螺纹

a）单线螺纹　b）双线螺纹

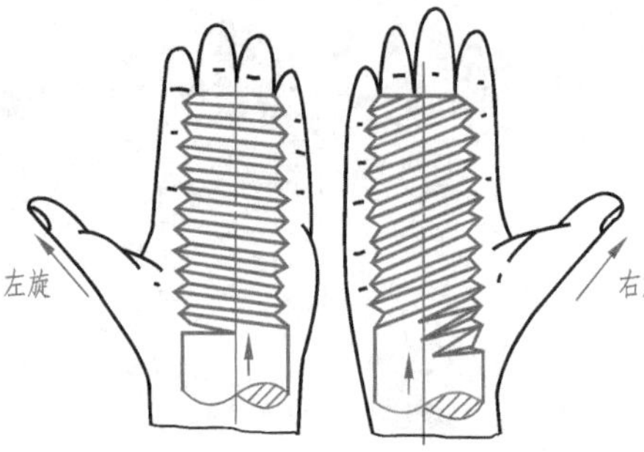

左旋　右旋

a)　　b)

图 7-8　螺纹的旋向

（4）螺距和导程　相邻两牙体上的对应牙侧与中径线相交两点间的轴向距离称为螺距，螺距用字母 P 表示；最邻近的两同名牙侧与中径线相交两点间的轴向距离称为导程，导程用字母 P_h 表示，如图 7-7 所示。导程 P_h、螺距 P 和线数 n 之间的关系为

$$P_h = P \times n$$

（5）旋向　螺纹分为左旋螺纹和右旋螺纹两种。逆时针旋转时旋入的螺纹是左旋螺纹（图 7-8a），顺时针旋转时旋入的螺纹是右旋螺纹（图 7-8b）。工程上常用右旋螺纹，螺纹升角一般为 14°。

国家标准对螺纹的牙型、大径和螺距做了统一规定，见附录 B。这三项要素均符合国家标准的螺纹称为标准螺纹，凡牙型不符合国家标准的螺纹称为非标准螺纹，只有牙型符合国家标准的螺纹称为特殊螺纹。

归纳 1：

●螺纹的五要素是指________、________、________、________和________；内、外螺纹能够相互旋合的条件是____。

3. 螺纹的规定画法

螺纹的规定画法

螺纹不按真实投影作图，而采用 GB/T 4459.1—1995 规定的画法以简化作图过程。

（1）外螺纹的画法　外螺纹的画法如图 7-9 所示，外螺纹的螺纹收尾画法及剖视画法如图 7-10 所示。注意：螺纹收尾一般不必画出。

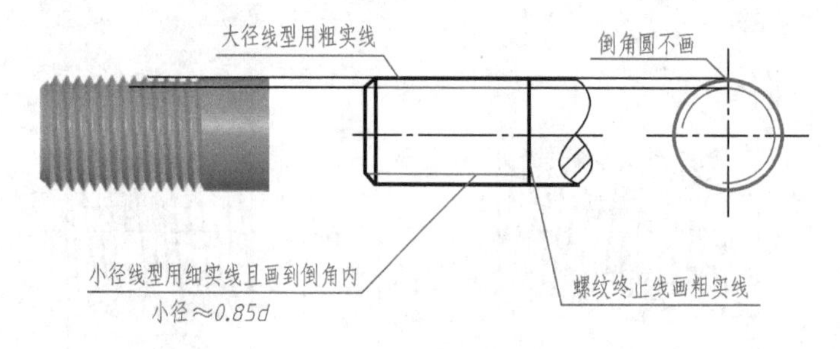

图 7-9　外螺纹的画法

归纳 2：

●外螺纹的大径用________线表示，小径用________线表示。螺纹小径按大径的______倍绘制。在不反映圆的视图中，小径的细实线应__________（与倒角的位置关系），螺纹终止线用__________表示。当需要表示螺纹收尾时，螺纹尾部的小径____________________绘制。在反映圆的视图中，表示小径的细实线圆只画__________。

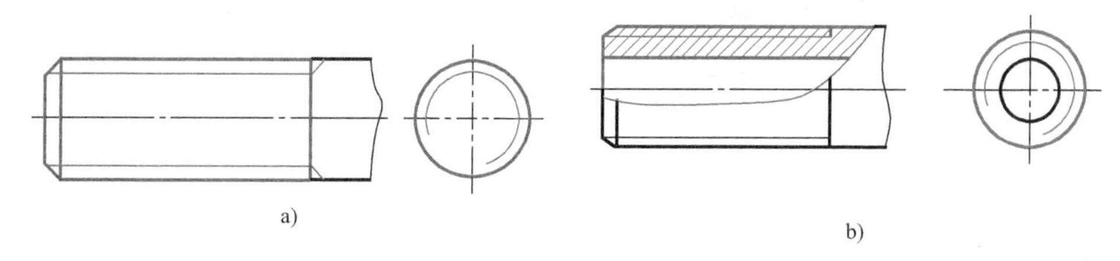

图 7-10 外螺纹的螺纹收尾画法及剖视画法

a）螺纹收尾画法 b）剖视画法

（2）内螺纹的画法 内螺纹通常采用剖视图表达，如图 7-11 所示。

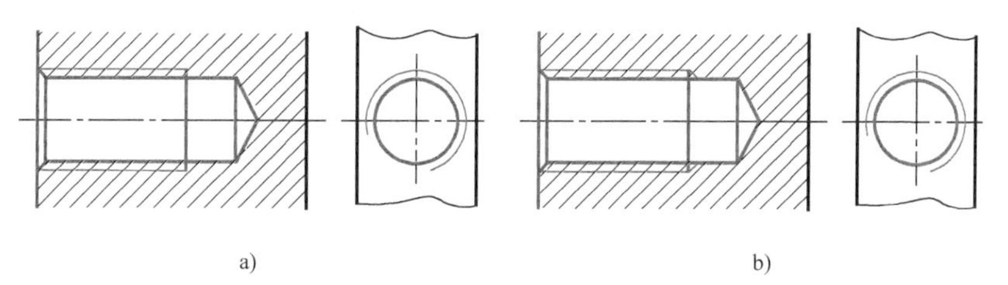

图 7-11 内螺纹的画法

归纳 3：

●在不反映圆的视图中，内螺纹的大径用______线表示，小径和螺纹终止线用____________线表示，且小径取大径的________倍，注意剖面线应画到________；若是不通孔，螺纹终止线到孔的末端的距离可按________倍大径绘制；在反映圆的视图中，内螺纹的大径用________________绘制，孔口倒角圆________。

（3）内、外螺纹旋合的画法 只有当内、外螺纹的五项基本要素相同时，内、外螺纹才能进行连接，如图 7-12 和图 7-13 所示。

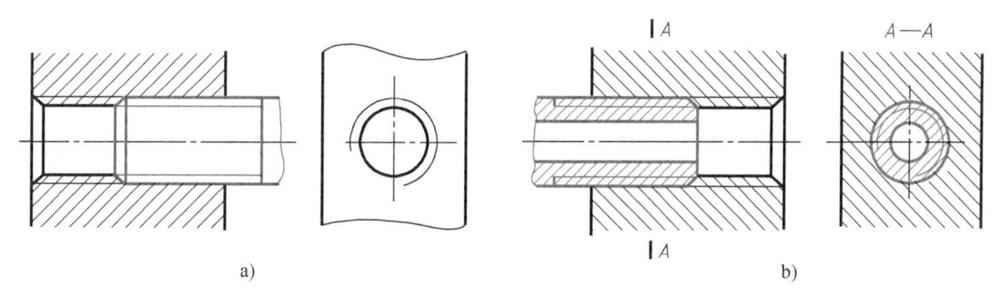

图 7-12 内、外螺纹旋合的画法（一）

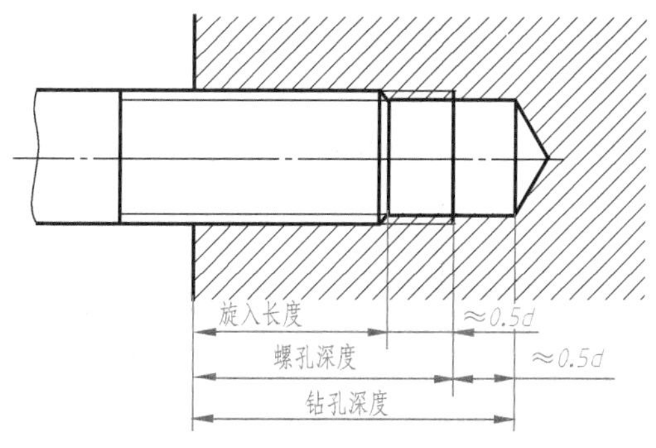

图 7-13 内、外螺纹旋合的画法（二）

归纳 4：

●用剖视图表示螺纹连接时，旋合部分按____________的画法绘制，未旋合部分按______________

__________绘制。画图时必须注意：表示内、外螺纹大径的__________线和__________线以及表示内、外螺纹小径的__________线和__________线应分别对齐。

●找出图 7-14 所示各图中的错误，并将正确的画在相应空白处。

1）外螺纹。

2）内螺纹。

3）螺纹连接。

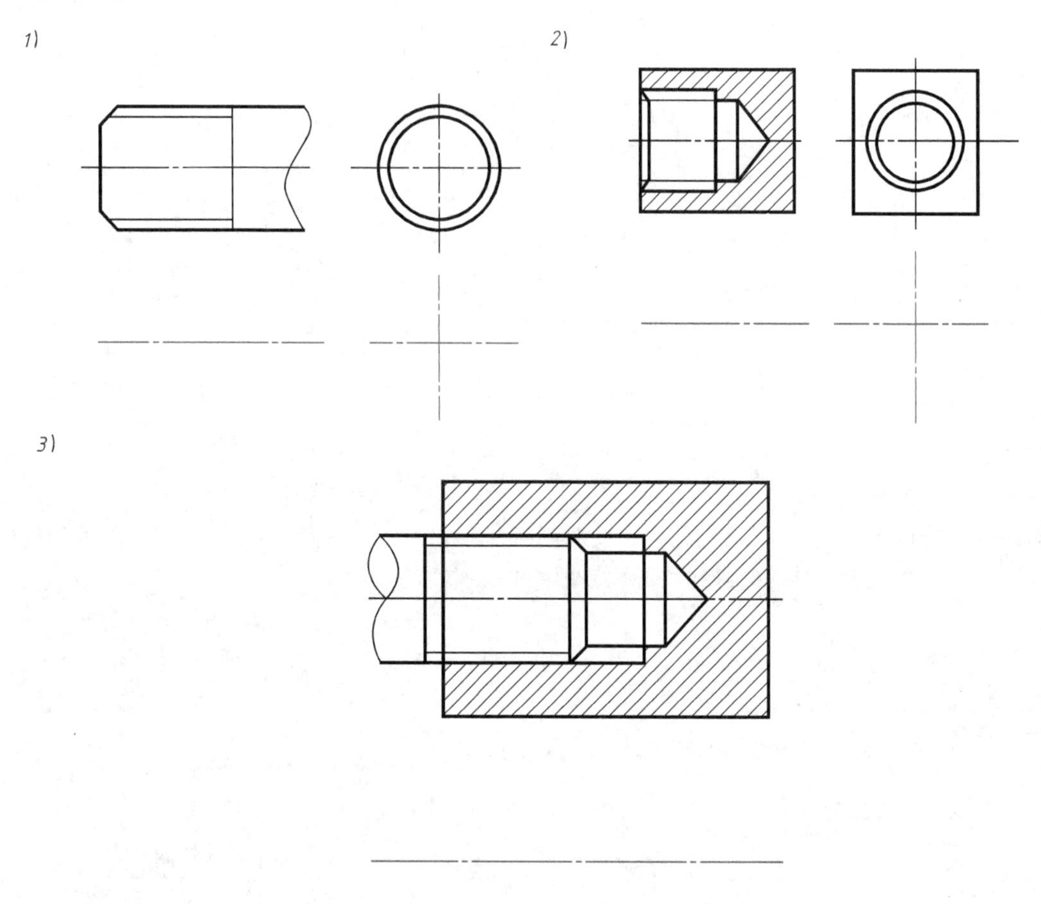

图 7-14　螺纹画法

4. 螺纹牙型的表示法

螺纹的牙型一般不需要在图形中画出，当需要表示螺纹的牙型时，可按图 7-15 所示的形式绘制。

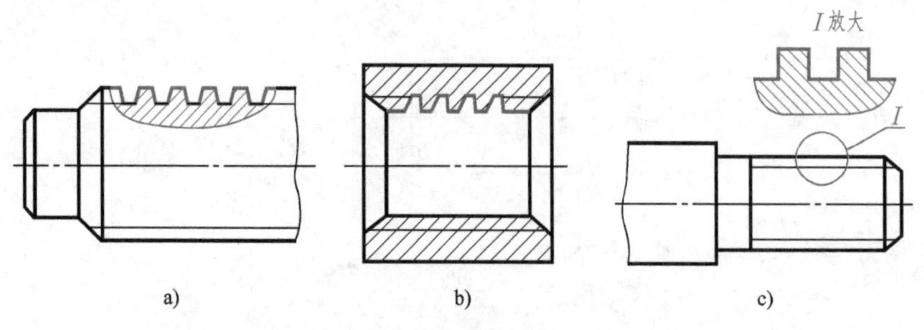

图 7-15　螺纹牙型的表示法

a）外螺纹局部剖　b）内螺纹全剖　c）局部放大图

5. 锥螺纹的画法

具有锥螺纹的零件，其螺纹部分在投影为圆的视图中只需画出一端螺纹视图，如图 7-16 所示。

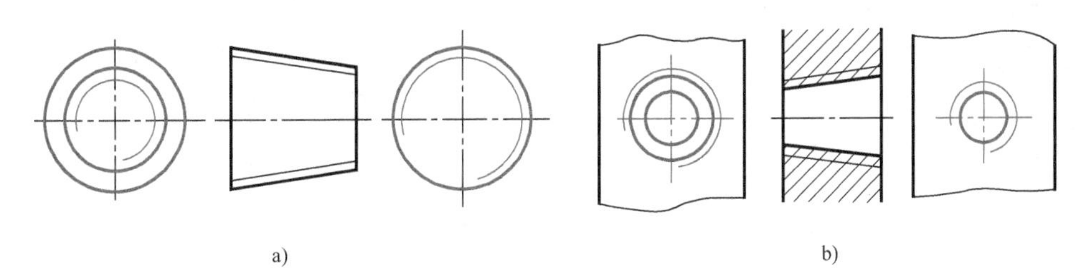

图 7-16 锥螺纹的画法
a）外螺纹 b）内螺纹

三、螺纹的标注

由于螺纹的规定画法不能表达出螺纹的种类和螺纹的要素，因此在图中对标准螺纹需要进行正确的标注。下面分别介绍各种螺纹的标注方法。

1. 普通螺纹

普通螺纹用尺寸标注的形式注在内、外螺纹的大径上，其标注的具体项目和格式如下：

螺纹特征代号 公称直径×螺距-中径公差带代号 顶径公差带代号-旋合长度代号-旋向

普通螺纹的螺纹特征代号用字母“M”表示。

粗牙普通螺纹不必标注螺距；细牙普通螺纹必须标注螺距。公称直径、导程和螺距数值的单位为 mm。

中径公差带代号和顶径公差带代号由表示公差等级的数字和字母组成。大写字母代表内螺纹，小写字母代表外螺纹。顶径是指外螺纹的大径和内螺纹的小径，若两组公差带代号相同，则只写一组。表示内、外螺纹旋合时，内螺纹公差带代号在前，外螺纹公差带代号在后，中间用“/”分开。

在特定情况下，中等公差精度螺纹不注公差带代号（内螺纹：5H，公称直径小于或等于 1.4mm 时；6H，公称直径大于或等于 1.6mm 时。外螺纹：6h，公称直径小于或等于 1.4mm 时；6g，公称直径大于或等于 1.6mm 时）。

右旋螺纹不必标注旋向代号，左旋螺纹应标注字母“LH”。

普通螺纹的旋合长度分为短、中等、长三组，其代号分别是 S、N、L。若是中等旋合长度，其旋合代号 N 可省略。图 7-17 所示为普通螺纹的标注示例。

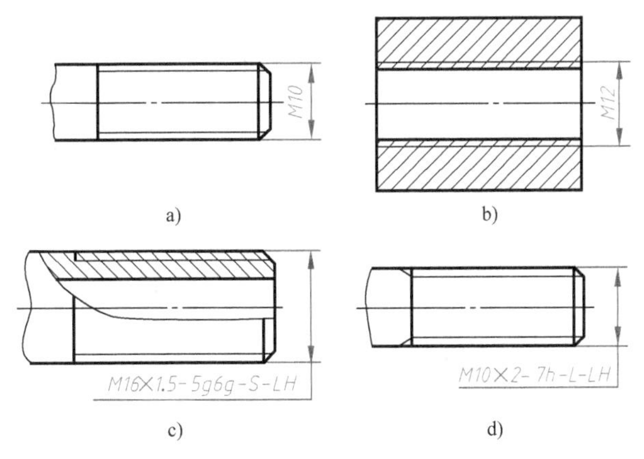

图 7-17 普通螺纹的标注示例

2. 传动螺纹

传动螺纹主要指梯形螺纹和锯齿形螺纹，它们也用尺寸标注的形式注在内、外螺纹的大径上，其标注的具体项目及格式如下：

螺纹特征代号 公称直径×导程（P 和螺距值）旋向-中径公差带代号-旋合长度代号

梯形螺纹的螺纹特征代号用字母“Tr”表示，锯齿形螺纹的螺纹特征代号用字母“B”表示。

多线螺纹标注导程与螺距，单线螺纹只标注螺距。

右旋螺纹不标注旋向代号，左旋螺纹标注字母“LH”。

传动螺纹只标注中径公差带代号。

旋合长度只标注“S”（短）、“L”（长），中等旋合长度代号“N”省略标注。

图 7-18 所示为传动螺纹的标注示例。

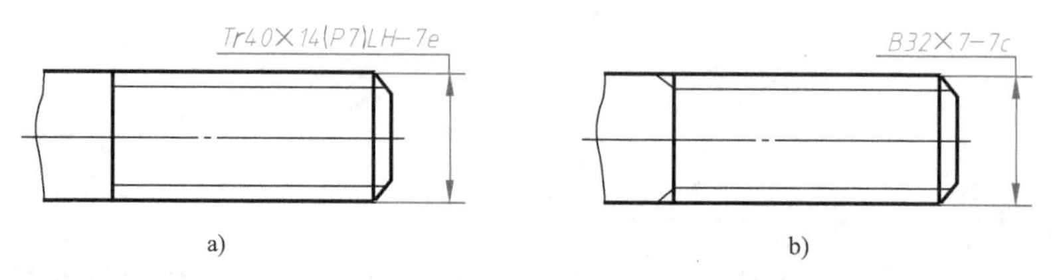

图 7-18　传动螺纹的标注示例

3. 管螺纹

管螺纹的标记必须标注在大径的引出线上。常用的管螺纹分为 55°密封管螺纹和 55°非密封管螺纹。注意：管螺纹的尺寸代号并不是指螺纹大径，也不是管螺纹本身任何一个直径，其大径和小径等参数可从有关标准中查出。

管螺纹标注的具体项目及格式如下：

55°密封管螺纹特征代号：螺纹特征代号 尺寸代号-旋向代号

55°非密封管螺纹特征代号：螺纹特征代号 尺寸代号 公差等级代号-旋向代号

55°密封管螺纹又分为：与圆柱内螺纹相配合的圆锥外螺纹，其螺纹特征代号是 R_1；与圆锥内螺纹相配合的圆锥外螺纹，其螺纹特征代号为 R_2；圆锥内螺纹，螺纹特征代号是 Rc；圆柱内螺纹，螺纹特征代号是 Rp。旋向代号只注左旋“LH”。

55°非密封管螺纹的螺纹特征代号是 G。它的公差等级代号分 A、B 两种，外螺纹需注明，内螺纹不注此项代号。右旋螺纹不注旋向代号，左旋螺纹标“LH”。

图 7-19 所示为管螺纹的标注示例。

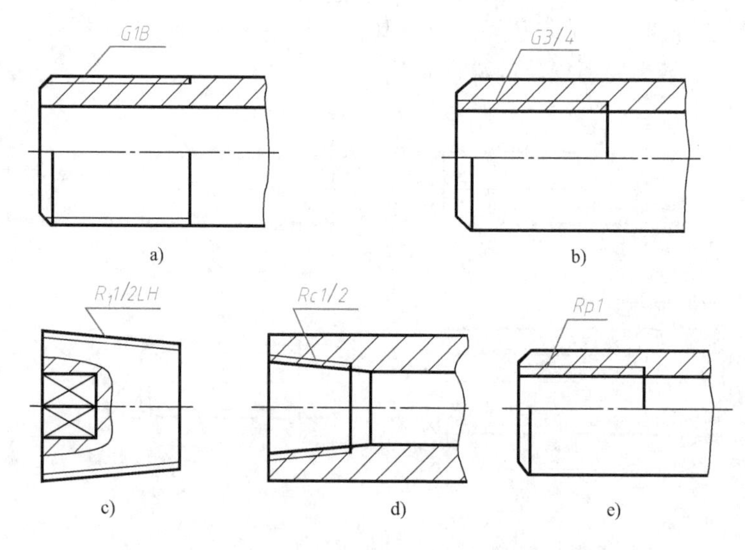

图 7-19　管螺纹的标注示例

归纳 5：

●根据给定的螺纹参数，在图 7-20 中正确注出其规定标记。

1）细牙普通螺纹，公称直径 24mm，螺距 1.5mm，右旋，螺纹公差带：中径为 5g，大径为 6g。

2）粗牙普通螺纹，公称直径 24mm，螺距 3mm，右旋，螺纹公差带：中径、小径均为 6H。

3）梯形螺纹，公称直径 16mm，导程 5mm，双线，左旋，中径公差为 7e，长度合长度。

4）55°密封管螺纹，尺寸代号 3/4。

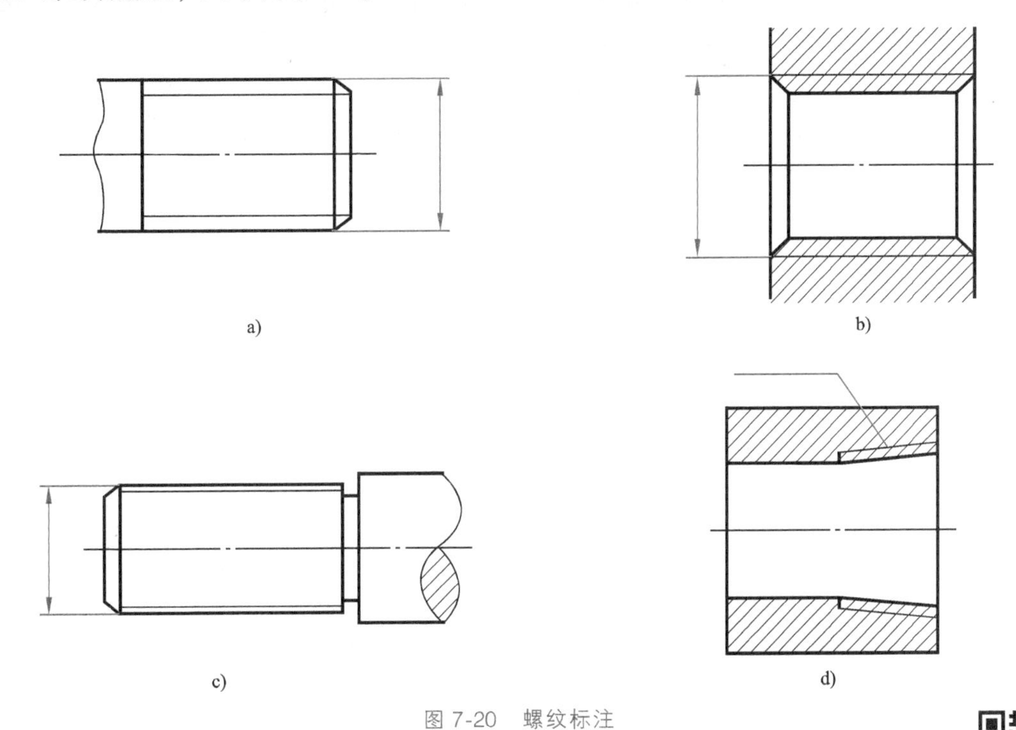

图 7-20　螺纹标注

螺纹连接的画法

四、螺纹紧固件及其连接画法

1. 常用的螺纹紧固件及标记

常用的螺纹紧固件有螺栓、双头螺柱、螺钉、螺母和垫圈。它们的结构、尺寸都已标准化，称为标准件，使用或绘图时，可以从相应标准中查到所需的结构尺寸。常用螺纹紧固件的种类及标记示例见表 7-1。

表 7-1　常用螺纹紧固件的种类及标记示例

名 称	图 例	标记示例
六角头螺栓	M12; 50	螺栓 GB/T 5782 M12×50
1 型六角螺母	M12	螺母 GB/T 6170 M12
平垫圈	φ17	垫圈 GB/T 97.1 16
双头螺柱	M10; 10; 40	螺柱 GB 897 M10×40
开槽圆柱头螺钉	M5; 20	螺钉 GB/T 65 M5×20

（续）

名称	图例	标记示例
开槽沉头螺钉		螺栓 GB/T 68 M8×35

2. 常用螺纹紧固件的画法

螺纹紧固件的画法一般有比例画法和查表画法。当结构要求比较严格时，可用查表画法。查表画法就是查阅相关的标准手册，根据查得的各部分尺寸数值画出紧固件。比例画法是根据紧固件的主要参数与螺纹公称尺寸的近似比例关系确定各部分尺寸，画出紧固件。常见紧固件的比例画法如图7-21所示。

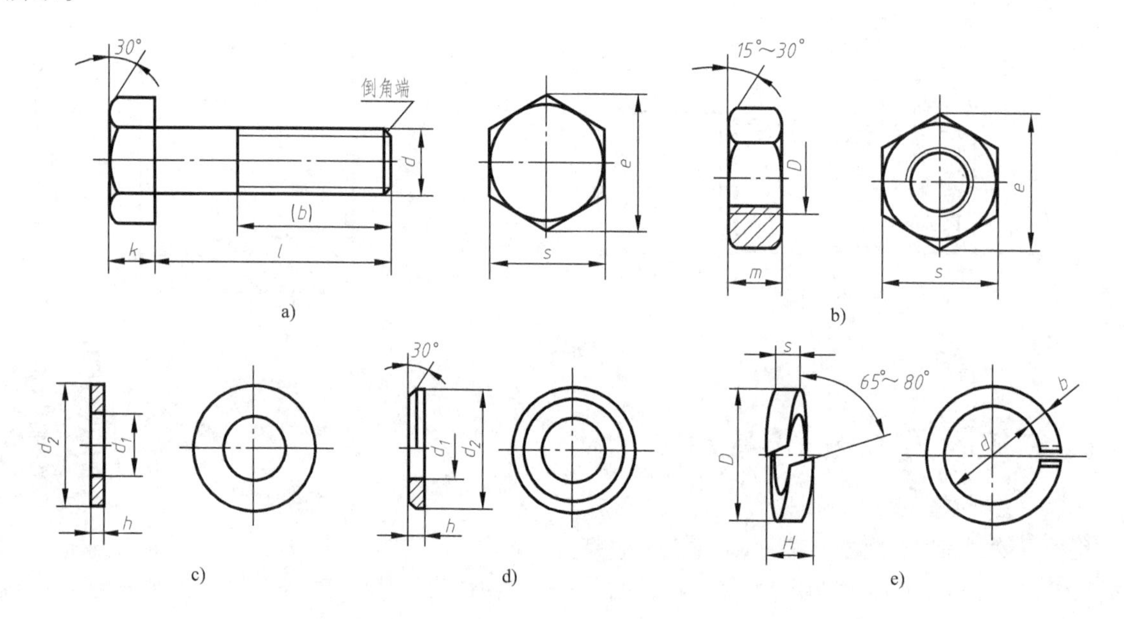

图7-21　常见紧固件的比例画法

a）螺栓　b）螺母　c）平垫圈　d）倒角型平垫圈　e）弹簧垫圈

（1）螺栓连接　螺栓用来连接两个不太厚并能钻成通孔的零件，并与垫圈、螺母配合进行连接，如图7-22所示。

归纳6：

●两零件的接触表面只画______条线，并不得加粗。凡不接触的表面，不论间隙大小，都应画出间隙。

●剖切平面通过螺栓轴线时，螺栓、螺母、垫圈可按________（剖视或不剖）绘制。必要时，可采用局部剖视图。

●两零件相邻时，不同零件的剖面线方向应________________，或者方向一致而________不等。

●螺栓长度 l 用____（算式）进行估算，并根据估算值在标准中选取与其相近的公称长度作为 l 值。

●被连接件上加工的螺孔直径稍大于螺栓直径，取________。

（2）双头螺柱连接　当两个被连接件中有一个很厚，或者不适合用螺栓连接时，常用双头螺柱连接。双头螺柱两端均加工有螺纹，一端与被连接件旋合，另一端与螺母旋合，如图7-23a所示。图7-23b所示为双头螺柱连接的比例画法。

归纳7：

●旋入端的螺纹终止线应与结合面______，表示旋入端已经拧紧。

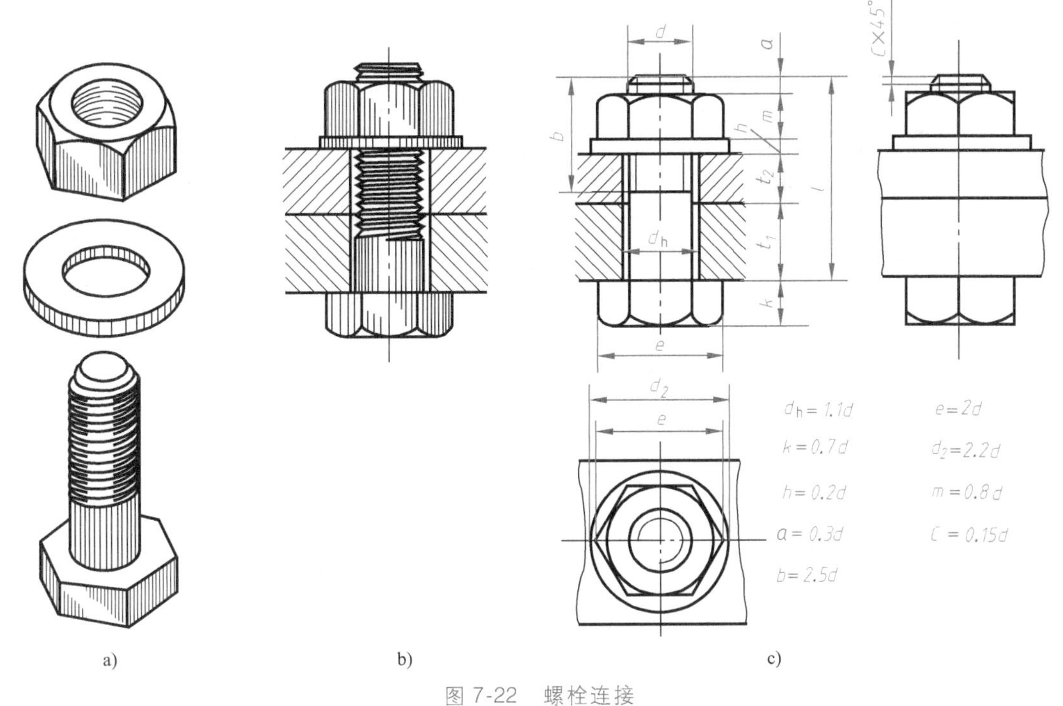

图 7-22　螺栓连接

a）连接组件　b）连接示意图　c）螺栓连接画法

●旋入端的长度 b_m 要根据被旋入件的材料而定：被旋入端的材料为钢时，$b_m=d$；被旋入端的材料为铸铁或铜时，$b_m=(1.25\sim1.5)d$；被连接件为铝合金等轻金属时，取 $b_m=2d$。

●旋入端的螺孔深度取__________，钻孔深度取________，如图 7-23b 所示。

●双头螺柱的公称长度 $l\geqslant$____________________________（算式），然后选取与估算值相近的标准长度值作为 l 值。

（3）螺钉连接　螺钉连接一般用于受力不大又不需要经常拆卸的场合，如图 7-24 所示。用比例画法绘制螺钉连接，其旋入端与双头螺柱相同，被连接件的孔部画法与螺栓相同，被连接件的孔径取 $1.1d$。螺钉的有效长度 $l=t+b_m$，并根据标准校正，如图 7-25 所示。

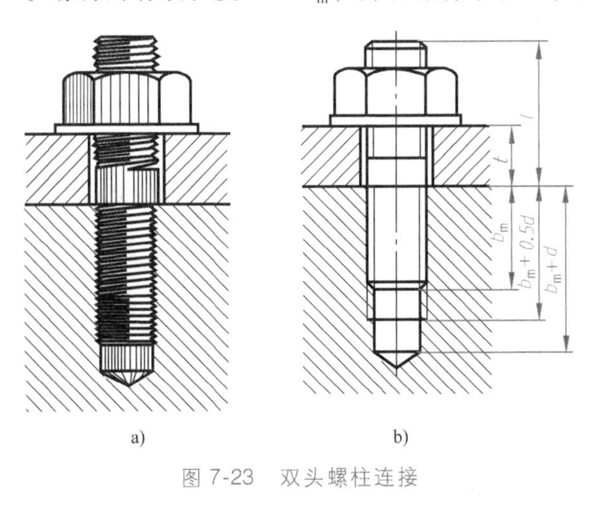

图 7-23　双头螺柱连接

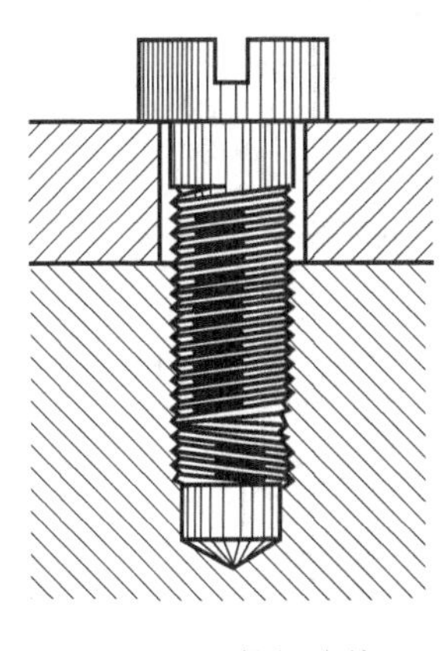

图 7-24　螺钉连接

归纳 8：

●螺钉的螺纹终止线________（能或不能）与结合面平齐，而应画在______________。

●具有沟槽的螺钉头部，在主视图中应__________，在俯视图中规定画成__________。

●改正图 7-26 所示螺钉连接画法的错误。

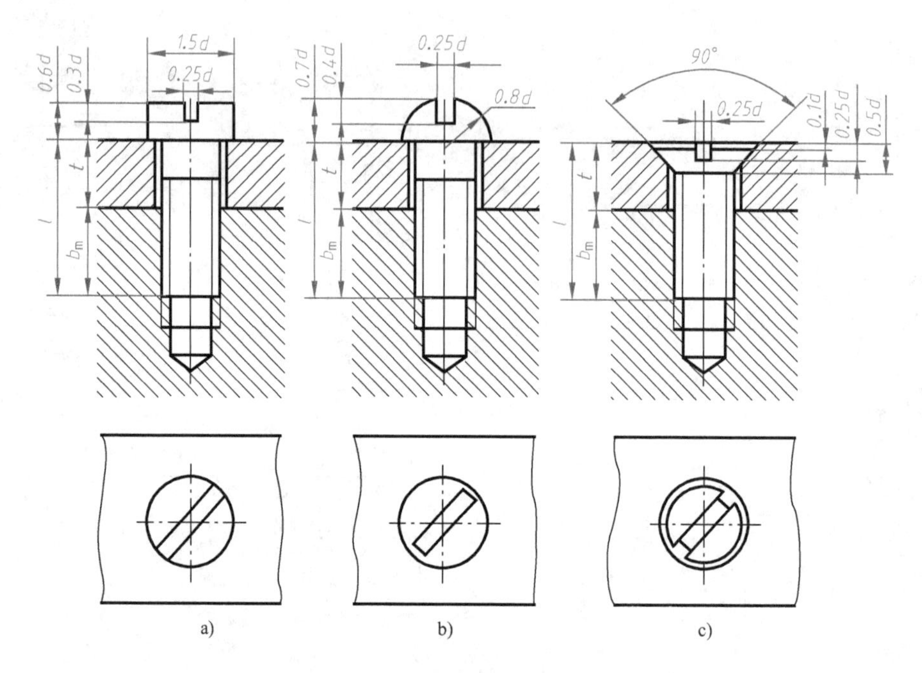

图 7-25　螺钉连接的比例画法

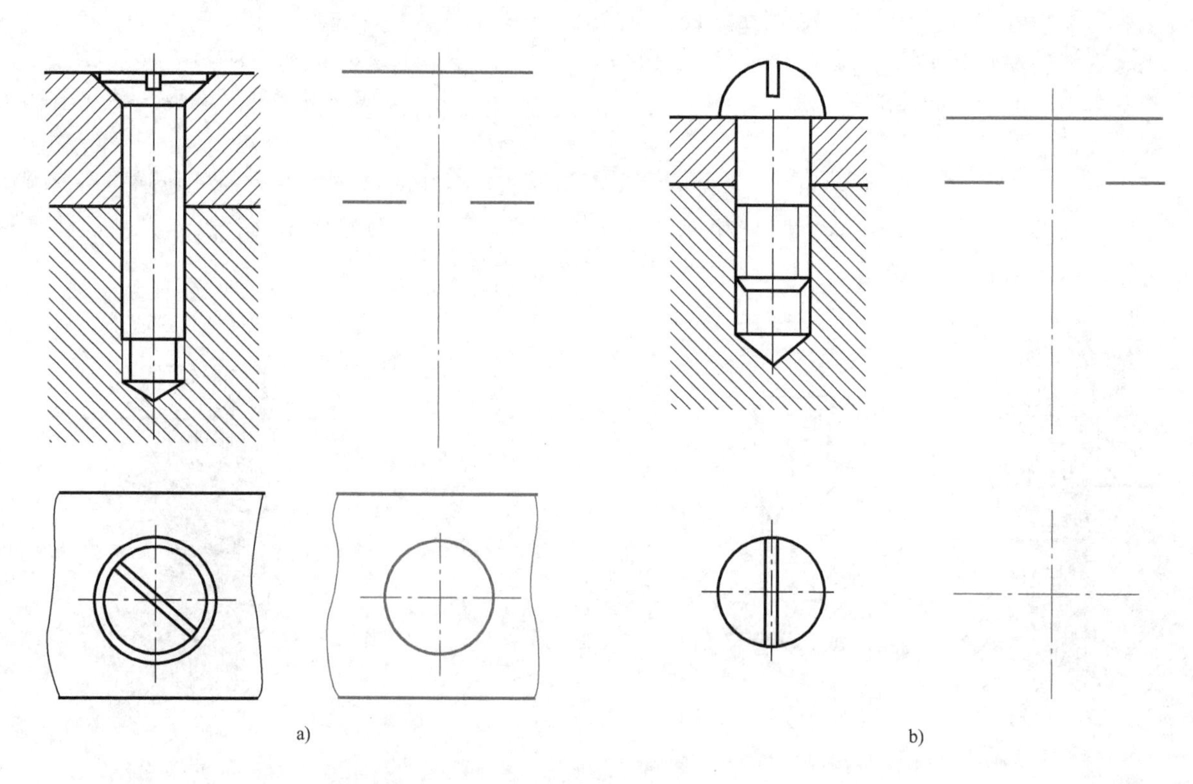

图 7-26　螺钉连接画法

任务计划与决策

填写工作任务计划与决策单（表 7-2）。

表 7-2 工作任务计划与决策单

<table>
<tr><td>专业</td><td></td><td>班级</td><td colspan="4"></td></tr>
<tr><td>组别</td><td></td><td>任务名称</td><td>螺栓连接装配图的绘制</td><td>参考学时</td><td colspan="2">6 学时</td></tr>
<tr><td>任务计划</td><td colspan="6">各组根据任务内容制订绘制螺栓连接装配图的任务计划</td></tr>
<tr><td rowspan="7">任务决策</td><td>项目</td><td colspan="2">可选方案</td><td>方案分析</td><td colspan="2">结论</td></tr>
<tr><td rowspan="2">主视图方向</td><td>方案 1</td><td></td><td></td><td colspan="2"></td></tr>
<tr><td>方案 2</td><td></td><td></td><td colspan="2"></td></tr>
<tr><td rowspan="2">视图表达方案</td><td>方案 1</td><td></td><td></td><td colspan="2"></td></tr>
<tr><td>方案 2</td><td></td><td></td><td colspan="2"></td></tr>
<tr><td rowspan="2">绘图方案</td><td>方案 1</td><td></td><td></td><td colspan="2"></td></tr>
<tr><td>方案 2</td><td></td><td></td><td colspan="2"></td></tr>
</table>

任务实施

填写工作任务实施单（表 7-3）。

表 7-3　工作任务实施单

专业		班级		姓名		学号	
组别		任务名称	螺栓连接装配图的绘制		参考学时	6 学时	
任务图	50　50　15　ϕ17.6　50　50　30　ϕ17.6						
要求	1)选择合适的图纸按比例 1∶1 绘制，标注必要尺寸，并给出螺纹连接件标记代号 2)学会查阅国家标准、手册						

任务评价

填写工作任务评价单（表 7-4）。

表 7-4　工作任务评价单

班级		姓名		学号		成绩	
组别		任务名称	螺栓连接装配图的绘制	参考学时	6 学时		
序号	评价内容	分数	自评分	互评分	组长或教师评分		
1	课前准备（课前预习情况）	5					
2	知识链接（完成情况）	25					
3	任务计划与决策	10					
4	任务实施（图线、表达方案、图形布局等）	25					
5	绘图质量	30					
6	遵守课堂纪律	5					
总分		100					
综合评价（自评分×20%+互评分×40%+组长或教师评分×40%）							

组长签字：　　　　　　　　　　　　　　　　　　　　教师签字：

学习体会	签名：　　　　日期：

技能强化

根据零件连接孔的已知尺寸选择适当的螺纹紧固件，采用 A3 图纸，按 1 : 1 绘制图 7-27 所示零件的连接图，并标注必要尺寸。

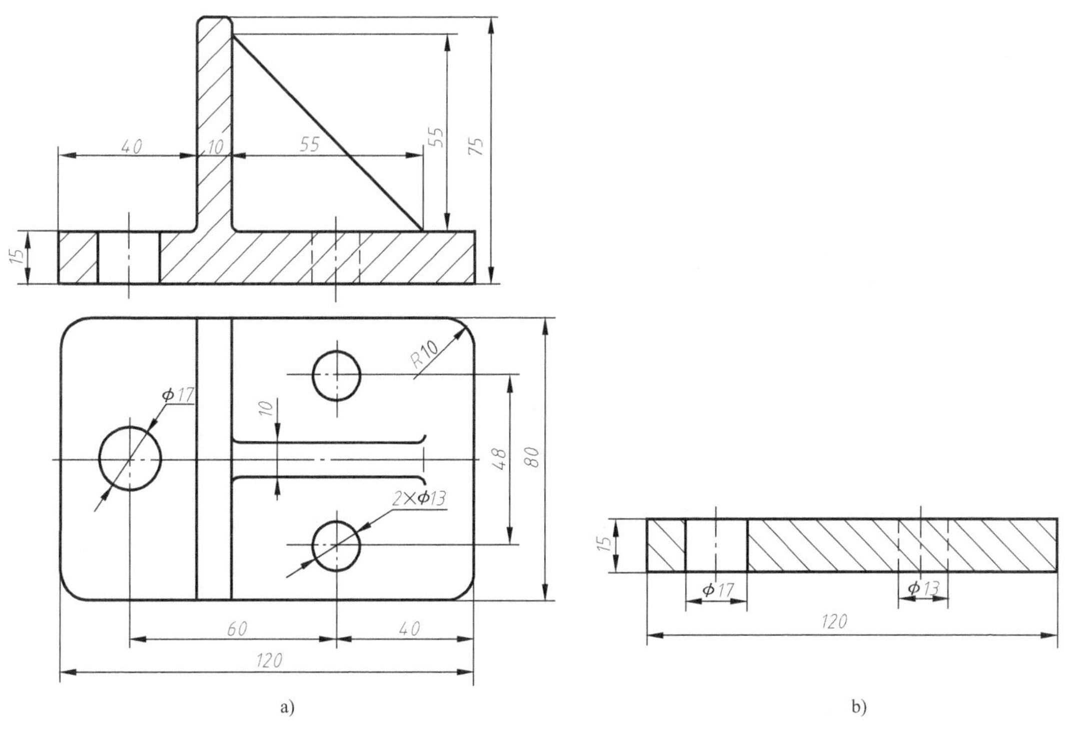

图 7-27　题图

任务 7.2 直齿圆柱齿轮图的绘制

任务导入

齿轮是机器设备中应用十分广泛的传动零件，用来传递运动和动力，改变轴的转向。齿轮必须成对或成组使用才能达到使用要求。图 7-28 所示为单个直齿圆柱齿轮和啮合的两个直齿轮，如何正确绘制单个直齿圆柱齿轮的零件图？

a) b)

图 7-28 单个直齿圆柱齿轮和啮合的两个直齿圆柱齿轮

a）单个直齿圆柱齿轮 b）啮合的两个直齿圆柱齿轮

任务分析

齿轮属于常用件，国家标准对其齿形、模数等进行了标准化，齿形和模数都符合国家标准的齿轮称为标准齿轮。国家标准还制定了齿轮的规定画法。设计中，根据使用要求选定齿轮的基本参数，由此计算出齿轮的其他参数，并按规定画法画出齿轮的零件图及齿轮副的啮合图。因此，要正确表达直齿圆柱齿轮的零件图，必须掌握齿轮各部分的名称、代号、主要参数以及单个齿轮的标准画法等相关知识。

知识链接

一、常见的齿轮传动形式

常见的齿轮传动形式（图 7-29）有三种：圆柱齿轮传动——用于两平行轴间的传动，锥齿轮传动——用于两相交轴间的传动，蜗杆传动——用于两交错轴间的传动。

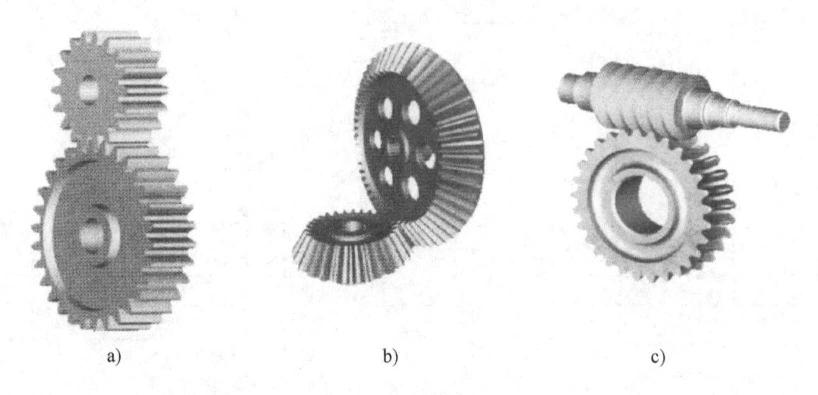

a) b) c)

图 7-29 常见的齿轮传动形式

a）圆柱齿轮传动 b）锥齿轮传动 c）蜗杆传动

二、直齿圆柱齿轮各部分的名称及几何要素代号

直齿圆柱齿轮各部分的名称及几何要素代号如图 7-30 所示。

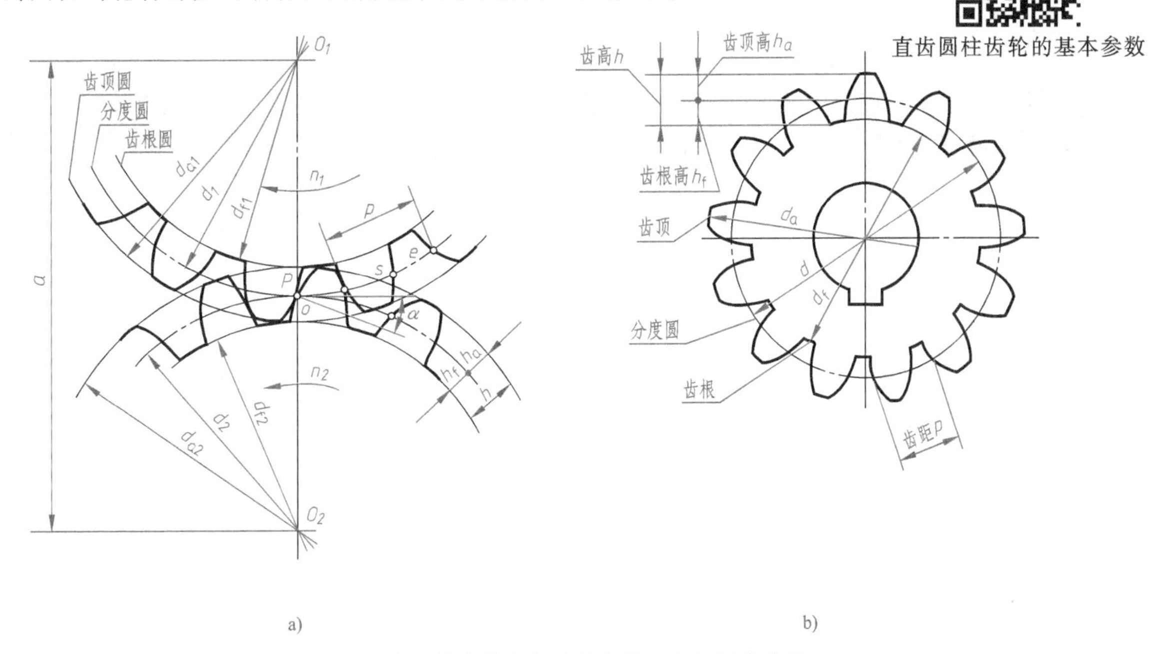

图 7-30　直齿圆柱齿轮各部分的名称及几何要素代号

a）啮合图　b）投影图

（1）齿数 z　一个齿轮的轮齿总数，一般齿轮的齿数不少于 17 个。

（2）齿顶圆直径 d_a　通过齿顶的圆柱面直径。

（3）齿根圆直径 d_f　通过齿根的圆柱面直径。

（4）分度圆直径 d　分度圆直径是齿轮设计和加工时的重要参数。分度圆是一个假想的圆，在该圆上齿厚 s 与槽宽 e 相等，它的直径称为分度圆直径。

（5）齿高 h　齿顶圆和齿根圆之间的径向距离。

（6）齿顶高 h_a　齿顶圆和分度圆之间的径向距离。

（7）齿根高 h_f　齿根圆与分度圆之间的径向距离。

（8）齿距 p　在任意给定的方向上规定的两个相邻的同侧齿廓相同间隔的尺寸。

（9）齿厚 s　背锥面上一个轮齿的两侧齿廓之间的分度圆弧长。

（10）槽宽 e　一个齿槽的两侧齿廓之间的分度圆弧长。

（11）模数 m　由于分度圆的周长 $\pi d=pz$，所以 $d=pz/\pi$，令 $m=\frac{p}{\pi}$，则 $d=mz$，m 称为齿轮的模数。模数以 mm 为单位，它是齿轮设计和制造的重要参数。为便于齿轮的设计和制造，减少齿轮成形刀具的规格及数量，国家标准对模数规定了标准值。通用机械和重型机械用直齿和斜齿渐开线圆柱齿轮的法向模数见表 7-5。

表 7-5　通用机械和重型机械用直齿和斜齿渐开线圆柱齿轮的法向模数（GB/T 1357—2008）　（单位：mm）

系列	模数
第一系列	1　1.25　1.5　2　2.5　3　4　5　6　8　10　12　16　20　25　32　40　50
第二系列	1.125　1.375　1.75　2.25　2.75　3.5　4.5　5.5　(6.5)　7　9　11　14　18　22　28　36　45

注：1. 选用时，应优先选用第一系列，其次选用第二系列，括号内的尽可能不用。

2. 对于斜齿渐开线圆柱齿轮，模数是指法向模数 m_n。

（12）压力角 α　相互啮合的一对齿轮，其受力方向（齿廓曲线的公法线方向）与运动方向之间所夹的锐角，称为压力角。同一齿廓不同点上的压力角是不同的，在分度圆上的压力角，称为标准压力角。国家标准规定，标准压力角为 20°。

（13）中心距 a　两啮合齿轮轴线之间的距离。

三、直齿圆柱齿轮的尺寸计算

在已知模数 m 和齿数 z 时，齿轮轮齿的其他参数均可按表 7-6 中的公式计算。

表 7-6　标准直齿圆柱齿轮各公称尺寸计算公式

基本参数：模数 m 和齿数 z			
序号	名称	代号	计算公式
1	齿距	p	$p=\pi m$
2	齿顶高	h_a	$h_a=m$
3	齿根高	h_f	$h_f=1.25m$
4	齿高	h	$h=h_a+h_f=2.25m$
5	分度圆直径	d	$d=mz$
6	齿顶圆直径	d_a	$d_a=m(z+2)$
7	齿根圆直径	d_f	$d_f=m(z-2.5)$
8	中心距	a	$a=m(z_1+z_2)/2$

四、直齿柱齿轮的画法

直齿圆柱齿轮及啮合的画法

（1）单个直齿圆柱齿轮的画法　单个直齿圆柱齿轮一般用两个视图表达，可以采用剖视或不剖来画，如图 7-31 所示。

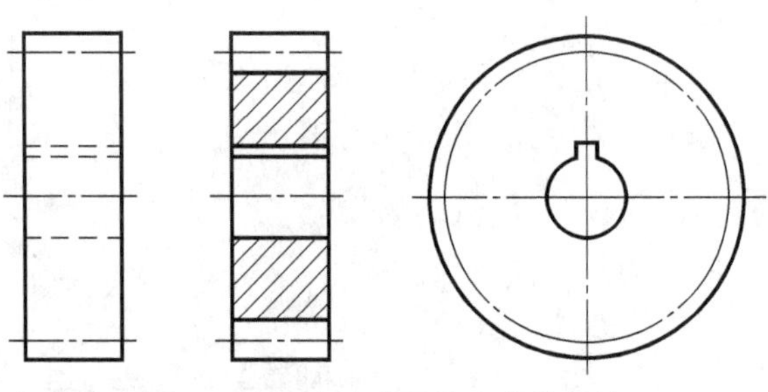

图 7-31　单个直齿圆柱齿轮的画法

归纳 1：

●单个齿轮一般用____个视图表达。国家标准规定齿顶圆和齿顶线用______绘制，分度圆和分度线用________表示，齿根圆和齿根线用________绘制（也可以省略不画）。注意：在剖视图中，齿根线用________绘制，并不能省略。当剖切平面通过齿轮轴线时，轮齿一律按____（剖视或不剖）绘制。

（2）一对齿轮啮合的画法　相互啮合的一对齿轮一般采用两个视图表达，其画法如图 7-32 和图7-33所示。

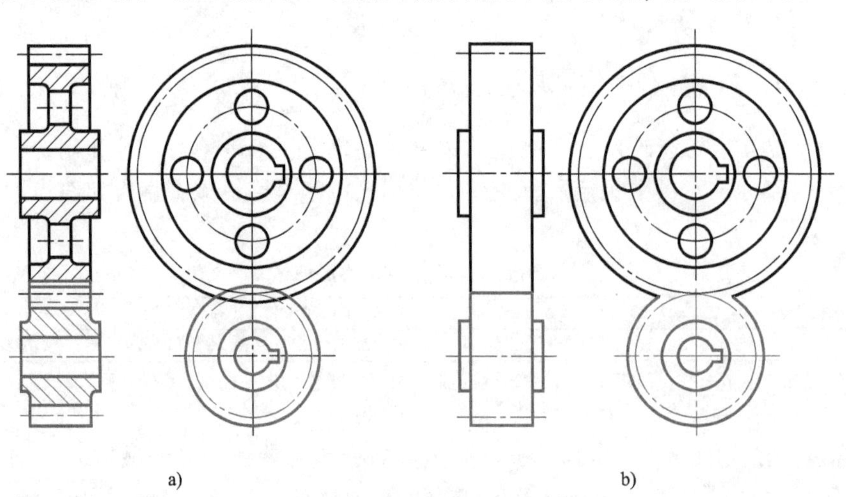

图 7-32　直齿圆柱齿轮的啮合画法

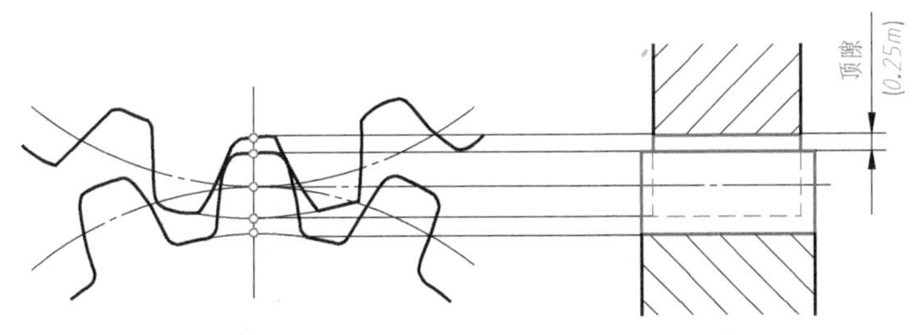

图 7-33　轮齿啮合区在剖视图中的画法

归纳 2:

● 相互啮合的两个直齿圆柱齿轮的分度圆______，用______绘制；外形图相切处的分度线只画一条______线。

● 相互啮合的两个直齿圆柱齿轮的啮合区绘制____条线。从动齿轮齿根圆用______线绘制，主动齿轮的齿顶圆用______线绘制，分度圆用______线绘制，从动齿轮的齿顶圆用______线绘制，主动齿轮的齿根圆用________线绘制，齿顶线与另一个齿轮的齿根线之间有 0.25mm 间隙，该间隙称为顶隙。

● 补全图 7-34 所示两个直齿圆柱齿轮啮合图中的漏线。

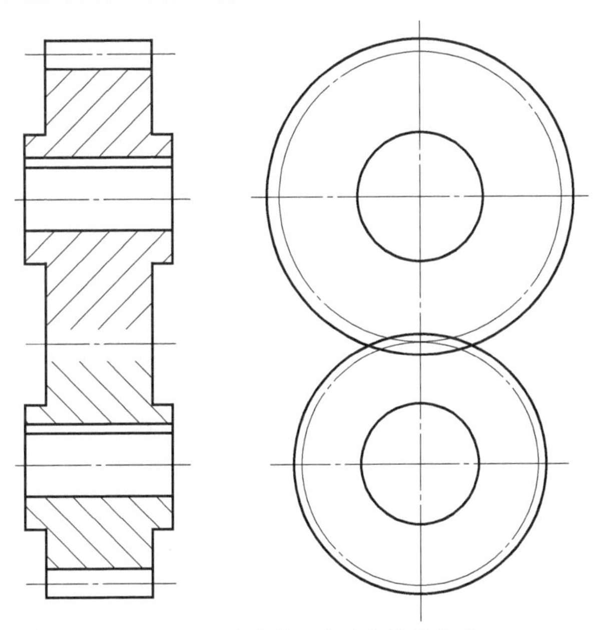

图 7-34　啮合的两个直齿圆柱齿轮

任务计划与决策

填写工作任务计划与决策单（表 7-7）。

表 7-7　工作任务计划与决策单

<table>
<tr><td>专业</td><td></td><td>班级</td><td colspan="4"></td></tr>
<tr><td>组别</td><td></td><td>任务名称</td><td>直齿圆柱齿轮图的绘制</td><td>参考学时</td><td colspan="2">2 学时</td></tr>
<tr><td>任务计划</td><td colspan="6">各组根据任务内容制订绘制直齿圆柱齿轮零件图的任务计划</td></tr>
<tr><td rowspan="4">任务决策</td><td colspan="2">项目</td><td colspan="2">可选方案</td><td>方案分析</td><td>结论</td></tr>
<tr><td colspan="2">相关参数计算</td><td>齿轮</td><td></td><td></td><td></td></tr>
<tr><td colspan="2" rowspan="2">绘图方案</td><td>方案 1</td><td></td><td></td><td></td></tr>
<tr><td>方案 2</td><td></td><td></td><td></td></tr>
</table>

任务实施

填写工作任务实施单（表 7-8）。

表 7-8　工作任务实施单

专业		班级		姓名		学号	
组别		任务名称	直齿圆柱齿轮图的绘制		参考学时	2 学时	
相关参数计算	已知直齿圆柱齿轮的 $m=3\text{mm}$、$z=30$，计算齿轮各部分尺寸，确定相关技术要求						
绘制直齿圆柱齿轮零件图	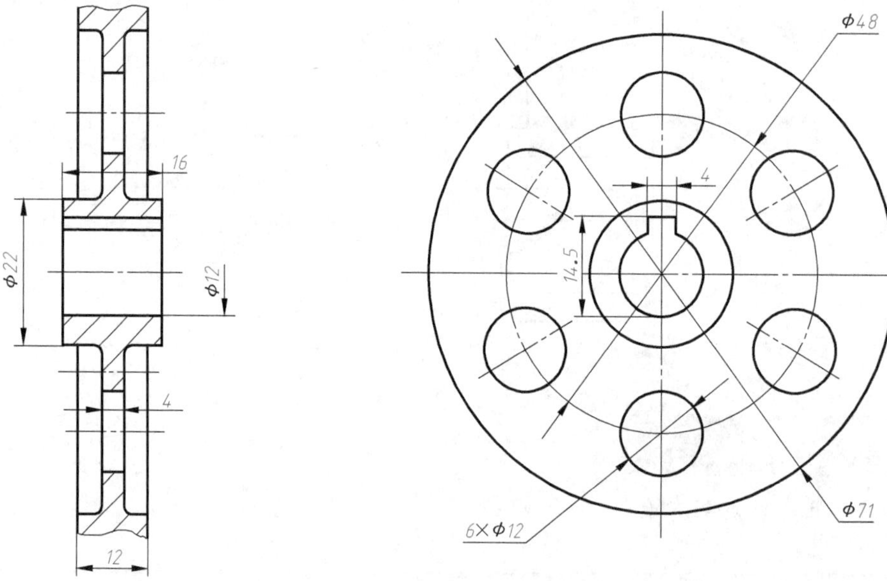						

任务评价

填写工作任务评价单（表 7-9）。

表 7-9　工作任务评价单

<table>
<tr><td>班级</td><td></td><td>姓名</td><td></td><td>学号</td><td colspan="2"></td><td colspan="2">成绩</td><td></td></tr>
<tr><td>组别</td><td></td><td>任务名称</td><td colspan="3">直齿圆柱齿轮图的绘制</td><td colspan="2">参考学时</td><td colspan="2">2 学时</td></tr>
<tr><td>序号</td><td colspan="2">评价内容</td><td>分数</td><td>自评分</td><td colspan="2">互评分</td><td colspan="3">组长或教师评分</td></tr>
<tr><td>1</td><td colspan="2">课前准备（课前预习情况）</td><td>5</td><td></td><td colspan="2"></td><td colspan="3"></td></tr>
<tr><td>2</td><td colspan="2">知识链接（完成情况）</td><td>25</td><td></td><td colspan="2"></td><td colspan="3"></td></tr>
<tr><td>3</td><td colspan="2">任务计划与决策</td><td>10</td><td></td><td colspan="2"></td><td colspan="3"></td></tr>
<tr><td>4</td><td colspan="2">任务实施（图线、表达方案、图形布局等）</td><td>25</td><td></td><td colspan="2"></td><td colspan="3"></td></tr>
<tr><td>5</td><td colspan="2">绘图质量</td><td>30</td><td></td><td colspan="2"></td><td colspan="3"></td></tr>
<tr><td>6</td><td colspan="2">遵守课堂纪律</td><td>5</td><td></td><td colspan="2"></td><td colspan="3"></td></tr>
<tr><td colspan="3">总分</td><td>100</td><td></td><td colspan="2"></td><td colspan="3"></td></tr>
<tr><td colspan="5">综合评价（自评分×20%+互评分×40%+组长或教师评分×40%）</td><td colspan="5"></td></tr>
<tr><td colspan="7">组长签字：</td><td colspan="3">教师签字：</td></tr>
<tr><td>学习体会</td><td colspan="9">签名：　　　　日期：</td></tr>
</table>

知识拓展

一、单个斜齿圆柱齿轮的画法

单个斜齿圆柱齿轮的视图表达和画法与单个直齿圆柱齿轮基本相同，只是在非圆视图的外形部分用三条与齿线方向一致的细实线表示螺旋角 β，如图 7-35 所示。

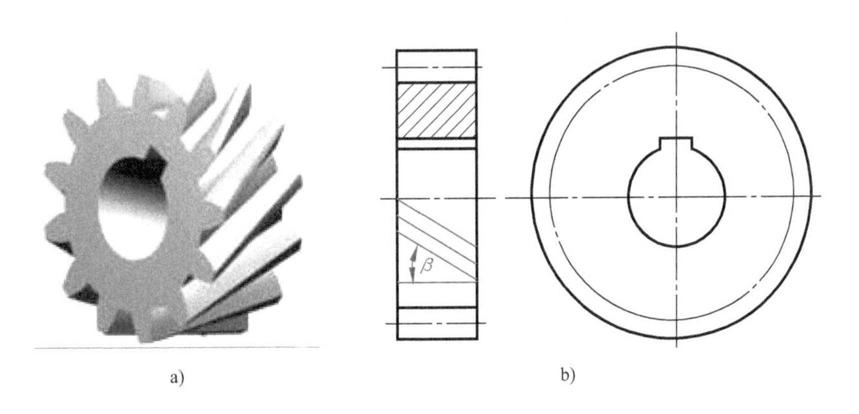

图 7-35　单个斜齿圆柱齿轮的画法

二、斜齿圆柱齿轮的啮合画法

斜齿圆柱齿轮的啮合画法与直齿圆柱齿轮的啮合画法基本相同，只是在画其外形图时要对称绘制出螺旋角 β，且螺旋角大小相等、方向相反，如图 7-36 所示。

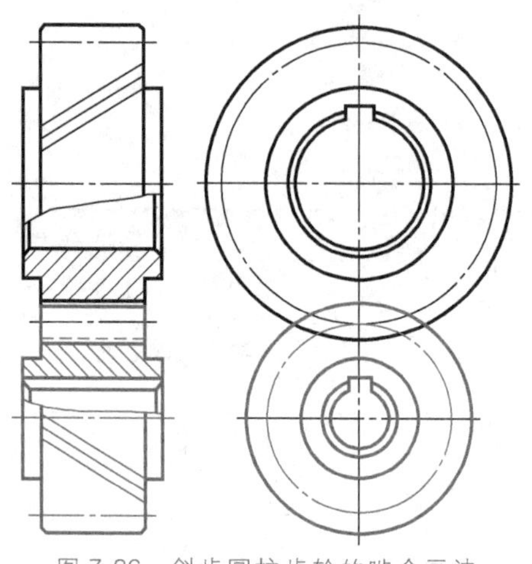

图 7-36　斜齿圆柱齿轮的啮合画法

任务 7.3　键、销及其连接的图样绘制

任务导入

如图 7-37 所示，齿轮、轴及键之间是怎样实现连接的？如何正确表达键和销连接？

任务分析

键是通过键槽来连接轴和轴上传动件的，使轴与传动件间不发生相对转动，以传递转矩。销主要用于零件之间的定位连接和防松，也用作过载保护元件。键和销都是标准件，其零件图及连接图的绘制方法必须按照国家标准绘制。另外，学生还要掌握键与销的作用、分类及标注等相关内容。

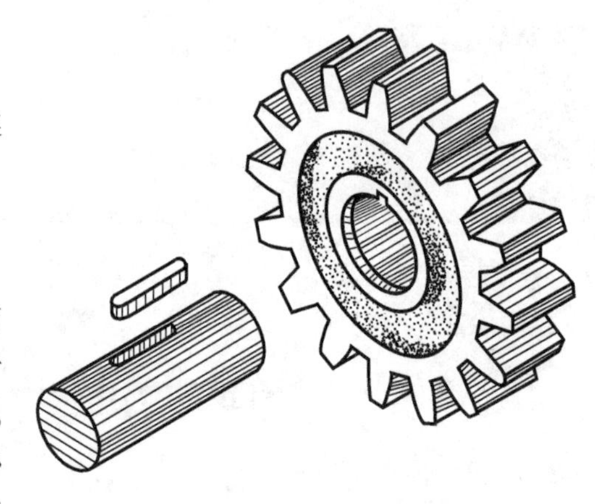

图 7-37　齿轮与轴的键连接

知识链接

一、键连接

1. 键的作用

键主要用作轴和轴上零件（如齿轮、带轮和凸轮）之间的周向固定，以传递转矩，如图 7-38a 所示；有些键还可实现轴上零件的轴向定位或轴向移动，如图 7-38b 所示。

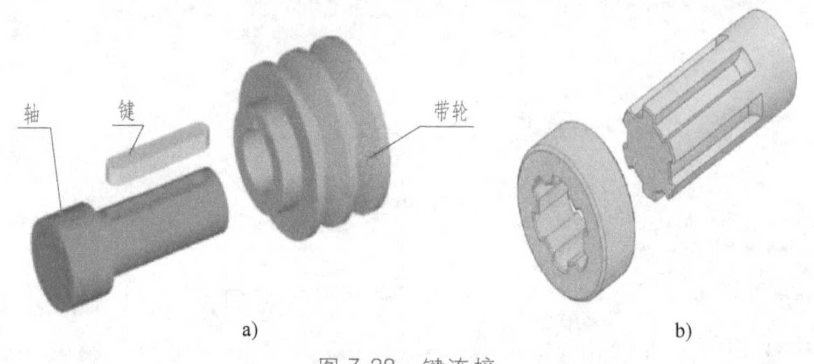

图 7-38　键连接

2. 键的分类

键的种类很多，常用键有普通型平键、半圆键、钩头型楔键三种，如图 7-39 所示。

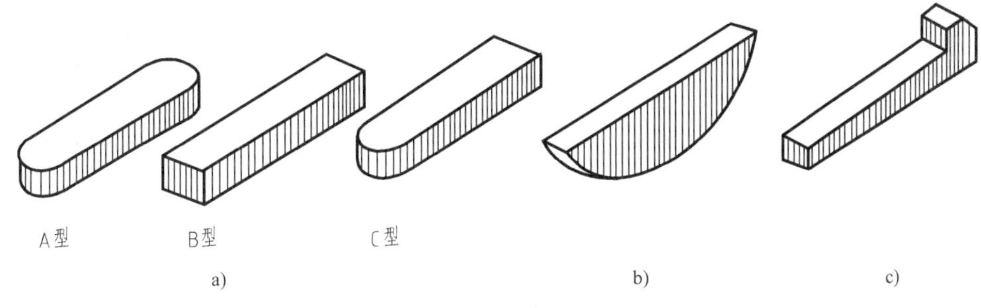

图 7-39 常用键

a）普通型平键 b）半圆键 c）钩头型楔键

常用键的形式、画法和标记见表 7-10。其中普通型平键应用最广，按形状的不同可分为普通 A 型平键、普通 B 型平键和普通 C 型平键三种表 7-10。

3. 键及键槽画法

（1）键的选择 选择平键时应根据轴径 d 从相应标准中查取键的截面尺寸（$b\times h$），然后按轮毂宽度选定键长 L。

表 7-10 常用键的形式、画法和标记

名称	标准号	图例	标记示例
普通型平键	GB/T 1096—2003		$b=8\text{mm}, h=7\text{mm}, l=25\text{mm}$ 的普通 A 型平键：GB/T 1096 键 8×7×25
半圆键	GB/T 1099. 1—2003		$b=6\text{mm}, h=10\text{mm}, D_1=25\text{mm}$ 的半圆键：GB/T 1099. 1 键 6×10×25
钩头型楔键	GB/T 1565—2003		$b=18\text{mm}, h=11\text{mm}, l=100\text{mm}$ 的钩头型楔键：GB/T 1565 键 18×100

（2）轴和轮毂上键槽的画法 轴的键槽深度 t_1 和轮毂的键槽深度 t_2 按轴径 d 由附录 D 中查得。键槽的表达方法和尺寸注法如图 7-40 所示。

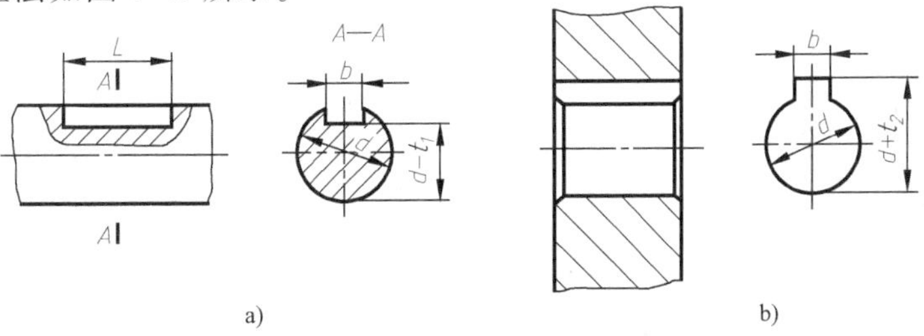

图 7-40 键槽的表达方法和尺寸注法

归纳 1:

● 画出图 7-41a 中轴上 ϕ28mm 处键槽的断面图，查表确定并标注轴和带轮孔（图 7-41b）的键槽尺寸。

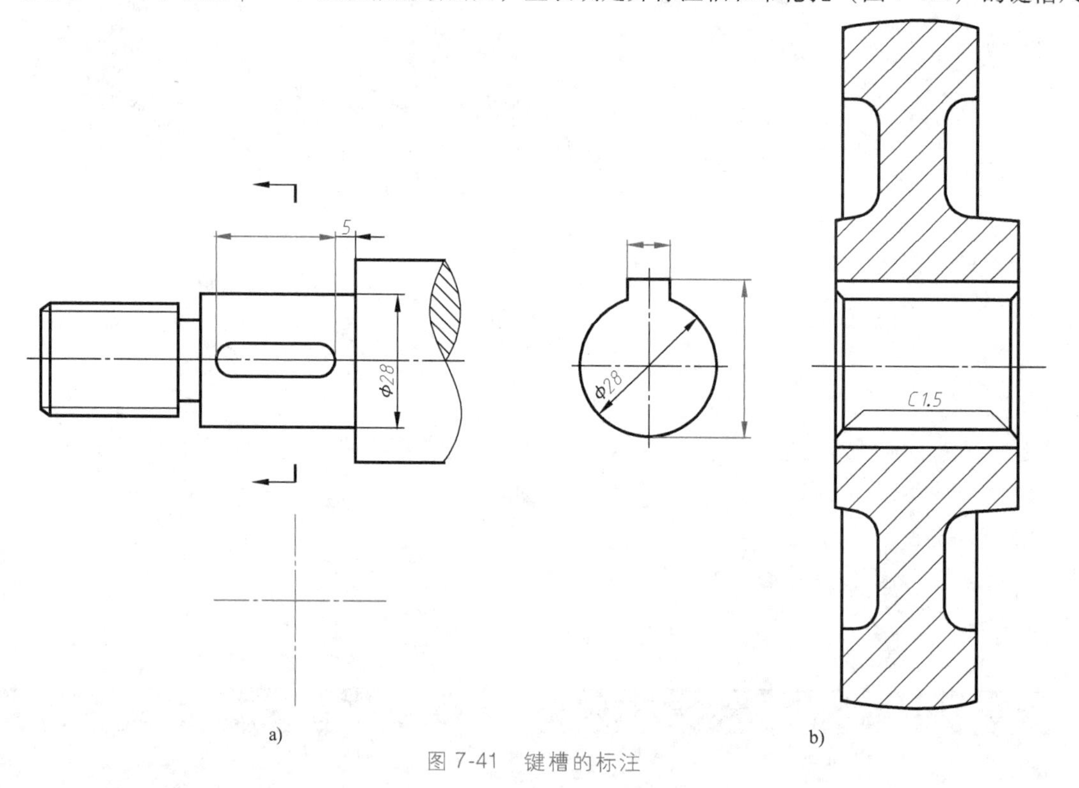

图 7-41　键槽的标注

4. 键连接

常用键连接的画法见表 7-11。

表 7-11　常用键连接的画法

名称	键连接画法图例	说　明
普通型平键		1) 键侧面接触 2) 键顶面有间隙 3) 键的倒角或圆角可忽略不画
半圆键		1) 键侧面接触 2) 键顶面有间隙
钩头型楔键		键与键槽顶面、底面、侧面均接触、无间隙

归纳 2：

●键装配后，键有一部分嵌在____的键槽内，另一部分嵌在______的键槽内。普通型平键与半圆键连接图中，键的________均为工作面，接触面的投影处只画______；而键与轮毂的键槽顶面之间是__________，不接触，应留有间隙，画________。钩头型楔键的顶面有 1∶100 的斜度，它的________面为工作面，两侧面为非工作面，但画图时侧面不留间隙。

二、销连接

1. 销的作用

销可以用来定位、传递动力和转矩，在安全装置中作为被切断的保护件。

2. 销的分类

常用的销（图 7-42）有圆柱销、圆锥销和开口销三类，圆柱销和圆锥销通常用于零件间的连接和定位，而开口销用来防止开槽螺母松动或固定其他零件。销的结构和尺寸可查阅附录 D。销的形式和标记示例见表 7-12。

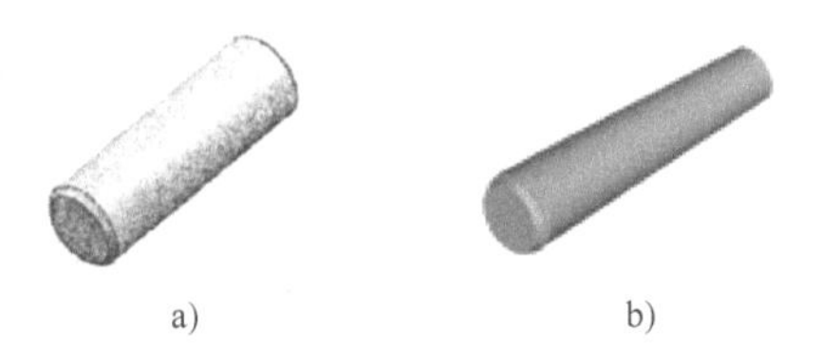
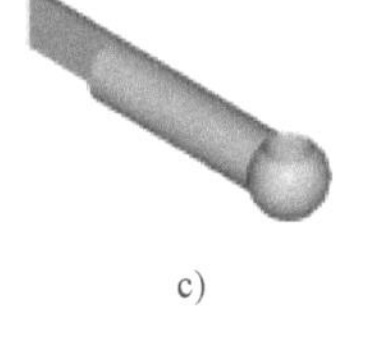

a)　　b)　　c)

图 7-42　常用的销

a）圆柱销　b）圆锥销　c）开口销

表 7-12　销的形式和标记示例

名称	标准号	图例	标记示例
圆柱销	GB/T 119.1—2000		公称直径 d = 8mm，公称长度 l = 30mm，材料为 35 钢，热处理硬度为 28～38HRC，表面氧化处理的 B 型销：销　GB/T 119.1　8×30
圆锥销	GB/T 117—2000		公称直径 d = 5mm，公称长度 l = 60mm，材料为 35 钢，热处理硬度为 28～38HRC，表面氧化处理的 A 型圆锥销：销　GB/T 117 5×60（A 型为磨削加工，B 型为切削加工或冷镦）
开口销	GB/T 91—2000		公称直径 d = 5mm，公称长度 l = 50mm，材料为 Q235，不经表面处理的开口销：销　GB/T 91　5×50

3. 销连接

销连接的画法如图 7-43 所示。

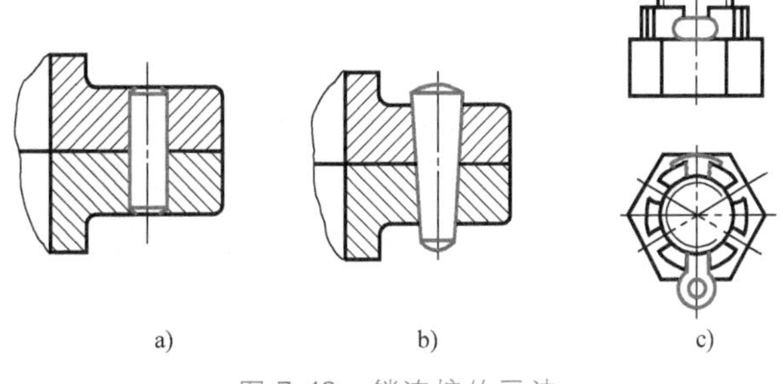

a)　　b)　　c)

图 7-43　销连接的画法

归纳 3：

●画销连接图时，当剖切面通过销的轴线时，销按______处理；当剖切面垂直于销的轴线时，被剖切的销应画______。

任务计划与决策

填写工作任务计划与决策单（表 7-13）。

表 7-13 工作任务计划与决策单

专业		班级				
组别		任务名称	键、销及其连接的图样绘制		参考学时	4 学时
任务计划	各组根据任务内容制订绘制齿轮与轴的键连接图的任务计划					
任务决策	项目	可选方案		方案分析		结论
	键的选用	方案 1				
		方案 2				
	绘图方案	方案 1				
		方案 2				

任务实施

填写工作任务实施单（表 7-14）。

表 7-14 工作任务实施单

专业		班级		姓名		学号	
组别		任务名称	键、销及其连接的图样绘制		参考学时	4 学时	
任务图	任务图如图 7-37 所示						
绘制齿轮与轴的键连接图	1）画出图 7-44 中轴与带轮连接后的装配图（该图中的键槽规定画在上方） 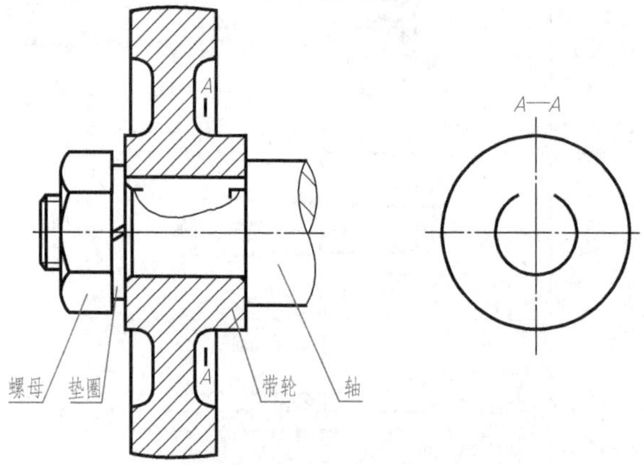 A—A 螺母 垫圈 带轮 轴 图 7-44 轴与带轮连接装配图 2）齿轮与轴用 B 型 ϕ6mm 圆柱销连接，查表写出圆柱销的规定标记，并画出图 7-45 所示销连接的视图 ϕ12 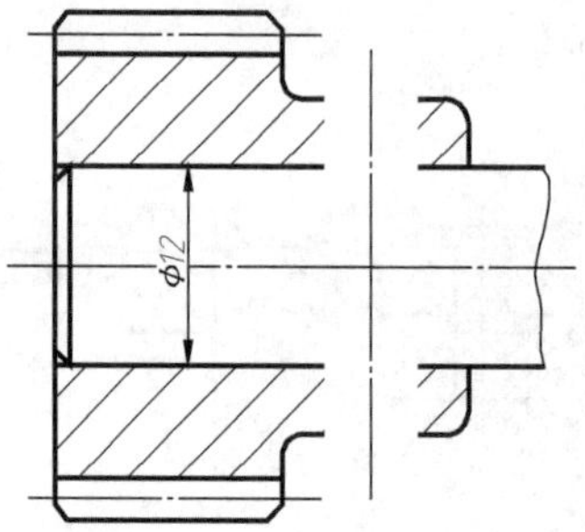 圆柱销的规定标记是： 图 7-45 圆柱销的连接图						

任务评价

填写工作任务评价单（表 7-15）。

表 7-15　工作任务评价单

<table>
<tr><td>班级</td><td></td><td>姓名</td><td></td><td>学号</td><td></td><td>成绩</td><td></td></tr>
<tr><td>组别</td><td></td><td>任务名称</td><td colspan="2">键、销及其连接的图样绘制</td><td>参考学时</td><td colspan="2">4 学时</td></tr>
<tr><td>序号</td><td colspan="2">评价内容</td><td>分数</td><td>自评分</td><td>互评分</td><td colspan="2">组长或教师评分</td></tr>
<tr><td>1</td><td colspan="2">课前准备(课前预习情况)</td><td>5</td><td></td><td></td><td colspan="2"></td></tr>
<tr><td>2</td><td colspan="2">知识链接(完成情况)</td><td>25</td><td></td><td></td><td colspan="2"></td></tr>
<tr><td>3</td><td colspan="2">任务计划与决策</td><td>10</td><td></td><td></td><td colspan="2"></td></tr>
<tr><td>4</td><td colspan="2">任务实施(图线、表达方案、图形布局等)</td><td>25</td><td></td><td></td><td colspan="2"></td></tr>
<tr><td>5</td><td colspan="2">绘图质量</td><td>30</td><td></td><td></td><td colspan="2"></td></tr>
<tr><td>6</td><td colspan="2">遵守课堂纪律</td><td>5</td><td></td><td></td><td colspan="2"></td></tr>
<tr><td colspan="3">总分</td><td>100</td><td></td><td></td><td colspan="2"></td></tr>
<tr><td colspan="6">综合评价(自评分×20%+互评分×40%+组长或教师评分×40%)</td><td colspan="2"></td></tr>
<tr><td colspan="5">组长签字：</td><td colspan="3">教师签字：</td></tr>
<tr><td>学习体会</td><td colspan="7">签名：　　　　日期：</td></tr>
</table>

知识拓展

一、滚动轴承及其画法

滚动轴承是一种标准组件，是用来支承旋转轴的部件，结构比较紧凑，摩擦阻力小，能在较大的载荷、较高的转速下工作，转动精度较高，在工业中应用十分广泛。

1. 滚动轴承的结构

滚动轴承一般由外圈、内圈、滚动体和保持架四部分组成，如图 7-46 所示。

（1）外圈　装在机体或轴承座内，一般固定不动。

（2）内圈　装在轴上，与轴紧密配合且随轴转动。

（3）滚动体　装在内外圈之间的滚道中，有滚珠、滚柱、滚锥等类型，如图 7-47 所示。

（4）保持架　用来均匀分隔滚动体，防止滚动体之间相互摩擦与碰撞。

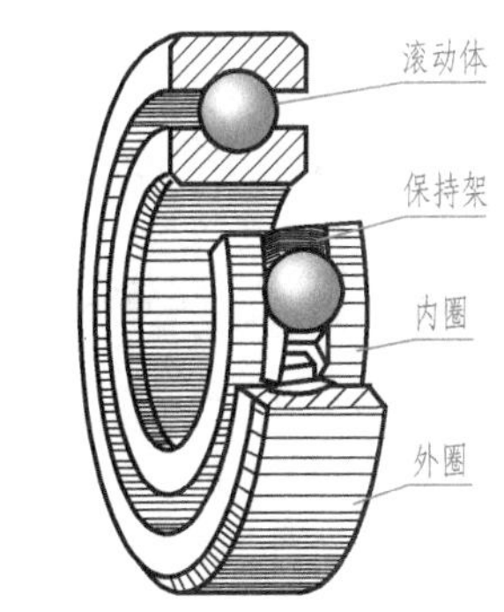

图 7-46　滚动轴承的结构

2. 滚动轴承的类型

滚动轴承（图 7-48）按承受载荷的方向可分为以下三种类型：

1）向心轴承：主要承受径向载荷，常用的向心轴承有深沟球轴承。

2）推力轴承：只承受轴向载荷，常用的推力轴承有推力球轴承。

3）向心推力轴承：同时承受轴向和径向载荷，常用的向心推力轴承有圆锥滚子轴承。

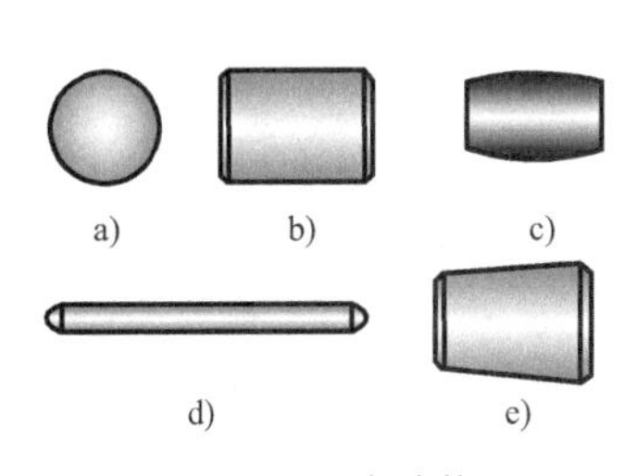

图 7-47　滚动体

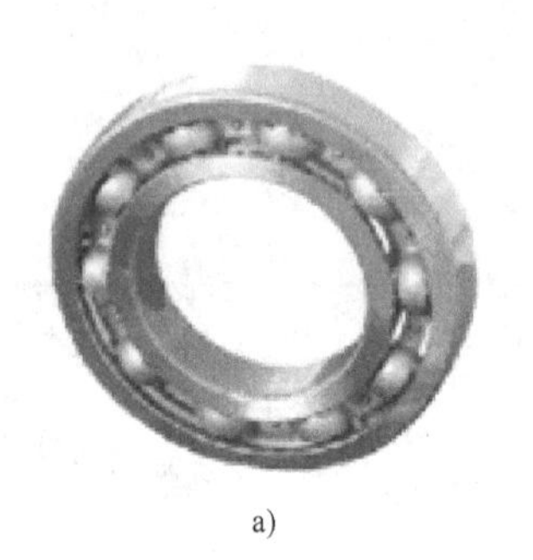

a)　　b)　　c)

图 7-48　滚动轴承
a）深沟球轴承　b）推力球轴承　c）圆锥滚子轴承

3. 滚动轴承的代号

滚动轴承的代号一般打印在轴承的端面上，由基本代号、前置代号和后置代号三部分组成，并以基本代号、前置代号、后置代号的顺序排列。

（1）基本代号　基本代号表示滚动轴承的基本类型、结构及尺寸，是滚动轴承代号的基础。基本代号由轴承类型代号、尺寸系列代号和内径代号构成（滚针轴承除外）。

轴承类型代号用阿拉伯数字或大写拉丁字母表示，滚动轴承类型代号及其含义见表 7-16。

表 7-16　滚动轴承类型代号及其含义

代　号	轴承类型	代　号	轴承类型
0	双列角接触球轴承	6	深沟球轴承
1	调心球轴承	7	角接触球轴承
2	调心滚子轴承和推力调心滚子轴承	8	推力圆柱滚子轴承
3	圆锥滚子轴承	N	圆柱滚子轴承双列或多列用字母 NN 表示
4	双列深沟球轴承	U	外球面球轴承
5	推力球轴承	QJ	四点接触球轴承

注：在表中代号后或前加字母或数字表示该类轴承中的不同结构。

尺寸系列代号由滚动轴承的宽（高）度系列代号和直径系列代号组合而成，用两位数字表示。它主要用来区别内径相同而宽（高）度和外径不同的轴承。详细情况请查阅有关国家标准。

内径代号表示轴承的公称内径，滚动轴承的内径代号及其示例见表 7-17。

表 7-17　滚动轴承的内径代号及其示例

<table>
<tr><th colspan="2">轴承公称内径/mm</th><th>内径代号</th><th>示　例</th></tr>
<tr><td colspan="2">0.6~10(非整数)</td><td>用公称内径毫米数直接表示,在其与尺寸系列代号之间用“/”分开</td><td>深沟球轴承 618/2.5
d=2.5mm</td></tr>
<tr><td colspan="2">1~9(整数)</td><td>用公称内径毫米数直接表示,对深沟球轴承及角接触球轴承 7、8、9 直径系列,内径与尺寸系列代号之间用“/”分开</td><td>深沟球轴承 625、618/5
d=5mm</td></tr>
<tr><td rowspan="4">10~17</td><td>10</td><td>00</td><td rowspan="4">深沟球轴承 6200
d=10mm</td></tr>
<tr><td>12</td><td>01</td></tr>
<tr><td>15</td><td>02</td></tr>
<tr><td>17</td><td>03</td></tr>
<tr><td colspan="2">20~480(22、28、32 除外)</td><td>公称内径除以 5,商为个位数时,需在商左边加“0”,如 08</td><td>调心滚子轴承 23208
d=40mm</td></tr>
<tr><td colspan="2" rowspan="2">≥500 以及 22、28、32</td><td rowspan="2">用公称内径毫米数直接表示,但与尺寸系列之间用“/”分开</td><td>调心滚子轴承 230/500
d=500mm</td></tr>
<tr><td>深沟球轴承 62/22
d=22mm</td></tr>
</table>

以调心滚子轴承 23208 为例，说明代号中各数字的意义如下：

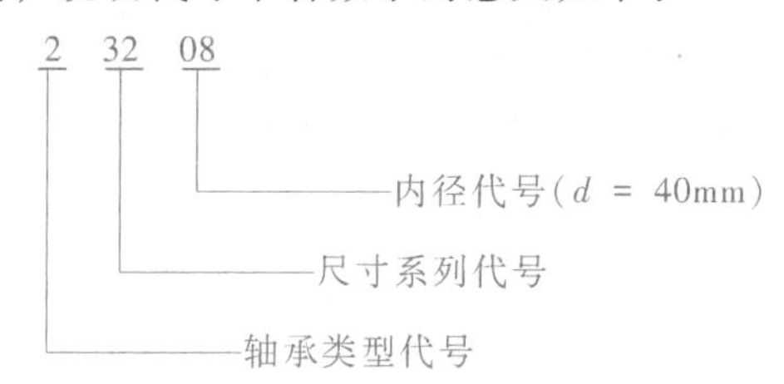

（2）前置代号和后置代号　前置代号和后置代号是轴承在结构形状、尺寸、公差、技术要求等有改变时，在其基本代号左、右添加的补充代号。具体情况可查阅有关的国家标准。

（3）轴承代号标记示例

1）6208。第一位数 6 表示轴承类型代号，为深沟球轴承。第二位数 2 表示尺寸系列代号，宽度系列代号 0 省略，直径系列代号为 2。后两位数 08 表示内径代号，$d=8\times5\text{mm}=40\text{mm}$。

2）N2110。第一个字母 N 表示类型代号，为圆柱滚子轴承。第二、三两位数 21 表示尺寸系列代号，宽度系列代号为 2，直径系列代号为 1。后两位数 10 表示内径代号，内径 $d=10\times5\text{mm}=50\text{mm}$。

4. 滚动轴承的画法

GB/T 4459.7—1998 对滚动轴承的画法做了统一规定，有简化画法（通用画法和特征画法）和规定画法。

（1）简化画法　用简化画法绘制滚动轴承时，应采用通用画法和特征画法。但在同一图样中，一般只采用其中的一种画法。

在剖视图中，当不需要确切地表示滚动轴承的外形轮廓、载荷特性、结构特征时，采用通用画法；如果需要比较形象地表示滚动轴承的结构特征时，可采用特征画法。滚动轴承的简化画法和规定画法见表 7-18。

表 7-18　滚动轴承的简化画法和规定画法

类型名称和标准号	简化画法		规定画法	结构图
	通用画法	特征画法图		
深沟球轴承 GB/T 276—2013	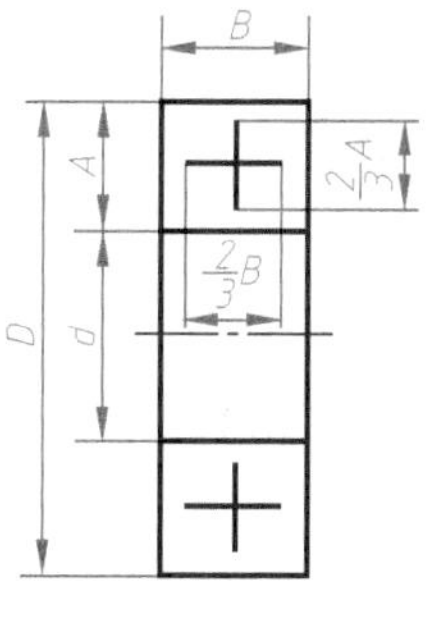	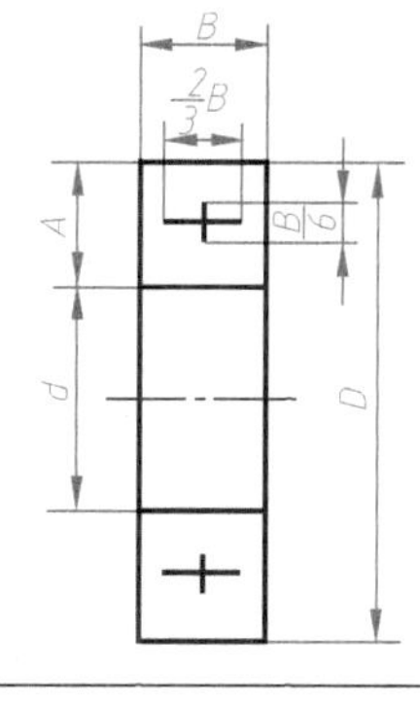	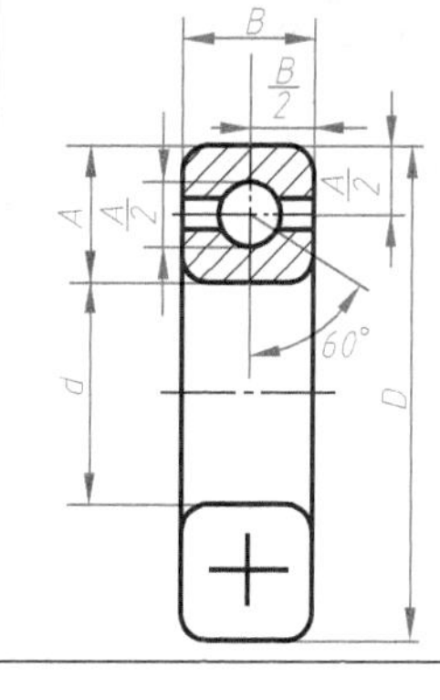	
圆锥滚子轴承 GB/T 297—2015		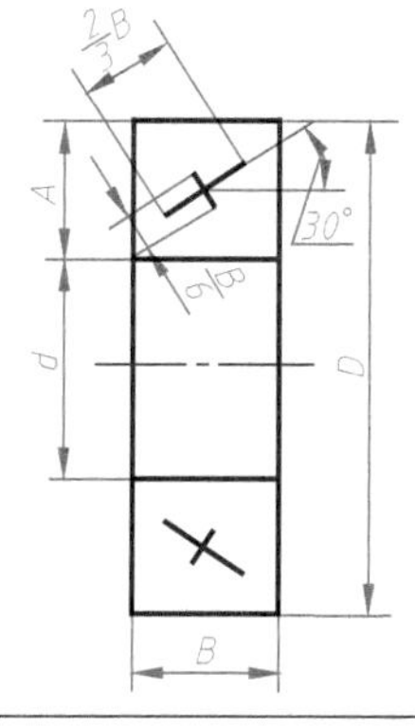	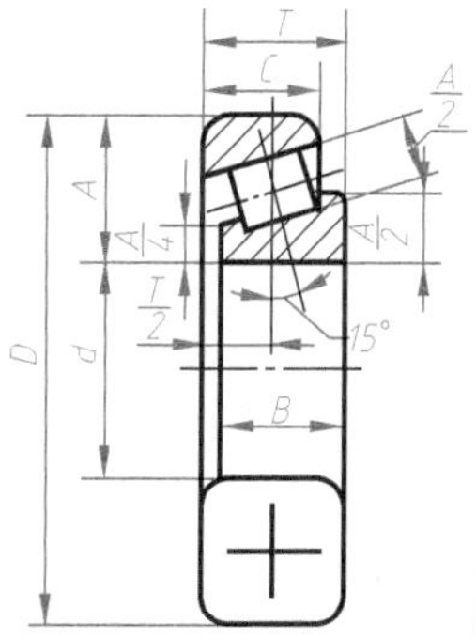	

（续）

类型名称和标准号	简化画法		规定画法	结构图
	通用画法	特征画法图		
推力球轴承 GB/T 301—2015				

（2）规定画法　必要时，滚动轴承可采用规定画法绘制。采用规定画法绘制滚动轴承的剖视图时，轴承的滚动体不画剖面线，其各套圈等可画成方向和间隔相同的剖面线，滚动轴承的保持架及倒角等可省略不画（在装配图中）。规定画法一般绘制在轴的一侧，另一侧按通用画法绘制。

二、弹簧及其画法

弹簧是机器设备中常用的弹性元件，也是常用件，可用来储存能量、减振、测力和夹紧等。其特点是在弹性变形范围内，去掉外力后能立即恢复原状。在电器中，弹簧常用来保证导电零件的良好接触或脱离接触。弹簧的种类有螺旋弹簧、板弹簧、平面涡卷弹簧及碟形弹簧等，其中圆柱螺旋弹簧应用最广，其按受力性质不同又可分为圆柱螺旋压缩弹簧（图 7-49a）、圆柱螺旋拉伸弹簧（图 7-49b）、圆柱螺旋扭转弹簧（图 7-49c）。图 7-49d～f 所示分别为涡卷弹簧、板弹簧、片弹簧。

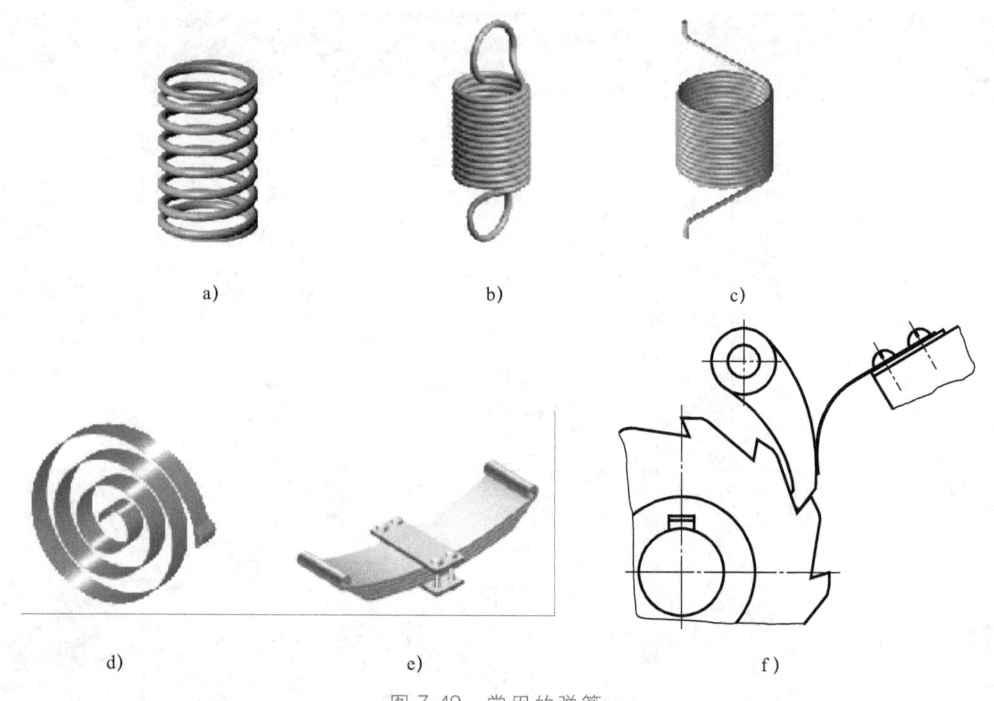

图 7-49　常用的弹簧

a）圆柱螺旋压缩弹簧　b）圆柱螺旋拉伸弹簧　c）圆柱螺旋扭转弹簧　d）涡卷弹簧　e）板弹簧　f）片弹簧

1. 圆柱螺旋压缩弹簧各部分名称及尺寸计算

圆柱螺旋压缩弹簧各部分名称和基本参数见表 7-19。

表 7-19 圆柱螺旋压缩弹簧各部分名称和基本参数（摘自 GB/T 2089—2009）

名称	符号	说明	图例
材料直径	d	制造弹簧用的材料直径	
弹簧外径	D_2	弹簧的最大直径	
弹簧内径	D_1	弹簧的最小直径	
弹簧中径	D	$D=D-d=D_1+d$	
旋向		弹簧螺旋线的旋向，有左旋和右旋之分	
有效圈数	n	为了工作平稳，n 一般不小于 3 圈	
支承圈数	n_z	弹簧两端并紧和磨平(或锻平)，仅起支承或固定作用的圈数(一般取 1.5 圈、2 圈或 2.5 圈)	
总圈数	n_1	$n_1=n+n_z$	
节距	t	相邻两有效圈上对应点的轴向距离	
自由高度	H_0	未受负荷时的弹簧高度 $H_0=nt+(n_z-0.5)d$	
展开长度	L	制造弹簧所需钢丝的长度 $L\approx\pi D_2 n_1$	

2. 圆柱螺旋压缩弹簧的画法

根据 GB/T 4459.4—2003，圆柱螺旋压缩弹簧的规定画法如图 7-50 所示。

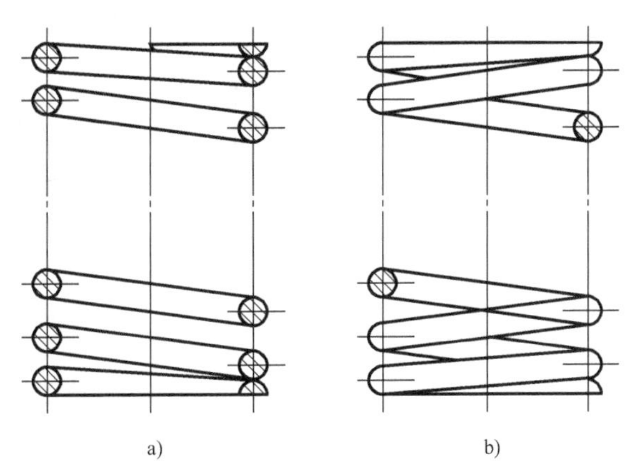

a)　　b)

图 7-50 圆柱螺旋压缩弹簧的规定画法

a）剖视图 b）视图

1）在平行于螺旋弹簧轴线的投影面的视图中，各圈的外轮廓线应画成直线。

2）螺旋弹簧均可画成右旋，但左旋螺旋弹簧不论画成左旋或右旋，必须加写“左”字。

3）对于螺旋压缩弹簧，如要求两端并紧且磨平时，不论支承圈数多少和末端贴紧情况如何，均按图 7-50 的形式绘制。必要时也可按支承圈的实际结构绘制。

4）当弹簧的有效圈数在四圈以上时，可以只画出两端的 1~2 圈（支承圈除外），中间部分省略不画，用通过弹簧钢丝中心的两条点画线表示，并允许适当缩短图形的长度。

技能拓展

根据滚动轴承的代号标记查表确定有关尺寸，并用规定画法按比例画出图 7-51 所示滚动轴承的另一半详细图形。

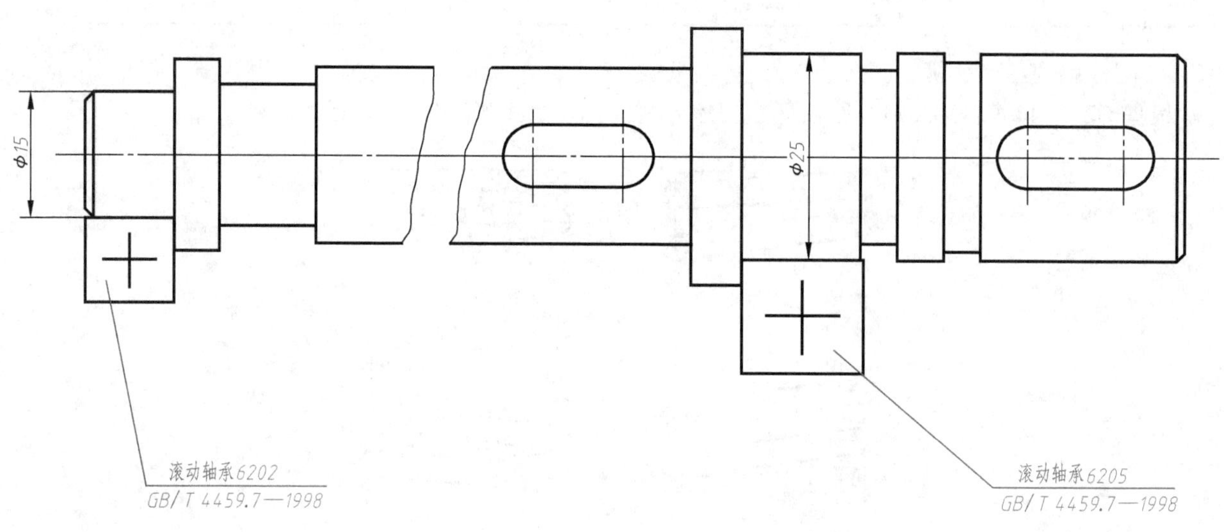

图 7-51 题图

项目8 千斤顶装配图的绘制

PROJECT 8

学习目标

1. 了解装配图的作用和内容。
2. 掌握装配图的表达方法。
3. 能选择合适的拆装工具，了解拆装装配体的基本原则。
4. 掌握装配图的画法及尺寸标注方法。
5. 了解装配结构的合理性。
6. 掌握装配图的基本画法和特殊画法。
7. 能熟记6S管理规定，并按照6S管理规定进行操作。

素养目标

1. 通过装配视图表达方法多样性的介绍，培养学生创新意识和创新能力。

2. 通过分组进行装配体测绘，培养学生的团队合作能力、安全意识和职业素养。

3. 通过介绍千斤顶的作用，培养学生社会责任感和奋斗精神。

任务导入

如何根据千斤顶的装配体（图8-1）绘制其装配图？

任务分析

为了绘制千斤顶的装配图，首先要了解装配图的作用及内容；其次是了解装配体的拆卸及测绘方法，熟悉装配图绘制的方法与步骤，区分装配图与零件图的表达方案、尺寸标注、技术要求及标题栏等方面的差别；最后完成千斤顶装配图的绘制。

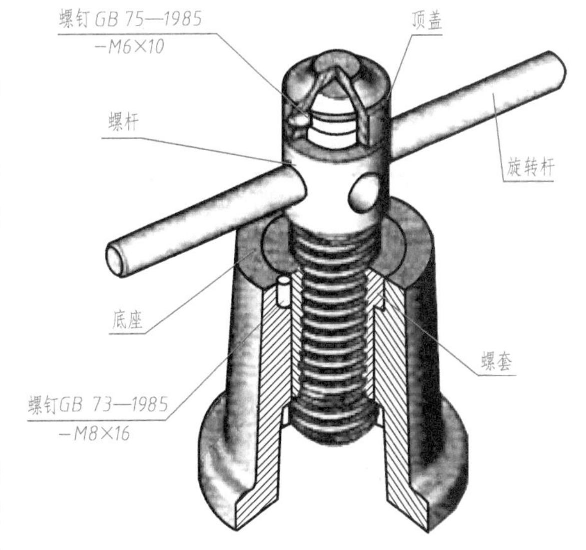

图8-1 千斤顶的装配体

知识链接

一、装配图的作用与内容

机器或部件都是由一定数量的零件根据机器的性能和工作原理按一定的技术要求装配在一起的。这些零件之间具有一定的相对位置、连接方式、配合性质、装拆顺序等关系，这些关系统称装配关系。按装配关系装配成的机器或部件统称为装配体。用来表达装配体结构的图样称为装配图。

装配图是表达机器或部件装配关系和工作原理的图样，它是生产中的主要技术文件之一。零件图与装配图之间是互相联系又互相影响的，设计时一般先绘制装配图，再根据装配图及零件在整台机器或部件上的作用绘制零件图。装配图是进行装配、检验、安装和维修的技术依据。图8-2所示为机用虎钳的结构图和装配图。

归纳1：

●装配图是表示产品及其组成部分的连接、装配关系的图样。从图8-2b中可知，一张完整的装配图应包括____________、____________、____________和____________。

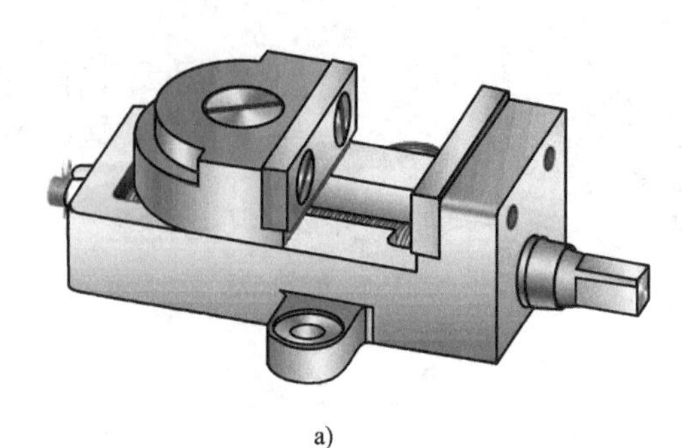

a)

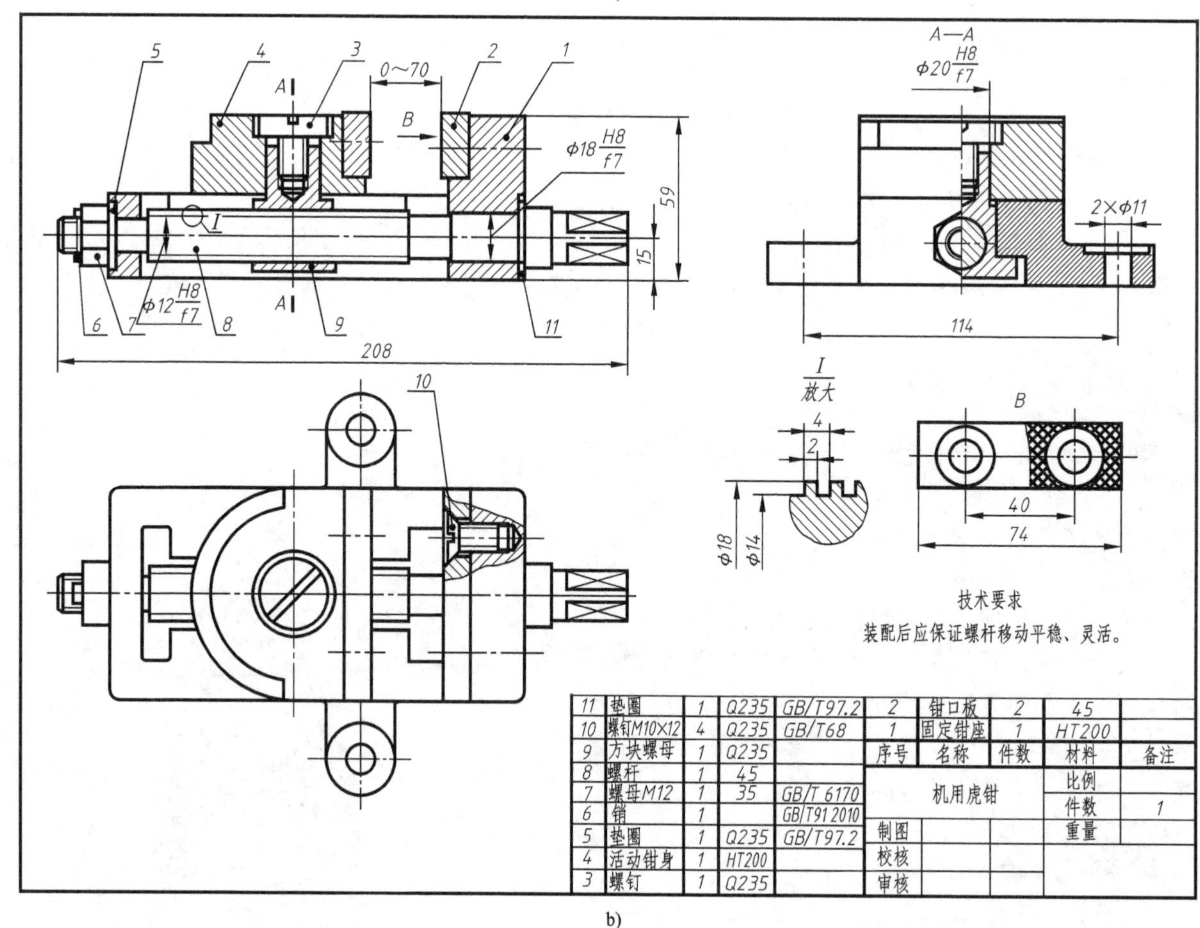

b)

图 8-2 机用虎钳的结构图和装配图

a）结构图 b）装配图

●装配图需要表达的是部件的工作原理、装配关系及主要零件的结构特征，而零件图仅表达零件的结构形状。

二、装配图的视图表达方法

1. 规定画法

（1）零件间接触面与配合面的画法　零件间接触面与配合面的画法如图 8-3 所示。

归纳 2:

●相邻两零件接触表面和配合面规定只画一条线，两个零件的公称尺寸不相同而套装在一起时，即使它们之间的间隙很小，也必须画出有明显间隔的两条轮廓线。

（2）装配图中剖面符号的画法　装配图中剖面符号的画法如图 8-4 所示。

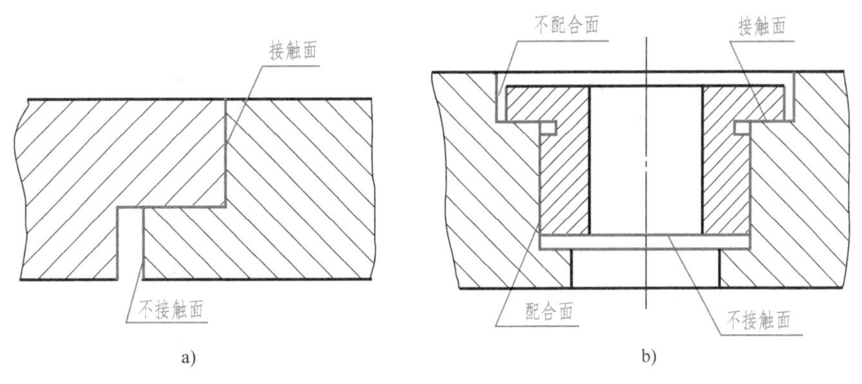

图 8-3 零件间接触面与配合面的画法

归纳 3：

●如图 8-4 所示，装配图中相邻两个金属零件的剖面线必须以不同________或不同的________画出。应特别注意的是：在装配图中，所有剖视图中同一零件剖面线的画法须完全一致。

●对于紧固件及轴、球、手柄、键、连杆等实心零件，若沿纵向剖切且剖切平面通过其对称平面或轴线时，这些零件均按________（剖视或不剖）绘制。如需表明零件的凹槽、键槽、销孔等结构，可用局部剖视图表达。

2. 特殊画法

（1）拆卸画法　在装配图的某一视图中，如果所要表达的部分被某个零件遮住而无法表达清楚、或某零件无需重复表达时，可假想将其拆去，只画出所要表达部分的视图。采用拆卸画法时，该视图上方需注明“拆去 ××”等字样，如图 8-5 所示，俯视图的右半部是拆去轴承盖、双头螺柱等零件后画出的。

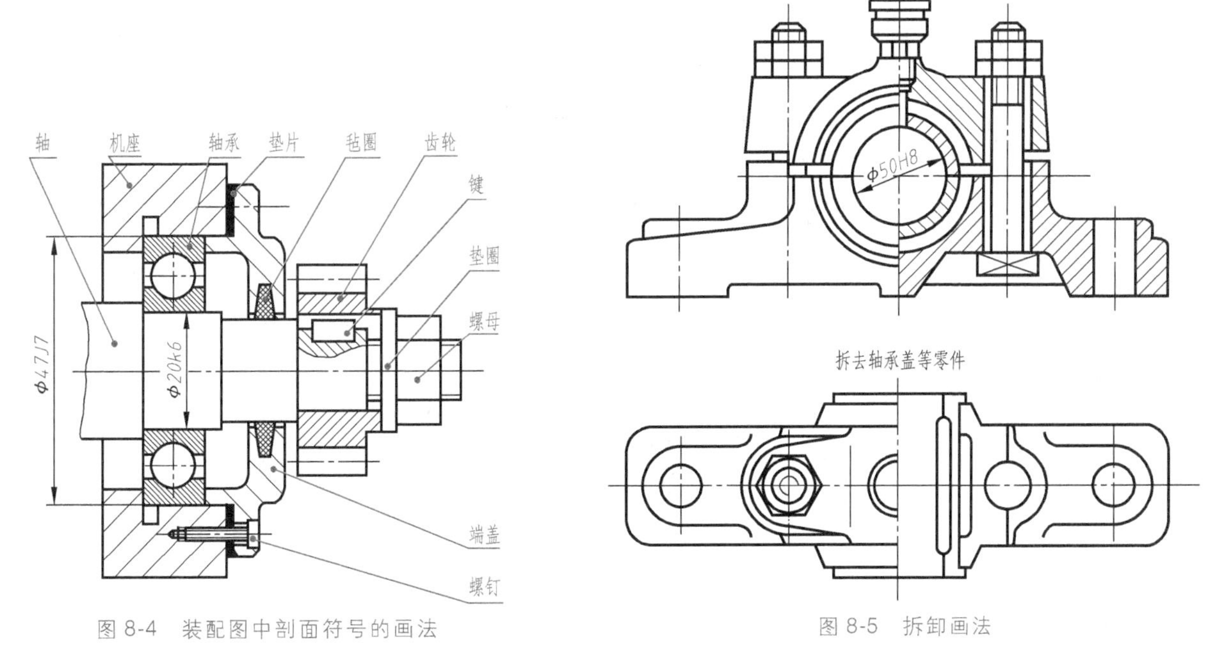

图 8-4 装配图中剖面符号的画法　　图 8-5 拆卸画法

（2）沿结合面剖切画法　为了表达装配体内部结构，可采用沿装配体结合面剖切，然后将剖切平面与观察者之间的零件拿去，画出剖视图。

（3）假想画法　在装配图中，当需要表达运动零件的运动范围或极限位置时，也可用双点画线画出该零件在极限位置处的轮廓。如图 8-6 所示，采用双点画线假想画出摇杆的另一个极限位置。

（4）夸大画法　在画装配图时，常遇到一些薄片零件、细丝弹簧、小锥度、微小间隙等情况，若无法用实际尺寸或比例画出，可采用夸大画法，如图 8-7 中的垫片和右端盖孔的间隙，都采用了夸大画法，否则难以表达。

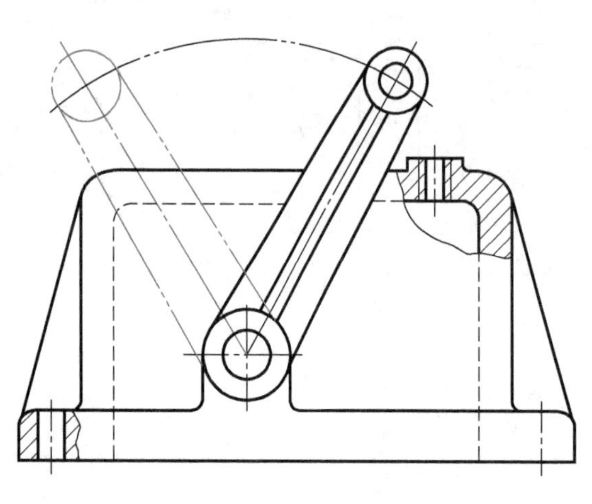

图 8-6　假想画法

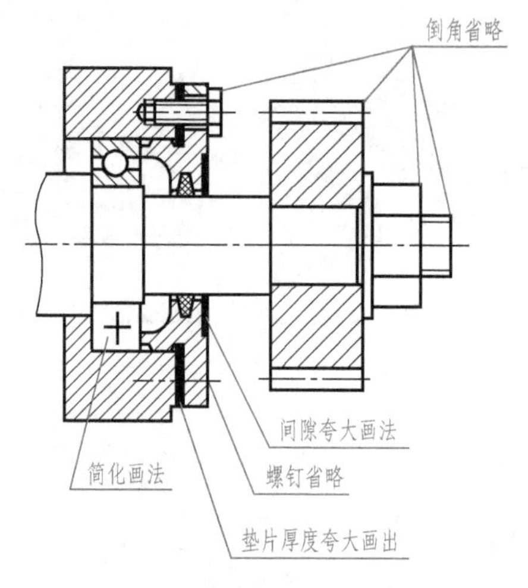

图 8-7　夸大画法与简化画法

3. 简化画法

1）在装配图中，零件的某些工艺结构，如小圆角、倒角、退刀槽等允许省略不画。装配图中螺母和螺栓头上的圆弧可省略不画。滚动轴承允许一半画剖视，另一半简化，如图 8-7 所示。

2）在装配图中，对于若干相同的零件组，如几组规格相同的螺纹连接，在不影响理解的前提下，可详细地画出一组或几组，其余用点画线表示其中心装配位置即可。

三、装配图的尺寸标注和技术要求

1. 装配图的尺寸标注

（1）规格尺寸　规格尺寸是表明装配体规格和性能的尺寸，是设计和选用产品的主要依据。

（2）装配尺寸　装配尺寸包括零件间有配合关系的配合尺寸以及零件间相对位置尺寸。

（3）安装尺寸　安装尺寸是机器或部件安装到基座或其他工作位置时所需的尺寸。

（4）外形尺寸　外形尺寸是指反映装配体总长、总宽、总高的外形轮廓尺寸。

（5）其他重要尺寸　在设计过程中经过计算而确定的尺寸和主要零件的主要尺寸以及在装配或使用中必须说明的尺寸。

2. 装配图的技术要求

装配图的技术要求一般用文字注写在图样下方的空白处。技术要求因装配体的不同，其具体的内容有很大不同，但技术要求一般应包括以下几个方面。

（1）装配要求　装配要求是指装配后必须保证的精度以及装配时的要求等。

（2）检验要求　检验要求是指装配过程中及装配后必须保证其精度的各种检验方法。

（3）使用要求　使用要求是对装配体的基本性能、维护、保养及使用时的要求。

四、装配图的零部件序号及其编排方法

1. 一般规定

1）装配图中所有的零部件都必须编写序号。

2）装配图中一个部件可以只编写一个序号，同一装配图中相同的零部件只编写一次。

3）装配图中零部件序号要与明细栏中的序号一致。

2. 序号的编排方法

1）序号的编写方式如图 8-8 所示。

2）同一装配图中，编写零部件序号的形式应一致。

3）指引线应自所指部分的可见轮廓引出，并在末端画一圆点，如图 8-8a～c 所示。如所指部分轮廓

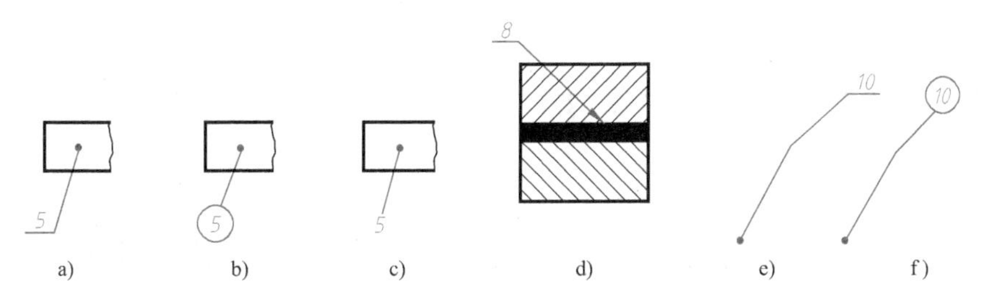

图 8-8 序号的编写方式

内不便画圆点时，可在指引线末端画一箭头，并指向该部分的轮廓，如图 8-8d 所示。

4）指引线相互不能相交，当它通过有剖面线的区域时，不应与剖面线平行；必要时，指引线可以画成折线，但只允许曲折一次，如图 8-8e、f 所示。

5）一组紧固件以及装配关系清楚的零件组，可以采用公共指引线，如图 8-9 所示。

6）零件的序号应沿水平或垂直方向按顺时针或逆时针方向排列，序号间隔应尽可能相等。

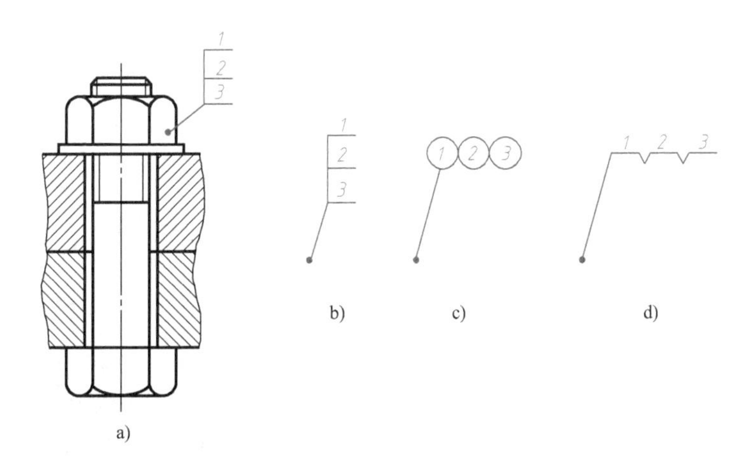

图 8-9 公共指引线的表示方法

五、装配图的标题栏及明细栏

1. 装配图的标题栏（GB/T 10609. 1—2008）

装配图中的标题栏格式与零件图相同。

2. 装配图的明细栏（GB/T 10609. 2—2009）

1）明细栏一般应紧接在标题栏上方绘制。若标题栏上方位置不够，其余部分可画在标题栏的左方。

2）当明细栏直接绘制在装配图中时，其格式和尺寸如图 8-10a 所示。校用明细栏一般可按图 8-10b 绘制。

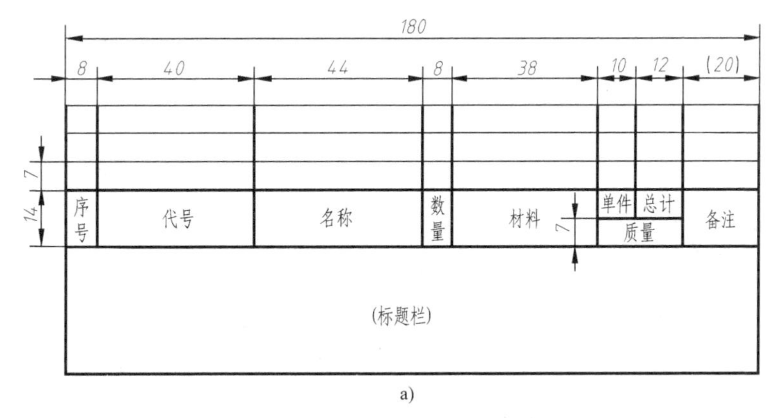

图 8-10 标题栏与明细栏

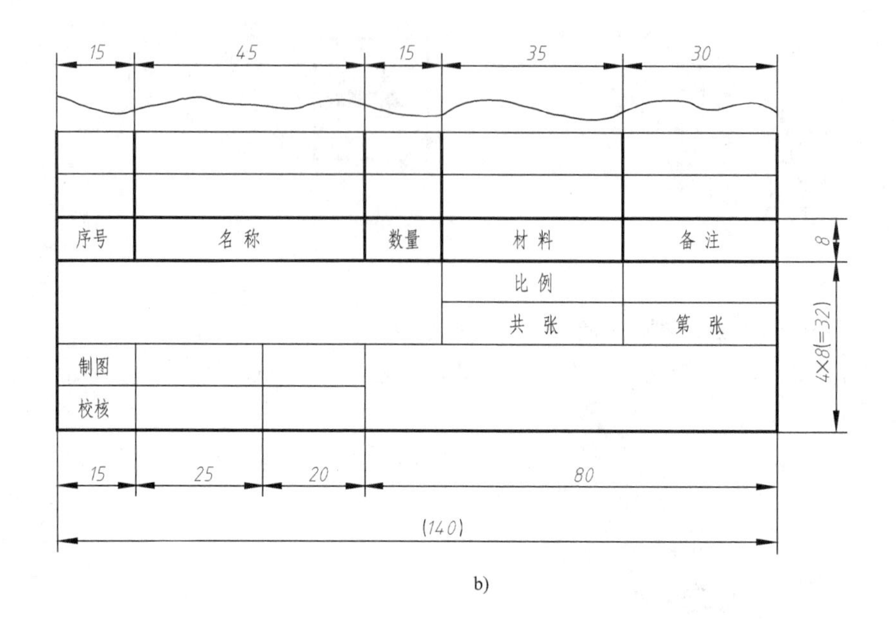

b)

图 8-10 标题栏与明细栏（续）

3）明细栏最上方（最末）的边线一般用细实线绘制。

4）当装配图中的零部件较多位置不够时，可作为装配图的续页按 A4 幅面单独绘制出明细栏。若一页不够，可连续加页。

六、装配体的测绘

1. 了解和分析装配体

要正确地表达一个装配体，必须首先了解和分析它的用途、工作原理、结构特点及装拆顺序等情况。

图 8-11 所示为滑动轴承的轴测分解图，它是支承传动轴的一个部件，轴在轴瓦内旋转。轴瓦由上、下两块组成，分别嵌在轴承盖和轴承座上，轴承座和轴承盖用两组螺栓和螺母连接在一起。为了可以用加垫片的方法来调整轴瓦和轴配合的松紧，轴承座和轴承盖之间应留有一定的间隙。

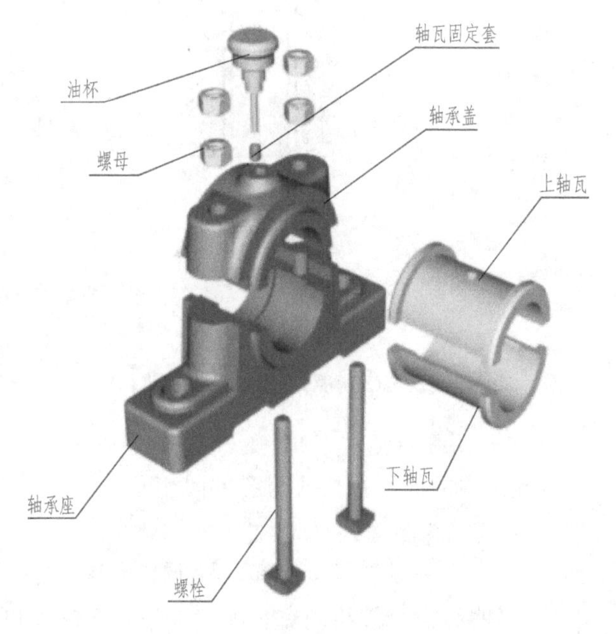

图 8-11 滑动轴承的轴测分解图

2. 认知拆装工具

写出下列拆装工具的名称及作用。

名称________________

作用________________

名称________________

作用________________

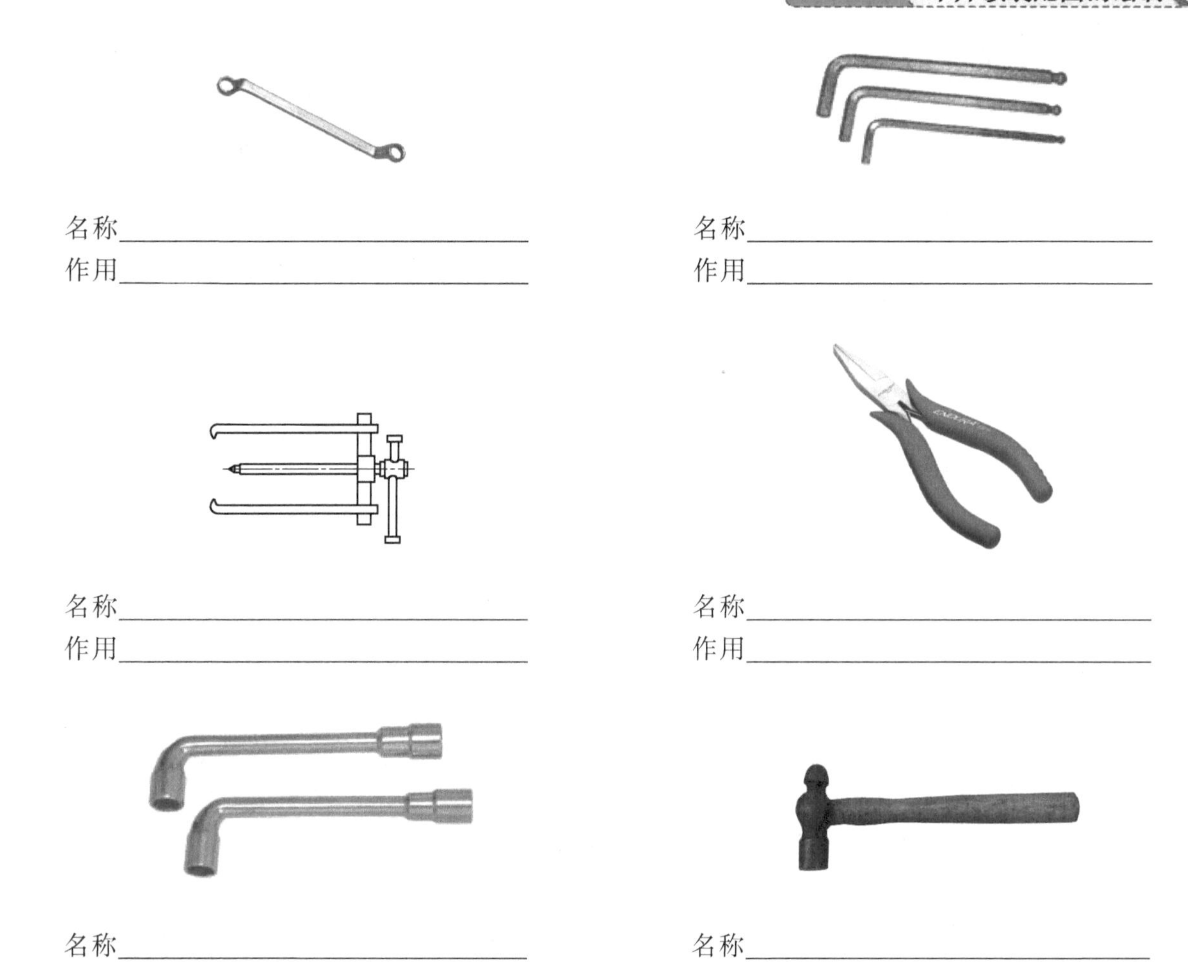

3. 拆卸装配体的一般原则和注意事项

(1) 拆卸的原则

1) 拆卸之前，应详细了解机械设备的结构、性能和工作原理，仔细阅读装配图，弄清装配关系。

2) 在不影响修换零部件的情况下，其他部分能不拆就不拆，能少拆就少拆。

3) 要根据机械设备的拆卸顺序，选择拆卸步骤。一般由整机到部件，由部件到零件，由外部到内部。

(2) 拆卸注意事项

1) 拆卸前做好准备工作。准备工作包括选择并清理好拆卸场地，保护好电气设备和易氧化、锈蚀的零件，将机械设备中的油液放尽。

2) 正确选择和使用拆卸工具。拆卸时尽量采用合适的专用工具，不能乱敲和猛击。用锤子直接打击拆卸零件时，应该用铜或硬木做衬垫。连接处在拆卸之前最好使用润滑油浸润，不易拆卸的配合件，可用煤油浸润或浸泡。

3) 保管好拆卸的零件。注意不要碰伤拆卸下来零件的加工表面，丝杠、轴类零件应涂油后悬挂于架上，以免生锈、变形。拆卸下来的零件应按部件归类并放置整齐，对偶件应做印记并成对存放，对有特定位置要求的装配零件需要做出标记，重要、精密零件要单独存放。

4. 画装配示意图

装配示意图一般是用简单的图线画出装配体各零件的大致轮廓，以表示其装配位置、装配关系和工作原理等情况的简图。国家标准中规定了一些零件的简单符号，画图时可以参考使用。图 8-12 所示为滑动轴承装配示意图及其零件明细栏。

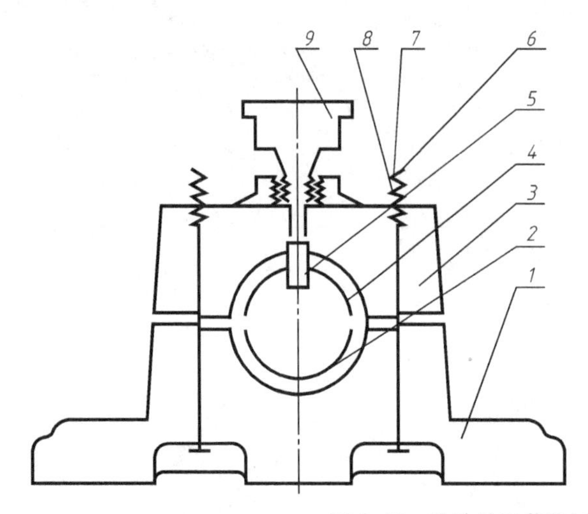

序号	名称	数量	材料
9	油杯12 JB/T 2564—2007	1	
8	螺母M12 GB/T 6170	2	A3
7	螺母M12 GB/T 6170	2	A3
6	螺栓M12×120 GB/T 5782	2	A3
5	轴瓦固定套	1	Q235
4	上轴瓦	1	青铜
3	轴承盖	1	HT200
2	下轴瓦	1	青铜
1	轴承座	1	HT200

图 8-12　滑动轴承装配示意图及其零件明细栏

5. 画零件草图

把拆下的零件逐个徒手画出其零件草图。对于一些标准件，如螺栓、螺钉、螺母、垫圈、键和销等可以不画，但需确定它们的规定标记。

画零件草图时应注意以下三点：

1）对于零件草图的绘制，除了图线是用徒手完成的以外，其他方面的要求均和画零件图一样。

2）零件的视图选择和安排应尽可能考虑到画装配图方便与否。

3）零件间有配合、连接和定位等关系的尺寸，在相关零件图上的标注应相同。

6. 装配图的画法

根据装配示意图、零件草图画出装配图，画装配图的过程是检验、校核零件的形状和尺寸的过程，草图中的形状和尺寸如有错误或不妥之处，应及时改正，保证零件间的装配关系能在装配图上正确地反映出来。

（1）主视图的选择

1）应符合部件的工作位置，尽可能反映该部件的结构特征。

2）应能反映该部件的工作原理和主要装配干线。

3）应尽量多地反映零件间的相对位置关系。

如图 8-13 所示，因其正面能反映滑动轴承的结构特征和装配关系，故选择正面作为主视图，又由于该轴承内、外结构形状都对称，故将其画成半剖视图。

（2）其他视图的选择　其他视图，应能补充主视图尚未表达清楚的部分。如图 8-14 所示，其表达了轴承顶面的结构形状，以及对称特征。为了更清楚地表达下轴瓦和轴承座之间的接触情况，以及下轴瓦的油槽形状，所以俯视图采用了拆卸画法。

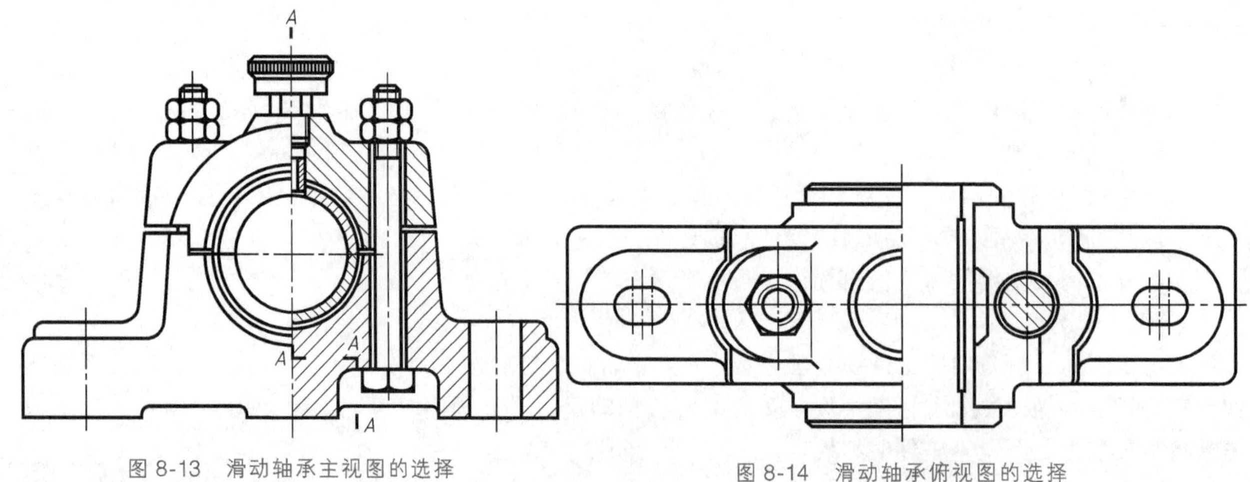

图 8-13　滑动轴承主视图的选择

图 8-14　滑动轴承俯视图的选择

（3）画图步骤　画图步骤如下：

1）定比例、选图幅、合理布局。画图的比例及图幅的大小应根据部件的大小、复杂程度及视图数量来决定。要为标注尺寸、编写零件序号、制作明细栏及注写技术要求等留出位置。

2）画各视图的主要基准线、主要轴线、对称中心线、基面或端面，如图 8-15a 所示。

3）按“先主后次”的原则，画主要零件的大体轮廓，如图 8-15b 所示。

4）画出其他零件的大体轮廓。

5）画出各个零件的细部，如图 8-15c 所示。

6）检查校核、修正底稿，描深图线、画剖面线。

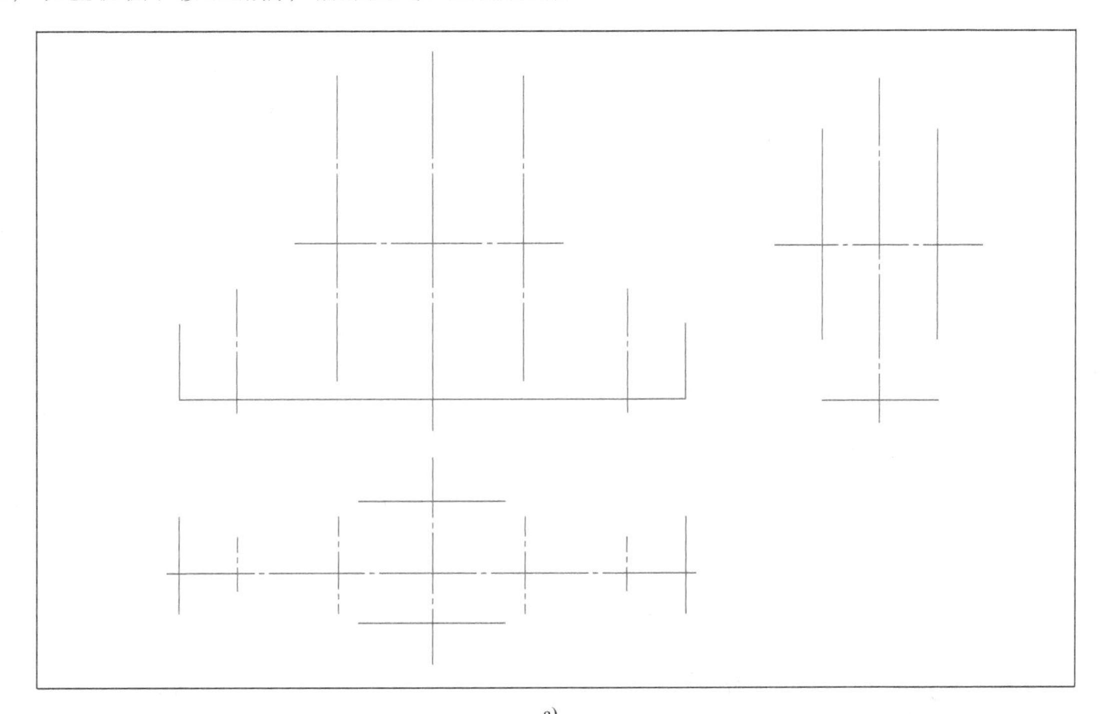

a)

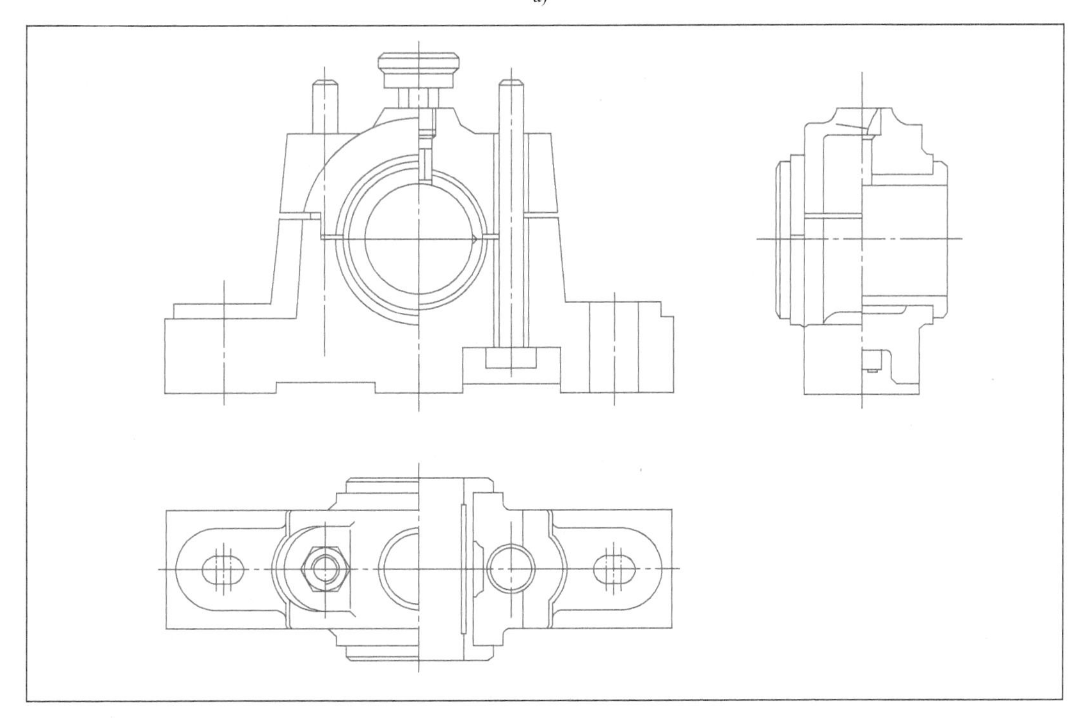

b)

图 8-15　滑动轴承装配图绘图步骤

7）标注尺寸，编序号，画标题栏、明细栏，注写技术要求，完成全图，如图 8-15d 所示。

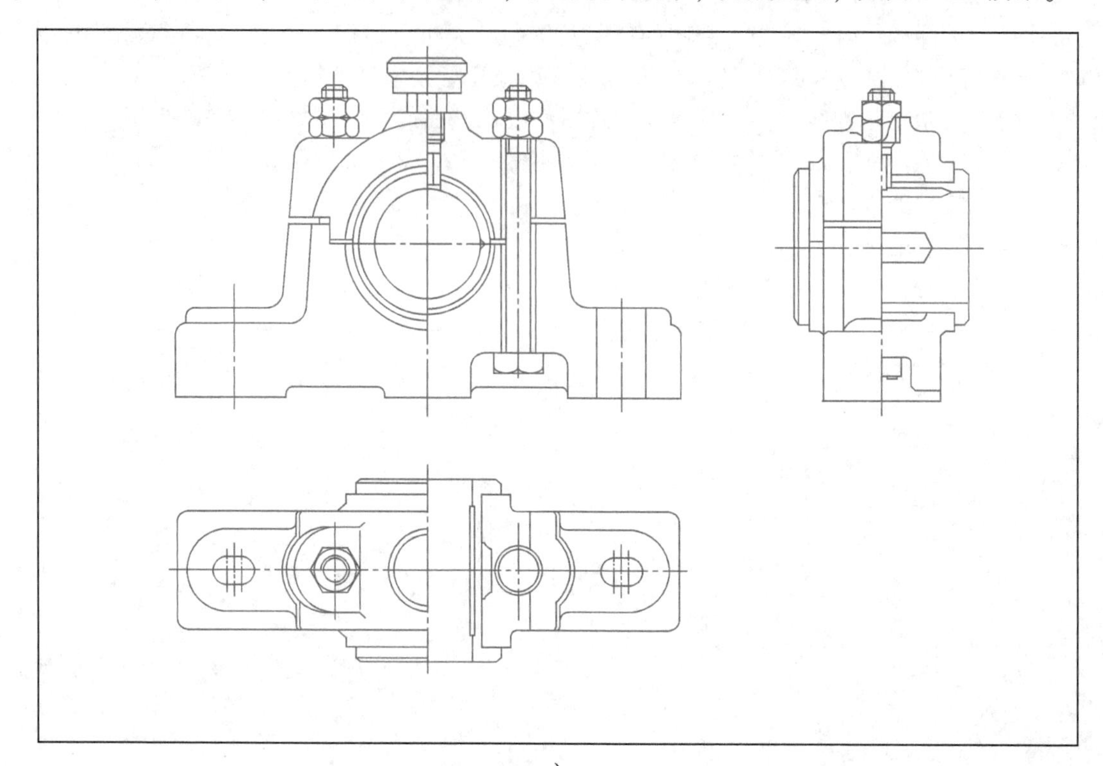

c)

85±0.300 A
9
6 7 8
5
4
3
2
1
152
2
Φ50H8
$90\frac{H9}{k9}$
A
A
A
40
240
A—A
拆去油杯
$\phi 10\frac{H9}{s8}$
$\phi 60\frac{H8}{k7}$
70±0.1
55
$65\frac{H9}{f9}$
180
17
80
6

9	油杯	1		JB/T 2564
8	螺母 M12	2		GB/T 6176
7	螺母 M12	2		GB/T 6170
6	螺栓M12×120	2		GB/T 5782
5	轴瓦固定套	1	Q235	
4	上轴瓦	1	青铜	
3	轴承盖	1	HT200	
2	下轴瓦	2	青铜	
1	轴承座	1	HT200	
序号	名称	数量	材料	备注

滑动轴承		比例	
		共4张	第 张
制图			
审核			

技术要求

1. 装配轴承盖与轴承座之间应加垫片调整，以保证轴与轴瓦间的配合要求。
2. 轴承装配后再加工油孔。
3. 调整试转后，用煤油清洗，工作面涂一层防锈油。

d)

图 8-15　滑动轴承装配图绘图步骤（续）

任务计划与决策

填写工作任务计划与决策单（表8-1）。

表8-1　工作任务计划与决策单

<table>
<tr><td>专业</td><td></td><td>班级</td><td colspan="3"></td></tr>
<tr><td>组别</td><td></td><td>任务名称</td><td>千斤顶装配图的绘制</td><td>参考学时</td><td>8学时</td></tr>
<tr><td rowspan="4">任务计划</td><td colspan="5">1)工作前,先按照6S规定进行整理
<table>
<tr><td>序号</td><td>检 查 项 目</td><td>检 查 结 果</td></tr>
<tr><td>1</td><td>桌面是否清洁、整齐</td><td></td></tr>
<tr><td>2</td><td>千斤顶摆放是否规范</td><td></td></tr>
<tr><td>3</td><td>学习用品是否准备齐全</td><td></td></tr>
<tr><td>4</td><td>组员分工是否明确</td><td></td></tr>
<tr><td>5</td><td>全组人员是否全部到位</td><td></td></tr>
<tr><td>6</td><td>其他</td><td></td></tr>
</table></td></tr>
<tr><td colspan="5">2)编写拆卸千斤顶所用的设备、工具、材料清单并填入下表
<table>
<tr><td>序号</td><td>设备、工具、材料名称</td><td>用途</td><td>规格型号</td><td>数量</td></tr>
<tr><td>1</td><td></td><td></td><td></td><td></td></tr>
<tr><td>2</td><td></td><td></td><td></td><td></td></tr>
<tr><td>3</td><td></td><td></td><td></td><td></td></tr>
<tr><td>4</td><td></td><td></td><td></td><td></td></tr>
<tr><td>5</td><td></td><td></td><td></td><td></td></tr>
<tr><td>6</td><td></td><td></td><td></td><td></td></tr>
<tr><td>7</td><td></td><td></td><td></td><td></td></tr>
</table></td></tr>
<tr><td colspan="5">3)编写千斤顶拆卸工作任务的计划,并将具体步骤填入下表
<table>
<tr><td>工作步骤</td><td>工作内容</td><td>开始时间</td><td>完成时间</td><td>工作要求</td></tr>
<tr><td>1</td><td></td><td></td><td></td><td></td></tr>
<tr><td>2</td><td></td><td></td><td></td><td></td></tr>
<tr><td>3</td><td></td><td></td><td></td><td></td></tr>
<tr><td>4</td><td></td><td></td><td></td><td></td></tr>
<tr><td>5</td><td></td><td></td><td></td><td></td></tr>
<tr><td>6</td><td></td><td></td><td></td><td></td></tr>
<tr><td>7</td><td></td><td></td><td></td><td></td></tr>
</table></td></tr>
<tr><td colspan="5">4)编写零部件的测绘计划</td></tr>
<tr><td rowspan="9">任务决策</td><td>项目</td><td>可选方案</td><td colspan="2">方案分析</td><td>结论</td></tr>
<tr><td rowspan="2">拆卸零件存放方案</td><td>方案1</td><td colspan="2"></td><td></td></tr>
<tr><td>方案2</td><td colspan="2"></td><td></td></tr>
<tr><td rowspan="2">拆装与测绘方案</td><td>方案1</td><td colspan="2"></td><td></td></tr>
<tr><td>方案2</td><td colspan="2"></td><td></td></tr>
<tr><td rowspan="2">视图表达方案</td><td>方案1</td><td colspan="2"></td><td></td></tr>
<tr><td>方案2</td><td colspan="2"></td><td></td></tr>
<tr><td rowspan="2">装配图绘图方案</td><td>方案1</td><td colspan="2"></td><td></td></tr>
<tr><td>方案2</td><td colspan="2"></td><td></td></tr>
</table>

任务实施

千斤顶装配图的绘制

填写工作任务实施单（表 8-2）。

表 8-2　工作任务实施单

<table>
<tr><td>专业</td><td></td><td>班级</td><td></td><td>姓名</td><td></td><td>学号</td><td></td></tr>
<tr><td>组别</td><td></td><td>任务名称</td><td colspan="2">千斤顶装配图的绘制</td><td>参考学时</td><td colspan="2">8 学时</td></tr>
<tr><td>任务图</td><td colspan="7">任务本图如图 8-1 所示</td></tr>
<tr><td>要求</td><td colspan="7">选择合适的图纸按 1∶1 绘制千斤顶的装配图和底座零件图</td></tr>
</table>

任务评价

填写工作任务评价单（表 8-3）。

表 8-3　工作任务评价单

<table>
<tr><td>班级</td><td></td><td>姓名</td><td></td><td>学号</td><td></td><td>成绩</td><td></td></tr>
<tr><td>组别</td><td></td><td>任务名称</td><td colspan="2">千斤顶装配图的绘制</td><td>参考学时</td><td colspan="2">8 学时</td></tr>
<tr><td>序号</td><td colspan="2">评价内容</td><td>分数</td><td>自评分</td><td>互评分</td><td colspan="2">组长或教师评分</td></tr>
<tr><td>1</td><td colspan="2">课前准备(课前预习情况)</td><td>5</td><td></td><td></td><td colspan="2"></td></tr>
<tr><td>2</td><td colspan="2">知识链接(完成情况)</td><td>25</td><td></td><td></td><td colspan="2"></td></tr>
<tr><td>3</td><td colspan="2">任务计划与决策</td><td>10</td><td></td><td></td><td colspan="2"></td></tr>
<tr><td>4</td><td colspan="2">任务实施(图线、表达方案、图形布局等)</td><td>25</td><td></td><td></td><td colspan="2"></td></tr>
<tr><td>5</td><td colspan="2">绘图质量</td><td>30</td><td></td><td></td><td colspan="2"></td></tr>
<tr><td>6</td><td colspan="2">遵守课堂纪律</td><td>5</td><td></td><td></td><td colspan="2"></td></tr>
<tr><td colspan="3">总分</td><td>100</td><td></td><td></td><td colspan="2"></td></tr>
<tr><td colspan="6">综合评价(自评分×20%+互评分×40%+组长或教师评分×40%)</td><td colspan="2"></td></tr>
<tr><td colspan="6">组长签字：</td><td colspan="2">教师签字：</td></tr>
<tr><td>学习体会</td><td colspan="7">签名：　　　　日期：</td></tr>
</table>

技能强化

实践名称：

钻模。

实践内容：

根据图 8-16 所示的钻模装配示意图和图 8-17 所示的钻模零件图绘制钻模装配图。

实践目的：

1)培养由零件图拼画装配图的能力。

2)熟悉零件的装配干线和装拆顺序。

3)进一步学习绘制装配图的方法。

实践要求：

1)用 A2 图纸绘制,绘图比例 1∶1,标注必要的尺寸。

2)确定部件的表达方案,能清楚地表达部件的工作原理、传动路线、装配关系和零件的主要结构和形状。

3)正确标注和填写装配图上的尺寸、技术要求、标题栏和明细栏。

实践提示：

1)读懂每张钻模零件图,对照钻模装配示意图,明确钻模的工作原理和每个零件的作用。

2)选定表达方案,可按装配干线逐一拼画各零件(先画主要零件,再画次要零件)。注意正确运用装配图的规定画法、特殊画法和简化画法。

3)正确表达装配工艺结构,注意关联零件间的尺寸应协调。

4)在标注尺寸和填写技术要求时,可查阅相关手册和参照类似部件的装配图。

(1) 钻模的工作原理　钻模是为批量生产的零件上钻孔使用的专用模具。利用钻模可以达到准确定位、快速钻孔，从而达到提高生产效率的目的。如图 8-16 所示，当旋转特制螺母 7 时，可取下开口垫圈 6，接着拿下钻模板 3 后，就可以取出被加工零件，从而达到快速装卸工件的目的。

(2) 钻模零件图　钻模零件图如图 8-17 所示。

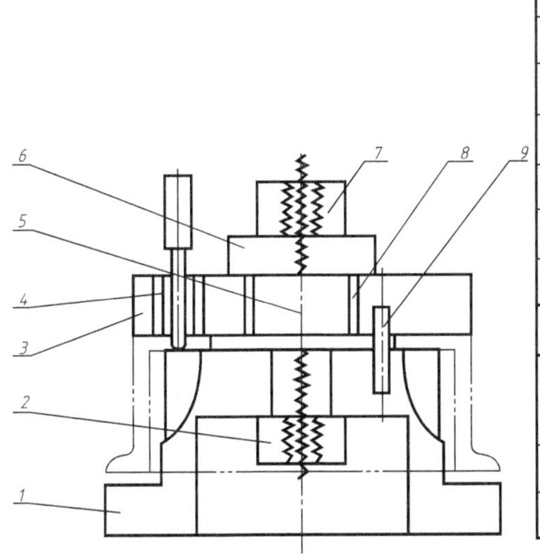

9	销 5×28	1	40	GB/T 119.1
8	衬套	1	45	
7	特制螺母	1	Q235	
6	开口垫圈	1	Q235	
5	轴	1	45	
4	钻套	3	70	
3	钻模板	1	45	
2	螺母 M16	1	Q235	
1	底座	1	HT150	GB/T 6170
序号	名称	数量	材料	备注

钻模		比例	
		共 张	第 张
制图			
审核			

图 8-16　钻模装配示意图

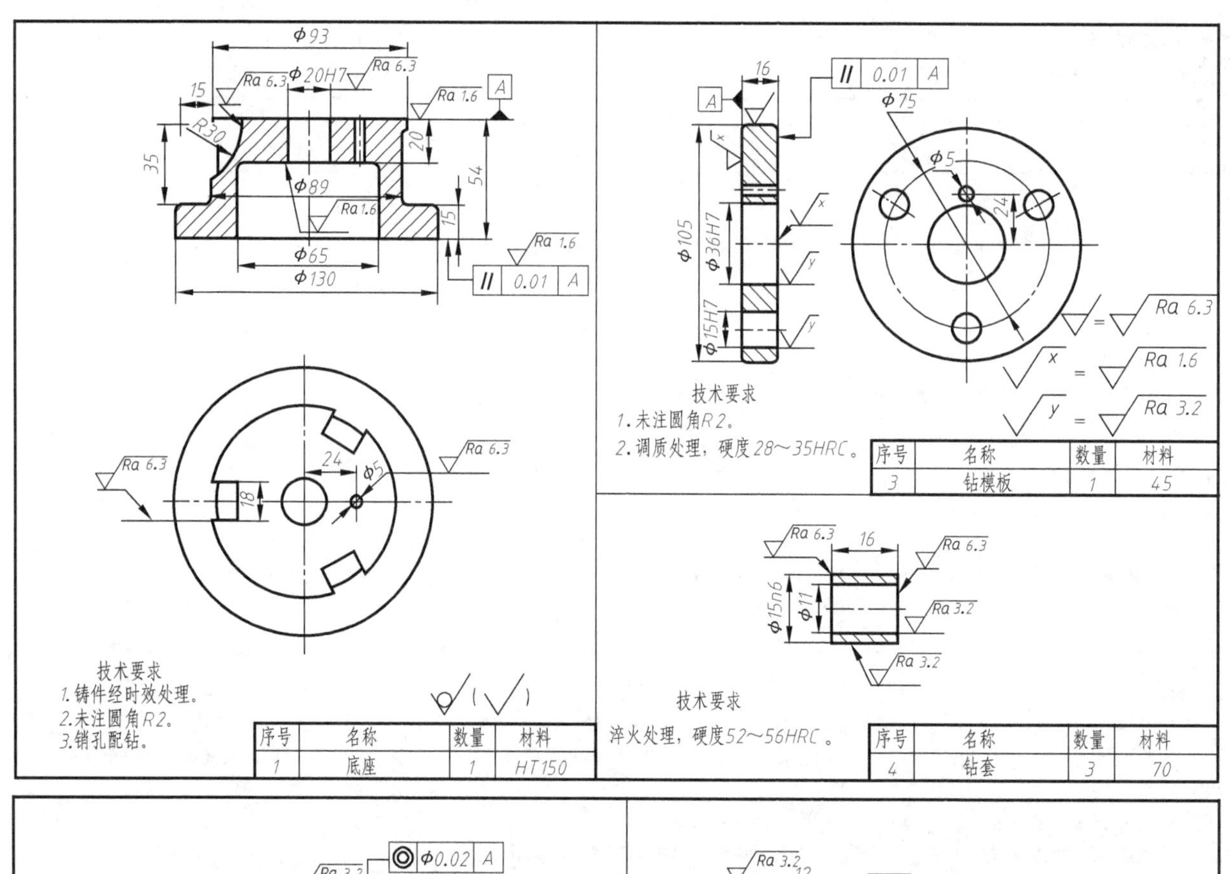

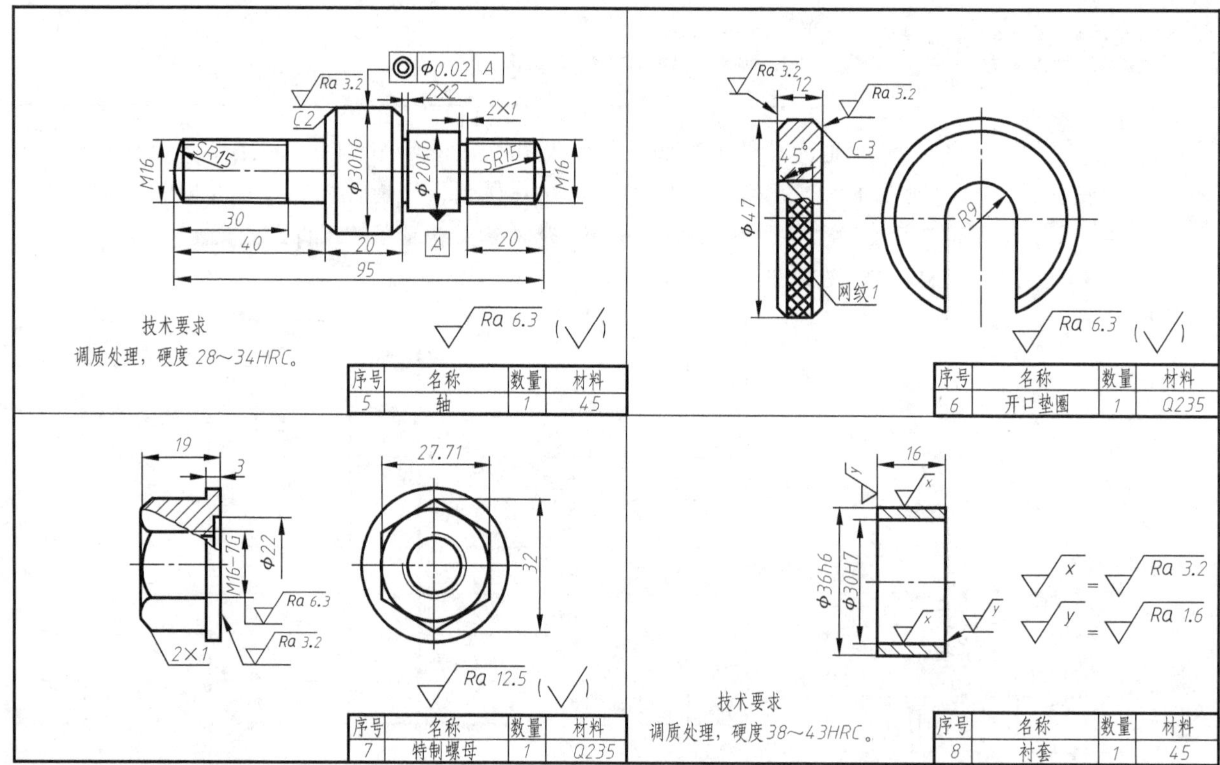

图 8-17 钻模零件图

知识拓展

一、装配图结构合理性的画法

为了保证部件的装配质量、便于装拆，应考虑到装配结构的合理性。装配合理的基本要求为：零件的结合处应精确可靠，能保证装配质量；便于装配与拆卸；零件的结构简单，加工工艺性好。

1. 接触面与配合面的结构

1）两个零件接触时，在同一方向只能有一对接触面，这种设计既可满足装配要求，同时制造也很方便，如图 8-18 所示。

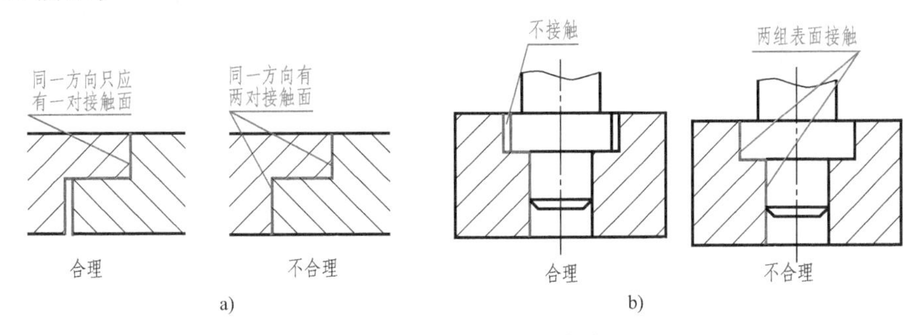

图 8-18　两个零件间的接触面

2）轴颈和孔配合时，应在孔的接触端面制作倒角或在轴肩根部切槽，以保证零件间接触良好，如图 8-19 所示。

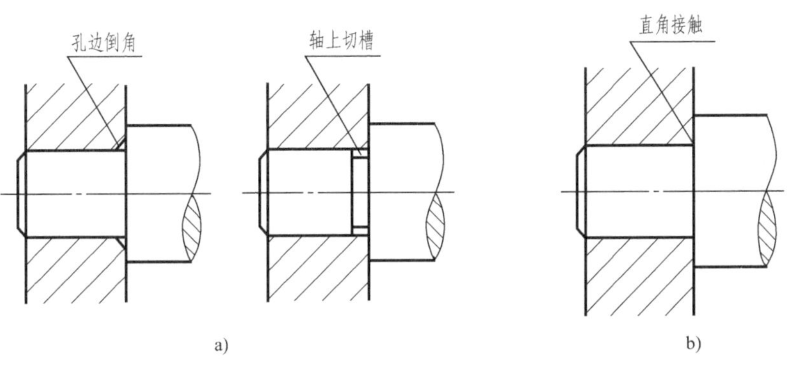

图 8-19　接触面转角处的结构

a）正确　b）错误

3）锥面配合时，锥体顶部与锥孔底部都必须留有间隙，如图 8-20 所示。

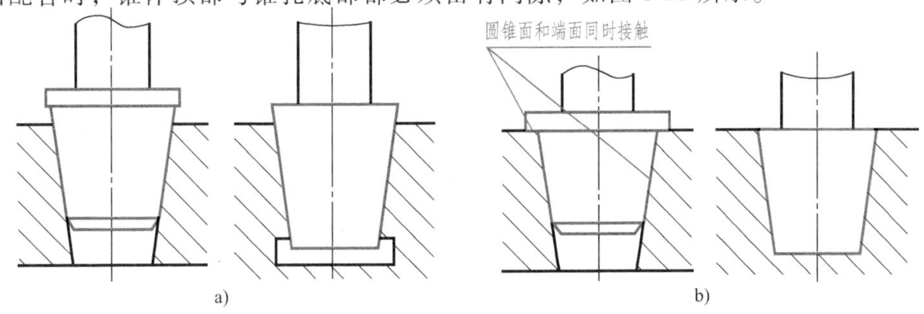

图 8-20　锥面接触的结构

a）正确　b）错误

2. 螺纹连接的合理结构

为了使螺栓、螺母、螺钉、垫圈等紧固件与被连接表面接触良好，被连接件的表面应加工成凸台或沉孔等结构，如图 8-21 所示。

3. 便于装拆的合理结构

1）滚动轴承的内、外圈在进行轴向定位设计时，为方便滚动轴承的拆卸，轴肩或孔肩的高度应低于轴承内圈或外圈的厚度，如图 8-22 所示。

2）对于螺栓等紧固件在部件上位置的设计，必须注意其活动空间，以便于拆装。一是应留出扳手

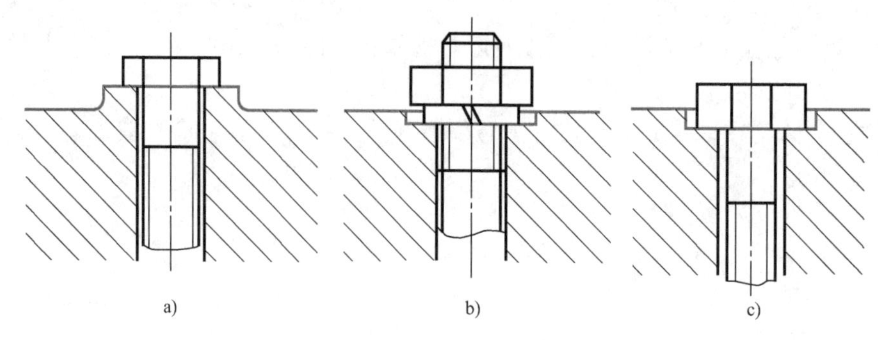

图 8-21　螺纹连接的合理结构

a）凸台　b）沉孔　c）沉孔

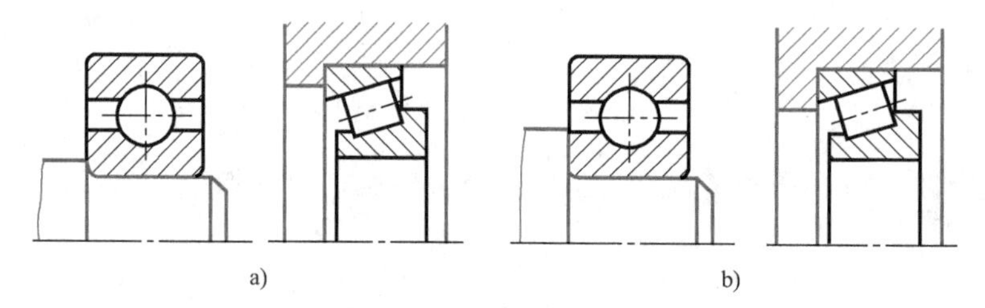

图 8-22　滚动轴承端面接触的结构

a）正确　b）错误

的转动空间，如图 8-23 所示；二是要保证有装拆空间，如图 8-24 所示。

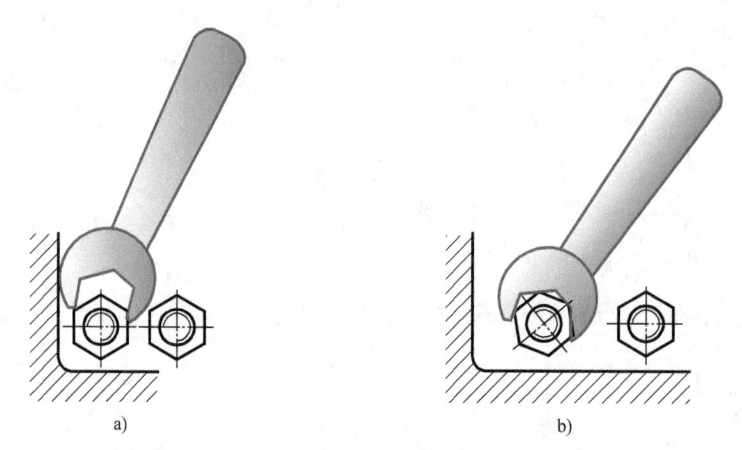

图 8-23　紧固件的位置应留出扳手的转动空间

a）不合理　b）合理

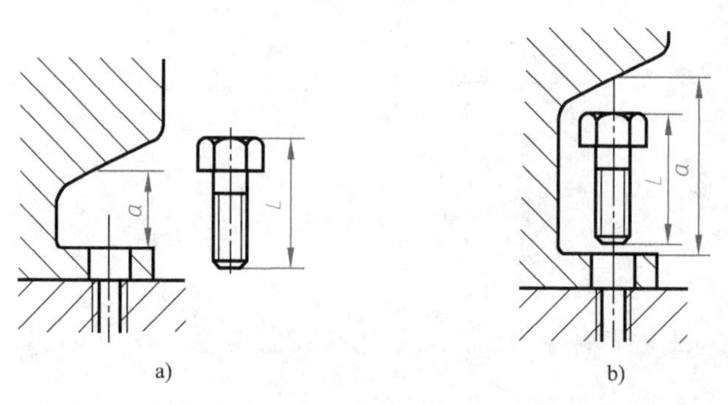

图 8-24　紧固件的位置应保证装拆空间

a）不合理　b）合理

3）为保证两零件在装拆前后的装配精度，通常用圆柱销定位，为了加工和拆卸方便，应尽量将销孔加工成通孔或选用带螺孔的销钉，销孔下部增加一小孔是为了排除被压缩的空气，如图 8-25 所示。

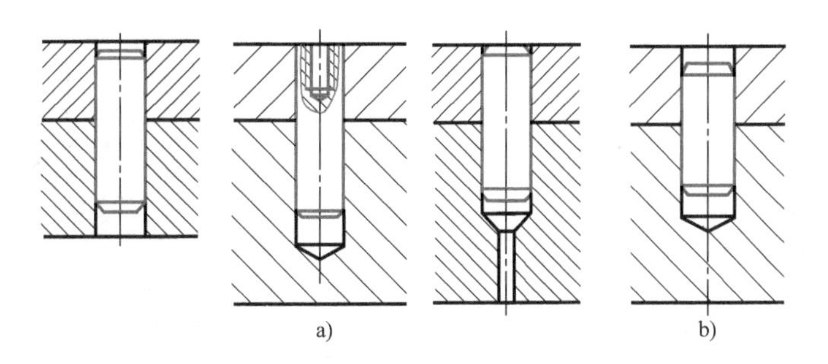

图 8-25　圆柱销定位结构

a）合理　b）不合理

4. 防松装置

为防止机器因振动或冲击导致螺纹紧固件松开，常采用双螺母、止动垫圈、弹簧垫圈、开口销等防松装置（图 8-26）。

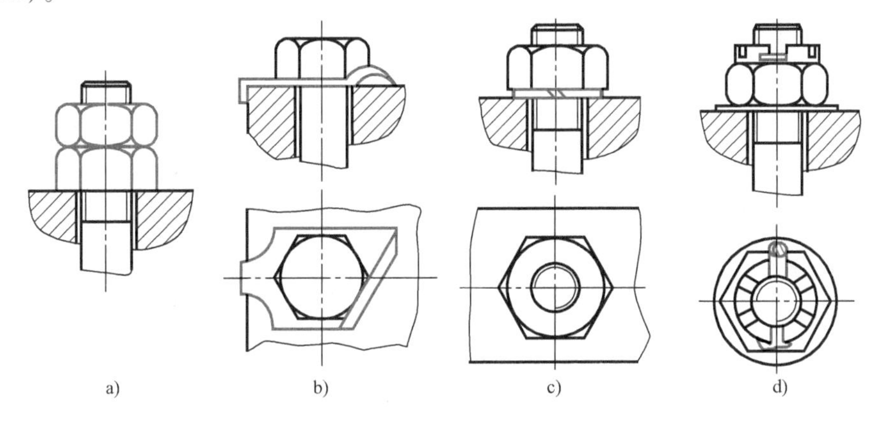

图 8-26　防松装置

a）双螺母防松　b）止动垫圈防松　c）弹簧垫圈防松　d）开口销防松

5. 密封装置

在一些部件或机器中，常装有密封装置，以防止机器中油的外溢或阀门、管路中气体、液体的泄漏或灰尘、杂质进入，如图 8-27 所示。

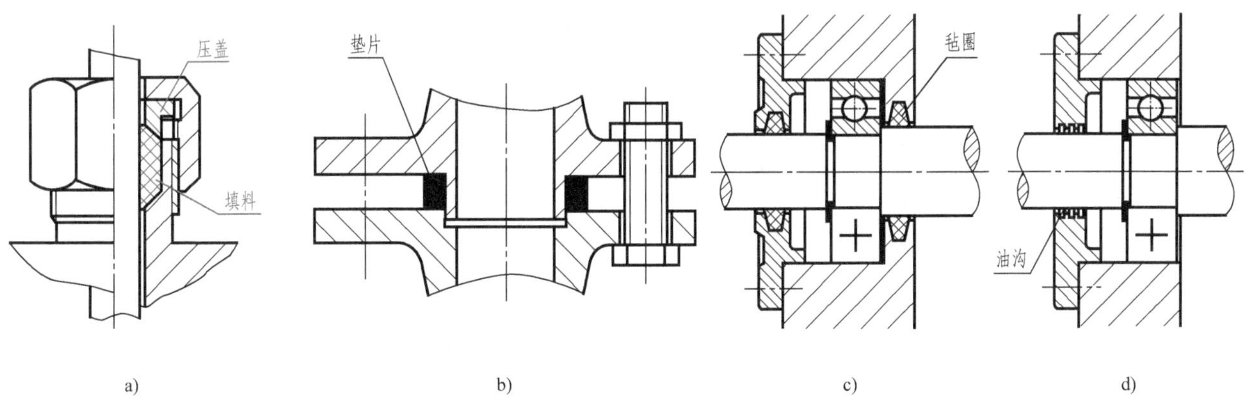

图 8-27　密封装置

a）填料式密封　b）垫片式密封　c）毡圈式密封　d）油沟式密封

6. 滚动轴承的轴向固定

装在轴上的滚动轴承及齿轮等一般都要有轴向定位结构，以保证其在轴线方向不产生移动。如图 8-28所示，轴上的滚动轴承及齿轮靠轴肩来定位，齿轮的一端用螺母、垫圈来压紧，垫圈与轴肩的台阶面间应留有间隙，以便压紧。

二、机械装拆安全操作规程

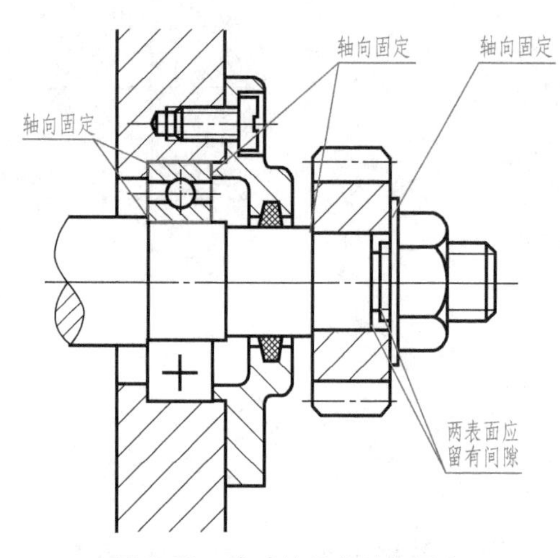

图 8-28　滚动轴承的轴向固定

1）工作前要检查工具、夹具和量具，如锤子、钳子、锉刀和游标卡尺等，必须完好无损。锤子前端不得有卷边毛刺，锤头与锤柄不得松动。

2）工作前必须穿戴好防护用品，工作服袖口、衣边应符合要求，长发要挽入工作帽内。

3）禁止使用缺手柄的锉刀、刮刀，以免伤手。

4）用锤子敲击时，注意前后是否有人，不许戴手套，以免锤子滑脱伤人；不准将锉刀当锤子或撬杠使用。

5）不准把扳手、钳类工具当锤子使用；活扳手不能反向使用，不准在扳手中间加垫片使用。

6）不准将机用虎钳当砧磴使用；不准在机用虎钳手柄上加套筒或用锤子敲击、来增大夹紧力。

项目9 齿轮泵装配图的识读

PROJECT 9

学习目标

1. 掌握装配图的读图要求、读图方法和零部件测绘方法。

2. 了解由装配图拆画零件图的方法和步骤。

3. 能熟记6S管理规定，并按照6S管理规定进行操作。

素养目标

1. 通过测绘装配图与识读，培养学生的团队协作、创新意识和创新能力。

2. 能过分组进行装配体测绘，培养学生发现问题、分析问题和解决问题的能力。

3. 通过小组作品展评，培养学生追求完美、精益求精的工作态度。

任务导入

怎样识读图9-1所示的齿轮泵装配图？识读的方法与步骤是什么？怎样从齿轮泵装配图中拆画泵体6？拆画的方法和步骤是什么？

任务分析

识读齿轮泵装配图，首先通过装配图的标题栏、明细栏了解机器或零部件的名称，然后通过各个视图搞清机器或部件的性能、工作原理、装配关系以及各零件的主要结构、作用及拆装顺序等，最后归纳、总结、想象出齿轮泵的立体图。

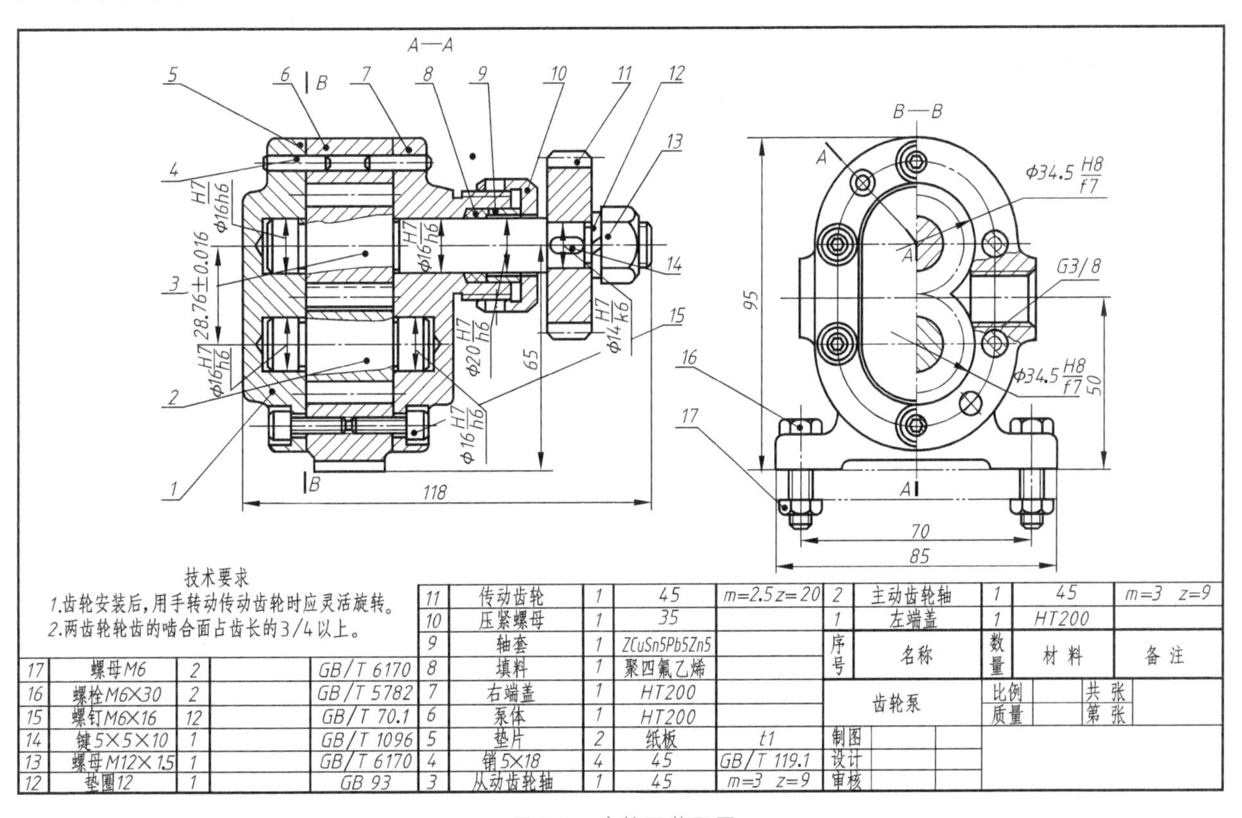

图9-1 齿轮泵装配图

知识链接

一、装配图识读的要求

1）了解部件的名称、用途、性能和工作原理。

2）了解部件的结构，零（部）件种类、相对位置、装配关系及装拆顺序和方法。

3）弄清每个零（部）件的名称、数量、材料、作用和结构形状。

4）了解技术要求中的各项内容。

二、装配图识读的方法和步骤

1. 概括了解

1）了解标题栏。从标题栏中可了解到装配体名称、绘图比例和大致的用途。

2）了解明细栏。从明细栏中可了解到标准件和常用件的名称、数量以及常用件的材料、热处理等要求。

3）初步识读视图。分析表达方法和各视图间的关系，弄清各视图的表达重点。

2. 了解工作原理和装配关系

在一般了解的基础上，结合有关说明书仔细分析机器（或部件）的工作原理和装配关系，这是读装配图的一个重要环节，分析各装配干线，弄清零件相互的配合、定位、连接方式。此外，对运动零件的润滑、密封形式等也要有所了解。

3. 分析视图，读懂零件的结构形状

分析视图，了解各视图、剖视图、断面图等的投影关系及表达意图。了解各零件的主要作用，可帮助读懂零件结构。分析零件时，应从主要视图中的主要零件开始，可按“先简单、后复杂”的顺序进行。有些零件在装配图上不一定表达完全清楚，可配合零件图来读装配图。这是读装配图极其重要的方法。常用的分析方法如下：

1）利用剖面线的方向和间距来分析。同一零件的剖面线，在各视图上方向一致、间距相等。

2）利用规定画法来分析。例如实心件在装配中规定沿轴线方向剖切可不画剖面线，据此能很快地将丝杠、手柄、螺钉、键、销等零件区分出来。

3）利用零件序号，对照明细栏来分析。

4. 分析尺寸和技术要求

1）分析尺寸。找出装配图中的性能（规格）尺寸、装配尺寸、安装尺寸、总体尺寸和其他重要尺寸。

2）技术要求。一般是对装配体提出的装配要求、检验要求和使用要求等。

三、由装配图拆画零件图

由装配图拆画零件图，简称拆图，它是在读懂装配图的基础上进行的。拆图工作分两种类型：一种是部件测绘中的拆图，另一种是新设计中的拆图。进行部件测绘中的拆图时，可根据画好后的装配图和零件草图进行；新设计中的拆图则只能依据装配图进行。下面介绍拆画零件图的一般程序和注意事项。

1. 确定零件形状

装配图中，由于主要表达的是零件间的装配关系，对零件形状表达得往往不够全面和清楚，这就要求在拆画零件图时，根据零件在装配体中的作用进行补充设计，确定每个零件的各部分结构。

2. 确定零件表达方案

拆图时，不应对装配图中零件的图形方位表达照抄照搬，而要根据零件主视图选择原则，重新确定表达方案。

3. 零件图的尺寸

1）凡是装配图上已确定的尺寸，都是设计零件图时的重要尺寸，必须直接注到零件图上。

2）关于标准结构和工艺结构，应查找有关标准校核后再进行标注。

3）在装配图中未注出的尺寸，在图样比例准确时可直接量取。若量得的尺寸不是整数，则应按 GB/T 2822—2005《标准尺寸》加以圆整后标注。

4）对于有配合关系的尺寸，在零件图上标注时要注意互相对应，不可出现矛盾，以防装配困难。

4. 表面粗糙度和其他技术要求

表面粗糙度可以根据零件加工表面的作用，参阅有关资料或用类比法确定。一般情况下，有相对运动和配合要求的表面，表面粗糙度 *Ra* 的上限值一般应小于 3.2μm；有密封要求和耐蚀的表面，表面粗糙度 *Ra* 的上限值一般应小于 6.3μm；非配合表面表面粗糙度 *Ra* 的上限值一般应大于 25μm；不重要的结合面表面粗糙度 *Ra* 的上限值一般为 12.5μm。

其他技术要求，如几何公差、热处理要求等，应根据零件在装配体中的作用，参考有关资料或用类比法确定。

5. 审核图样

对所拆画的零件图进行一次全面的校核，认真审查，确实无遗漏、无差错后，方可最终结束拆图工作。

任务计划与决策

填写工作任务计划与决策单（见表 9-1）。

表 9-1 工作任务计划与决策单

专业		班级			
组别		任务名称	齿轮泵装配图的识读	参考学时	4 学时
任务计划	各组根据任务内容制订齿轮泵装配图识读的任务计划				
任务决策	决策项目	可选方案	方案分析		结论
	识读方案	方案 1			
		方案 2			

任务实施

填写工作任务实施单（表 9-2）。

表 9-2 工作任务实施单

专业		班级		姓名		学号	
组别		任务名称	齿轮泵装配图的识读		参考学时	4 学时	
任务图	任务图如图 9-1 所示						
齿轮泵装配图识读结果	1）从图 9-1 的标题栏中可知：齿轮泵由____种共____个零件组成，其中有____种共____个标准件，标准件的标记分别是____ 2）齿轮泵共用了____图形来表达，其中主视图做了____剖视和____剖视，左视图采用了____剖视和____剖视 3）装配图中，尺寸 ϕ14H7/k6、ϕ16H7/h6 是____尺寸，尺寸 65mm 是____尺寸，尺寸 70mm 是____尺寸，尺寸 28.76±0.016mm 是____尺寸，尺寸 118mm、85mm、95mm 是____尺寸 4）尺寸 ϕ34.5H8/f7 中，“ϕ34.5”是____、“H8”是____，“f7”是____，它们属于____制配合的____配合。ϕ16H7/h6 属于____制配合的____配合 5）垫片 5 的材料是____，填料 8 的材料是____，它们在齿轮泵中起____作用 6）尺寸 G3/8 中的“G”表示____，“3/8”表示____ 7）左端盖 1 与泵体 6 属于____连接，右端盖 7 与压紧螺母 10 属于____连接 8）若主动齿轮轴（左视图）顺时针方向转动，则进油口为____，出油口为____ 9）垫片 5 的厚度一般为____ mm 10）齿轮泵的拆卸顺序是：____ 11）从齿轮泵装配图中拆画泵体 6 零件图（用 A4 图纸绘制）						

任务评价

填写工作任务评价单（表9-3）。

表9-3 工作任务评价单

<table>
<tr><td>班级</td><td></td><td>姓名</td><td></td><td>学号</td><td></td><td>成绩</td><td></td></tr>
<tr><td>组别</td><td></td><td>任务名称</td><td colspan="2">齿轮泵装配图的识读</td><td>参考学时</td><td colspan="2">4学时</td></tr>
<tr><td>序号</td><td colspan="2">评价内容</td><td>分数</td><td>自评分</td><td>互评分</td><td colspan="2">组长或教师评分</td></tr>
<tr><td>1</td><td colspan="2">课前准备(课前预习情况)</td><td>5</td><td></td><td></td><td colspan="2"></td></tr>
<tr><td>2</td><td colspan="2">知识链接(完成情况)</td><td>10</td><td></td><td></td><td colspan="2"></td></tr>
<tr><td>3</td><td colspan="2">任务计划与决策</td><td>25</td><td></td><td></td><td colspan="2"></td></tr>
<tr><td>4</td><td colspan="2">任务实施</td><td>25</td><td></td><td></td><td colspan="2"></td></tr>
<tr><td>5</td><td colspan="2">识图效果</td><td>30</td><td></td><td></td><td colspan="2"></td></tr>
<tr><td>6</td><td colspan="2">遵守课堂纪律</td><td>5</td><td></td><td></td><td colspan="2"></td></tr>
<tr><td colspan="3">总分</td><td>100</td><td></td><td></td><td colspan="2"></td></tr>
<tr><td colspan="6">综合评价(自评分×20%+互评分×40%+组长或教师评分×40%)</td><td colspan="2"></td></tr>
<tr><td colspan="5">组长签字：</td><td colspan="3">教师签字：</td></tr>
<tr><td>学习体会</td><td colspan="7">签名：　　　　日期：</td></tr>
</table>

技能强化

1. 识读图9-2所示的旋阀装配图并回答问题

（1）旋阀的工作原理　旋阀以阀体1两端的螺纹孔与管道连接作为开关装置。其特点是可以迅速开启和关闭，并能控制液体流量。在旋阀装配图的主视图中，锥形塞6上圆孔的轴线与管道的轴线处于同一水平线上，表示旋阀全部开启。当锥形塞6旋转90°后，锥形塞6上圆孔的轴线与管道的轴线处于垂直位置，此时管道被锥形塞完全阻断，表示旋阀完全关闭。为了防止液体泄漏，在锥形塞的上部与阀体之间装有填料3（材料为石棉绳），并通过螺栓4将填料压盖5压紧。

（2）读懂旋阀装配图并回答下列问题

1）旋阀由____种零件组成，其中标准件有____种。

2）旋阀用了________个视图表示，主视图采用了________，是________剖视图；左视图采用了________，是________图。

3）为了表达锥形塞6上的孔与阀体1上孔的连接和相贯关系，采用了________剖视图。

4）装配图中的尺寸102mm是________，45mm是________，131mm是________。

5）ϕ36 H9/f9是零件________与零件________的________尺寸，H9表示________，f9表示________，是基________制________配合。

6）图中的1∶7表示____。

7）图中的G1/2表示____。

8）锥形塞6上的交叉细实线表示____。

9）图中的"拆去件4"采用了________画法，因为________。

10）图中的螺栓4采用了装配图的________画法和________画法。

（3）拆画阀体1的零件图

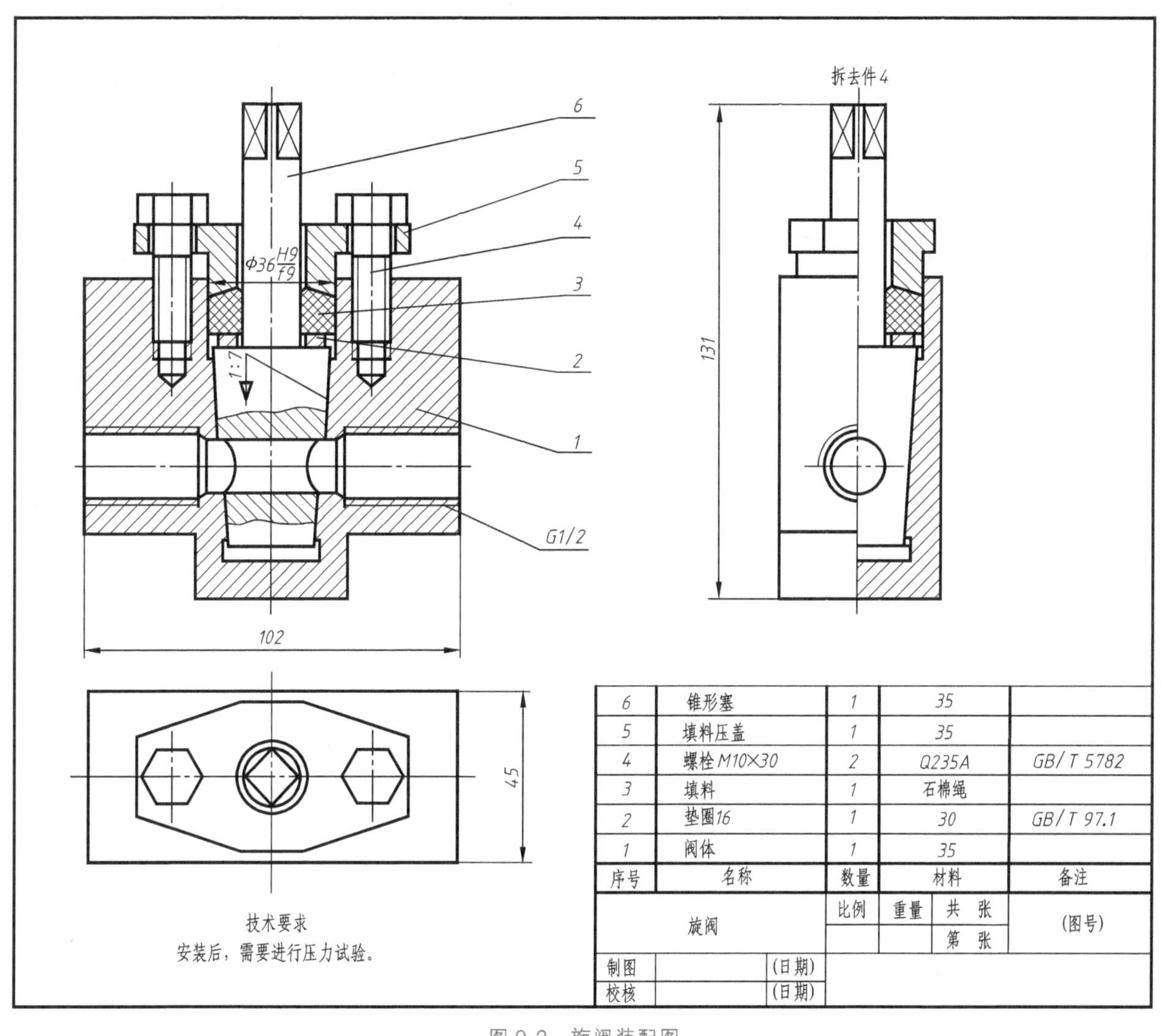

图 9-2 旋阀装配图

2. 识读图 9-3 所示的管钳装配图并回答问题

（1）管钳的工作原理　管钳是用于夹紧管子以进行加工及装配的一种专用装置。活动钳口 6 与螺杆 2 用两根销 5 连接。当逆时针或顺时针转动手柄 4 时，螺杆 2 带动活动钳口 6 上升或下降，从而起到夹紧或松开管子的作用。

（2）读懂管钳装配图并回答下列问题

1）管钳由________种零件组成，其中标准件有________种。

2）管钳用________个视图表达，主视图采用了________，俯视图采用了________，左视图采用了________。

3）活动钳口 6 靠________带动才能上升或下降。

4）当手柄 4 转动时，活动钳口 6 因________而不随着一起转动。

5）ϕ50 H9/f9 是零件________与零件________的________尺寸，H9 表示________，f9 表示________，是基________制________配合。

6）ϕ10 H7/n6 是零件________与零件________的________尺寸，H7 表示________，n6 表示________，是基________制________配合。

7）2×ϕ18mm 表示____________________________，是________尺寸；190mm 是________尺寸，250mm 是________尺寸。

8）活动钳口的升降范围是________ mm。

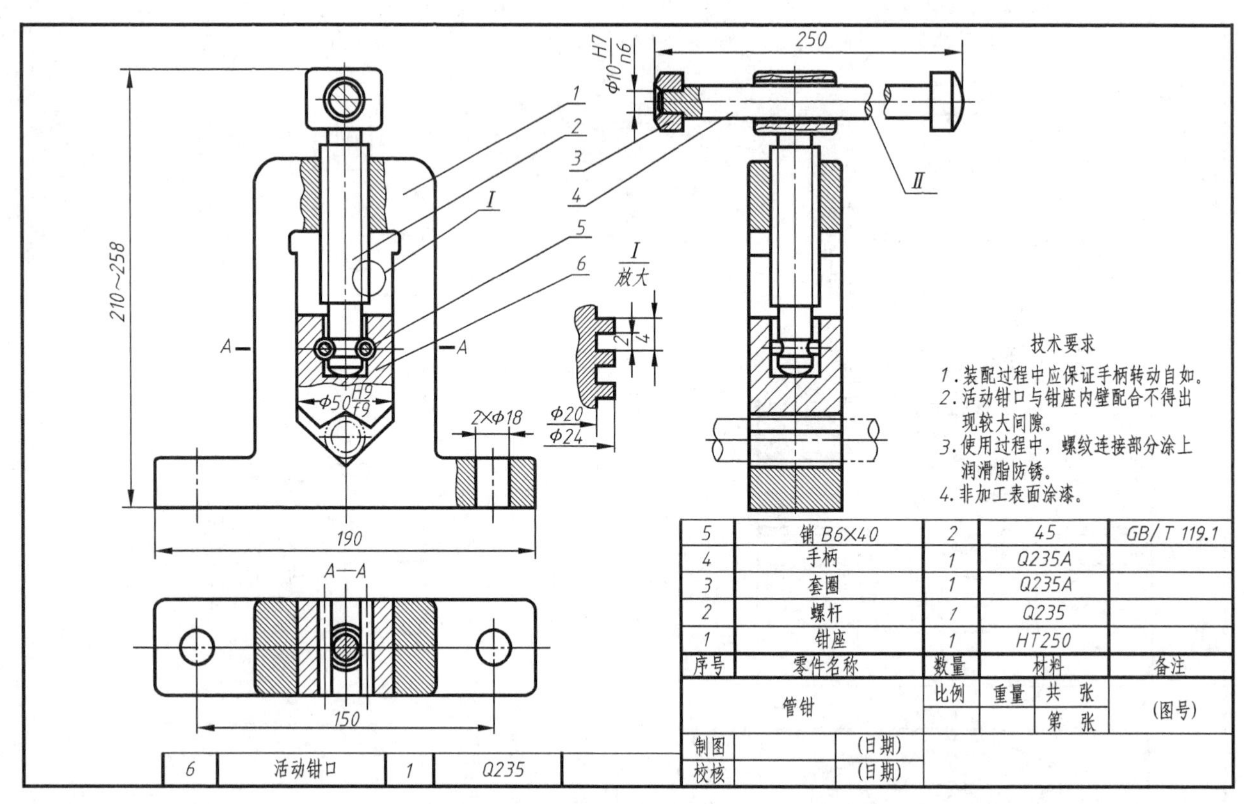

图 9-3 管钳装配图

9）销 5 在装配体中起______________________________作用。

10）管钳中的零件_______和零件_______有螺纹，是____________________螺纹。

11）图中的 I 处采用了_______________表达方法，Ⅱ处采用了_______________表达方法。

12）主视图和左视图中的细双点画线表示____________________。

（3）简述管钳的装配顺序______________________________。

（4）拆画钳座 1 或活动钳口 6 的零件图

附录

附录 A 极限与配合

表 A-1 标准公差数值（公称尺寸≤500mm）（摘自 GB/T 1800.2—2009）

公称尺寸/mm	标准公差等级								
	IT1	IT2	IT3	IT4	IT5	IT6	IT7	IT8	IT9
	μm								
≤3	0.8	1.2	2	3	4	6	10	14	25
>3~6	1	1.5	2.5	4	5	8	12	18	30
>6~10	1	1.5	2.5	4	6	9	15	22	36
>10~18	1.2	2	3	5	8	11	18	27	43
>18~30	1.5	2.5	4	6	9	13	21	33	52
>30~50	1.5	2.5	4	7	11	16	25	39	62
>50~80	2	3	5	8	13	19	30	46	74
>80~120	2.5	4	6	10	15	22	35	54	87
>120~180	3.5	5	8	12	18	25	40	63	100
>180~250	4.5	7	10	14	20	29	46	72	115
>250~315	6	8	12	16	23	32	52	81	130
>315~400	7	9	13	18	25	36	57	89	140
>400~500	8	10	15	20	27	40	63	97	155

公称尺寸/mm	标准公差等级								
	IT10	IT11	IT12	IT13	IT14	IT15	IT16	IT17	IT18
	mm								
≤3	40	60	100	0.14	0.25	0.4	0.6	1	1.4
>3~6	48	75	120	0.18	0.3	0.45	0.75	1.2	1.8
>6~10	58	90	150	0.22	0.36	0.58	0.9	1.5	2.2
>10~18	70	110	180	0.27	0.43	0.7	1.1	1.8	2.7
>18~30	84	130	210	0.33	0.52	0.84	1.3	2.1	3.3
>30~50	100	160	250	0.39	0.62	1	1.6	2.5	3.9
>50~80	120	190	300	0.46	0.74	1.2	1.9	3	4.6
>80~120	140	220	350	0.54	0.87	1.4	2.2	3.5	5.4
>120~180	160	250	400	0.63	1	1.6	2.5	4	6.3
>180~250	185	290	460	0.72	1.15	1.85	2.9	4.6	7.2
>250~315	210	320	520	0.81	1.3	2.1	3.2	5.2	8.1
>315~400	230	360	570	0.89	1.4	2.3	3.6	5.7	8.9
>400~500	250	400	630	0.97	1.55	2.5	4	6.3	9.7

注：公称尺寸≤1mm 时，无 IT14~IT18。公称尺寸>500mm 的 IT1~IT5 的标准公差数值为试行。

表 A-2　尺寸≤500mm 轴的

公称尺寸/mm	基　本															
	上极限偏差 es															
	a	b	c	cd	d	e	ef	f	fg	g	h	js	j			
	所有公差等级												IT5 和 IT6	IT7	IT8	IT4~IT7
≤3	-270	-140	-60	-34	-20	-14	-10	-6	-4	-2	0	偏差等于±IT/2	-2	-4	-6	0
>3~6	-270	-140	-70	-46	-30	-20	-14	-10	-6	-4			-2	-4	—	+1
>6~10	-280	-150	-80	-56	-40	-25	-18	-13	-8	-5	0		-2	-5	—	+1
>10~14	-290	-150	-95	—	-50	-32	—	-16	—	-6	0		-3	-6	—	+1
>14~18																
>18~24	-300	-160	-110		-65	-40		-20		-7	0		-4	-8	—	+2
>24~30																
>30~40	-310	-170	-120		-80	-50		-25		-9	0		-5	-10	—	+2
>40~50	-320	-180	-130													
>50~65	-340	-190	-140		-100	-60		-30		-10	0		-7	-12	—	+2
>65~80	-360	-200	-150													
>80~100	-380	-220	-170		-120	-72		-36		-12	0		-9	-15	—	+3
>100~120	-410	-240	-180													
>120~140	-460	-260	-200		-145	-85		-43		-14	0		-11	-18	—	+3
>140~160	-520	-280	-210													
>160~180	-580	-310	-230													
>180~200	-660	-340	-240		-170	-100		-50		-15	0		-13	-21	—	+4
>200~225	-740	-380	-260													
>225~250	-820	-420	-280													
>250~280	-920	-480	-300		-190	-110		-56		-17	0		-16	-26	—	+4
>280~315	-1050	-540	-330													
>315~355	-1200	-600	-360		-210	-125		-62		-18	0		-18	-28	—	+4
>355~400	-1350	-680	-400													
>400~450	-1500	-760	-440		-230	-135		-68		-20	0		-20	-32	—	+5
>450~500	-1650	-840	-480													

注：1. 公称尺寸≤1mm 时，基本偏差 a 和 b 均不采用。

2. js 的数值：对 js7~js11，若 IT 的数值（μm）为奇数，则取 js=±(IT-1)/2。

基本偏差数值（GB/T 1800.1—2009）

偏　差/μm														
下极限偏差 ei														
k	m	n	p	r	s	t	u	v	x	y	z	za	zb	zc
≤IT3 >IT7	所有公差等级													
0	+2	+4	+6	+10	+14	—	+18	—	+20	—	+26	+32	+40	+60
0	+4	+8	+12	+15	+19		+23		+28		+35	+42	+50	+80
0	+6	+10	+15	+19	+23		+28		+34		+42	+52	+67	+97
0	+7	+12	+18	+23	+28		+33		+40		+50	+64	+90	+130
								+39	+45		+60	+77	+108	+150
0	+8	+15	+22	+28	+35		+41	+47	+54	+63	+73	+98	+136	+188
						+41	+48	+55	+64	+75	+88	+118	+160	+218
0	+9	+17	+26	+34	+43	+48	+60	+68	+80	+94	+112	+148	+200	+274
						+54	+70	+81	+97	+114	+136	+180	+242	+325
0	+11	+20	+32	+41	+53	+66	+87	+102	+122	+144	+172	+226	+300	+405
				+43	+59	+75	+102	+120	+146	+174	+210	+274	+360	+480
0	+13	+23	+37	+51	+71	+91	+124	+146	+178	+214	+258	+335	+445	+585
				+54	+79	+104	+144	+172	+210	+254	+310	+400	+525	+690
0	+15	+27	+43	+63	+92	+122	+170	+202	+248	+300	+365	+470	+620	+800
				+65	+100	+134	+190	+228	+280	+340	+415	+535	+700	+900
				+68	+108	+146	+210	+252	+310	+380	+465	+600	+780	+1000
0	+17	+31	+50	+77	+122	+166	+236	+284	+350	+425	+520	+670	+880	+1150
				+80	+130	+180	+258	+310	+385	+470	+575	+740	+960	+1250
				+84	+140	+196	+284	+340	+425	+520	+640	+820	+1050	+1350
0	+20	+34	+56	+94	+158	+218	+315	+385	+475	+580	+710	+920	+1200	+1550
				+98	+170	+240	+350	+425	+525	+650	+790	+1000	+1300	+1700
0	+21	+37	+62	+108	+190	+268	+390	+475	+590	+730	+900	+1150	+1500	+1900
				+114	+208	+294	+435	+530	+660	+820	+1000	+1300	+1650	+2100
0	+23	+40	+68	+126	+232	+330	+490	+595	+740	+920	+1100	+1450	+1850	+2400
				+132	+252	+360	+540	+660	+820	+1000	+1250	+1600	+2100	+2600

表 A-3　尺寸≤500mm 孔的基本偏差数值

公称尺寸/mm	基本偏差																				
	下极限偏差 EI																				
	A	B	C	CD	D	E	EF	F	FG	G	H	JS	J			K		M		N	
	所有公差等级												IT6	IT7	IT8	≤IT8	>IT8	≤IT8	>IT8	≤IT8	>IT8
≤3	+270	+140	+60	+34	+20	+14	+10	+6	+4	+2	0	偏差等于±IT/2	+2	+4	+6	0	0	-2	-2	-4	-4
>3~6	+270	+140	+70	+46	+30	+20	+14	+10	+6	+4	0		+5	+6	+10	-1+Δ	—	-4+Δ	-4	-8+Δ	0
>6~10	+280	+150	+80	+56	+40	+25	+18	+13	+8	+5	0		+5	+8	+12	-1+Δ		-6+Δ	-6	-10+Δ	0
>10~14	+290	+150	+95	—	+50	+32	—	+16	—	+6	0		+6	+10	+15	-1+Δ		-7+Δ	-7	-12+Δ	0
>14~18																					
>18~24	+300	+160	+110		+65	+40		+20		+7	0		+8	+12	+20	-2+Δ		-8+Δ	-8	-15+Δ	0
>24~30																					
>30~40	+310	+170	+120		+80	+50		+25		+9	0		+10	+14	+24	-2+Δ		-9+Δ	-9	-17+Δ	0
>40~50	+320	+180	+130																		
>50~65	+340	+190	+140		+100	+60		+30		+10	0		+13	+18	+28	-2+Δ		-11+Δ	-11	-20+Δ	0
>65~80	+360	+200	+150																		
>80~100	+380	+220	+170		+120	+72		+36		+12	0		+16	+22	+34	-3+Δ		-13+Δ	-13	-23+Δ	0
>100~120	+410	+240	+180																		
>120~140	+460	+260	+200		+145	+85		+43		+14	0		+18	+26	+41	-3+Δ		-15+Δ	-15	-27+Δ	0
>140~160	+520	+280	+210																		
>160~180	+580	+310	+230																		
>180~200	+660	+340	+240		+170	+100		+50		+15	0		+22	+30	+47	-4+Δ		-17+Δ	-17	-31+Δ	0
>200~225	+740	+380	+260																		
>225~250	+820	+420	+280																		
>250~280	+920	+480	+300		+190	+110		+56		+17	0		+25	+36	+55	-4+Δ		-20+Δ	-20	-34+Δ	0
>280~315	+1050	+540	+330																		
>315~355	+1200	+600	+360		+210	+125		+62		+18	0		+29	+39	+60	-4+Δ		-21+Δ	-21	-37+Δ	0
>355~400	+1350	+680	+400																		
>400~450	+1500	+760	+440		+230	+135		+68		+20	0		+33	+43	+66	-5+Δ		-23+Δ	-23	-40+Δ	0
>450~500	+1650	+840	+480																		

注：1. 公称尺寸≤1mm 时，基本偏差 A 和 B 及>IT8 级的 *N* 级均不采用。

2. JS 的数值：对 JS7~JS11，若 IT*n* 值数为奇数，则取偏差=±(IT*n*-1)/2。

3. 特殊情况：250~315mm 段的 M6，ES=-9μm（代替-11μm）。

（GB/T 1800.1—2009）

/μm													Δ/μm					
上极限偏差 ES																		
P~ZC	P	R	S	T	U	V	X	Y	Z	ZA	ZB	ZC						
≤IT7													IT3	IT4	IT5	IT6	IT7	IT8
在>IT7级的相应数值上增加一个Δ	-6	-10	-14	—	-18	—	-20	—	-26	-32	-40	-60	0					
	-12	-15	-19		-23		-28		-35	-42	-50	-80	1	1.5	1	3	4	6
	-15	-19	-23		-28		-34		-42	-52	-67	-97	1	1.5	2	3	6	7
	-18	-23	-28		-33		-40		-50	-64	-90	-130	1	2	3	3	7	9
						-39	-45		-60	-77	-108	-150						
	-22	-28	-35		-41	-47	-54	-63	-73	-98	-136	-188	1.5	2	3	4	8	12
				-41	-48	-55	-64	-75	-88	-118	-160	-218						
	-26	-34	-43	-48	-60	-68	-80	-94	-112	-148	-200	-274	1.5	3	4	5	9	14
				-54	-70	-81	-97	-114	-136	-180	-242	-325						
	-32	-41	-53	-66	-87	-102	-122	-144	-172	-226	-300	-405	2	3	5	6	11	16
		-43	-59	-75	-102	-120	-146	-174	-210	-274	-360	-480						
	-37	-51	-71	-91	-124	-146	-178	-214	-258	-335	-445	-585	2	4	5	7	13	19
		-54	-79	-104	-144	-172	-210	-254	-310	-400	-525	-690						
	-43	-63	-92	-122	-170	-202	-248	-300	-365	-470	-620	-800	3	4	6	7	15	23
		-65	-100	-134	-190	-228	-280	-340	-415	-535	-700	-900						
		-68	-108	-146	-210	-252	-310	-380	-465	-600	-780	-1000						
	-50	-77	-122	-166	-236	-284	-350	-425	-520	-670	-880	-1150	3	4	6	9	17	26
		-80	-130	-180	-258	-310	-385	-470	-575	-740	-960	-1250						
		-84	-140	-196	-284	-340	-425	-520	-640	-820	-1050	-1350						
	-56	-94	-158	-218	-315	-385	-475	-580	-710	-920	-1200	-1550	4	4	7	9	20	29
		-98	-170	-240	-350	-425	-525	-650	-790	-1000	-1300	-1700						
	-62	-108	-190	-268	-390	-475	-590	-730	-900	-1150	-1500	-1900	4	5	7	11	21	32
		-114	-208	-294	-435	-530	-660	-820	-1000	-1300	-1650	-2100						
	-68	-126	-232	-330	-490	-595	-740	-920	-1100	-1450	-1850	-2400	5	5	7	13	23	34
		-132	-252	-360	-540	-660	-820	-1000	-1250	-1600	-2100	-2600						

表 A-4 基轴制优先、常用配合（摘自 GB/T 1801—2009）

基准轴	孔																				
	A	B	C	D	E	F	G	H	JS	K	M	N	P	R	S	T	U	V	X	Y	Z
	间隙配合								过渡配合			过盈配合									
h5						F6/h5	G6/h5	H6/h5	JS6/h5	K6/h5	M6/h5	N6/h5	P6/h5	R6/h5	S6/h5	T6/h5					
h6						F7/h6	◤G7/h6	◤H7/h6	JS7/h6	◤K7/h6	M7/h6	◤N7/h6	◤P7/h6	R7/h6	◤S7/h6	T7/h6	◤U7/h6				
h7					E8/h7	◤F8/h7		◤H8/h7	JS8/h7	K8/h7	M8/h7	N8/h7									
h8				D8/h8	E8/h8	F8/h8		H8/h8													
h9				◤D9/h9	E9/h9	F9/h9		◤H9/h9													
h10				D10/h10				H10/h10													
h11	A11/h11	B11/h11	◤C11/h11	D11/h11				◤H11/h11													
h12		B12/h12						H12/h12													

注：标注◤的配合为优先配合。

表 A-5 基孔制优先、常用配合（摘自 GB/T 1801—2009）

基准孔	轴																				
	a	b	c	d	e	f	g	h	js	k	m	n	p	r	s	t	u	v	x	y	z
	间隙配合								过渡配合			过盈配合									
H6						H6/f5	H6/g5	H6/h5	H6/js5	H6/k5	H6/m5	H6/n5	H6/p5	H6/r5	H6/s5	H6/t5					
H7						H7/f6	◤H7/g6	◤H7/h6	H7/js6	◤H7/k6	H7/m6	◤H7/n6	◤H7/p6	H7/r6	◤H7/s6	H7/t6	◤H7/u6	H7/v6	H7/x6	H7/y6	H7/z6
H8					H8/e7	◤H8/f7	H8/g7	◤H8/h7	H8/js7	H8/k7	H8/m7	H8/n7	H8/p7	H8/r7	H8/s7	H8/t7	H8/u7				
				H8/d8	H8/e8	H8/f8		H8/h8													
H9			H9/c9	◤H9/d9	H9/e9	H9/f9		◤H9/h9													
H10			H10/c10	H10/d10				H10/h10													
H11	H11/a11	H11/b11	◤H11/c11	H11/d11				◤H11/h11													
H12		H12/b12						H12/h12													

注：1. 标注◤的配合为优先配合。

2. $\frac{H6}{n5}$、$\frac{H7}{p6}$在公称尺寸≤3mm 和$\frac{H8}{r7}$在≤100mm 时，为过渡配合。

附录 B 螺纹

表 B-1 普通螺纹直径与螺距系列（GB/T 193—2003）和基本尺寸（GB/T 196—2003） （单位：mm）

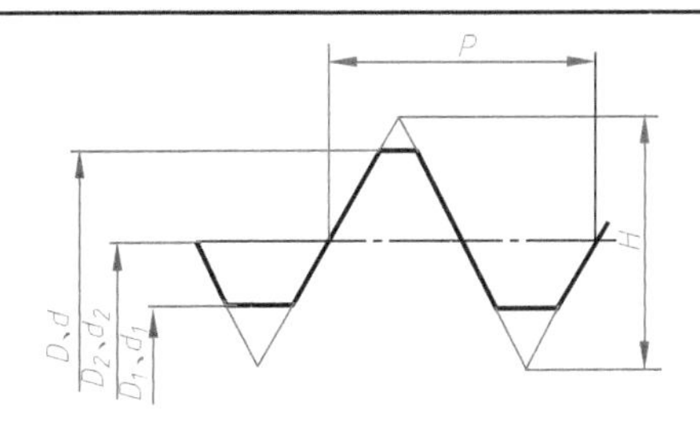

D——内螺纹的基本大径（公称直径）
d——外螺纹的基本大径（公称直径）
D_2——内螺纹的基本中径
d_2——外螺纹的基本中径
D_1——内螺纹的基本小径
d_1——外螺纹的基本小径
H——原始三角形高度
P——螺距

标记示例
公称直径为 24mm，螺距为 3mm 的粗牙右旋普通螺纹
M24
公称直径为 24mm，螺距为 1.5mm 的细牙左旋普通螺纹
M24×1.5-LH

公称直径 D、d			螺距 P										
第 1 系列	第 2 系列	第 3 系列	粗牙	细牙									
				3	2	1.5	1.25	1	0.75	0.5	0.35	0.25	0.2
1			0.25										0.2
	1.1		0.25										0.2
1.2			0.25										0.2
	1.4		0.3										0.2
1.6			0.35										0.2
	1.8		0.35										0.2
2			0.4									0.25	
	2.2		0.45									0.25	
2.5			0.45								0.35		
3			0.5								0.35		
	3.5		0.6								0.35		
4			0.7							0.5			
	4.5		0.75							0.5			
5			0.8							0.5			
		5.5								0.5			
6			1						0.75				
	7		1						0.75				
8			1.25					1	0.75				
		9	1.25					1	0.75				
10			1.5				1.25	1	0.75				
		11	1.5			1.5		1	0.75				
12			1.75				1.25	1					
	14		2			1.5	1.25①	1					
		15				1.5		1					
16			2			1.5		1					
		17				1.5		1					
	18		2.5		2	1.5		1					
20			2.5		2	1.5		1					
	22		2.5		2	1.5		1					
24			3		2	1.5		1					
		25			2	1.5		1					
		26				1.5							
	27		3		2	1.5		1					
		28			2	1.5		1					
30			3.5	(3)	2	1.5		1					
		32			2	1.5							
	33		3.5	(3)	2	1.5							
		35②				1.5							
36			4	3	2	1.5							
		38				1.5							
	39		4	3	2	1.5							

注：优先选用第 1 系列，其次选用第 2 系列，第 3 系列尽可能不用。括号内尺寸尽可能不用。
① 仅用于发动机的火花塞。
② 仅用于轴承的锁紧螺母。

表 B-2　管螺纹

用螺纹密封的管螺纹

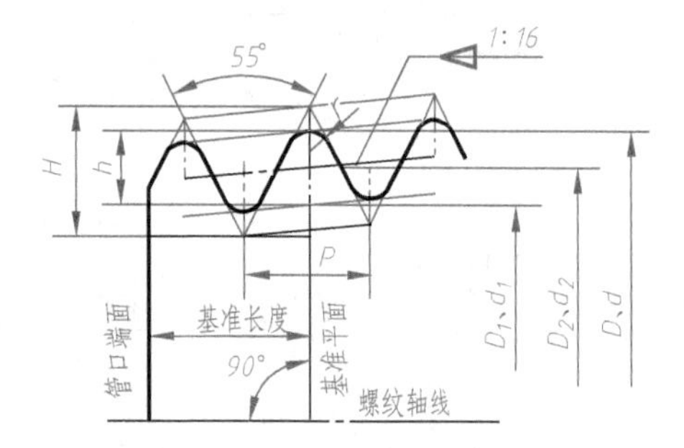

非螺纹密封的管螺纹

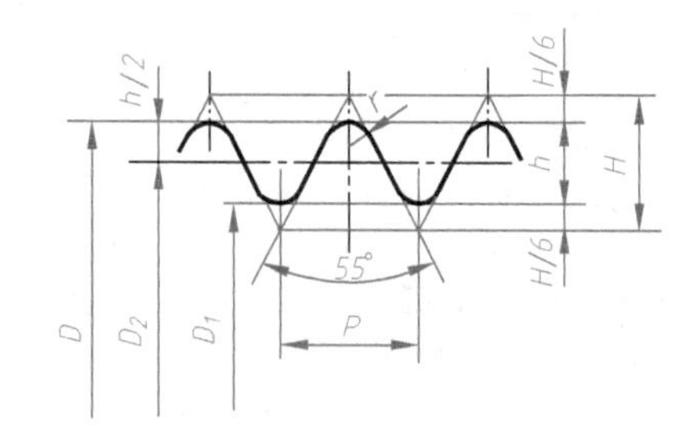

标记示例

R1 1/2(尺寸代号 1/2,右旋圆锥外螺纹)

Rc1/2LH(尺寸代号 1/2,左旋圆锥内螺纹)

Rp1/2(尺寸代号 1/2,右旋圆柱内螺纹)

标记示例

G1/2-LH(尺寸代号 1/2,左旋圆柱内螺纹)

G1/2A(尺寸代号 1/2,A 级右旋圆柱外螺纹)

G1/2B-LH(尺寸代号 1/2,B 级左旋圆柱外螺纹)

<table>
<tr><th rowspan="2">尺寸代号</th><th colspan="3">基准平面内的基本直径(基本直径)/mm</th><th rowspan="2">螺距 P/mm</th><th rowspan="2">牙高 h/mm</th><th rowspan="2">每 25.4mm 内所包含的牙数 n</th><th rowspan="2">有效螺纹长度(GB/T 7306)/mm</th><th rowspan="2">基准距离(基本)/mm</th></tr>
<tr><th>大径 $d=D$</th><th>中径 $d_2=D_2$</th><th>小径 $d_1=D_1$</th></tr>
<tr><td>1/16</td><td>7.723</td><td>7.142</td><td>6.561</td><td rowspan="2">0.907</td><td rowspan="2">0.581</td><td rowspan="2">28</td><td>6.5</td><td>4.0</td></tr>
<tr><td>1/8</td><td>9.728</td><td>9.147</td><td>8.566</td><td>6.5</td><td>4.0</td></tr>
<tr><td>1/4</td><td>13.157</td><td>12.301</td><td>11.445</td><td rowspan="2">1.337</td><td rowspan="2">0.856</td><td rowspan="2">19</td><td>9.7</td><td>6.0</td></tr>
<tr><td>3/8</td><td>16.662</td><td>15.806</td><td>14.950</td><td>10.1</td><td>6.4</td></tr>
<tr><td>1/2</td><td>20.955</td><td>19.793</td><td>18.631</td><td rowspan="2">1.814</td><td rowspan="2">1.162</td><td rowspan="2">14</td><td>13.2</td><td>8.2</td></tr>
<tr><td>3/4</td><td>26.441</td><td>25.279</td><td>24.117</td><td>14.5</td><td>9.5</td></tr>
<tr><td>1</td><td>33.249</td><td>31.770</td><td>30.291</td><td rowspan="10">2.309</td><td rowspan="10">1.479</td><td rowspan="10">11</td><td>16.8</td><td>10.4</td></tr>
<tr><td>1¼</td><td>41.910</td><td>40.431</td><td>38.952</td><td>19.1</td><td>12.7</td></tr>
<tr><td>1½</td><td>47.803</td><td>46.324</td><td>44.845</td><td>19.1</td><td>12.7</td></tr>
<tr><td>2</td><td>59.614</td><td>58.135</td><td>56.656</td><td>23.4</td><td>15.9</td></tr>
<tr><td>2½</td><td>75.184</td><td>73.705</td><td>72.226</td><td>26.7</td><td>17.5</td></tr>
<tr><td>3</td><td>87.884</td><td>86.405</td><td>84.926</td><td>29.8</td><td>20.6</td></tr>
<tr><td>4</td><td>113.030</td><td>111.551</td><td>110.072</td><td>35.8</td><td>25.4</td></tr>
<tr><td>5</td><td>138.430</td><td>136.951</td><td>135.472</td><td>40.1</td><td>28.6</td></tr>
<tr><td>6</td><td>163.830</td><td>162.351</td><td>160.872</td><td>40.1</td><td>28.6</td></tr>
</table>

附录 C 常用螺纹紧固件

表 C-1 六角头螺栓—C 级（GB/T 5780—2016）、六角头螺栓（GB/T 5782—2016）（单位：mm）

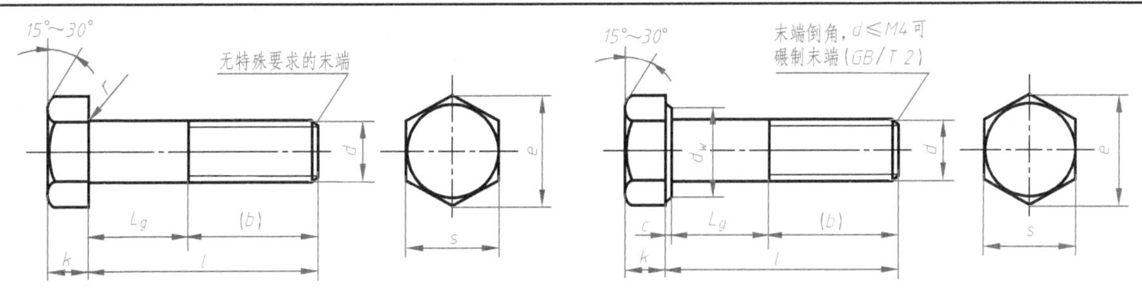

标记示例

螺纹规格 d=M12，公称长度 l=80mm，性能等级为 8.8 级，表面氧化，A 级的六角头螺栓，其标记为

螺栓 GB/T 5782 M12×80

螺纹规格 d	e_{min}		k 公称	s 公称=max	$b_{参考}$		
	A 级	B 级 C 级			l≤125	125<l≤200	l>200
M5	8.79	8.63	3.5	8	16	22	35
M6	11.05	10.89	4	10	18	24	37
M8	14.38	14.20	5.3	13	22	28	41
M10	17.77	17.59	6.4	16	26	32	45
M12	20.03	19.85	7.5	18	30	36	49
M16	26.75	26.17	10	24	38	44	57

注：1. A 级用于 d≤24mm 和 l≤10d 或≤150mm 的螺栓；B 级用于 d>24mm 和 l>10d 或>150mm 的螺栓。

2. 螺纹规格 d 范围：GB/T 5780 为 M5~M64；GB/T 5782 为 M1.6~M64。

3. 公称长度范围：GB/T 5780 为 25~500mm；GB/T 5782 为 12~500mm。

表 C-2 双头螺柱 $b_m=1d$（GB 897—1988）、$b_m=1.25d$（GB 898—1988）、$b_m=1.5d$（GB 899—1988）、$b_m=2d$（GB 900—1988） （单位：mm）

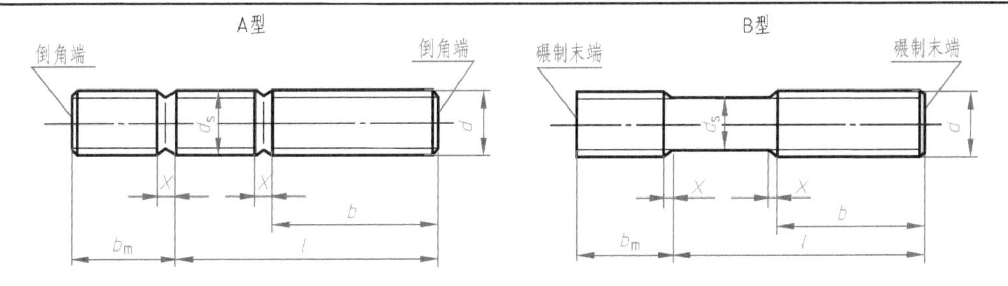

标记示例

两端均为粗牙普通螺纹、d=10mm、l=50mm、性能等级为 4.8 级、B 型、$b_m=1d$ 的双头螺柱，其标记为

螺柱 GB 897 M10×50

旋入机体一端为粗牙普通螺纹、旋螺母一端为螺距 P=1mm 的细牙普通螺纹、d=10mm、l=50mm、性能等级为 4.8 级、A 型、$b_m=1d$ 的双头螺柱，其标记为

螺柱 GB 897 AM10-M10×1×50

螺纹规格 d	b_m（公称）				l/b
	GB 897—1988	GB 898—1988	GB 899—1988	GB 900—1988	
M3			4.5	6	16~20/6，22~40/12
M4			6	8	16~22/8，25~40/14
M5	5	6	8	10	16~22/10，25~50/16
M6	6	8	10	12	20~22/10，25~30/14，32~75/18
M8	8	10	12	16	20~22/12，25~30/16，32~90/22
M10	10	12	15	20	25~28/14，30~38/16，40~120/26

（续）

螺纹规格 d	b_m（公称）				l/b
	GB 897—1988	GB 898—1988	GB 899—1988	GB 900—1988	
M12	12	15	18	24	25～30/16，32～40/20，45～120/30
M16	16	20	24	32	30～38/20，40～55/30，60～120/38
M20	20	25	30	40	35～40/25，45～65/35，70～120/46
M24	24	30	36	48	45～50/30，55～75/45，80～120/54
长度 l 系列：16，(18)，20，(22)，25，(28)，30，(32)，35，(38)，40，45，50，(55)，60，(65)，70，(75)，80，(85)，90，(95)，100，110，120					

注：1. 尽可能不采用括号内的规格。
2. d_s≈螺纹中径（仅适用于 B 型）。
3. $X_{max}=2.5P$。

表 C-3　开槽圆柱头螺钉（GB 65—2016）、开槽盘头螺钉（GB/T 67—2016）、开槽沉头螺钉（GB/T 68—2016）

（单位：mm）

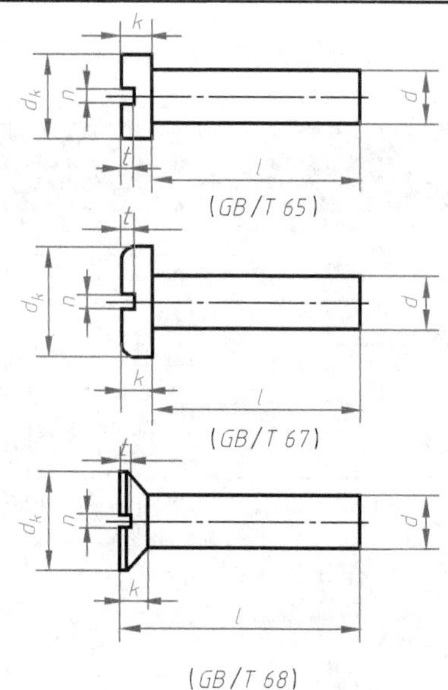

(GB/T 65)

(GB/T 67)

(GB/T 68)

标记示例

螺纹规格 d=M5、l=50mm、性能等级为 4.8 级、表面不经处理的 A 级开槽圆柱头螺钉

螺钉　GB/T 65　M5×20

螺纹规格 d		M1.6	M2	M2.5	M3	(M3.5)	M4	M5	M6	M8	M10
n 公称		0.4	0.5	0.6	0.8	1	1.2	1.2	1.6	2	2.5
GB/T 65	d_k 公称=max	3	3.8	4.5	5.5	6	7	8.5	10	13	16
	k 公称=max	1.1	1.4	1.8	2	2.4	2.6	3.3	3.9	5	6
	t min	0.45	0.6	0.7	0.85	1	1.1	1.3	1.6	2	2.4
	$l_{范围}$	2～16	3～20	3～25	4～30	5～35	5～40	6～50	8～60	10～80	12～80
GB/T 67	d_k 公称=max	3.2	4	5	5.6	7	8	9.5	12	16	20
	k 公称=max	1	1.3	1.5	1.8	2.1	2.4	3	3.6	4.8	6
	t min	0.35	0.5	0.6	0.7	0.8	1	1.2	1.4	1.9	2.4
	$l_{范围}$	2～16	2.5～20	3～25	4～30	5～35	5～40	6～50	8～60	10～80	12～80
GB/T 68	d_k 公称=max	3	3.8	4.7	5.5	7.3	8.4	9.3	11.3	15.8	18.3
	k 公称=max	1	1.2	1.5	1.65	2.35	2.7	2.7	3.3	4.65	5
	t min	0.32	0.4	0.5	0.6	0.9	1	1.1	1.2	1.8	2
	$l_{范围}$	2.5～16	3～20	4～25	5～30	6～35	6～40	8～50	8～60	10～80	12～80
$l_{系列}$		2①、2.5①、3、4、5、6、8、10、12、(14)、16、20、25、30、35、40、45、50、(55)、60、(65)、70、(75)、80									

注：1. 尽可能不采用括号内的规格。
2. 商品规格 M1.6～M10。

① 开槽圆柱头螺钉无此值。

② 开槽沉头螺钉无此值。

表 C-4　开槽锥端紧定螺钉（GB 71—1985）、开槽平端紧定螺钉（GB 73—1985）、开槽凹端紧定螺钉（GB 74—1985）、开槽长圆柱端紧定螺钉（GB 75—1985）　（单位：mm）

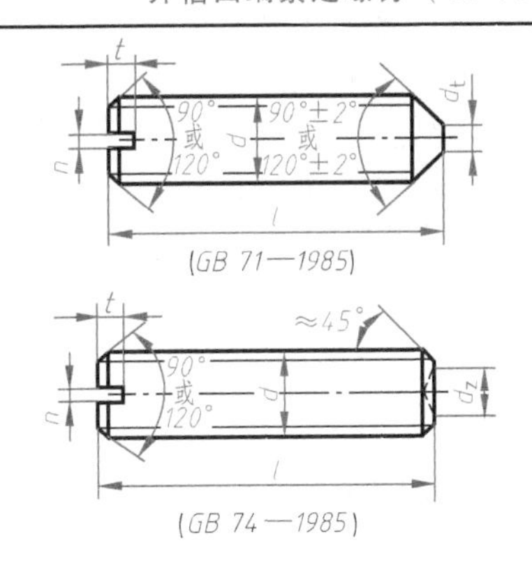

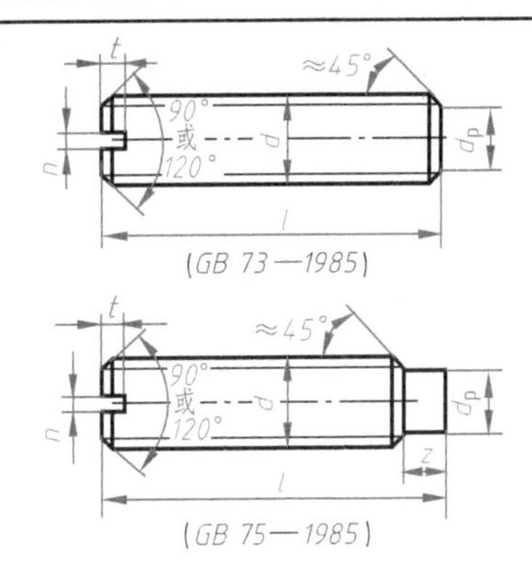

标记示例

螺纹规格 d=M5,公称长度 l=12mm,性能等级为 14H 级,表面氧化的开槽锥端紧定螺钉

螺钉 GB 71　M5×12

螺纹规格 d		M1.2	M1.6	M2	M2.5	M3	M4	M5	M6	M8	M10	M12
n 公称		0.2	0.25	0.25	0.4	0.4	0.6	0.8	1	1.2	1.6	2
t min		0.4	0.56	0.64	0.72	0.8	1.12	1.28	1.6	2	2.4	2.8
d_t max		0.12	0.16	0.2	0.25	0.3	0.4	0.5	1.5	2	2.5	3
d_p max		0.6	0.8	1	1.5	2	2.5	3.5	4	5.5	7	8.5
d_z max			0.8	1	1.2	1.4	2	2.5	3	5	6	8
z max			1.05	1.25	1.5	1.75	2.25	2.75	3.25	4.3	5.3	6.3
公称长度 l	GB 71	2~6	2~8	3~10	3~12	4~16	6~20	8~25	8~30	10~40	12~50	14~60
	GB 73	2~6	2~8	2~10	2.5~12	3~16	4~20	5~25	6~30	8~40	10~50	12~60
	GB 74		2~8	2.5~10	3~12	3~16	4~20	5~25	6~30	8~40	10~50	12~60
	GB 75		2.5~8	3~10	4~12	5~16	6~20	8~25	8~30	10~40	12~50	14~60
公称长度 l≤右表内值时的短螺钉,应按上图中所注 120°角制成;而 90°用于其余长度	GB 71	2	2.5		3							
	GB 73		2	2.5	3	3	4	5	6			
	GB 74		2	2.5	3	4	5	5	6	8	10	12
	GB 75		2.5	3	4	5	6	8	10	14	16	20
l(系列)		2,2.5,3,4,5,6,8,10,12,(14),16,20,25,30,35,40,45,50,(55),60										

注:尽可能不采用括号内的规格。

表 C-5　1 型六角螺母—C 级（GB/T 41—2016）、1 型六角螺母（GB/T 6170—2015）、六角薄螺母（GB/T 6172.1—2016）　（单位：mm）

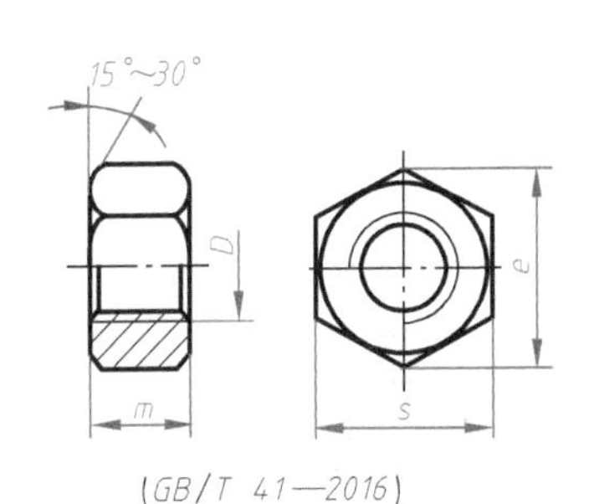

(GB/T 41—2016)

标记示例

螺纹规格 D=M12,性能等级为 5 级,表面不经处理,产品等级为 C 级的六角螺母

螺母 GB/T 41　M12

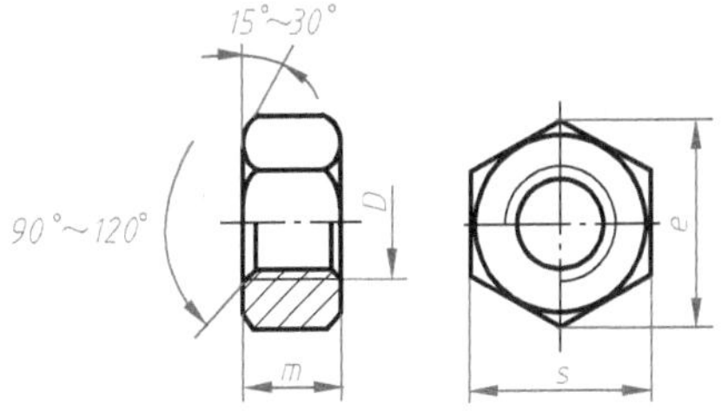

(GB/T 6170—2015)、(GB/T 6172.1—2016)

标记示例

螺纹规格 D=M12,性能等级为 8 级,表面不经处理,产品等级为 A 级的 1 型六角螺母

螺母 GB/T 6170　M12

螺纹规格 D=M12,性能等级为 4 级,不经表面处理,产品等级为 A 级的六角薄螺母

螺母 GB/T 6172.1　M12

（续）

螺纹规格 D		M3	M4	M5	M6	M8	M10	M12	(M14)	M16	(M18)	M20	(M22)	M24	(M27)	M30	M36	M42	M48
s 公称=max		5.5	7	8	10	13	16	18	21	24	27	30	34	36	41	46	55	65	75
m_{max}	GB/T 6170	2.4	3.2	4.7	5.2	6.8	8.4	10.8	12.8	14.8	15.8	18	19.4	21.5	23.8	25.6	31	34	38
	GB/T 6172.1	1.8	2.2	2.7	3.2	4	5	6	7	8	9	10	11	12	13.5	15	18	21	24
	GB/T 41			5.6	6.4	7.9	9.5	12.2	13.9	15.9	16.9	19	20.2	22.3	24.7	26.4	31.9	34.9	38.9

注：1. 表中 e 为圆整近似值。

2. 尽可能不采用括号内的规格。

3. A 级用于螺纹规格 $D \leqslant$ M16 的螺母；B 级用于螺纹规格 $D>$M16 的螺母。

表 C-6　圆螺母（GB 812—1988）　　（单位：mm）

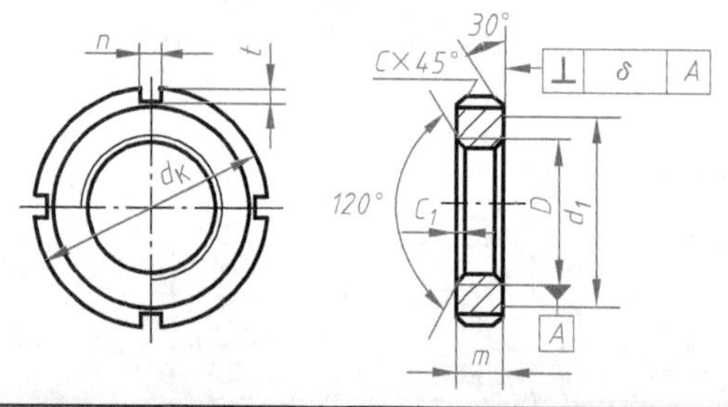

标记示例

螺纹规格 D=M16×1.5，材料为 45 钢，槽或全部热处理后硬度 35~45HRC，表面氧化的圆螺母

螺母 GB 812　M16×1.5

螺纹规格 $D\times P$	d_k	d_1	m	n min	t min	C	C_1
M10×1	22	16	8	4	2	0.5	0.5
M12×1.25	25	19					
M14×1.5	28	20					
M16×1.5	30	22		5	2.5		
M18×1.5	32	24					
M20×1.5	35	27					
M22×1.5	38	30	10			1	
M24×1.5	42	34					
M25×1.5*	42	34					
M27×1.5	45	37					
M30×1.5	48	40					
M33×1.5	52	43		6	3		
M35×1.5*	52	43					
M36×1.5	55	46				1.5	
M39×1.5	58	49					
M40×1.5*	58	49					
M42×1.5	62	53					
M45×1.5	68	59					
M48×1.5	72	61	12	8	3.5		
M50×1.5*	72	61					
M52×1.5	78	67					
M55×2*	78	67					
M56×2	85	74					1
M60×2	90	79					

螺纹规格 $D\times P$	d_k	d_1	m	n min	t min	C	C_1
M64×2	95	84	12	8	3.5	1.5	1
M65×2*	95	84					
M68×2	100	88		10	4		
M72×2	105	93	15				
M75×2*	105	93					
M76×2	110	98					
M80×2	115	103					
M85×2	120	108					
M90×2	125	112	18	12	5		
M95×2	130	117					
M100×2	135	122					
M105×2	140	127					
M110×2	150	135		14	6		
M115×2	155	140	22				
M120×2	160	145					
M125×2	165	150					
M130×2	170	155					
M140×2	180	165	26				
M150×2	200	180		16	7		
M160×3	210	190				2	1.5
M170×3	220	200					
M180×3	230	210	30				
M190×3	240	220					
M200×3	250	230					

注：1. 槽数 n；当 $D \leqslant$ M100×2 时，h=4；当 $D \geqslant$ M105×2 时，h=6。

2. 标有*者仅用于滚动轴承锁紧装置。

表 C-7　平垫圈 C 级（GB/T 95—2002）、大垫圈 A 级（GB/T 96.1—2002）和 C 级（GB/T 96.2—2002）、平垫圈 A 级（GB/T 97.1—2002）、平垫圈测角型 A 级（GB/T 97.2—2002）、小垫圈 A 级（GB/T 848—2002）

（单位：mm）

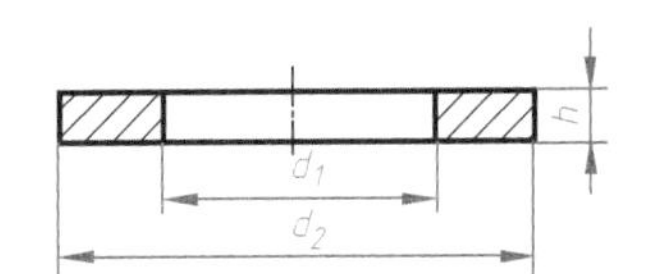

(GB/T 95—2002)、(GB/T 96.1—2002)、(GB/T 96.2—2002)
(GB/T 97.1—2002)、(GB/T 484—2002)

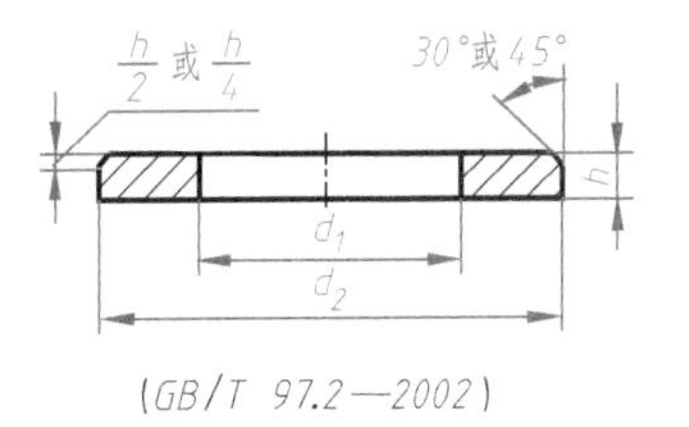

(GB/T 97.2—2002)

标记示例

标准系列、公称直径 $d=8$mm，性能等级如 140HV 级，不经表面处理的平垫圈

垫圈 GB/T 97.18—140HV

公称规格（螺纹大径）d	平垫圈 C 级（GB/T 95—2002）			大垫圈 A 级（GB/T 96.1—2002）和 C 级（GB/T 96.2—2002）				平垫圈 A 级（GB/T 97.1—2002）平垫圈倒角型 A 级（GB/T 97.2—2002）			小垫圈 A 级（GB/T 848—2002）		
	d_1 公称 min	d_2 公称 max	h 公称	d_1 公称 min (GB/T 96.1)	d_1 公称 min (GB/T 96.2)	d_2 公称 max	h 公称	d_1 公称 min	d_2 公称 max	h 公称	d_1 公称 min	d_2 公称 max	h 公称
1.6	1.8	4	0.3					1.7	4	0.3	1.7	3.5	0.3
2	2.4	5						2.2	5		2.2	4.5	
2.5	2.9	6	0.5					2.7	6	0.5	2.7	5	0.5
3	3.4	7		3.2	3.4	9	0.8	3.2	7		3.2	6	
4	4.5	9	0.8	4.3	4.5	12	1	4.3	9	0.8	4.3	8	
5	5.5	10	1	5.3	5.5	15		5.3	10	1	5.3	9	1
6	6.6	12	1.6	6.4	6.6	18	1.6	6.4	12	1.6	6.4	11	1.6
8	9	16		8.4	9	24	2	8.4	16		8.4	15	
10	11	20	2	10.5	11	30	2.5	10.5	20	2	10.5	18	
12	13.5	24	2.5	13	13.5	37	3	13	24	2.5	13	20	2
16	17.5	30	3	17	17.5	50		17	30	3	17	28	2.5
20	22	37		21	22	60	4	21	37		21	34	3
24	26	44	4	25	26	72	5	25	44	4	25	39	4
30	33	56		33	33	92	6	31	56		31	50	
36	39	66	5	39	39	110	8	37	66	5	37	60	5
42	45	78	8					45	78	8			
48	52	92						52	92				
56	62	105	10					62	105	10			
64	70	115						70	115				

注：1. GB/T 95，GB/T 97.1 的公称规格 d 的范围为 1.6~64mm；GB/T 96.1，GB/T 96.2 的公称规格 d 的范围为 3~36mm；GB/T 97.2 的公称规格 d 的范围为 5~64mm；GB/T 848 的公称规格 d 的范围为 1.6~36mm。

2. GB/T 848 主要用于带圆柱头的螺钉，其他用于标准的六角头螺栓、螺钉和螺母。

表 C-8 标准型弹簧垫圈（GB 93—1987）、轻型弹簧垫圈（GB 859—1987） （单位：mm）

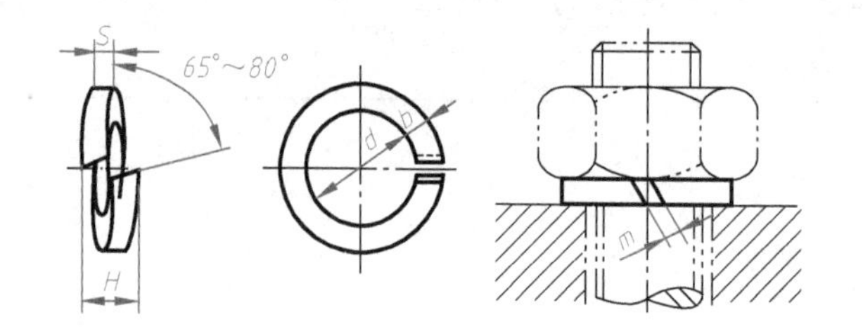

标记示例

规格 16mm，材料为 65Mn，表面氧化的标准型弹簧垫圈

垫圈 GB 93 16

规格（螺纹大径）	d min	GB 93		GB 859		
		S=b 公称	m≤	S 公称	b 公称	m≤
2	2.1	0.5	0.25			
2.5	2.6	0.65	0.33			
3	3.1	0.8	0.4	0.6	1	0.3
4	4.1	1.1	0.55	0.8	1.2	0.4
5	5.1	1.3	0.65	1.1	1.5	0.55
6	6.1	1.6	0.8	1.3	2	0.65
8	8.1	2.1	1.05	1.6	2.5	0.8
10	10.2	2.6	1.3	2	3	1
12	12.2	3.1	1.55	2.5	3.5	1.25
(14)	14.2	3.6	1.8	3	4	1.5
16	16.2	4.1	2.05	3.2	4.5	1.6
(18)	18.2	4.5	2.25	3.6	5	1.8
20	20.2	5	2.5	4	5.5	2
(22)	22.5	5.5	2.75	4.5	6	2.25
24	24.5	6	3	5	7	2.5
(27)	27.5	6.8	3.4	5.5	8	2.75
30	30.5	7.5	3.75	6	9	3
36	36.5	9	4.5			
42	42.5	10.5	5.25			
48	48.5	12	6			

注：尽可能不采用括号内的规格。

附录 D 键和销

表 D-1 平键和键槽的剖面尺寸（GB/T 1095—2003）、普通型平键（GB/T 1096—2003）

（单位：mm）

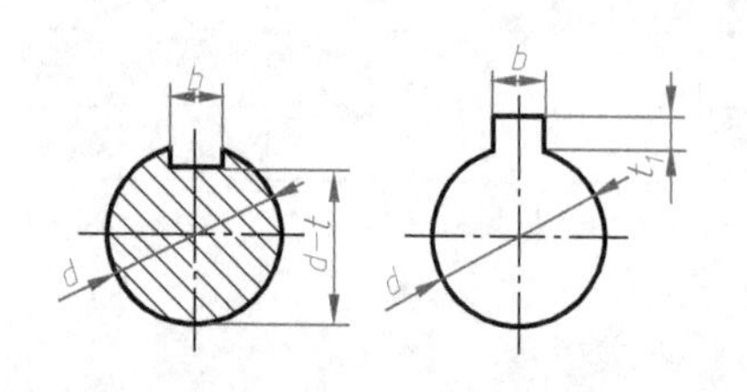

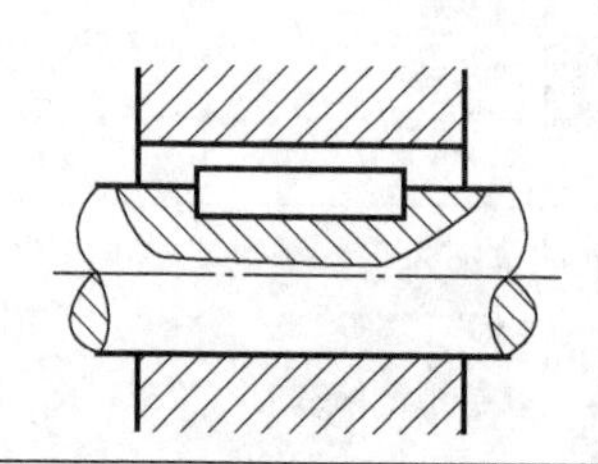

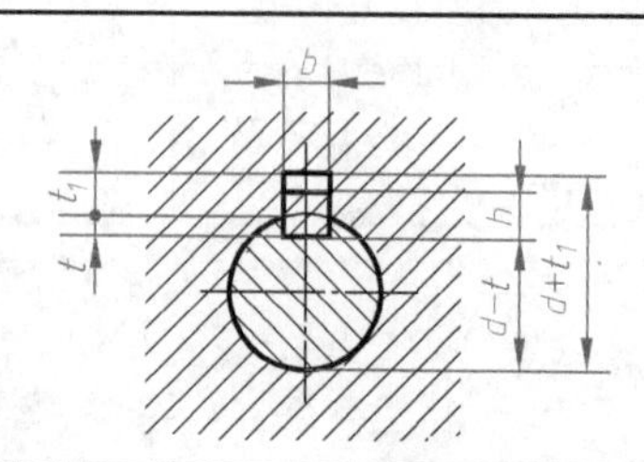

（续）

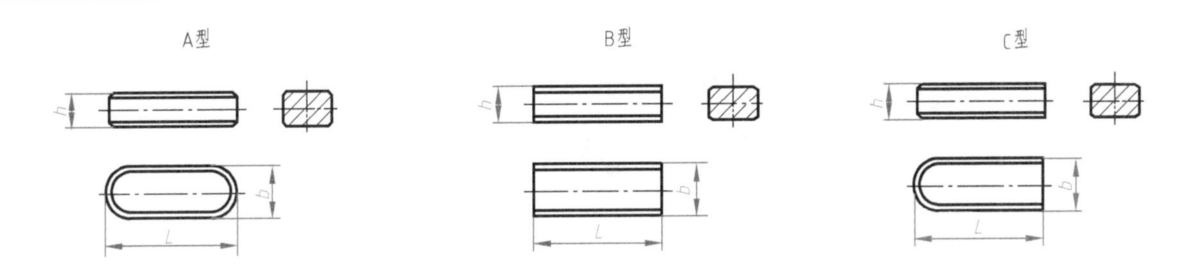

标记示例

普通 A 型平键　$b=16mm, h=10mm, L=100mm$

GB/T 1096　键　16×10×100

普通 B 型平键　$b=16mm, h=10mm, L=100mm$

GB/T 1096　键　B16×10×100

普通 C 型平键　$b=16mm, h=10mm, L=100mm$

GB/T 1096　键　C16×10×100

轴径	键		键槽											
			宽度 b						深度				半径 r	
				极限偏差					轴 t		毂 t_1-t			
				正常连接		紧密连接	松连接							
公称直径 d	键尺寸 $b\times h$	长度 L	公称尺寸	轴 N9	毂 JS9	轴和毂 P9	轴 H9	毂 D10	公称尺寸	极限偏差	公称尺寸	极限偏差	最小	最大
6~8	2×2	6~20	2	-0.004 -0.029	±0.0125	-0.006 -0.031	+0.025 0	+0.060 +0.020	1.2	+0.1 0	1	+0.1 0	0.08	0.16
>8~10	3×3	6~36	3						1.8		1.4			
>10~12	4×4	8~45	4	0 -0.030	±0.015	-0.012 -0.042	+0.030 0	+0.078 +0.030	2.5		1.8			
>12~17	5×5	10~56	5						3.0		2.3			
>17~22	6×6	14~70	6						3.5		2.8			
>22~30	8×7	18~90	8	0 -0.036	±0.018	-0.015 -0.051	+0.036 0	+0.098 +0.040	4.0	+0.2 0	3.3	+0.2 0	0.16	0.25
>30~38	10×8	22~110	10						5.0		3.3			
>38~44	12×8	28~140	12	0 -0.043	±0.0215	-0.018 -0.061	+0.043 0	+0.120 +0.050	5.0		3.3			
>44~50	14×9	36~160	14						5.5		3.8		0.25	0.40
>50~58	16×10	45~180	16						6.0		4.3			
>58~65	18×11	50~200	18						7.0		4.4			
>65~75	20×12	56~220	20	0 -0.052	±0.026	-0.022 -0.074	+0.052 0	+0.149 +0.065	7.5		4.9			
>75~85	22×14	63~250	22						9.0		5.4		0.40	0.60
>85~95	25×14	70~280	25						9.0		5.4			
>95~110	28×16	80~320	28						10.0		6.4			
>110~130	32×18	80~360	32	0 -0.062	±0.031	-0.026 -0.088	+0.062 0	+0.180 +0.080	11.0		7.4			
>130~150	36×20	100~400	36						12.0	+0.3 0	8.4	+0.3 0	0.70	1.0
>150~170	40×22	100~400	40						13.0		9.4			
>170~220	45×25	110~450	45						15.0		10.4			

注：1. $(d-t)$ 和 $[d+(t_1+t)]$ 两组组合尺寸的极限偏差按相应的极限偏差选取，但 $(d-t)$ 极限偏差应取负号。

2. L 系列：6，8，10，12，14，16，18，20，22，25，28，32，36，40，45，50，56，63，70，80，90，100，110，125，140，160，180，200，220，250，280，320，330，400，450。

表 D-2 圆柱销 不淬硬钢和奥氏体不锈钢（GB/T 119.1—2000）、
圆柱销 淬硬钢和马氏体不锈钢（GB/T 119.2—2000） （单位：mm）

标记示例(GB/T 119.1)

公称直径 d=6mm,公差为 m6,公称长度 l=30mm,材料为钢,不经淬火,不经表面处理的圆柱销

销 GB/T 119.1 6m6×30

公称直径 d=6mm,公差为 m6,公称长度 l=30mm,材料为 A1 组奥氏体不锈钢,表面简单处理的圆柱销

销 GB/T 119.1 6m6×30-A1

标记示例(GB/T 119.2)

公称直径 d=6mm,公差为 m6,公称长度 l=30mm,材料为例,普通淬火(A 型),表面氧化处理的圆柱销

销 GB/T 119.2 6×30

公称直径 d=6m,公差为 m6,公称长度 l=30mm,材料为 C1 组马氏体不锈钢,表面简单处理的圆柱销

销 GB/T 119.2 6×30-C1

d(公称) m6/h8 (GB/T 119.1) m6 (GB/T 119.2)		2.5	3	4	5	6	8	10	12	16	20	25	30
$c\approx$		0.4	0.5	0.63	0.8	1.2	1.6	2	2.5	3	3.5	4	5
c	GB/T 119.1	6~24	8~30	8~40	10~50	12~60	14~80	18~95	22~140	26~180	35~200	50~200	60~200
	GB/T 119.2	6~24	8~30	10~40	12~50	14~60	18~80	22~60	26~100	40~100	50~100		
l(系列)		6,8,10,12,14,16,18,20,22,24,26,28,30,32,35,40,45,50,55,60,65,70,75,80,85,90,95,100,120,140,160,180,200											

表 D-3 圆锥销（GB/T 117—2000） （单位：mm）

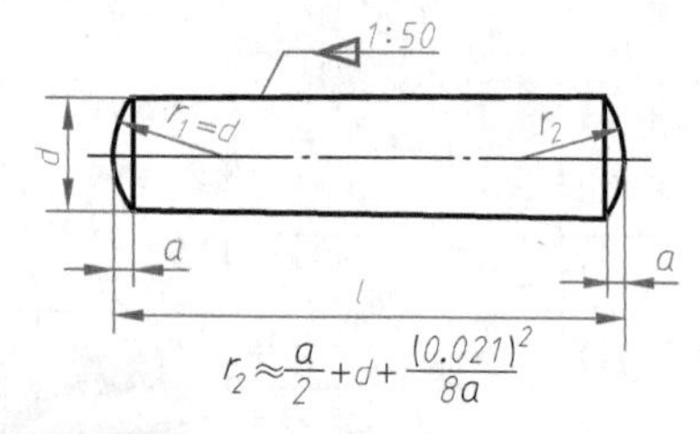

$$r_2\approx\frac{a}{2}+d+\frac{(0.021)^2}{8a}$$

标记示例

公称直径 d=6mm,公称长度 l=30mm,材料为 35 钢,热处理硬度 28~38HRC,表面氧化处理的 A 型圆锥销

销 GB/T 117 6×30

d(公称)h10	2.5	3	4	5	6	8	10	12	16	20	25	30
$a\approx$	0.3	0.4	0.5	0.63	0.8	1.0	1.2	1.6	2	2.5	3.0	4.0
l	10~35	12~45	14~55	18~60	22~90	22~120	26~160	32~180	40~200	45~200	50~200	55~200
l(系列)	10,12,14,16,18,20,22,24,26,28,30,32,35,40,45,50,55,60,65,70,75,80,85,90,95,100,120,140,160,180,200											

表 D-4 开口销（GB/T 91—2000） （单位：mm）

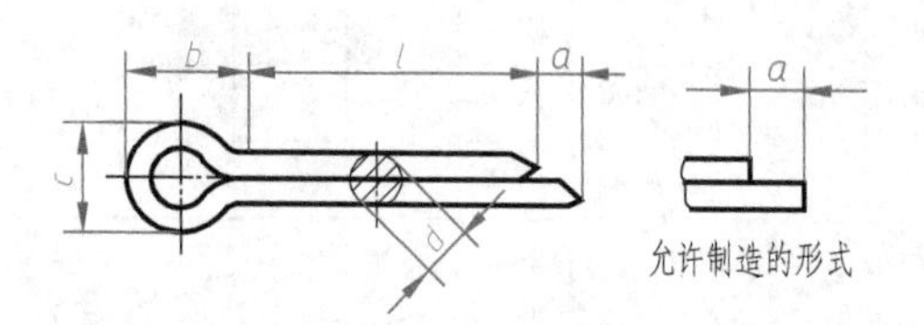

标记示例

公称规格为 5mm,公称长度 $l\approx$50mm,材料为 Q215 或 Q235,不经表面处理的开口销

销 GB/T 91 5×50

（续）

公称规格		0.6	0.8	1	1.2	1.6	2	2.5	3.2	4	5	6.3	8	10
d	max	0.5	0.7	0.9	1	1.4	1.8	2.3	2.9	3.7	4.6	5.9	7.5	9.5
	min	0.4	0.6	0.8	0.9	1.3	1.7	2.1	2.7	3.5	4.4	5.7	7.3	9.3
a max		1.6	1.6	1.6	2.5	2.5	2.5	2.5	3.2	4	4	4	4	6.3
b ≈		2	2.4	3	3	3.2	4	5	6.4	8	10	12.6	16	20
c max		1	1.4	1.8	2	2.8	3.6	4.6	5.8	7.4	9.2	11.8	15	19
l		4~12	5~16	6~20	8~25	8~32	10~40	12~50	14~63	18~80	22~100	32~125	40~160	45~200
l(系列)		4,5,6,8,10,12,14,16,18,20,22,25,28,32,36,40,45,50,56,63,71,80,90,100,112,125,140,160,180,200												

注：公称规格等于开口销孔的直径。

附录 E　滚动轴承

表 E-1　深沟球轴承（GB/T 276—2013）

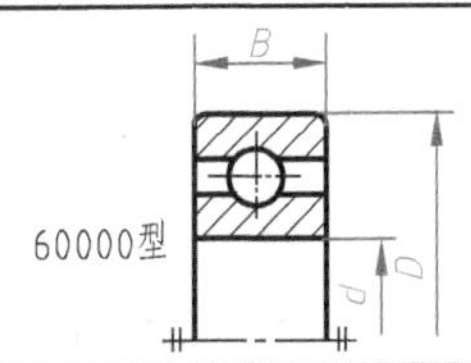

标记示例

内径 $d=50$mm 的 60000 型深沟球轴承，尺寸系列为(0)2

滚动轴承　6210　GB/T 276

轴承型号	外形尺寸/mm *d*	*D*	B
(0)2 系列			
6200	10	30	9
6201	12	32	10
6202	15	35	11
6203	17	40	12
6204	20	47	14
6205	25	52	15
6206	30	62	16
6207	35	72	17
6208	40	80	18
6209	45	85	19
6210	50	90	20
6211	55	100	21
6212	60	110	22
6213	65	120	23
6214	70	125	24
6215	75	130	25
6216	80	140	26
6217	85	150	28
6218	90	160	30
6219	95	170	32
6220	100	180	34
(0)3 系列			
6300	10	35	11
6301	12	37	12
6302	15	42	13
6303	17	47	14
6304	20	52	15
6305	25	62	17
6306	30	72	19
6307	35	80	21
(0)3 系列			
6308	40	90	23
6309	45	100	25
6310	50	110	27
6311	55	120	29
6312	60	130	31
6313	65	140	33
6314	70	150	35
6315	75	160	37
6316	80	170	39
6317	85	180	41
6318	90	190	43
6319	95	200	45
6320	100	215	47
(0)4 系列			
6403	17	62	17
6404	20	72	19
6405	25	80	21
6406	30	90	23
6407	35	100	25
6408	40	110	27
6409	45	120	29
6410	50	130	31
6411	55	140	33
6412	60	150	35
6413	65	160	37
6414	70	180	42
6415	75	190	45
6416	80	200	48
6417	85	210	52
6418	90	225	54
6420	100	250	58

表 E-2　推力球轴承（GB/T 301—2015）

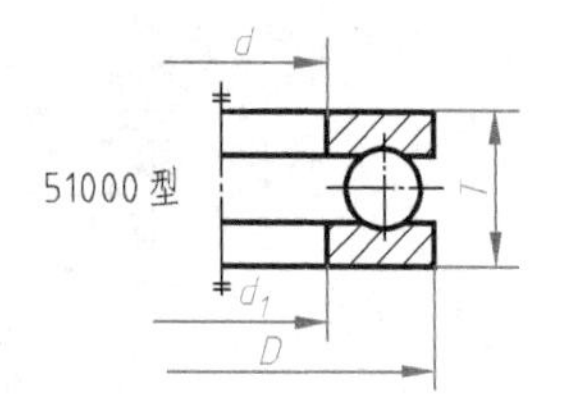

标记示例

内径 d=17mm 的 51000 型推力球轴承，尺寸系列为 12

滚动轴承　51203　GB/T 301

轴承型号	尺寸/mm			
	d	d_1 min	D	T
12 系列				
51200	10	12	26	11
51201	12	14	28	11
51202	15	17	32	12
51203	17	19	35	12
51204	20	22	40	14
51205	25	27	47	15
51206	30	32	52	16
51207	35	37	62	18
51208	40	42	68	19
51209	45	47	73	20
51210	50	52	78	22
51211	55	57	90	25
51212	60	62	95	26
51213	65	67	100	27
51214	70	72	105	27
51215	75	77	110	27
51216	80	82	115	28
51217	85	88	125	31
51218	90	93	135	35
51220	100	103	150	38
13 系列				
51305	25	27	52	18
51306	30	32	60	21
51307	35	37	68	24
51308	40	42	78	26
51309	45	47	85	28

轴承型号	尺寸/mm			
	d	d_1 min	D	T
13 系列				
51310	50	52	95	31
51311	55	57	105	35
51312	60	62	110	35
51313	65	67	115	36
51314	70	72	125	40
51315	75	77	135	44
51316	80	82	140	44
51317	85	88	150	49
51318	90	93	155	50
51320	100	103	170	55
14 系列				
51405	25	27	60	24
51406	30	32	70	28
51407	35	37	80	32
51408	40	42	90	36
51409	45	47	100	39
51410	50	52	110	43
51411	55	57	120	48
51412	60	62	130	51
51413	65	68	140	56
51414	70	73	150	60
51415	75	78	160	65
51417	85	88	180	72
51418	90	93	190	77

表 E-3　圆锥滚子轴承（GB/T 297—2015）

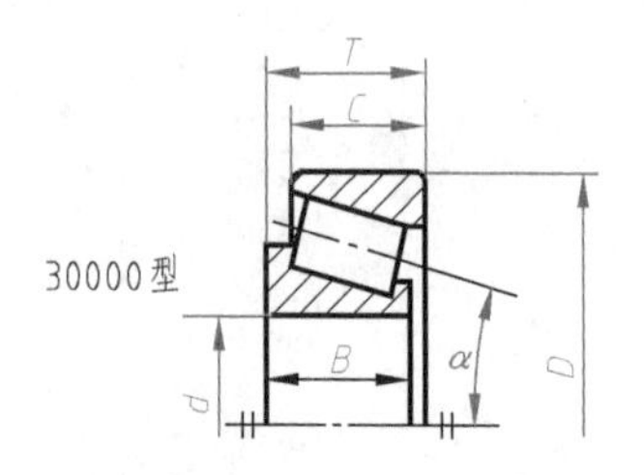

标记示例

内径 d=70mm 的 30000 型圆锥滚子轴承，尺寸系列为 22

滚动轴承 32214　GB/T 297

（续）

轴承型号	d	D	T	B	C	α
	尺寸/mm					
02 系列						
30203	17	40	13.25	12	11	12°57′10″
30204	20	47	15.25	14	12	12°57′10″
30205	25	52	16.25	15	13	14°02′10″
30206	30	62	17.25	16	14	14°02′10″
30207	35	72	18.25	17	15	14°02′10″
30208	40	80	19.75	18	16	14°02′10″
30209	45	85	20.75	19	16	15°06′34″
30210	50	90	21.75	20	17	15°38′32″
30211	55	100	22.75	21	18	15°06′34″
30212	60	110	23.75	22	19	15°06′34″
30213	65	120	24.75	23	20	15°06′34″
30214	70	125	26.25	24	21	15°38′32″
30215	75	130	27.25	25	22	16°10′20″
30216	80	140	28.25	26	22	15°38′32″
30217	85	150	30.50	28	24	15°38′32″
30218	90	160	32.50	30	26	15°38′32″
30219	95	170	34.50	32	27	15°38′32″
30220	100	180	37.00	34	29	15°38′32″
03 系列						
30302	15	42	14.25	13	11	10°45′29″
30303	17	47	15.25	14	12	10°45′29″
30304	20	52	16.25	15	13	11°18′36″
30305	25	62	18.25	17	15	11°18′36″
30306	30	72	20.75	19	16	11°51′35″
30307	35	80	22.75	21	18	11°51′35″
30308	40	90	25.25	23	20	12°57′10″
30309	45	100	27.25	25	22	12°57′10″
30310	50	110	29.25	27	23	12°57′10″
30311	55	120	31.50	29	25	12°57′10″
30312	60	130	33.50	31	26	12°57′10″
30313	65	140	36.00	33	28	12°57′10″
30314	70	150	38.00	35	30	12°57′10″
30315	75	160	40.00	37	31	12°57′10″
30316	80	170	42.50	39	33	12°57′10″
30317	85	180	44.50	41	34	12°57′10″
30318	90	190	46.50	43	36	12°57′10″
30319	95	200	49.50	45	38	12°57′10″
30320	100	215	51.50	47	39	12°57′10″
22 系列						
32204	20	47	19.25	18	15	12°28′
32205	25	52	19.25	18	16	13°30′
32206	30	62	21.25	20	17	14°02′10″
32207	35	72	24.25	23	19	14°02′10″
32208	40	80	24.75	23	19	14°02′10″
32209	45	85	24.75	23	19	15°06′34″
32210	50	90	24.75	23	19	15°38′32″
32211	55	100	26.75	25	21	15°06′34″
32212	60	110	29.75	28	24	15°06′34″
32213	65	120	32.75	31	27	15°06′34″
32214	70	125	33.25	31	27	15°38′32″
32215	75	130	33.25	31	27	16°10′20″
32216	80	140	35.25	33	28	15°38′32″
32217	85	150	38.5	36	30	15°38′32″
32218	90	160	42.5	40	34	15°38′32″
32219	95	170	45.5	43	37	15°38′32″
32220	100	180	49	46	39	15°38′32″

表 E-4　角接触球轴承（GB/T 292—2007）

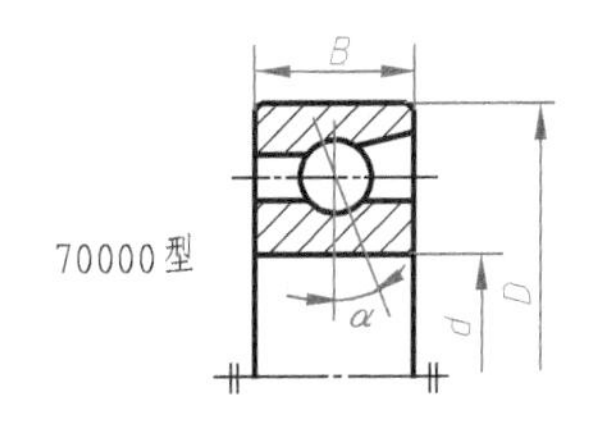

标记示例

内径 25mm，接触角 $\alpha = 15°$ 的锁口外圈型角接触球轴承，尺寸系列为(0)2

滚动轴承　7205C　GB/T 292

（续）

轴承型号		外形尺寸/mm		
α=15°	α=25°	d	D	B
10 系列				
7000 C	7000 AC	10	26	8
7001 C	7001 AC	12	28	8
7002 C	7002 AC	15	32	9
7003 C	7003 AC	17	35	10
7004 C	7004 AC	20	42	12
7005 C	7005 AC	25	47	12
7006 C	7006 AC	30	55	13
7007 C	7007 AC	35	62	14
7008 C	7008 AC	40	68	15
7009 C	7009 AC	45	75	16
7010 C	7010 AC	50	80	16
7011 C	7011 AC	55	90	18
7012 C	7012 AC	60	95	18
7013 C	7013 AC	65	100	18
7014 C	7014 AC	70	110	20
7015 C	7015 AC	75	115	20
7016 C	7016 AC	80	125	22
7017 C	7017 AC	85	130	22
7018 C	7018 AC	90	140	24
7019 C	7019 AC	95	145	24
7020 C	7020 AC	100	150	24

02 系列					
轴承型号			外形尺寸/mm		
α=15°	α=25°	α=40°	d	D	B
7200 C	7200 AC	7200 B	10	30	9
7201 C	7201 AC	7201 B	12	32	10
7202 C	7202 AC	7202 B	15	35	11
7203 C	7203 AC	7203 B	17	40	12
7204 C	7204 AC	7204 B	20	47	14
7205 C	7205 AC	7205 B	25	52	15
7206 C	7206 AC	7206 B	30	62	16
7207 C	7207 AC	7207 B	35	72	17
7208 C	7208 AC	7208 B	40	80	18
7209 C	7209 AC	7209 B	45	85	19
7210 C	7210 AC	7210 B	50	90	20
7211 C	7211 AC	7211 B	55	100	21
7212 C	7212 AC	7212 B	60	110	22
7213 C	7213 AC	7213 B	65	120	23
7214 C	7214 AC	7214 B	70	125	24
7215 C	7215 AC	7215 B	75	130	25
7216 C	7216 AC	7216 B	80	140	26
7217 C	7217 AC	7217 B	85	150	28
7218 C	7218 AC	7218 B	90	160	30
7219 C	7219 AC	7219 B	95	170	32
7220 C	7220 AC	7220 B	100	180	34

03 系列					
轴承型号			外形尺寸/mm		
α=15°	α=25°	α=40°	d	D	B
7300 C	7300 AC	7300 B	10	35	11
7301 C	7301 AC	7301 B	12	37	12
7302 C	7302 AC	7302 B	15	42	13
7303 C	7303 AC	7303 B	17	47	14
7304 C	7304 AC	7304 B	20	52	15
7305 C	7305 AC	7305 B	25	62	17
7306 C	7306 AC	7306 B	30	72	19
7307 C	7307 AC	7307 B	35	80	21
7308 C	7308 AC	7308 B	40	90	23
7309 C	7309 AC	7309 B	45	100	25
7310 C	7310 AC	7310 B	50	110	27
7311 C	7311 AC	7311 B	55	120	29
7312 C	7312 AC	7312 B	60	130	31
7313 C	7313 AC	7313 B	65	140	33
7314 C	7314 AC	7314 B	70	150	35
7315 C	7315 AC	7315 B	75	160	37
7316 C	7316 AC	7316 B	80	170	39
7317 C	7317 AC	7317 B	85	180	41
7318 C	7318 AC	7318 B	90	190	43
7319 C	7319 AC	7319 B	95	200	45
7320 C	7320 AC	7320 B	100	215	47

附录 F　普通螺纹收尾、肩距、退刀槽和倒角（GB/T 3—1997）

（单位：mm）

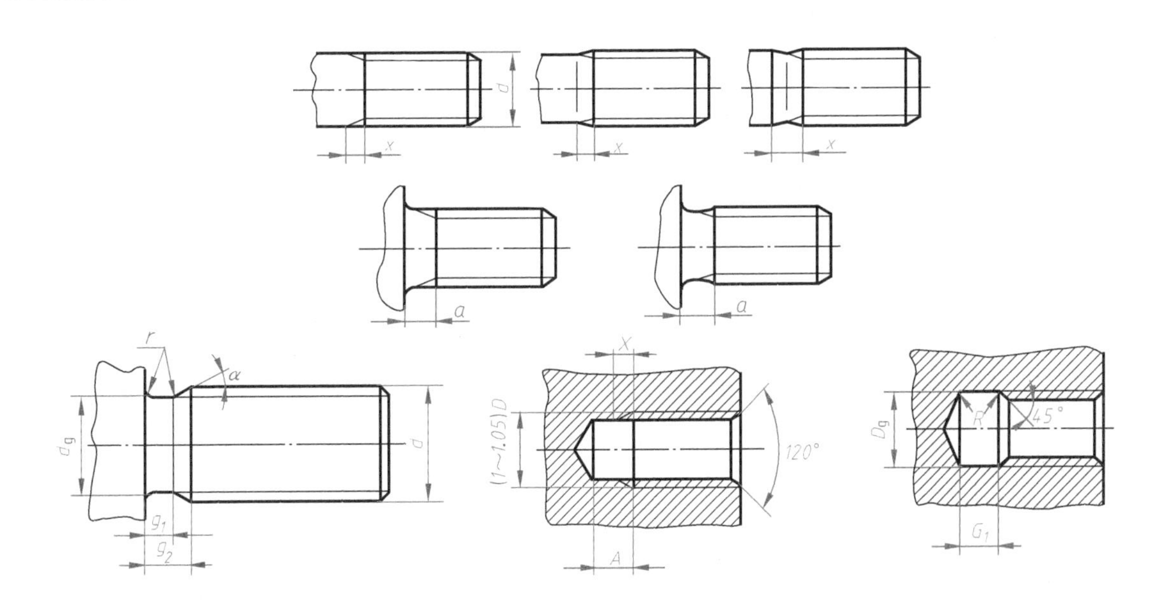

螺距 P	外螺纹									内螺纹							
	收尾 x max		肩距 a max			退刀槽				收尾 X max		肩距 A		退刀槽			
						g_2 max	g_1 min	r ≈	d_g					G_1		R ≈	D_g
	一般	短的	一般	长的	短的					一般	短的	一般	长的	一般	短的		
0.2	0.5	0.25	0.6	0.8	0.4					0.8	0.4	1.2	1.6				D+0.3
0.25	0.6	0.3	0.75	1	0.5	0.75	0.4	0.12	d-0.4	1	0.5	1.5	2				
0.3	0.75	0.4	0.9	1.2	0.6	0.9	0.5	0.16	d-0.5	1.2	0.6	1.8	2.4				
0.35	0.9	0.45	1.05	1.4	0.7	1.05	0.6	0.16	d-0.6	1.4	0.7	2.2	2.8				
0.4	1	0.5	1.2	1.6	0.8	1.2	0.6	0.2	d-0.7	1.6	0.8	2.5	3.2				
0.45	1.1	0.6	1.35	1.8	0.9	1.35	0.7	0.2	d-0.7	1.8	0.9	2.8	3.6				
0.5	1.25	0.7	1.5	2	1	1.5	0.8	0.2	d-0.8	2	1	3	4	2	1	0.2	
0.6	1.5	0.75	1.8	2.4	1.2	1.8	0.9	0.4	d-1	2.4	1.2	3.2	4.8	2.4	1.2	0.3	
0.7	1.75	0.9	2.1	2.8	1.4	2.1	1.1	0.4	d-1.1	2.8	1.4	3.5	5.6	2.8	1.4	0.4	
0.75	1.9	1	2.25	3	1.5	2.25	1.2	0.4	d-1.2	3	1.5	3.8	6	3	1.5	0.4	
0.8	2	1	2.4	3.2	1.6	2.4	1.3	0.4	d-1.3	3.2	1.6	4	6.4	3.2	1.6	0.4	
1	2.5	1.25	3	4	2	3	1.6	0.6	d-1.6	4	2	5	8	4	2	0.5	D+0.5
1.25	3.2	1.6	4	5	2.5	3.75	2	0.6	d-2	5	2.5	6	10	5	2.5	0.6	
1.5	3.8	1.9	4.5	6	3	4.5	2.5	0.8	d-2.3	6	3	7	12	6	3	0.8	
1.75	4.3	2.2	5.3	7	3.5	5.25	3	1	d-2.6	7	3.5	9	14	7	3.5	0.9	
2	5	2.5	6	8	4	6	3.4	1	d-3	8	4	10	16	8	4	1	
2.5	6.3	3.2	7.5	10	5	7.5	4.4	1.2	d-3.6	10	5	12	18	10	5	1.2	
3	7.5	3.8	9	12	6	9	5.2	1.6	d-4.4	12	6	14	22	12	6	1.5	
3.5	9	4.5	10.5	14	7	10.5	6.2	1.6	d-5	14	7	16	24	14	7	1.8	
4	10	5	12	16	8	12	7	2	d-5.7	16	8	18	26	16	8	2	
4.5	11	5.5	13.5	18	9	13.5	8	2.5	d-6.4	18	9	21	29	18	9	2.2	
5	12.5	6.3	15	20	10	15	9	2.5	d-7	20	10	23	32	20	10	2.5	
5.5	14	7	16.5	22	11	17.5	11	3.2	d-7.7	22	11	25	35	22	11	2.8	
6	15	7.5	18	24	12	18	11	3.2	d-8.3	24	12	28	38	24	12	3	

附录 G　常用的热处理及表面处理名称及说明

名词		代号及标注示例	说　明	应　用
退火		Th	将钢件加热到临界温度以上(一般是 710~715℃,个别合金钢 800~900℃)30~50℃,保温一段时间,然后缓慢冷却	用来消除铸、锻、焊件的内应力、降低硬度,便于切削加工,细化金属晶粒,改善组织、增加韧性
正火		Z	将钢件加热到临界温度以上,保温一段时间,然后在空气中冷却,冷却速度比退火快	用来处理低碳和中碳结构钢及渗碳件,使其组织细化,增加强度与韧性,减少内应力,改善可加工性
淬火		C48:淬火回火至 45~50HRC	将钢件加热到临界温度以上,保温一段时间,然后在水、盐水或油中急速冷却,使其得到高硬度	用来提高钢的硬度和强度极限,但淬火会引起内应力、使钢变脆,所以淬火后必须回火
回火		回火	回火是将淬硬的钢件加热到临界点以下的温度,保温一段时间,然后在空气中或油中冷却下来	用来消除淬火后的脆性和内应力,提高钢的塑性和冲击韧性
调质		T235:调质处理至 220~250HBW	淬火后在 450~650℃进行高温回火,称为调质	用来使钢获得高的韧性和足够的强度,重要的齿轮、轴及丝杠等零件需经调质处理
表面淬火	火焰淬火	H54:火焰淬火后,回火到 50~55HRC	用火焰或高频电流,将零件表面迅速加热至临界温度以上,急速冷却	使零件表面获得高硬度,而心部保持一定的韧性,既耐磨又能承受冲击,表面淬火常用来处理齿轮等
	高频感应淬火	G52:高频感应淬火后,回火到 50~55HRC		
渗碳		S0.5-C59:渗碳层深 0.5mm,淬火硬度 56~62HRC	在渗碳剂中将钢件加热到 900~950℃,停留一定时间,将碳渗入钢表面,深度为 0.5~2mm,再淬火后回火	增加钢件的耐磨性能、表面硬度、抗拉强度和疲劳极限,适用于低碳、中碳(碳的质量分数<0.40%)结构钢的中小型零件
渗氮		D0.3-900:渗氮层深度 0.3mm,硬度大于 850HV	渗氮是在 500~600℃通入氮的炉子内加热,向钢的表面渗入氮原子的过程,渗氮层为 0.025~0.8mm,渗氮时间需 40~50h	增加钢件的耐磨性能、表面硬度、疲劳极限和耐蚀性,适用于合金钢、碳钢、铸件,如机床主轴、丝杠以及在潮湿碱水和燃烧气体介质的环境中工作的零件
碳氮共渗		Q59:碳氮共渗淬火后,回火至 56~62HRC	在 820~860℃炉内通入碳和氮,保温 1~2h,使钢件的表面同时渗入碳、氮原子,可得到 0.2~0.5mm 的碳氮共渗层	增加表面硬度、耐磨性、疲劳强度和耐蚀性,用于要求硬度高、耐磨的中、小型及薄片零件和刀具等
时效处理		时效处理	低温回火后、精加工之前,加热到 100~160℃,保持 10~40h,对铸件也可用天然时效(放在露天中一年以上)	使工件消除内应力和稳定形状,用于量具、精密丝杠、床身导轨、床身等
发蓝处理		发蓝处理	将金属零件放在很浓的碱和氧化剂溶液中加热氧化,使金属表面形成一层氧化铁所组成的保护性薄膜	防腐蚀、美观,用于一般连接的标准件和其他电子元器件
硬度		HBW(布氏硬度)	材料抵抗硬的物体压入其表面的能力称为硬度,根据测定的方法不同,可分布氏硬度、洛氏硬度和维氏硬度 硬度的测定是为了检验材料经热处理后的力学性能——硬度	用于经退火、正火、调质的零件及铸件的硬度检验
		HRC(洛氏硬度)		用于经淬火、回火及表面渗碳、渗氮等处理的零件硬度检验
		HV(维氏硬度)		用于薄层硬化零件的硬度检验

参考文献

[1] 金大鹰. 机械制图（机械类专业）[M]. 4版. 北京：机械工业出版社，2015.
[2] 艾小玲，耿海珍. 机械制图 [M]. 上海：同济大学出版社，2009.
[3] 朱强. 机械制图 [M]. 北京：人民邮电出版社，2009.
[4] 宋晓梅，毛全有，娄琳. 机械制图 [M]. 北京：人民邮电出版社，2009.
[5] 陈廉清. 机械制图 [M]. 2版. 杭州：浙江大学出版社，2016.
[6] 钱可强. 机械制图 [M]. 7版. 北京：高等教育出版社，2016.
[7] 寇世瑶. 机械制图 [M]. 北京：高等教育出版社，2007.
[8] 吕守祥. 机械制图 [M]. 北京：机械工业出版社，2007.